煤炭高等教育“十四五”规划教材

安全监测监控原理与仪表

第2版

主编　李润求　鲁　义　游　波

主审　施式亮

中国矿业大学出版社

·徐州·

内容提要

安全监测监控是事故预防的基本技术手段。本书以"原理—仪表—系统—应用"为主线，全面介绍安全监测监控的基本理论、技术原理、监测仪表、监控方法以及安全监控系统设计与应用，强调了安全监测监控理论与技术的实用性、复合性和先进性，体现了现代科学技术水平。

本书可作为高等院校安全工程、应急技术与管理、消防工程、采矿工程、电气工程及其自动化、自动化等本科专业的教材或教学参考书，也可作为安全管理和安全技术人员的培训教材及相近专业研究生的参考用书。

图书在版编目(CIP)数据

安全监测监控原理与仪表 / 李润求，鲁义，游波主编. — 2版. — 徐州：中国矿业大学出版社，2024.3

ISBN 978-7-5646-6101-4

Ⅰ. ①安… Ⅱ. ①李… ②鲁… ③游… Ⅲ. ①安全监测②安全监控 Ⅳ. ①X924

中国国家版本馆 CIP 数据核字(2023)第 239130 号

书　　名 安全监测监控原理与仪表
主　　编 李润求　鲁　义　游　波
责任编辑 陈红梅
出版发行 中国矿业大学出版社有限责任公司
（江苏省徐州市解放南路　邮编 221008）
营销热线 (0516)83885370　83884103
出版服务 (0516)83995789　83884920
网　　址 http://www.cumtp.com　**E-mail**:cumtpvip@cumtp.com
印　　刷 徐州中矿大印发科技有限公司
开　　本 787 mm×1092 mm　1/16　**印张** 18　**字数** 449 千字
版次印次 2024 年 3 月第 2 版　2024 年 3 月第 1 次印刷
定　　价 52.00 元
（图书出现印装质量问题，本社负责调换）

本书编审委员会

主　编　李润求　鲁　义　游　波

副主编　刘　勇　李　敏　彭　新

参　编　伍爱友　王　秉　潘　伟

　　　　刘　伟　李　贺　王鹏飞

主　审　施式亮

前　言

本书自2018年出版以来受到了广大读者的欢迎和支持,读者提出了许多宝贵意见和建议。根据教学使用中发现的问题及读者的意见和建议,结合近年来安全监测监控的新技术进展和最新研究成果,我们对本书进行了修订和完善。

在本书修订过程中,我们继续坚持力求安全监测监控理论与技术的实用性、复合性和先进性,以"原理—仪表—系统—应用"为主线,全面介绍安全监测监控的基本理论、技术原理、监测仪表、监控方法以及安全监控系统的设计与应用。此次修订重新梳理了教材内容,减少了过深的理论分析和计算,增加了流量与物位等工艺过程参数检测等内容,补充了一些新技术,删除了少量陈旧知识,修正了少量错误,使得本书在内容上更为紧凑、系统性更强、适用范围更广。

全书共分为12章:第1章介绍监测监控与安全工程的关系、仪表的本质安全以及安全监控系统的发展;第2章介绍常用传感器工作原理和主要性能指标;第3章介绍温度检测原理与仪表;第4章介绍通风压力和风速检测原理与仪表;第5章介绍流量与物位检测原理与方法;第6章介绍氧气、可燃气体和其他有毒有害气体的检测原理和仪表;第7章介绍生产性粉尘物性和浓度的检测原理与技术;第8章介绍噪声监测原理与方法;第9章介绍入侵防范基本原理与入侵报警系统;第10章介绍火灾探测基本原理和火灾自动报警系统;第11章介绍安全监测数据分析与管理;第12章介绍典型安全监控系统工程设计案例。每章均保持一定的独立性,任课老师可根据专业特点和要求选择讲解。

本书可作为高等院校安全工程、应急技术与管理、消防工程、采矿工程、电气工程及其自动化、自动化等本科专业教材或教学参考书，也可作为安全管理和安全技术人员的培训教材及相近专业研究生参考用书。

本书由湖南科技大学李润求、鲁义、游波、刘勇、李敏、伍爱友、李贺、王鹏飞，中南大学王秉、潘伟，中国矿业大学（北京）刘伟以及湖南电气职业技术学院彭新等联合编写而成；李润求对全书进行了统稿；湖南科技大学施式亮教授对全书进行了全面、细致的审稿。本书引用了许多相关文献资料，接受了同行专家、学者的审阅与建议。在此，向本书所引用资料的作者和评阅专家以及关心支持编写本书的专家、学者表示最真诚的谢意；同时，对参与本书校对工作的湖南科技大学硕士研究生周媛媛、陈卫剑、伍宇贤等表示衷心的感谢！

本书的出版得到了国家级一流本科专业建设点项目（教高厅函〔2019〕46号）、湖南省高等学校“双一流”建设项目（湘教通〔2018〕469号）、湖南省“十四五”重点学科（湘教通〔2022〕351号）、湖南省新工科研究与实践项目（湘教通〔2020〕90号）、湖南省学位与研究生教学改革研究项目（2022JGZD039、2021JGSZ078、2020JGYB188）、湖南省普通高等学校教学改革研究项目（HNJG-20210110、HNJG-20230624）的资助。

本书涉及面非常宽广，内容丰富，限于作者学识和水平以及学科领域的局限性，书中难免存在疏漏之处，恳请广大读者批评指正！

编　者

2023年10月

目　录

第1章 绪 论

在工业生产和日常生活中，存在着各种危险和有害因素，如高温、易燃易爆气体、粉尘、噪声等不仅污染生产和生活环境、影响工业生产过程，而且也会危害人体健康和生命安全。因此，对生产与生活环境中各类危险和有害因素的动态变化进行有效监测监控是事故预防的基本技术手段。

1.1 安全监测监控概述

人类社会的工业化进程及其成果给人类带来巨大的财富与现代文明，但工业灾害及其后果给人类造成了巨大的财产损失和人员伤亡。随着现代工业的发展和科学技术的进步，生产装置结构越来越复杂，自动化与集成化程度越来越高。例如，高能技术、高新技术、航空航天技术、核工业技术、深海技术等的发展以及大规模装置、大型联合装置的出现，技术密集性、物质高能性和过程高参数性等更为突出，生产过程中的微小温度或压力的变化、高速流体系统流速流量的微小变化、高速运转机械平衡条件的微小变化、高压装置的细小裂纹、爆炸危险体系的微小触发能量等，都可能导致现代装置、高能过程和高技术系统毁灭性的灾难。然而，事故是可以避免的。如何合理利用技术手段对危险和有害因素进行有效的监测、预警和控制，避免或减少人员伤亡和财产损失，则是生产安全关键技术需要重点解决的现实问题。

1.1.1 传感器与检(监)测技术

机器是人类改造世界的工具，而观察和认识世界则是人类改造世界的前提和基础。人类要认识世界、探索自然规律，就需要用检测技术和传感器来增强人的视觉、触觉、听觉、嗅觉和味觉。现代科学技术可以模仿人体的活动机理，感觉传感器将外界的各种信息进行采集，然后传送给相应的计算机进行处理，而模拟人体四肢的执行机构则按计算机指令进行操作。可模仿人进行观察的有红外线、雷达、CCD[①] 相机和色彩视觉传感器等，不仅在白天，而且可在夜间识别物体的形状、方位、颜色和大小，观察物体的距离要比人远得多。一种机器人手指触觉传感器，在接触抚摸物体时能识别小于 1 mm 的凹凸表面，并能感受到物体的硬度、形状、滑动和振动等状况。代替人体听觉器官的是麦克风和超声波传感器，不但能感觉到 16 Hz～20 kHz 的音频信号，而且能觉察到 20 kHz 以上的超声波信号。鼻子是人体的嗅觉器官，采用半导体嗅觉传感器后，机器人即可闻出氢气(H_2)、一氧化碳(CO)、烷、醚、醇、苯、天然气和沼气的不同“味道”，除了能够区别它们外，还可以知道各种气体的浓度。人体舌头上每一个小阜均含有 250 颗味蕾，味蕾的内外侧具有 50～100 mV 的生物电位差，当口腔含有食物时，舌头表面的活性酶有选择地跟某些食物起反应，电位差改变后会刺激神经组织而产生味觉。根据上述原理，人们研制出味觉传感器，首先将生物酶附着在人造膜上，酶便有选择地与被检测物质进行生化反应，然后通过电化学方法将反应产生的电动势或电流转换为输出信号，不但能辨别酸、甜、苦、辣，而且还能更进一步探知物质的离子浓度和氨基酸类型。

人们可以通过各种检(监)测方式和检(监)测技术来获取信息，以助于了解周围环境，进而实现对工业生产和日常生活等过程参数和环境参数的控制。检测技术是利用物理、化学和生物的方法来获取被测对象的组分、状态、运动和变化的信息，通过转换和处理使这些信息成为易于人们阅读和识别的量化形式。检(监)测技术是现代信息链(信息获取—处理—传输—应用)中的源头技术。检(监)测技术和仪器仪表除在科学研究中具有重要作用外，在工业生产中担负着对生产过程的监测和控制，是保证生产连续、高效、安全运行的关键。微机械电子技术(MEMS)、纳米技术、功能材料、仿生学技术和网络通信技术领域中的最新成果已经在检(监)测技术和仪器仪表中广泛应用。检(监)测技术和仪器仪表已发展成为集光、机、电为一体，综合了物理、化学、生物、材料等多种学科发展的高新技术领域。传感器和仪器仪表正在向微型化、智能化、集成化和网络化方向发展。

1.1.2 监测监控与安全工程

煤炭、石油、化工、冶金等生产部门，为了确保安全生产、改善劳动条件、提高劳动生产率，使生产管理水平向科学化、现代化发展，根据要求对生产过程与生产环境参数进行实时、准确的检(监)测，并对这些工艺参数和环境参数实施有效的控制，逐步发展和形成了安全监测监控技术。生产环境和生活环境中的危险和有害因素，来源于人、机、环境、管理，类型多种多样，但绝大多数具有可测性和可控性。表征危险和有害因素状态的可观测参数称为危险源的“状态信息”，如表征生产过程或设备的运行状况正常与否的参数，以及作业环境中化学和物理危害因素的浓度或强度等。安全状态信息出现异常，反映系统正在从相对安全状态向事故发生的临界状态转化，提示人们必须及时采取措施，以避免事故发生或将事故的伤害和损失降至最小强度。

为了获取危险和有害因素的状态信息，需要将这些信息通过物理的或化学的，甚至生物的方法转化为可观测的物理量，这就是通常所说的安全检测，也是环境安全与卫生条件、特种设备安全状态、生产过程危险参数、操作人员不安全行为等各种不安全因素检测的总称。担负信息转化任务的器件称为传感器或检测器，传感器或检测器及信号处理、显示单元便组成了“安全检测仪表(器)”。如果将传感器或检测器及信号处理、显示

① CCD 是电荷耦合器件(charge coupled device)的简称。

单元集于一体固定安装于现场，对安全状态信息进行实时检测，则这种装置被称为安全监测仪表(器)。如果只是将传感器或检测器固定安装于现场，而信号处理、显示、数据分析、报警等单元安装在远离现场的控制室内，则称之为安全监测系统。在对危险和有害因素的可控性进行分析之后，通过应急控制使系统或环境的事故临界状态转化为相对安全状态，以避免事故发生或将事故的伤害、损失降至最低程度，这种集成了具有安全防范性质的控制技术的安全监测系统，则称之为安全监控系统。例如，入侵报警系统、消防联动控制系统、电气火灾监控系统、煤矿安全生产监控系统等，都是以生活环境或生产环境系统的安全为目标而设置的一套综合性计算机网络监控系统。

早期的工业生产监测监控是以计算机为基础的生产过程控制与调度管理自动化系统，通过对现场设备运行进行监测和控制，以实现工艺参数测量、数据采集、设备控制、参数调节以及报警等功能，属于被动式的灾害预防技术。其目的是确保设备的安全运行，预防和消除事故隐患，避免事故发生，其主要任务是能及时地、正确地对运行设备的运行参数和运行状况做出全面监测，预防和消除事故隐患；对设备的运行进行必要的指导，提高设备运行的安全性、可靠性和有效性，以期将运行设备发生事故的概率降低到最低水平，将事故造成的损失减低到最低程度；通过对设备运行进行监测、隐患分析和性能评估等，为设备的结构修改、设计优化和安全运行提供数据和信息。

随着对人类自身健康可持续发展的深入认识和安全科学与工程学科理论的持续完善，安全工程的研究范围遍及生产领域(如安全生产及职业健康等)、生活领域(如交通安全、消防安全与家庭安全等)和生存领域(如工业污染控制与治理、环境灾变的预防和控制等)。安全工程的研究对象是广泛存在于生产、生活、生存范围之内的各种不安全因素(危险和有害因素)，通过研究分析这些不安全因素的内在联系和作用规律，探寻防止灾害和事故发生的有效措施，以达到控制事故、保证安全的目的。现代安全监测监控是从人类健康可持续发展出发，以安全科学理论为指导，以智能监测监控技术为核心，集成了状态监测、评估预警、应急控制等功能，实现对环境或系统中各类危险和有害因素的有效监测、控制和管理。现代监测监控与安全工程的关系如图 1-1 所示。

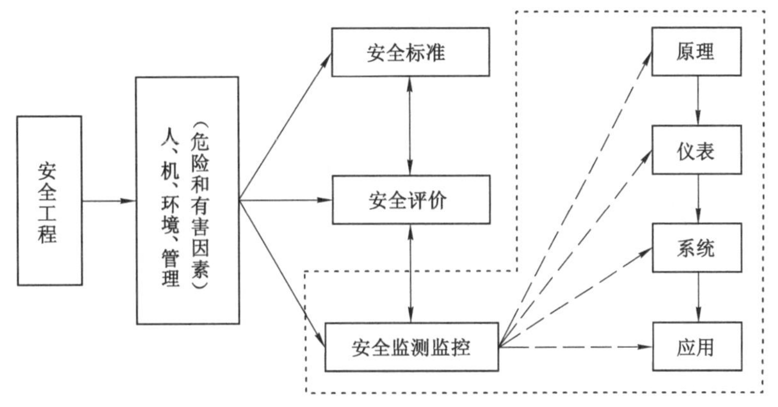

图 1-1　监测监控与安全工程的关系

安全系统工程是以预防和控制事故为核心，以识别、分析、评价和控制系统风险为重点的安全科学理论和方法体系。安全系统工程领域研究解决的主要问题是如何控制和消除人员伤亡、职业病、设备或财产损失，最终实现在功能、时间、成本等规定的条件下，系统中人员和设备所受的伤害和损失最小。安全评价是安全系统工程的关键，是运用安全科学与工程的原理和方法，识别系统中存在的危险和有害因素，评价其危险程度，从而制定控制措施并对实施效果进行检验。系统中危险和有害因素的各种信息来源于人的观察或利用安全检(监)测工具，安全对策或危险和有害因素的控制措施也是通过人的行为或工具实施的。显然，利用工具对环境或系统中的危险和有害因素进行监测监控也是安全系统工程的重要组成部分。

对于如何进行安全监测和由安全监测得到的信息如何进行评价以及如何对系统进行安全控制等问题，则必须依靠安全标准。安全标准是制定安全规划、衡量安全水平和执行安全生产法规的主要依据。只有将安全监测的结果与安全标准对照、判断安全工作的优劣，才能制定安全规划、措施，确保所需达到的安全目标。

1.1.3 安全标准

《中华人民共和国标准化法》规定，标准包括国家标准、行业标准、地方标准和团体标准、企业标准。国家标准分为强制性标准、推荐性标准，行业标准、地方标准是推荐性标准。对保障人身健康和生命财产安全、国家安全、生态环境安全以及满足经济社会管理基本需要的技术要求，应当制定强制性国家标准。对满足基础通用、与强制性国家标准配套、对各有关行业起引领作用等需要的技术要求，可以制定推荐性国家标准。对没有推荐性国家标准、需要在全国某个行业范围内统一的技术要求，可以制定行业标准。为满足地方自然条件、风俗习惯等特殊技术要求，可以制定地方标准。国家鼓励学会、协会、商会、联合会、产业技术联盟等社会团体协调相关市场主体共同制定满足市场和创新需要的团体标准，由本团体成员约定采用或者按照本团体的规定供社会自愿采用。企业可以根据需要自行制定企业标准，或者与其他企业联合制定企业标准。国家支持在重要行业、战略性新兴产业、关键共性技术等领域利用自主创新技术制定团体标准、企业标准。推荐性国家标准、行业标准、地方标准、团体标准、企业标准的技术要求不得低于强制性国家标准的相关技术要求。国家鼓励社会团体、企业制定高于推荐性标准相关技术要求的团体标准、企业标准。

按照标准化对象，通常将标准分为技术标准、管理标准和工作标准等类别。技术标准是指对标准化领域中需要协调统一的技术事项所制定的标准。技术标准包括基础技术标准、产品标准、工艺标准、检测试验方法标准及安全、卫生、环保标准等。管理标准是指对标准化领域中需要协调统一的管理事项所制定的标准。管理标准包括管理基础标准、技术管理标准、经济管理标准、行政管理标准、生产经营管理标准等。工作标准是指对工作的责任、权利、范围、质量要求、程序、效果、检查方法、考核办法所制定的标准。工作标准一般包括部门工作标准和岗位(个人)工作标准。安全标准的类别也符合上述划分原则。

安全监测监控标准体系，就是根据安全标准的特点和要求，按照其性质和功能以及内在联系进行分级、分类，从而构成一个有机的整体。尽管安全标准的批准颁发机构和运用范围不同，但安全标准体系内的各种标准互相联系、相互依存、互相补充，具有很好的配套性和协调性。

(1) 安全基础标准。基础标准是指在一定范围内作为其他标准的基础，被普遍使用，具有广泛指导意义的标准。生产安全基础标准主要指在生产安全工作领域中，对应统一的符号、名词、原则等所做的规定，在安全标准体系中处于指导地位，是制定其他标准的基础，如《图形符号 安全色和安全标志 第1部分：安全标志和安全标记的设计原则》（GB/T 2893.1—2013）、《生产过程危险和有害因素分类与代码》（GB/T 13861—2022）等。

（2）安全方法标准。方法标准是指以设计、实验、统计、计算、操作等各种方法为对象的标准，如《石油化工可燃气体和有毒气体检测报警设计标准》（GB/T 50493—2019）、《安全防范工程技术标准》（GB 50348—2018）等。生产安全分析、测试方法等方法标准中，要求在不同的时间、地点，不同的监测人员、使用不同的仪表时所得的结果尽量具有可比性，有些监测项目中，同时列出了不止一种测试方法供选用，如《粉尘物性试验方法》（GB/T 16913—2008）。

（3）安全产品标准。产品标准是指为保证产品的适用性，对产品必须达到的主要性能参数、质量指标、使用维护要求等所制定的标准，如《线型感温火灾探测器》（GB 16280—2014）、《可燃气体报警控制器》（GB 16808—2018）等。

（4）安全质量标准。安全质量标准是指在一定的时间和空间范围内，对安全质量的要求所做的规定。一般安全质量标准包括工作场所有害因素限值标准、大气安全质量标准、水安全质量标准、土壤安全质量标准和城市区域环境噪声标准等。这些标准都是以保护人体健康与正常的生活和工作条件，维持正常生态平衡而制定的各种有害因子在生产生活环境中的最高允许浓度或限值，如《工业企业设计卫生标准》（GBZ 1—2010）、《工作场所有害因素职业接触限值 第1部分：化学有害因素》（GBZ 2.1—2019）等。安全质量标准也是各地对环境划分区域进行分级、分类管理和安全评价的基础，是制定污染物排放标准的依据。

（5）污染物排放标准。污染物排放标准是为了实现安全质量标准，结合当前国家的技术水平、经济发展程度和生产安全状况，对排放到环境中的有害因子的排放程度或排放量所做的具体指标规定，如《烧碱、聚氯乙烯工业污染物排放标准》（GB 15581—2016）、《建筑施工场界环境噪声排放标准》（GB 12523—2011）等。排放标准直接控制污染源的排放，从而防止或至少减轻环境污染，使安全质量标准的实现得到可靠的保证。

安全标准体系不是一成不变的，它与一定时期的技术经济水平以及安全监测状况相适应，是随着技术经济的发展、安全监测监控要求的提高而不断变化。

1.2 安全监测监控仪表的本质安全

在工业生产过程中，安全监测通常都是先对非电量予以转换，然后用电测方法来间接获得测量结果。针对有特殊要求的石油、化工、矿山等生产过程，尤其是易燃、易爆场所，监测仪表在构成和使用上，除了应完成对非电量的转换和比较以获取测量结果之外，还必须对其自身的安全特性给予考虑，达到保证生产安全的目的，从而在仪表结构方面逐步发展形成了隔爆型、防爆型和本质安全型等安全监测仪表。《爆炸性环境》（GB/T 3836—2021）等对爆炸性环境电气设备的制造、使用、检验等做了相关规定。

1.2.1 仪表的防爆安全特性

在工业生产中，许多生产过程具有易燃、易爆、高温、高压和有毒等特点，许多工艺介质具有强烈的腐蚀性，有些介质易结晶和堵塞管道。监测监控仪表在这些特殊的场所中使用时，必须采取相应的技术措施解决仪表的防护问题。特别是在存在易燃易爆的气体、液体或粉尘的生产环境中，安装和使用监测监控仪表必须考虑安全防爆措施，以防止产生危险火花，引起燃烧或爆炸事故。也就是说，对安全监测监控仪表的自身特性提出了安全要求，为达到安全要求应采取相应措施。

1.2.1.1 仪表的防爆措施

为了使安全监测监控仪表能够适用于具有火灾及爆炸危险的生产现场，仪表中常见的防爆措施有控制易爆气体、控制爆炸范围和控制引爆源等。

(1) 控制易爆气体。人为地在危险场所(同时具备发生爆炸所需的可燃气体、氧气、温度等3个条件的工业现场)营造出一个没有易爆气体的空间，将仪表安装在其中，典型代表为正压型防爆方法Exp(Ex为防爆标志，Exp为正压型防爆标志)。其工作原理是在一个密封的箱体内，充满不含易爆气体的洁净气体或惰性气体，并保持箱内气压略高于箱外气压，将仪表安装在箱内，如现场设置的正压型防爆仪表柜。

(2) 控制爆炸范围。人为地将爆炸限制在一个有限的局部范围内，使该范围内的爆炸不至于引起更大范围的爆炸。典型代表为隔爆型防爆方法Exd(Exd为隔爆型防爆标志)。其工作原理是为仪表设计一个足够坚固的壳体，按标准严格地设计、制造和安装所有的界面，使在壳体内发生的爆炸不至于引发壳体外危险性气体(易爆气体)的爆炸。隔爆型防爆方法的设计与制造规范极其严格，而且安装、接线和维修的操作规程也非常严格。该方法决定了隔爆的电气设备、仪表往往非常笨重，但许多情况下也是最有效的方法。

(3) 控制引爆源。人为地消除引爆源，既消除足以引爆的火花，又消除足以引爆的表面温升，典型代表为本质安全型防爆方法Exi(Exi为本质安全型防爆标志)。其工作原理是利用安全栅技术，将提供给现场仪表的电能量限制在既不能产生足以引爆的火花，又不能产生足以引爆的仪表表面温升的安全范围内。本质安全设备在正常工作、发生故障时均不会使爆炸性气体混合物发生爆炸。因此，该方法是最安全可靠的防爆方法。

为了使检测仪表具有本质安全特性或防爆、隔爆特性，长期以来人们进行了坚持不懈的努力，并在仪表的电路设计和结构设计方面对防爆措施进行了多种尝试和研究，最后逐步发展形成了结构防爆仪表和安全火花防爆仪表两大类。

具有本质安全特性的检(监)测仪表称为本质安全型仪表，也称为安全火花型仪表，其主要特点是仪表自身不会产生危险火花。人们将具有一定防爆、隔爆特性的检测仪表称为防爆型或隔爆型仪表，其主要特点是在仪表内部仍有可能产生危险火花，并且该火花能够点燃由仪表缝隙进入其内部的可燃混合气体，但却能阻止仪表内部的燃烧或爆炸通过缝隙传至外部的危险环境。防爆或隔爆型的结构不但适用于检测仪表，也适用于电气设备或电动机的安全要求，是先于本质安全型结构之前应用的传统防爆类型。

1.2.1.2 仪表的防爆结构

结构防爆仪表的基本思想是将可能产生危险火花的电路从结构上与爆炸性气体隔离开来；其设计所依据的基本安全指标是爆炸性混合物或易燃、易爆气体按自燃温度的分组和按最大安全缝隙大小划分爆炸危险性等级。对于结构防爆仪表，其安全防护措施是通过使用不同的结构形式来实施的。归纳起来，结构防爆仪表的防爆结构有隔爆型、防爆通风充气型、防爆充油型、防爆安全型等。

(1) 隔爆型。隔爆型将检测仪表及配线完全安装在仪表盒、设备盒或管内进行密封，但是无论怎样密封，内外的温差照样能使内部空气膨胀和收缩，通过间隙进行“呼吸”，因而不可能完全防止爆炸性气体从外部进入结构内部。所以，像隔爆仪表箱、电动机外壳、开关箱、照明灯具玻璃罩等，除了要做成完全密封的结构之外，还要做成即使在结构内部发生电火花引起可燃气体爆炸也能耐得住爆炸的结构（其耐压大约为 0.8 MPa）；同时，爆炸生成的气体通过间隙出来时，还要能够冷却到不致对密封结构外部的爆炸性混合气体构成点火源。《爆炸性环境 第 2 部分：由隔爆外壳“d”保护的设备》（GB/T 3836.2—2021）规定了爆炸性气体环境用电气设备隔爆型的结构要求、检查和试验要求与程序。

如果在隔爆型结构的接合面上使用密封填料封闭，那么在隔爆容器内发生爆炸时，爆炸压力会将密封填料挤出去，使它起不到隔爆的作用。因此，通常将接合面全部加工成光洁面或螺纹进行连接。当爆炸产生的气体通过金属光洁面或螺纹时，就会被冷却到爆炸性混合气体的燃点温度以下，从而阻止燃烧的传播。这时，气路长度（金属光洁接合面的间隙深度或者螺纹峰谷面的总长）与间隙或缝隙大小必须符合最大安全缝隙或火焰蔓延极限所规定的具体值。

当检测仪表的供电或配电线路中有必要采用隔爆型结构时，要将电线穿入厚壁钢管中，在钢管之间的连接必须用 5 扣以上的螺纹紧密咬合，以做到即使在管内产生电火花引起可燃气体爆炸，也不至于波及外面；同时，为了防止爆炸性混合气体通过钢管传到其他设备或相邻房间内，必须在钢管上设置密封配件，充填密封胶堵塞管子。

（2）防爆通风充气型。防爆通风充气型也称为正压型，它与隔爆型一样，需要将检测仪表装入全封闭的容器内或外壳中，同时里面充入清洁空气或惰性气体，以稍微提高内部压力来防止危险性气体进入。如果内部压力下降，外部的爆炸性气体就有可能进入而发生危险，故一般设有内部压力监测及自动报警或自动停车等装置。

对于爆炸危险等级较高和自燃点组别较低的可燃性气体或蒸气，往往隔爆结构制造有困难，对此采用通风充气型结构是合适的，可以有效地提高仪表和电气设备的安全性。所以，在电动仪表、电气自动控制装置等设备上常采用通风充气型防爆结构。《爆炸性环境 第 5 部分：由正压外壳“p”保护的设备》（GB/T 3836.5—2021）规定了爆炸性气体环境用正压外壳型电气设备的结构和试验的特殊要求。

（3）防爆充油型。防爆充油型简称充油型，这种结构主要用于电气设备的防爆。它是将开关、制动器、变压器、整流器等电气主体浸没在绝缘油中，而且油面高出危险部位的距离至少要保证在 3 mm 以上。在这种防爆结构中，漏油引起的油面下降是十分危险的，因此，必须用油面计来经常监测油面位置，以确保安全性。此外，在充油型开关中，开关开闭时产生的弧光能使绝缘油热分解，产生以氢气为主的可燃气体，所以要设排气孔以防止由于其中积累分解气体而成为混合气体发生爆炸。《爆炸性环境 第 6 部分：由液浸型“o”保护的设备》（GB/T 3836.6—2017）规定了潜在爆炸性气体、蒸气和薄雾环境用油浸型电气设备、电气设备油浸部件和油浸型的 Ex 元件的结构和试验方法。

（4）防爆安全型。防爆安全型结构并不是真正的防爆结构，只是采用辅助性措施，将正常运行中容易过热或产生电火花的仪表或设备部件，在绝缘、温升等方面加以处理，使之比一般要求的部件做得更可靠；同时对仪表或设备中的气隙、端子板、连接点等部位严格要求，增加安全度。因此，防爆安全型有时也称为增安型。《爆炸性环境 第 3 部分：由增安型“e”保护的设备》（GB/T 3836.3—2021）规定了在正常运行条件下不会产生火花、电弧或危险温度，供电额定电压不超过 11 kV(交流有效值或直流值)，采用增安型"e"防爆型式的电气设备的设计、结构、检验和标志的特殊要求。

上述防爆结构在检测仪表和电气设备的安全防护中有着广泛的应用。对于监测仪表来讲，其中隔爆型、防爆通风充气型(正压型)和防爆安全型(增安型)用得更多一些，是主要采用的结构防爆类型。但是，在石油、化学工业中，随着自动控制技术、计算机技术的广泛应用，利用电子设备、微电子设备进行各种工艺计量、参数监测和控制越来越多，如果原封不动地采用上述防爆结构，则在技术上和经济上都造成一定的困难，因而发展形成了适用于低电压、弱电流电子设备和微电子设备的安全防爆型式——本质安全型防爆结构，又称为安全火花型结构(标志为"ia"和"ib")。

1.2.2 仪表的本质安全

安全火花防爆仪表是从电路设计开始就考虑防爆问题，将电路在短路、开路或断路以及误操作等各种状态下可能发生的火花都限制在爆炸性混合物或燃爆性气体的点火能量之下，是从爆炸发生的根本原因上采取措施来解决防爆问题。安全火花防爆仪表的设计依据是各种爆炸性混合物或燃爆性气体按其最小引爆电流分级和按自燃温度分组。显然，与结构防爆仪表相比，安全火花防爆仪表的优点突出，具有本质安全特性，因而也称为本质安全防爆仪表。

1.2.2.1 仪表本质安全原理

从危险火花的分析可得，设计本质安全防爆系统就是要合理地选择电气参数，使系统和设备在正常或故障状态下发生的电火花变得相当小，不会点燃周围环境的可燃性气体混合物。由于本质安全防爆是利用系统或电路的电气参数达到防爆要求的，因而是一种非常可靠的防爆手段。鉴于此，确定什么样的电火花标准才能不点燃周围环境中可燃性气体混合物成为关键性问题。标准确定得当，既保证了安全，又利于设计制造；标准确定得过严，安全固然得到保证，但设计制造方面会存在困难；标准确定得过宽，安全得不到保证，显然不合适。因此，必须在实验和理论分析相结合的基础上认识电火花在可燃性气体混合物中的点燃特性，认识影响电火花点燃特性的各种因素。

从燃烧爆炸理论可知，由电路断路、短路、击穿、电弧等产生的电火花，引起爆炸性混合物的点燃爆炸是一种很复杂的物理化学反应过程。通过对某些给定条件和试验方法及装置的研究，以及对各种试验数据的分析，可以得出每种爆炸性混合物都有其最小点燃能量。当小于最小点燃能量时，将不能引起点燃。因此，可以从限制电路的能量入手，采用各种方式使电路中的电压、电流以及电气参数在一个允许的范围内。这时，尽管产生了电火花，也不会点燃爆炸性混合物，从而达到在实际中安全应用的目的。

此外，由电流产生的热效应也是一种危险的点火源，对此也必须引起足够的注意。合理选择导线的截面积及电气元件参数的额定值，使其表面发热温度在爆炸性混合物的自燃温度以下，也可以避免点燃的可能性。

本质安全防爆原理也可称为安全火花原理，它所研究的是电路和电气设备的电火花是否会点燃爆炸性气体混合物的问题。由于本质安全型电路传递的功率很小，因而本质安全防爆原理只能适用于控制、测量、监视、通信等弱电设备和系统。在防爆结构中，仪表的各个电气回路中使用的都是一些很微弱的电压和电流，即使断开通电中的电感回路时在断开处产生火花，或者在间歇接触电容回路、电阻回路时产生小火花和电弧，但这些火花或电弧已经完全小到不能成为爆炸性混合气体的点火源，其极限能量无论如何也达不到可燃气体在空气中最适宜浓度下的最小点燃能量，所以安全火花防爆仪表具有本质安全特性。

由于在本质安全型电路及电气设备的设计和检验中，对电火花在爆炸性混合物中点燃能力的认识主要是建立在试验测试基础上的，而且目前国标中对爆炸性混合物能否被点燃（点燃能力，又称为点燃特性）的测试有严格的规定，并将爆炸性混合物典型的点燃能力曲线——最小点燃电流和最小点燃电压，作为设计本质安全型电路的基本依据。因此，对本质安全防爆基本原理和本质安全防爆设计依据还需根据国标中的有关规定来加以说明。《爆炸性环境 第 1 部分：设备 通用要求》(GB/T 3836.1—2021)对爆炸性气体环境用电气设备等的结构、检验和标志的通用要求及检验程序等进行了相应规定，《爆炸性环境 第 4 部分：由本质安全型“i”保护的设备》(GB/T 3836.4—2021)规定了使用在爆炸性气体环境中的本质安全设备，以及连接进入该环境中的本质安全电路的关联设备的结构和试验要求。

利用电火花发生装置产生的电火花，在各种爆炸性混合物中进行一系列点燃试验发现，爆炸性混合物能否被点燃，主要因素有：可燃性气体或蒸气本身的因素，如气体或蒸气的种类、浓度、温度和压力等；电气回路存在的因素，如直流、交流电路，高频、低频信号，电压、电流大小，电路的电感性、电容性和电阻性等；产生电火花方面的因素，如产生火花的两个导电极的形状、尺寸、材料、开闭速度、开闭方式和极性等；火花次数的影响。

对本质安全防爆设计依据的探讨，来自对爆炸性混合物能否被点燃的分析。虽然影响点燃能力的因素很多，但通过大量的电火花点燃爆炸性混合物的试验研究，目前已基本上摸清了在不同条件下点燃能力的极限值。然而，因影响点燃能力的因素复杂，至今未能确定出一个既简单又实用的由已知条件计算点燃能力的公式。所以，国内外都是采取定量、定性分析，以及考虑主要因素的方法，作出多种只有二元函数关系的点燃能力试验曲线，并选择其中最小点燃电流或最小点燃电压曲线作为本质安全防爆的基本设计依据。

由于点燃能力随着产生电火花方面的因素和火花次数、环境温度及压力等因素而变化，因此当采用不同结构的火花发生器做点燃试验时，点燃能力就会有较大的差异。为求得点燃能力试验的一致性，国际电工委员会(IEC)推荐了一套性能稳定、点燃能力重复性好、适用于各种电路参数（电阻性、电感性、电容性）的标准火花发生器，并规定在环境温度为 20～40 ℃、气压为 0.1 MPa 左右，以及在最易点燃的浓度下作的曲线，点燃概率均为 10^{-3}（1 000 次火花能点燃 1 次）的试验曲线为典型的点燃能力曲线。国家标准《爆炸性环境 第 4 部分：由本质安全型“i”保护的设备》(GB/T 3836.4—2021)中也采用上述标准火花发生器和规定的试验条件，并提供两种标准试验电路用于对火花试验装置标定灵敏度。

1.2.2.2 实现仪表本质安全的措施

本质安全防爆是利用系统或电路的电气参数达到防爆要求的，是从电路设计初始就对电路在短路、开路或断路以及误操作等各种状态下可能发生的电火花予以限制，使火花能量处在爆炸性混合物或易燃、易爆气体的最小点燃能量之下，使之成为安全火花，从爆炸发生的根本原因上解决防爆问题。通常情况下，本质安全电路和电气设备实现安全火花是从如下几个方面采取措施。

(1) 合理选择元件的额定参数。本质安全电路中元件的额定参数，需根据爆炸性混合物的级别和组别进行选择，既应满足电路的本质安全性能设计要求，使电路在任何工作状态下发生的电火花的能量均小于爆炸性混合物分级点燃的最小点燃能量，还应考虑一定的裕量，使电路中所有元件工作时的表面温度低于爆炸性混合物按自燃温度分组所允许的最高表面温度。所以，与本质安全性能有关的元件(变压器除外)在正常工作状态时，其电流、电压或功率不得大于其额定值的2/3。

当电路中由于电流太大而不能达到本质安全性能时，可采用保护性元件串接限流。通常，串接限流用电阻元件的选择，应使其使用功率在正常工作状态下不大于其额定值的2/3，故障状态下不大于其额定值。金属膜电阻、线绕被覆层电阻等可作为限流电阻，不宜采用碳膜电阻，同时限流电阻的装配应防止电阻两端短路，线绕电阻须有防止松脱措施。

当电路中由于电感、电容元件储能太大而不能达到本质安全性能时，可在其两端加保护性元件或组件。根据电容火花和电感火花放电过程的分析结果，电容储能经串联电阻放电可以减小电火花，这时串联放电用电阻的额定功率应符合限流用电阻元件的要求。而电感火花放电能量的减小，可通过对电感元件两端并接分流元件加以实现。电感线圈两端常用的保护性元件或组件(并联分流元件)是经过老化筛选的电容器和二极管或齐纳二极管，并且需要采用双重化措施。桥式连接的二极管组件可作为双重化分流元件。一般来说，二极管作分流元件时，其承受的最大电压应不大于其额定反向电压的2/3，承受的最大电流应不大于其额定值的2/3；电容器作分流元件时，其所承受的最高电压应不大于其额定值的2/3，且不宜采用电解电容和钽电容。此外，分流元件与被保护元件应连接可靠，当其处于危险环境时应胶封为一体，特殊情况可采用相应的措施。

(2) 降低电源的容量。一般降低电压或电流是减小电路火花、提高本质安全性能的普遍有效的方法。因此，为使爆炸性危险环境所用电气设备达到本质安全型，应在满足电路或电气设备的工作功率和工作性能要求的条件下，将电压、电流或二者都设计成较小的值。换言之，就是要降低电路或电气设备电源的容量，防止电路中出现过高的电压或过大的电流。这也正是本质安全型防爆结构只能适用于测量、监视、通信及控制等弱电设备和系统的原因所在。

根据电火花放电过程分析，对于电感性负载，减小电流比降低电压作用更大，更有利于实现安全火花；对于电容性负载，降低电压比减小电流更有利；对于电阻性负载，多数场合是降低电压。然而，随着电子工业的飞速发展和电子元器件及电动仪表等在爆炸危险环境中的广泛应用，电路、仪表等的功能增多，电路趋于复杂，对电源容量的要求越来越高，电源容量和电源的本质安全性能之间的矛盾越来越突出。当电路为完成其基本功能而需要较大的电源容量、同时又要考虑其本质安全性能时，解决的办法是在电路中设计并采用专用的装置快速切断负载，人为地缩小电路放电时间，以利于提高电源容量。有关研究表明，当电路放电时间缩短后，电源电压、电流都可以得到很大提高，即允许的安全火花电源容量可以提高很多，而且电路放电时间的缩短，可通过提高保护电路的动作速度加以实现。

(3) 机械隔离与电气隔离。对于本质安全型电气设备来讲，要求其中全部电路都是由本质安全型电路组成的，电路中所有的元件应符合本质安全性能所要求的额定参数值，或者元件本身就是可靠元件或组件，在使用中不会影响本质安全电路的防爆性能。对于直接向本质安全型电气设备供电用的电源变压器等，由于很难做成本质安全型的，因而要制成可靠元件或组件，这样就在电气设备的本质安全电路部分与非本质安全电路回路之间有许多电的、磁的联系。通常情况下，电气设备的本质安全与非本质安全两种回路之间不会短接，但万一发生短接则十分危险，故必须采取可靠措施，对设备的连接部分、端子、导线引入部分、印刷线路板等实现机械隔离，防止非本质安全电路的危险能量窜入本质安全电路中。当机械隔离还不能完全解决时，应实行电气隔离，即加设安全栅。

为了防止安全场所中非本质安全电路的能量窜入危险环境中的本质安全电路，确保危险环境中本质安全电路的安全，在本质安全电路与非本质安全电路之间设置一个由保护性元件制成的装置，这种装置就叫作安全栅。本质安全型电气设备中最常用的是二极管安全栅。它是一种可靠组件，由限流元件（金属膜电阻、非线性电阻等）、限压元件（二极管、齐纳二极管等）和特殊保护元件（快速熔断器等）组成，其中晶体管元件应双重化。

(4) 关键部位采用不出故障元件设计。本质安全电气设备的一个要点是在关键部位配置不出故障的部件，即可靠元件或组件，如不会短接的电源变压器、具有防止限流电阻短路的措施和隔爆外壳的电池或蓄电池、不会开路的电容器、不会短路的电阻等，其他部件即使出了故障，也无损于电气设备的本质安全性能。有关可靠元件和组件的设计、选型及参数选择等，可根据国家标准《爆炸性环境 第4部分：由本质安全型“i”保护的设备》(GB/T 3836.4—2021)中的有关要求确定。

1.2.2.3 本质安全仪表的选用

防爆仪表选型要根据仪表工作的环境和危险气体的性质来确定。审核防爆仪表的关键是审核其爆炸等级和温度组别。根据危险场所情况选用合适的防爆仪表，所选仪表的防爆等级一定要高于仪表工作环境中的气体爆炸等级和温度组别，但是也不可过高，因为这会增加不必要的投资成本；同时，仪表壳体（容器外表面）的温度上升也要有界限，才能保证安全。

由于电子学、微电子学的快速发展，促使本质安全型仪表发展非常快，目前现场应用的大部分是本质安全仪表。对于完全防护型仪表，危险现场的防爆仪表必须按防爆设备安装规范进行，与其相接的二次仪表、供电、控制仪表接口也应做适当的处理。电缆、接头、接线盒都有相应的特殊要求。

仪表的安装配线必须按防爆仪表安装规范进行。一般在防爆仪表上包括安全栅本质安全端子，颜色为蓝色，与其相接的线路也是蓝色的，称为本质安全回路，其余称为非本质安全回路。要消除静电及电磁感应的影响，线路电容、电感（包括分布电感、电容）要受限制，其值应在允许值以内。应保证有良好的接地铜排，防止线路、仪表的碰伤。仪表的维护检修必须由具有认证资格的单位和技术人员担任，在运行中不得进行仪表内部检修。

1.3 安全监测监控智能仪表

随着微电子技术的不断发展，微处理器芯片的集成度越来越高，使用的领域也越来越广泛，这些都对传统的电子测量仪表带来了巨大的冲击和影响。尤其是单片微型计算机的出现，引发了仪器仪表结构的根本性变革。智能仪表是计算机科学、电子学、数字信号处理、人工智能、超大规模集成电路等新兴技术与传统的仪器仪表技术的结合。单片计算机技术是推动智能仪表向小型化、多功能化、更加灵活化方向发展的动力。

1.3.1 仪表的发展

回顾电子仪表的发展历程，从仪表使用的器件来看，它大致经历了3个阶段，即模拟式电子仪表、数字式电子仪表和智能型仪表。

第一代：模拟式电子仪表，又称为指针式仪表。这一代仪表应用和处理的信号均为模拟量。例如指针式电压表、电流表、功率表及一些通用的测试仪表，均为典型的模拟式仪表。这一代仪表的特点是体积大、功能简单、精度低、响应速度慢。

第二代：数字式电子仪表。例如数字电压表、数字式测温仪、数字频率计等，它们的基本工作原理是将待测的模拟信号转换成数字信号并进行测量，测量结果以数字形式输出显示。数字式电子仪表与第一代模拟式电子仪表相比，具有精度高，速度快，读数清晰、直观的特点。其结果既能以数字形式输出显示，还可以通过打印机打印输出。此外，由于数字信号便于远距离传输，因此数字式电子仪表更适用于遥测遥控。

第三代：智能型仪表。这一代仪表是计算机科学、通信技术、微电子学、数字信号处理、人工智能、超大规模集成电路等新兴技术与传统电子仪表相结合的产物。智能仪表的主要特征是仪表内部含有微处理器（单片机），它具有数据存储、运算和逻辑判断的能力，能根据被测参数的变化自动选择量程，可实现自动校正、自动补偿、自寻故障以及远距离传输数据、遥测遥控等功能，可以做一些需要类似人类的智慧才能完成的工作。也就是说，这种仪表具备了一定的“智能”，故称为智能仪表。

智能仪表是由传统的电子仪表发展而来的，但在结构和内涵上已经发生了本质的变化。智能仪表是建立在微电子技术的基础上，超大规模集成电路、嵌入式系统、中央处理器（CPU）、存储器、模拟/数字（A/D）转换器和输入/输出回路等功能集成在一块芯片上的单片机等，使得模拟信号数字化这一工作从计算机端移到了现场端，现场仪表与计算机之间传送的不是模拟信号，而是数字信号，更确切地说是信息。

智能仪表的出现极大地扩充了传统仪表的应用范围，凭借其体积小、功能强、功耗低等优势，迅速地在科研单位和工业企业等得到了广泛的应用。

1.3.2 智能仪表的基本组成

智能仪表一般是指采用了微处理器（单片机）的电子仪表，微型计算机包含于电子仪表中，微处理器及其支持部件是智能仪表的一个组成部分。但从计算机的角度来看，测试电路与键盘、通信接口及显示器等部件一样，是计算机的一种外围设备。因此，智能仪表实际上是一个专用的微型计算机系统，主要由硬件和软件两大部分组成。

硬件部分包括主机电路、过程输入/输出通道（模拟量输入/输出通道和开关量输入/输出通道）、人机联系部件和接口电路以及串行或并行数据通信接口等，如图 1-2 所示。

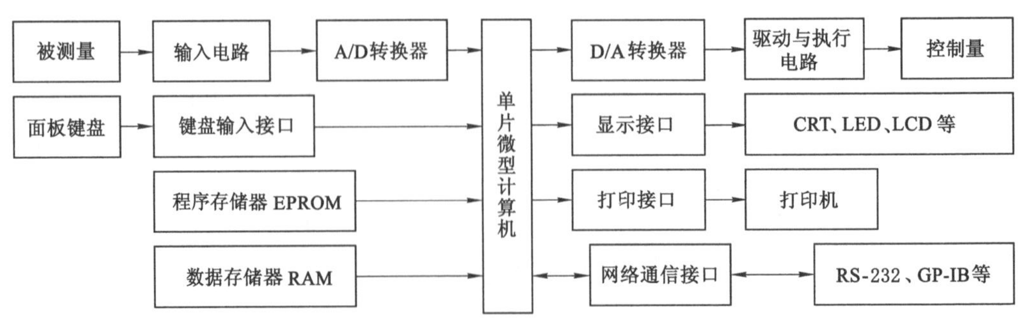

图 1-2 智能仪表的组成

主机电路用来存储数据、程序，并进行一系列运算处理，它通常由微处理器、ROM、RAM、输入/输出(I/O)接口和定时/计数电路等芯片组成；或者它本身就是一个单片机或嵌入式系统。模拟量输入/输出通道(分别由 A/D 和 D/A 转换器构成)用来输入/输出模拟量信号，而开关量输入/输出通道则用来输入/输出开关量信号。人机联系部件的作用是沟通操作者与仪表之间的联系。通信接口则用来实现仪表与外界交换数据，进而实现网络化互联的需求。

智能仪表的主体部分是由单片机及其扩展电路(程序存储器 EPROM、数据存储器 RAM 及输入/输出接口等)组成的。主机电路是智能仪表区别于传统仪表的核心部件，用于存储程序和数据，执行程序并进行各种运算、数据处理及实现各种控制功能。输入电路和 A/D 转换器构成了输入通道；D/A 转换器及驱动电路构成了输出通道；键盘输入接口、显示器接口及打印机接口等用于操作者与智能仪表之间的联系，属于人-机接口部件；通信接口则用来实现智能仪表与其他仪表或设备交换数据和信息。

智能仪表的软件包括监控程序和接口管理程序两部分，其中监控程序主要是面向仪表操作面板、键盘和显示器的管理程序。其内容包括：通过键盘操作输入并存储所设置的功能、操作方式与工作参数；通过控制 I/O 接口电路对数据进行采集；对仪表进行预定的设置；对所监测和记录的数据与状态进行各种处理；以数字、字符、图形等形式显示各种状态信息以及监测数据的处理结果等。接口管理程序主要面向通信接口，其作用是接收并分析来自通信接口总线的有关信息、操作方式与工作参数的程控操作码，并通过通信接口输出仪表的现行工作状态及监测数据的处理结果，响应计算机的远程控制命令。

智能仪表的工作过程是：外部的输入信号(被测量)先经过输入电路进行变换、放大、整形和补偿等处理，然后经模拟量通道的 A/D 转换器转换成数字量信号，送入单片机。单片机对输入数据进行加工处理、分析、计算等一系列工作，并将运算结果存入数据存储器 RAM 中；同时，可通过显示器接口将运算结果送至显示器显示，或者通过打印接口送至打印机打印输出；也可以将输出的数字量经模拟量通道的 D/A 转换器转换成模拟量信号输出，并经过驱动与执行电路去控制被控对象；还可以通过通信接口(如 RS232、GP-IB 等)实现与其他智能仪表的数据通信，完成更复杂的监测与控制任务。

1.3.3 智能仪表的主要功能

将单片机、嵌入式系统引入仪表中，能解决的问题是多方面的。

(1) 自动校正零点、满度和切换量程。自校正功能大大降低了因仪表零漂移和特性变化造成的误差，而量程的自动切换又给使用带来了方便，并可提高读数的分辨率。

(2) 多点快速检测。能对多个参数(模拟量或开关量信号)进行快速、实时检测，以便及时了解生产过程的瞬变工况。

(3) 自动修正各类测量误差。许多传感器的特性是非线性的，且受环境温度、压力等参数变化的影响，从而给仪表带来误差。在智能仪表中，只要掌握这些误差的变化规律，就可依靠软件进行修正，如测温元件的非线性校正、热电偶冷端温度补偿等。

(4) 数字滤波。通过对主要干扰信号特性的分析，采用适当的数字滤波算法，可抑制各种干扰(如低频干扰、脉冲干扰等)的影响。

(5) 数据处理。能实现各种复杂运算，对测量数据进行整理和加工处理，例如统计分析、查找排序、标度变换、函数逼近和频谱分析等。

(6) 各种控制规律。能实现 PID(proportional integral derivative)及各种复杂控制规

律，例如可进行串级、前馈、解耦、非线性、纯滞后、自适应、模糊等控制，以满足不同控制系统的需求。

(7) 多种输出形式。输出形式有数字或指针显示、打印记录、声光报警，也可以输出多点模拟或数字量、开关量信号。

(8) 数据通信。能与其他仪表和计算机进行数据通信，以便构成不同规模的计算机测量控制系统。

(9) 自诊断。在运行过程中，可对仪表本身各组成部分进行一系列测试，一旦发现故障即能报警，并显示故障部位，以便及时处理。

(10) 掉电保护。仪表内装有后备电池和电源自动切换电路。掉电时，能自动将电池接向 RAM，使数据不致丢失。可采用 Flash 存储器替代 RAM，存储重要数据，以实现掉电保护的功能。

1.3.4 智能仪表的发展趋势

(1) 微型化。微型智能仪表指微电子技术、微机电技术、信息技术等综合应用于仪表中。它能够完成信号的采集、线性化处理、数字信号处理，控制信号的输出、放大、与其他仪表的接口、与人的交互等功能，不但具有传统仪表的功能，而且能在自动化技术、航天、军事、生物技术、医疗领域起到独特的作用。微型智能仪表其技术不断成熟，价格不断降低，其应用领域也将不断扩大。

(2) 多功能化。多功能本身就是智能仪表的一个特点。例如，为了设计速度较快和结构较复杂的数字系统，仪表生产厂家制造了具有脉冲发生器、频率合成器和任意波形发生器等功能的函数发生器。这种多功能的综合型产品不但在性能上比专用脉冲发生器和频率合成器高，而且在各种监测功能上提供了较好的解决方案。

(3) 人工智能化。人工智能是计算机应用的一个新领域，利用计算机模拟人的智能，用于机器人、医疗诊断、专家系统、推理证明等各方面。智能仪表的进一步发展将持续加强人工智能，从而在视觉(图形及色彩辨读)、听觉(语音识别及语言领悟)、思维(推理、判断、学习与联想)等方面具有较强的能力。这样，智能仪表可不需要人的干预就自主地完成检测或控制功能。

(4) 通信与控制网络化。随着网络技术的飞速发展，互联网(Internet)技术广泛应用于工业控制和智能仪表设计领域，实现了智能仪表系统基于 Internet 的通信能力，以及对设计好的智能仪表系统进行远程升级、功能重置和系统维护。在系统可编程技术 ISP(in system programming)能对软件进行修改、组态或重组，消除了传统技术的某些限制和连接弊病，有利于在板设计、制造与编程。ISP 硬件灵活且易于软件修改。由于 ISP 器件可以像任何其他器件一样在印制电路板(PCB)上处理，因此 ISP 器件不需要专门的编程器和较复杂的流程，只要通过 PC、嵌入式系统处理器，甚至 Internet 远程网就可进行编程。另外，嵌入式微型因特网互联技术 EMIT(embedded micro internetworking technology)也是一种将单片机等嵌入式设备接入 Internet 的新技术。利用该技术能够将单片机系统接入 Internet，实现基于 Internet 的远程数据采集、智能控制、上传/下载数据文件等功能。

(5) 结构虚拟化。监测仪表的主要功能都是由数据采集、数据分析和数据显示等三大部分组成的。随着计算机应用技术的不断发展，人们利用计算机强大的图形环境和在线帮助功能，建立了图形化的虚拟仪表面板，能实现对仪表的控制、数据采集、数据分析和数据显示等功能。因此,只要额外提供一定的数据采集硬件,就可以与计算机组成监测仪器。这种基于计算机的监测仪器就称为虚拟仪器(virtual instrument,VI)。在虚拟仪器中使用同一个硬件系统时,只要使用不同的软件编程,就可以得到功能完全不同的测量仪器。可见,软件系统是虚拟仪器的核心——“软件就是仪器”。作为 VI 核心的软件系统具有通用性、可视性、可扩展性和升级性,是仪器发展的新方向。

1.4 安全监控系统

1.4.1 安全监控系统的发展

安全检(监)测技术自有工业生产以来就存在。早期人们通过触摸、观察等对机器运行的声音、振动等状态特征进行感受,凭借个人经验判断某些故障的存在并提出修复措施,随后便逐步应用一些简单的安全检测工具。例如,工业发达的英国于 1815 年发明了第一项安全仪器——安全灯,利用瓦斯在灯焰周围燃烧,根据火焰高度来测量矿井瓦斯浓度。随着基础科学的发展和科学技术的进步,陆续出现了利用应变效应、压阻效应、压电效应、光学原理、热催化原理、热导原理等多种工作原理和不同性能的各类检(监)测仪表,并发展为多参数、多功能的安全监测监控系统,实现了对各种危险和有害因素的有效监测监控。安全监测监控系统自诞生之日起就与计算机技术的发展紧密相关,大致经历了四代发展历程。

第一代是基于专用计算机和专用操作系统的安全监控系统。20 世纪 50 年代后,由于电子通信和自动化技术的发展,出现了能够把工业生产过程中不同部位的测量信息远距离传输并集中监视、集中控制和报警的生产控制装置,初步实现了由“间断”“就地”检测到“连续”“远地”检测的飞跃,由单体检测仪表发展到监测系统。例如,在过程控制自动化领域中实现了分散控制系统 DCS(distributed control system),或集散控制系统 TDCS(total distributed control system)。各现场设备通过星网汇总到中继站,再连到中控计算机上。20 世纪 70 年代,与 DCS 同时出现的 PLC(programmable logic controller)技术,出现在制造业自动化领域中,是带微处理器的智能仪表和执行端。PLC 与 DCS 在速度上各有侧重,网络、图形、编程功能均强。20 世纪 70 至 80 年代初,主要采用第一代安全监控系统,实现了就地断电控制、声光报警、数码管显示、记录仪记录等功能,但其监测参数单一、监测功能少、精度低、可靠性差、信息传递速度慢、电缆用量大、系统性价比低。

第二代是 20 世纪 80 年代基于通用计算机的安全监控系统。20 世纪 80 年代以来,电子技术和微电子技术的发展,特别是计算机技术的应用,实现了工业生产过程控制最优化和管理调度自动化相结合的分级计算机控制。检测仪器仪表和监测系统,无论其功能、可靠性和实用性都产生了重大的飞跃,使安全监测技术与现代化的生产过程控制紧密地联系在一起。现场总线(field bus)技术趋于成熟并走向实用化,现场总线控制系统 FCS(field bus control system)突破了 DCS 从上到下的树状拓扑结构,并将 DCS 与 PLC 结合起来,采取总线互通信的拓扑结构,进入开放、分散、可开发的体系与全数字化的体系。

第三代安全监控系统开始应用 PC 机和网络技术,同时系统逐步从集中式结构转向客户/服务器结构,各种最新的计算机技术都汇集进到安全监控系统中。20 世纪 90 年代,随着计算机、自动控制系统、通信网络特别是大型计算机监控系统技术的长足发展，通过统一的分层分布式计算机网络，以及统一的监控系统软件和硬件体系平台，实现了各专业资源共享与信息互联。这一阶段也是我国安全监控系统发展最快的阶段。传感器及执行器用星形结构与分站相连单向模拟传输；分站-中心站采用树形网络结构，数据采用数字传输；中心站采用专用监控软件或组态软件；采用单板机、PC 机、嵌入式计算机等多种技术；由系统实现集中监测，根据要求实现异地控制；通过大屏幕、多屏显示器等形式进行信息显示；具有数据存储、报表打印、联网等多项辅助功能。但安全监测监控系统往往针对某一监控对象开发，软硬件不兼容，信道和信息不共享；通信协议均为厂家自定义，不兼容，信息无法交互；软件为某一特定系统定制开发，无法重新利用；由于各系统数据互不兼容，难以提高数据利用率；不符合硬件通用、多网合一的发展趋势。

第四代安全监控系统是以信息化、物联网为标志，是监控系统的研究热点和发展方向。信息技术的突飞猛进和安全监测监控的重要性，促进了各类传感器、数据传输技术、信息接口和 GIS、GPS 技术在安全生产领域的大量应用，提高了安全生产信息化水平。信息化时代的安全监测监控系统的主要特征是采用 Internet 技术、面向对象技术、组件技术等，实现安全监控系统与其他信息系统的增值集成，实现控制和管理过程的智能化。

我国从 20 世纪 80 年代开始引进国外安全监测监控先进技术，再自行研发，经历了推广、强制、规范使用、强化管理等过程。

1.4.2 安全监控系统的组成

安全监控系统由早期的单微机监控已发展成为网络化监控以及不同监控系统的联网监测，监测参数有生产过程参数、生产设备状态参数和环境参数。安全监控系统主要由监测终端、监控中心站、通信接口装置、监测分站、传感器、电缆以及计算机控制软件等组成，如图 1-3 所示。

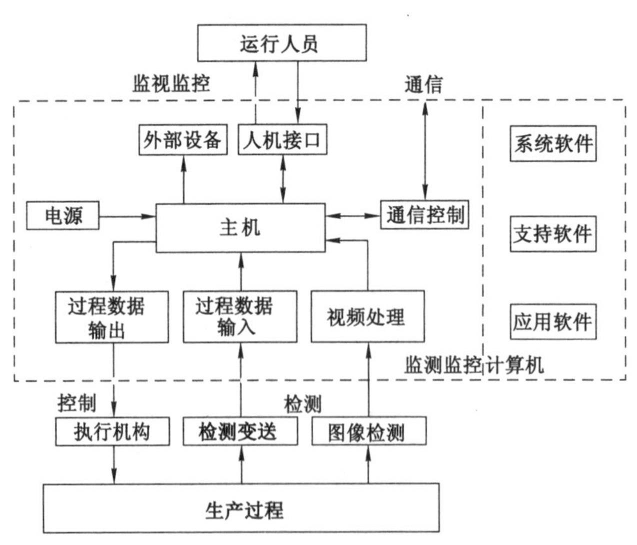

图 1-3　安全监控系统基本结构

硬件主要由计算机，输入、输出装置，检测变送装置和执行机构等部分组成。软件主要分为系统软件、支持软件和应用软件。系统软件一般为一个操作系统，对于比较简单的计算机监控系统而言，则为一个监控程序。支持软件包括高级语言、组态软件和数据库等。应用软件往往可以有输入/输出处理模块、控制算法模块、逻辑控制模块、通信模块、报警处理模块、数据处理模块或数据库、显示模块、打印模块等。

工业企业中的安全监控系统监测的模拟量和开关量可达上千个，巡检周期短，能同时完成信号的自动处理、记录、报警、联锁动作、打印、计算等；监测参数除可燃气体成分和浓度、可燃粉尘浓度、可燃液体泄漏量之外，还有温度、压力、压差、风速、火灾特征等环境参数和生产过程参数。企业通过连续监测数据、屏幕显示图形以及经数据处理后得到的各种图表就能及时掌握整个生产的过程参数、环境参数和生产设备的状态，保证了生产的连续与均衡，保障了作业环境的安全卫生。

(1) 系统中心站。系统中心站主要由中心站软件控制监控系统进行生产环境和生产状态监测。环境监测主要监测各种有毒有害气体及工作地点的安全卫生条件，如甲烷、一氧化碳、氧气、风速、负压、温度、压力、烟雾等。生产状态监控主要监控各主要生产环节的生产参数和重要设备的运行状态参数，如水仓水位、供电电压、供电电流、功率等模拟量，以及水泵、提升机、通风机、胶带机的运行状态和参数等。中心站软件大都采用了模块设计，软件的功能主要表现在具有测点定义功能、显示测量参数、数据报表、曲线显示、图形生成、数据存储、故障统计和报表、报告打印等功能方面。

(2) 局域网络。以计算机为基础的安全监控系统采用 TCP/IP 网络协议，以实现局域网络终端与中心站之间实时通信和实时数据查询。局域网络管理主要靠网络系统应用软件来支撑。

(3) 监控分站。尽管各类监控系统的分站形式多样，其基本功能主要有开机自检和本机初始化功能；通信测试功能；监测分站程控功能；死机自复位功能且通知中心站；接收中心站初始化本分站参数设置功能；分站自动识别配接传感器类型；分站本身具备超限报警功能；分站接收中心站对本分站指定通道输出控制继电器实施异地断电功能。

(4) 传感器。传感器主要有温度、可燃气体、有毒有害气体、风速、压力、电流、电压等模拟量传感器，以及机电设备开停、机电设备馈电状态、开关状态等开关量传感器。传感器的稳定性和可靠性是安全监控系统能否正确反映被测环境和设备参数的关键。

1.4.3 安全监控系统的可靠性

安全监控系统的装备与应用，大大地提高了企业的灾害预测预报预警能力。但安全事故仍时有发生，安全生产的形势依然严峻，而发生事故的企业多数安装了相应的安全监控系统。由于安全监控系统是由多个元件和子系统组成的大系统，系统能否正常运行取决于组成系统的元器件和各子系统的可靠度。

1.4.3.1 可靠性影响因素

可靠性是一个产品在规定的条件下和规定的时间内完成规定功能的能力，是衡量产品质量的一个重要指标。它包括产品的固有可靠性和使用可靠性两个方面。根据实测，因素对产品可靠性的影响程度见表 1-1。

表 1-1　安全监控系统可靠性影响因素

类别	影响因素	影响程度/%
固有可靠性	零部件材料	20
	设计技术	30
	制造技术	10
使用可靠性	使用、运输、操作、安装、维修	40

固有可靠性是产品在生产厂及生产过程中就已经确立了的一种可靠性，与所选用的材料、零部件、设计方案、软件结构、硬件结构、制造工艺、装配工艺等有密切关系，是产品内在的可靠性。

使用可靠性是产品在由生产厂转给用户过程中的，如包装、运输、保管以及在实际使用过程中的环境、操作水平、维修技术等环节中的可靠性。在产品的研制、设计、制造、检验、使用和维修各个环节都有造成故障的可能性，也有发生故障后进行维修改善的可能性。所以，各环节都与可靠性有着密切联系。

可靠性一般由可靠度和失效率来表示。可靠度表示产品在规定的工作条件下和规定的时间内完成规定功能的概率。失效率又称为故障率，表示产品工作到某一时刻后单位时间内发生故障的概率。由于安全监控系统是由多个子系统组成的大系统，所以系统能否正常运行、可靠度是多少，这些取决于组成系统的元器件和各子系统的可靠度。

(1) 传感器。影响传感器可靠性的因素与响应时间、线性度、催化剂中毒等多种因素有关。例如，由于企业生产作业环境及各种有毒有害气体的影响，可造成传感器元件灵敏度下降，元件寿命缩短，仪表故障增多，粉尘的吸附和水蒸气的凝结作用也会使传感器的灵敏度下降。

(2) 转换器。由传感器输出的各种信号要通过转换器转换成易于处理和传输的标准信号。标准信号可以是模拟量、开关量和累计量。这种转换过程存在装置误差与方法误差、基本误差与附加误差、系统误差与随机误差、绝对误差与相对误差。虽然可以采取很多措施，如制定修正曲线、利用非线性元件补偿、计算机处理等对误差加以校正，但是转换过程中的误差是必然存在的。

(3) 信号传输设备。传输设备对安全监控系统可靠性的影响主要表现在两个方面：一是信号在传输过程中，常因通信电缆原因，而使信号中断；二是模拟量传输信号在传输过程中易受杂波干扰。由于 Internet 技术的普及，信号传输普遍采用 TCP/IP 协议数字传输，传输设备的可靠性大为提高。

(4) 中心站。由于计算机技术的飞速发展，在中心站采用主、备计算机同时工作时，中心站的故障率极低，可靠度较高，但需要特别防范计算机病毒的侵害。

(5) 备用电源。安全监控系统应当具有备用电源，当电网停电后应能保证对主要监控量的继续监控。

(6) 系统管理。许多企业装备了安全监控系统以后仍然发生事故，除了前面分析的系统的固有可靠性以外，多数的失效原因在于使用可靠性。由于安全监控系统的专业性和复杂性，许多企业的领导与管理部门人员，不能深入了解系统的性能和使用方法，更不能及时地发现问题，因而使安全监控系统不能可靠地运行。

安全监控系统是一个能够完成规定功能的综合体，由元件和子系统等组成。系统的可靠性不仅取决于组成系统的元件的可靠性，而且还取决于组成元件的相互配合方式。系统可靠性依赖于所有元件的可靠性确定。

1.4.3.2 故障规律

安全监控系统失效率在时间上的分布曲线形态有如浴盆，它可分为早期故障期、偶发故障期和耗损故障期，如图 1-4 所示。

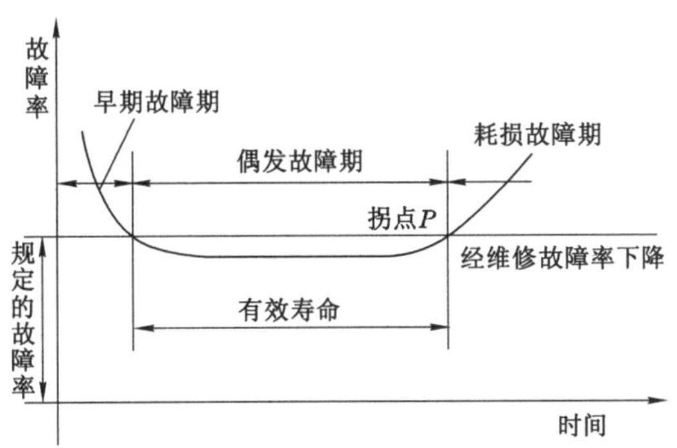

图 1-4 安全监测监控系统的失效规律

(1) 早期故障期。早期故障主要是由于设计、制造、装配、检查、保管等不当而引起一些产品隐藏着缺陷而产生的。其特点是开始时故障率高，随着时间加长而迅速下降。为了提高产品可靠性，产品在正式使用前应进行试车或调试，发现隐患和纠正缺陷，将不合格产品在使用前淘汰掉。

(2) 偶发故障期。偶发故障是由于质量缺陷、维护不良、操作不当及环境影响因素造成的。产品在其有效寿命期中呈现随机故障，故障率低且稳定。

(3) 耗损故障期。耗损故障主要是由于构成设备的某些零部件老化、疲劳、过度磨损等因素所致。它出现在产品的有效寿命期之后，其特点是故障率随着时间的增加而迅速上升。在整机设计时，要对寿命短的零部件制定预防性检修和更新措施，在它们达到耗损故障期前及时检修或更换。

1.4.3.3 可靠性指标

衡量安全监控系统可靠性的指标有平均无故障时间、可信任概率、故障率、有效度等。

(1) 平均无故障时间(mean time between failure，MTBF)是指检测系统在正常工作条件下开始连续不间断工作，直至因系统本身发生故障丧失正常工作能力时为止的时间，单位通常为 h 或 d。

(2) 可信任概率表示在给定时间内系统在正常工作条件下保持规定技术指标(限内)的概率。

(3) 故障率也称为失效率，是 MTBF 的倒数。

(4) 衡量系统可靠性的综合指标是有效度。对于排除故障修复后又可投入正常工作的系统而言，其有效度 A 定义为平均无故障时间与平均无故障时间、平均故障修复时间 MTTR(mean time to repair)之和的比值，即 $A=\text{MTBF}/(\text{MTBF}+\text{MTTR})$。

对于使用者来说,当然希望平均无故障时间尽可能长,同时又希望平均故障修复时间尽可能地缩短,即有效度的数值越大越好,有效度越接近 1,安全监控系统工作越可靠。

以上是安全监控系统的主要技术指标,此外还有经济方面的指标,如功耗、价格、使用寿命等;使用方面的指标有操作维修是否方便、抗干扰与防护能力的强弱、质量、体积的大小、自动化程度的高低等。

第2章　传感器基础知识

安全监测监控是事故预防的基本技术手段，传感器则是安全监测监控的基础，本章将介绍传感器的基础知识。

2.1　传感器概述

由于计算机技术突飞猛进的发展和微处理器的广泛应用，各种物理量、化学量和生物量的信息都有可能通过计算机进行正确、及时的处理。但是，信息首先都需要通过传感器来获得。

2.1.1　传感器的概念

从广义上讲，传感器是将被测物理量按一定规律转换为与其对应的另一种（同种）物理量输出的装置。目前，对传感器的定义仍局限于非电物理量与电量的转换，即传感器是将被测非电物理量（如压力、应变、位移、速度、加速度等）转换成与之对应的并易于精确处理的电量或电参量（如电流、电压、电阻、电感、电容、频率等）输出的一种检测装置。《传感器通用术语》(GB/T 7665—2005)将其定义为：能感受被测量并按照一定的规律转换成可用输出信号的器件或装置，通常由敏感元件和转换元件组成。敏感元件(sensing element)是指传感器中能直接感受或响应被测量的部分。转换元件(transducing element)是指传感器中能将敏感元件感受或响应的被测量转换成适于传输或测量的电信号部分，当输出为规定的标准信号时，则称为变送器(transmitter)。

传感器一般由敏感元件、转换元件和测量电路 3 部分组成。除自源型传感器外，还需要外加辅助电源，如图 2-1 所示。

敏感元件（预变换器）可以直接感受被测量（一般为非电量），并将其转换为与被测量有确定关系、易变成电信息的特种电子元件。转换元件（变换器）能够将物理量直接转换为有确定关系的电路参数量。测量电路（变换电路）是将转换元件输出的电信号变为便于处理、显示、记录、控制的可用电信号的电路。辅助电源供给转换能量。

传感器转换能量的理论基础都是利用物理学、化学等各种现象和效应来进行能量形式的转换。随着微电子技术的发展，传感器输出信号的形式应尽可能是电量。进入传感器的

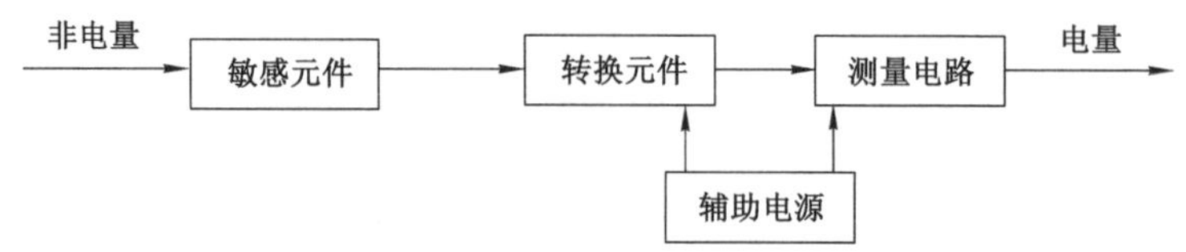

图 2-1　传感器的组成

信号幅度是很小的，而且混杂着干扰信号和噪声。为了方便随后的处理过程，首先要将信号整形成具有最佳特性的波形，有时还需要将信号线性化，该工作是由放大器、滤波器以及其他一些模拟电路完成的。成形后的信号随后转换成数字信号，并输入到微处理器，如图 2-2 所示。

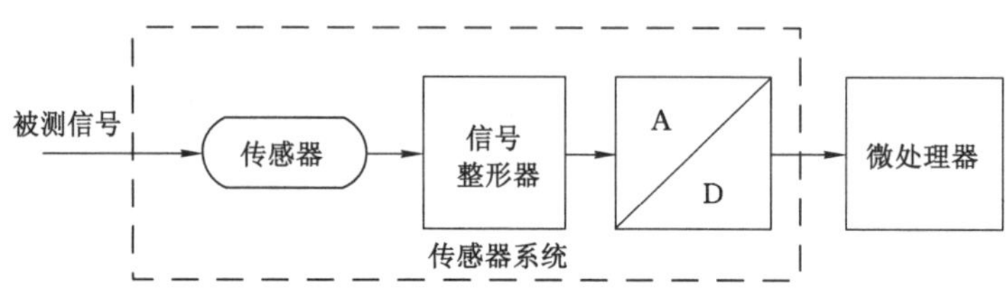

图 2-2　传感器系统原理

传感器承担将某个对象或过程的特定特性转换成数量的工作。其对象可以是固体、液体或气体，而它们的状态可以是静态的，也可以是动态(过程)的。对象特性被转换量化后可以通过多种方式检测。对象特性可以是物理性质的，也可以是化学性质的。按照其工作原理，传感器将对象特性或状态参数转换成可测定的电学量，然后将此电信号分离出来，送入传感器系统加以评测或标示。通常将传感器的功能与人类五大感觉器官相比拟：光敏传感器——视觉；声敏传感器——听觉；气敏传感器——嗅觉；化学传感器——味觉；压敏、温敏、流体传感器——触觉。各种物理化学效应和工作机理被用于制作不同功能的传感器，用于传感器的工作机制和效应类型不断增加，其包含的处理过程也日益完善。

2.1.2　传感器的分类

可以用不同的观点对传感器进行分类，如转换原理、用途、输出信号类型等。

(1) 根据传感器工作原理，可分为物理传感器和化学传感器等。物理传感器应用的是物理效应，如压电效应，磁致伸缩现象，离化、极化、热电、光电、磁电等效应。被测信号量的微小变化都将转换成电信号。化学传感器包括以化学吸附、电化学反应等现象为因果关系的传感器，被测信号量的微小变化也将转换成电信号。

(2) 按照其用途，传感器可分为力敏传感器、位置传感器、液面传感器、速度传感器、热敏传感器、加速度传感器、振动传感器、磁敏传感器、气敏传感器等。

(3) 以传感器输出信号可分为模拟传感器、数字传感器、膺数字传感器、开关传感器等。模拟传感器是将被测量的非电学量转换成模拟电信号。数字传感器是将被测量的非电学量转换成数字输出信号。膺数字传感器是将被测量的信号量转换成频率信号或短周期信号的输出。开关传感器是指当一个被测量的信号达到某个特定的阈值时，传感器相应地输出一个设定的低电平或高电平信号。

(4) 根据采用的材料可将传感器分类。按其所用材料的类别,可分为金属、聚合物、陶瓷、混合物;按材料的物理性质,可分为导体、绝缘体、半导体、磁性材料;按材料的晶体结构,可分为分单晶、多晶、非晶材料。

(5) 按其制造工艺,可分为集成传感器、薄膜传感器、厚膜传感器、陶瓷传感器。集成传感器是用标准的生产硅基半导体集成电路的工艺技术制造的,通常还将用于初步处理被测信号的部分电路也集成在同一芯片上。薄膜传感器则是通过沉积在介质衬底(基板)上的相应敏感材料的薄膜形成的。使用混合工艺时,同样可将部分电路制造在此基板上。厚膜传感器是利用相应材料的浆料涂覆在陶瓷基片上制成的,基片通常是 Al_2O_3 制成的,然后进行热处理,使厚膜成形。陶瓷传感器采用标准的陶瓷工艺或某种变种工艺(溶胶-凝胶等)生产,在完成适当的预备性操作之后,将已成形的元件在高温中进行烧结。厚膜和陶瓷传感器在工艺上有许多共同特性,也有人认为厚膜工艺是陶瓷工艺的一种转型。

(6) 按其构成原理,可分为结构型传感器和物性型传感器。结构型传感器是基于物理学中场的定律构成的,包括动力场的运动定律、电磁场的电磁定律等。物理学中的定律一般是以方程式给出的。对于传感器来说,这些方程式也就是许多传感器在工作时的数学模型。这类传感器的工作原理是以传感器中元件相对位置变化引起场的变化为基础,而不是以材料特性变化为基础。物性型传感器是基于物质定律构成的,如胡克定律、欧姆定律等。物质定律是表示物质某种客观性质的法则,大多数是以物质本身的常数形式给出,而这些常数的大小决定了传感器的主要性能。因此,物性型传感器的性能随材料的不同而异。例如,光电管就是物性型传感器,它利用了物质法则中的外光电效应。显然,其特性与涂覆在电极上的材料有着密切的关系。又如,所有半导体传感器以及所有利用各种环境变化而引起的金属、半导体、陶瓷、合金等性能变化的传感器,都属于物性型传感器。

2.2　电阻式传感器

电阻式传感器是将非电量(如力、位移、速度、形变、加速度、扭矩等)转换为电阻变化的传感器,通过电测技术对电阻变化进行测量,以达到对非电量测量的目的,其核心转换元件是电阻元件。常见的电阻式传感器有电阻应变式传感器和电位器式传感器。

2.2.1　电阻应变式传感器原理

电阻应变式传感器具有悠久的历史,也是目前应用最广泛的传感器之一,可应用不同弹性敏感元件形式完成多种参数的转换和检测。

2.2.1.1　金属电阻应变式传感器

设有一长为 l、截面积为 S、电阻率为 ρ 的导电金属丝,它的电阻值为 R,则:

$$R=\rho\frac{l}{S} \tag{2-1}$$

当金属丝受到轴向力被拉伸(压缩)时,其 l、S 和 ρ 均将发生变化,因而导体的电阻 R 也随之发生变化,如图 2-3 所示。

利用数学求导的方法可求得电阻的相对变化量。将式(2-1)两边取对数,得:

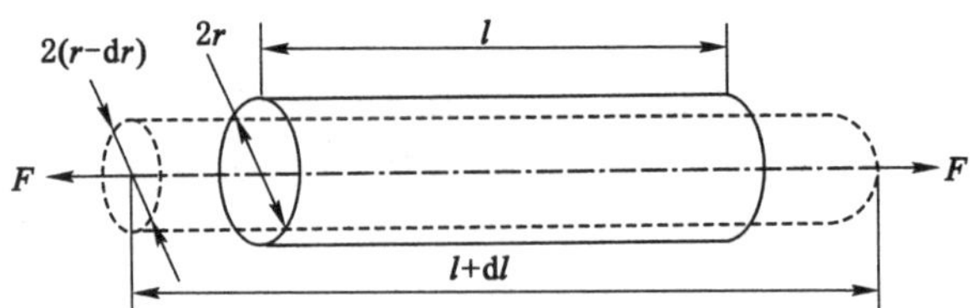

图 2-3 金属电阻丝应变效应

$$\ln R = \ln \rho + \ln l - \ln S \tag{2-2}$$

再对式(2-2)两边取微分,得:

$$\frac{\mathrm{d}R}{R} = \frac{\mathrm{d}\rho}{\rho} + \frac{\mathrm{d}l}{l} - \frac{\mathrm{d}S}{S} = \frac{\mathrm{d}\rho}{\rho} + \varepsilon_t - \frac{\mathrm{d}S}{S} \tag{2-3}$$

式中,$\mathrm{d}R/R$ 为电阻的相对变化;$\mathrm{d}l/l = \varepsilon_t$ 为材料的轴向应变;$\mathrm{d}S/S$ 为截面积的相对变化;$\mathrm{d}\rho/\rho$ 为电阻率的相对变化。

截面积的相对变化为:

$$\frac{\mathrm{d}S}{S} = \frac{2\pi r \cdot \mathrm{d}r}{\pi r^2} = 2\frac{\mathrm{d}r}{r} = 2\varepsilon_r \tag{2-4}$$

式中,$\mathrm{d}r/r$ 为金属丝半径的相对变化(径向应变),$\mathrm{d}r/r = \varepsilon_r$。

根据材料的泊松比定律,在弹性限度内金属材料沿长度方向(轴向)伸长时,径向尺寸缩小,反之亦然。那么,轴向应变 ε_t 与径向应变 ε_r 的关系为:$\varepsilon_r = -\mu\varepsilon_t$($\mu$ 为泊松比),即 $\mathrm{d}r/r = -\mu\varepsilon_t$。所以:

$$\frac{\mathrm{d}S}{S} = -2\mu\varepsilon_t \tag{2-5}$$

代入式(2-3)中,得:

$$\frac{\mathrm{d}R}{R} = (1 + 2\mu)\varepsilon_t + \frac{\mathrm{d}\rho}{\rho} \tag{2-6}$$

则:

$$\frac{\mathrm{d}\rho}{\rho} = c\,\frac{\mathrm{d}V}{V} \tag{2-7}$$

$$V = Sl \tag{2-8}$$

式中,c 为由一定材料和加工方式决定的常数。

对式(2-8)取对数并微分,得:

$$\frac{\mathrm{d}V}{V} = \frac{\mathrm{d}S}{S} + \frac{\mathrm{d}l}{l} = 2\varepsilon_r + \varepsilon_t = -2\mu\varepsilon_t + \varepsilon_t = (1 - 2\mu)\varepsilon_t \tag{2-9}$$

则:

$$\frac{\mathrm{d}\rho}{\rho} = c(1 - 2\mu)\varepsilon_t \tag{2-10}$$

将式(2-10)代入式(2-6),可得:

$$\frac{\mathrm{d}R}{R} = (1 + 2\mu)\varepsilon_t + c(1 - 2\mu)\varepsilon_t = [(1 + 2\mu) + c(1 - 2\mu)]\varepsilon_t = s_m\varepsilon_t \tag{2-11}$$

式中,s_m 为金属材料的应变灵敏度系数,$s_m = (1+2\mu) + c(1-2\mu)$。

考虑到实际上 $\Delta R \ll R$，故将式(2-11)取有限值得：

$$\frac{\Delta R}{R}=s_{\mathrm{m}} \cdot \varepsilon_{\mathrm{t}} \tag{2-12}$$

式(2-11)表明，金属材料的电阻相对变化与其轴向应变 ε_{t} 成正比。对于金属材料来说，$1+2\mu \gg c(1-2\mu)$，即 $s_{\mathrm{m}} \approx 1+2\mu$，故金属材料起主要作用的是应变效应。这样，我们就可以从测量金属材料的电阻相对变化得到金属材料的轴向应变 ε_{t}。

2.2.1.2　半导体应变式传感器

对于半导体材料施加外力时，除了产生变形外，材料的电阻率也随着变化。当半导体应变片受轴向力作用时，有：

$$\frac{\mathrm{d}\rho}{\rho}=\pi\sigma=\pi E\varepsilon_{\mathrm{t}} \tag{2-13}$$

式中，π 为压阻系数；E 为半导体材料的弹性模量；σ 为应力；ε_{t} 为轴向应变。

同样，将式(2-13)代入式(2-6)中并写成增量形式：

$$\frac{\Delta R}{R}=[(1+2\mu)+\pi E]\varepsilon_{\mathrm{t}}=s_{\mathrm{s}}\varepsilon_{\mathrm{t}} \tag{2-14}$$

式中，s_{s} 为半导体材料的应变灵敏度系数，$s_{\mathrm{s}}=1+2\mu+\pi E$。

对于半导体材料来说，$s_{\mathrm{s}}=1+2\mu+\pi E$，它由两部分组成，前半部分为尺寸变化所致，后部分为半导体材料的压阻效应所致，而且 $\pi E \gg (1+2\mu)$。因此，对于半导体材料来说，$s_{\mathrm{s}} \approx \pi E$。可见，半导体材料的应变电阻效应主要基于压阻效应。同样，我们可以从测量半导体材料的电阻相对变化而得到半导体所受到的压力。

2.2.2　电阻应变式传感器测量电路

利用应变片可以感受由被测量产生的应变，并得到电阻的相对变化。通常可以通过电桥将电阻的变化转变成电压或电流信号，如图 2-4 所示。

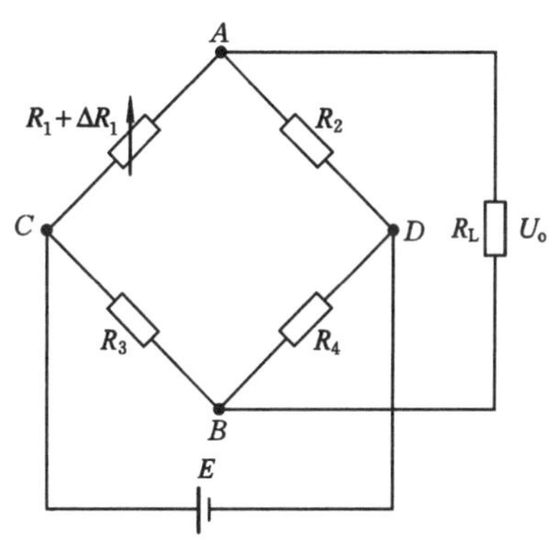

图 2-4　全桥测量电路

U_{o} 为输出电压，R_1 为受感应变片，其余 R_2、R_3、R_4 为常值电阻。为了便于讨论，假设电桥的输入电源内阻为零，输出为空载，则电桥的输出电压为：

$$\begin{aligned} U_{\mathrm{o}} &= \left(\frac{R_1}{R_1+R_2}-\frac{R_3}{R_3+R_4}\right)E \\ &= \frac{R_1R_4-R_2R_3}{(R_1+R_2)(R_3+R_4)}E \end{aligned} \tag{2-15}$$

平衡电桥就是指电桥的输出电压 U_{o} 为零的情况，即平衡电桥应满足：

$$\frac{R_2}{R_1}=\frac{R_4}{R_3} \tag{2-16}$$

在上述电桥中，R_1 为受感应变片，即单臂受感。当被测量变化引起应变片的电阻 R_1 产生 ΔR_1 的变化时，上述平衡关系被破坏，则：

$$U_{\mathrm{o}}=\left(\frac{R_1+\Delta R_1}{R_1+\Delta R_1+R_2}-\frac{R_3}{R_3+R_4}\right)E=\frac{\frac{R_4}{R_3}\cdot\frac{\Delta R_1}{R_1}}{\left(1+\frac{\Delta R_1}{R_1}+\frac{R_2}{R_1}\right)\left(1+\frac{R_4}{R_3}\right)}E \tag{2-17}$$

设桥臂电阻比 $R_2/R_1=R_4/R_3=n$，由于 $\Delta R_1 \ll R_1$，则分母中 $\Delta R_1/R_1$ 项可忽略，即：

$$U_o \approx \frac{n}{(1+n)^2} \times \frac{\Delta R_1}{R_1} E \tag{2-18}$$

由式(2-18)可知，电桥输出电压 U_o 和电源电压 E 及电阻 R_1 相对变化成正比，而与各桥臂阻值的大小无关。电桥电压灵敏度定义为：

$$K_V = \frac{n}{(1+n)^2} E \tag{2-19}$$

分析发现：① 电桥电压灵敏度正比于电桥供电电压，电桥供电电压高，电桥电压灵敏度越高，但是电桥供电电压的升高受到应变片允许功耗的限制，所以一般电桥供电电压应适当选择；② 电桥电压灵敏度是桥臂电阻比 n 的函数，因此必须恰当地选择桥臂电阻比 n 的值，保证电桥具有较高的电压灵敏度。下面分析当电桥供电电压 E 确定后、n 应取何值时电桥电压灵敏度最高。

令 $\frac{\partial K_V}{\partial n}=0$，即：

$$\frac{\partial K_V}{\partial n} = \frac{1-n^2}{(1+n)^4} = 0 \tag{2-20}$$

求得：当 $n=1$ 时，K_V 有最大值。也就是说，当 $R_2/R_1=R_4/R_3=1$ 时，电桥灵敏度最高。

2.2.3 电阻应变式传感器结构与应用

2.2.3.1 电阻应变片的分类

电阻应变片的种类繁多，分类方法也各异。

(1) 按所选用的敏感材料，可分为金属应变片和半导体应变片。

(2) 按敏感栅结构，可分为单轴应变片和多轴应变片。

(3) 按基底材料，可分为纸质应变片、胶基应变片、金属基底应变片、浸胶基应变片。

(4) 按制栅工艺，可分为丝绕式应变片、短接式应变片、箔式应变片、薄膜式应变片。

(5) 按使用温度，可分为低温应变片(−30 ℃及以下)、常温应变片(−30～60 ℃，含60 ℃)、中温应变片(60～350 ℃，含 350 ℃)、高温应变片(350 ℃以上)。

(6) 按安装方式，可分为粘贴式应变片、焊接式应变片、喷涂式应变片、埋入式应变片。

(7) 按用途，可分为一般用途应变片、特殊用途应变片(水、疲劳寿命、抗磁感应、裂缝扩展等)。

(8) 按制造工艺，可分为体型半导体应变片、扩散(含外延)型半导体应变片、薄膜型半导体应变片、N-P 元件半导体型应变片。

2.2.3.2 电阻应变片的结构

电阻应变片的种类繁多，但基本构造大体相同，都由敏感栅、基底、覆盖层、引线和黏合剂构成，如图 2-5 所示。

敏感栅由金属或半导体材料制成。金属电阻应变片的电阻丝通常为铂(Pt)，用来感受应变，是应变片的敏感元件；基底和覆盖层(厚度一般在 0.03 mm 左右)用来保护敏感栅，传递应变并使敏感栅和被测试件之间具有很好的绝缘性能，根据应用范围的不同而采用不同的材料，常见的有纸基和胶基；引线用于将敏感栅接到测量电路中去；它由直径为 0.15～

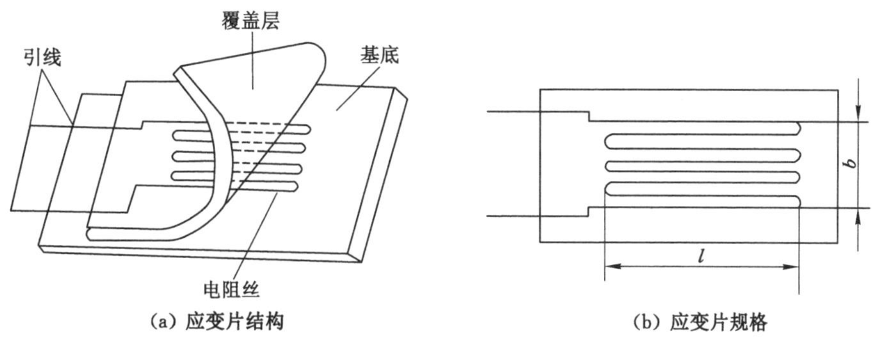

图 2-5　电阻应变片的基本结构

0.30 mm 镀银铜丝或镍铬铝丝制成。l 为应变片的基长，b 为基宽，$l\times b$ 为应变片的使用面积。应变片的规格以使用面积和电阻值表示，如“(3×10) mm^2，120 Ω”。

半导体应变片比金属电阻应变片的灵敏度高，其横向效应和机械滞后小。但它的温度稳定性差，在较大应变下，灵敏度的非线性误差大。

2.2.3.3　电阻应变片的应用

电阻应变式传感器的主要优点是结构简单，使用方便，性能稳定可靠，易于实现检测过程自动化和多点同步测量、远距离测量，灵敏度高，测量速度快，静态和动态测量均适合。

如图 2-6 所示，将应变片粘贴在被测构件上，直接用来测定构件的应变和应力等。例如，为了研究或验证机械、桥梁、建筑等某些构件在工作状态下的应力、变形情况，可利用形状不同的应变片粘贴在构件的检测部位，从而测得构件的拉/压应力、扭矩或弯矩等，为结构设计、应力校核或构件破坏等提供可靠的试验数据。将应变片贴于弹性元件上，与弹性元件一起构成应变式传感器，这种传感器常用来测量力、位移、加速度、频率等物理参数。

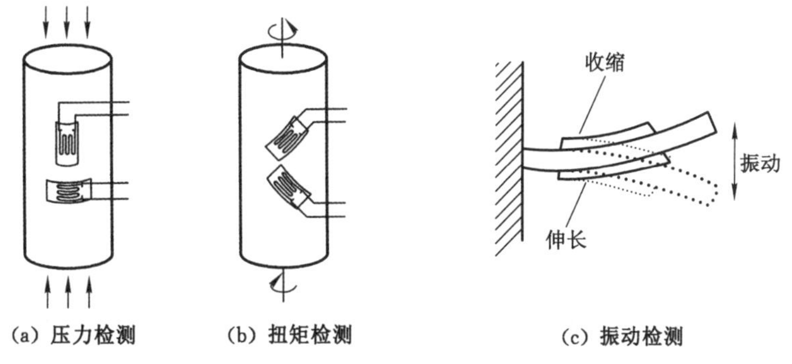

图 2-6　电阻应变片的应用

2.2.4　电位器式传感器

电位器式传感器通过滑动触点将位移转换为电阻丝的长度变化，从而改变电阻值大小，进而再将这种变化值转换成电压或电流的变化值。电位器式传感器分为绕线式和非绕线式两大类。绕线电位器是最基本的电位器式传感器；非绕线式电阻传感器则是在绕线电位器

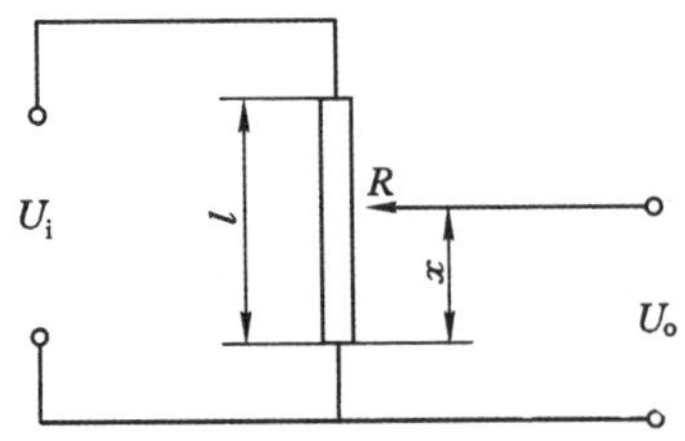

图 2-7　绕线电位器式传感器原理

的基础上，在电阻元件的形式和工作方式上有所发展，包括薄膜电位器、导电塑料电位器和光电电位器等。绕线电位器式传感器原理如图 2-7 所示。

工作时，在电阻元件的两端，即 U_i 端加上固定的直流工作电压，从 U_o 端就有电压输出，并且该输出电压的大小与电刷所处的位置相关。当电刷臂随着被测量产生位移 x 时，输出电压也发生相应的变化，这是精密电位器的基本工作原理。输出电压 U_o 为：

$$U_o = \frac{x}{l} U_i \tag{2-21}$$

绕线电位器式传感器又分为直线位移型、角位移型和非线性型等。不管是哪种类型的传感器，都由线圈、骨架和滑动触头等组成。线圈绕于骨架上，触头可在绕线上滑动，当滑动触头在绕线上的位置改变时，即实现了将位移变化转换为电阻变化，如图 2-8 所示。

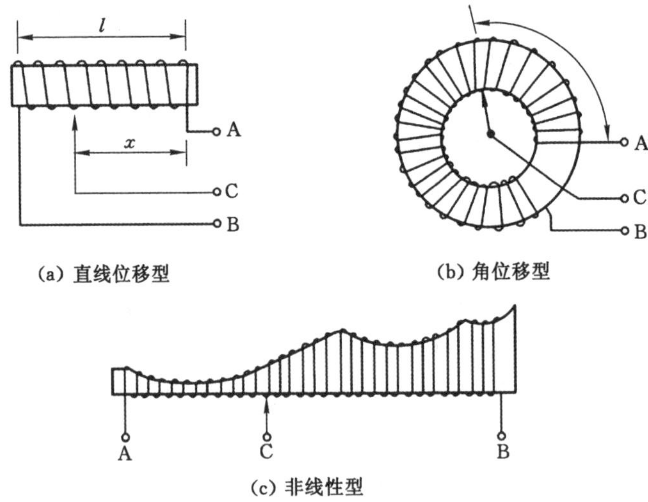

图 2-8　线绕电位器式传感器结构

绕线电位器的骨架一般由胶木等绝缘材料或表面覆有绝缘层的金属骨架构成。根据需要，骨架可做成不同的形状，如长方体环、带状、弧状或螺旋状等。绕组即电阻元件，由漆包电阻丝整齐地绕制在骨架上构成，其两个引出端 A、B 是电压输入端。电刷由电刷头和电刷臂组成（电刷头一般焊接在电刷臂上），电刷被绝缘地固定在电位器的转轴上，绕组与电刷头接触的工作端面用打磨和抛光的方法去掉漆层，以便与电刷接触；另外两个引出端 A、C 是电压输出端。

2.3　电容式传感器

电容式传感器是将被测非电量转换成电容量变化的一种传感器。其特点是结构简单，分辨率高，工作可靠，非接触测量，并能在高温、辐射和强烈振动等恶劣条件下工作。主要用于位移、振动、加速度、压力、压差、液位、粒位、成分等方面的测量。

2.3.1　电容式传感器原理

电容式传感器可以是任何类型的电容器作为传感器，但最常用的是平行板电容器和圆柱形电容器。

2.3.1.1　平行板电容式传感器原理

若一对平行板A和B，其面积很大且靠得很近，电荷将集中在两导体相对的表面上，电力线集中在两表面的狭窄的空间里，外表面干扰对两者的电位影响可忽略不计。我们将这样的装置称为平行板电容器，如图2-9所示。

假设它们的表面积均为S，内表面间距离为d，极板面的线长度远大于它们之间的距离，此时相当于极板为无穷大，所以除了边缘外，两极板内表面带电均匀，极板间电场也是均匀的，其电容量C为：

$$C=\frac{\varepsilon S}{d}=\frac{\varepsilon_r\varepsilon_0 S}{d} \tag{2-22}$$

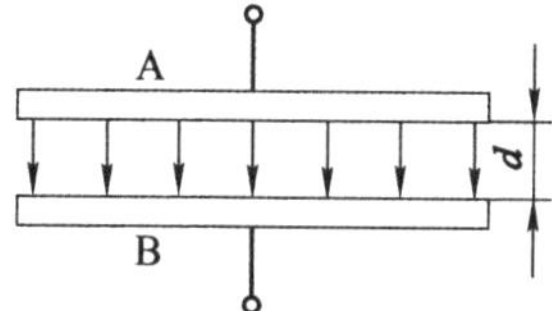

图2-9　平行板电容式传感器原理

式中，ε为极板间介质的介电常数；ε_r为相对介电常数；ε_0为真空介电常数，$\varepsilon=\varepsilon_r\varepsilon_0$。

如果改变平行板间距离、平行板覆盖面积、平行板间的介质，均可引起电容的变化。通常可通过改变其中一个参数而固定另外的两个参数来达到测量力、位移、介质高度等目的。在实际应用时，电容式传感器可分为3种基本类型：变极距（变间隙，d）型、变面积（S）型和变介电常数（ε）型。按位移的形式，又分为线位移和角位移两种，每种又依据传感器极板形状分成平板或圆板形和圆柱（圆筒）形，虽还有球面形和锯齿形等其他的形状，但是一般很少用。

2.3.1.2　变极距型电容式传感器

如图2-9所示，当传感器的ε_r和S为常数、初始极距为d_0时，根据式(2-22)可知，其初始电容量C_0为：

$$C_0=\frac{\varepsilon_0\varepsilon_r S}{d_0} \tag{2-23}$$

若电容器极板间距离由初始值d_0缩小了Δd，电容量增加了ΔC，则：

$$C=C_0+\Delta C=\frac{\varepsilon_0\varepsilon_r S}{d_0-\Delta d}=\frac{C_0}{1-\frac{\Delta d}{d_0}}=\frac{C_0\left(1+\frac{\Delta d}{d_0}\right)}{1-\left(\frac{\Delta d}{d_0}\right)^2} \tag{2-24}$$

由式(2-24)可知，传感器的输出特性不是线性关系。若$\frac{\Delta d}{d_0}\ll 1$时，$1-\left(\frac{\Delta d}{d_0}\right)^2\approx 1$，则式(2-24)可以化简为：

$$C=C_0+C_0\frac{\Delta d}{d_0} \tag{2-25}$$

此时，由于C与Δd近似呈线性关系，所以变极距型电容式传感器只有在$\Delta d/d_0$很小时才近似呈线性关系。

另外，由式(2-25)可以看出，在d_0较小时，对于同样的Δd变化所引起的ΔC可以增大，从而使传感器灵敏度提高。但是，d_0 过小，容易引起电容器击穿或短路。为此，极板间可采用高介电常数的材料（如云母、塑料膜等）作为介质。

一般变极距型电容式传感器的起始电容在 20～100 pF，极板间距在 25～200 μm 的范围内。最大位移应小于间距的 1/10，故在微位移测量中应用极广。

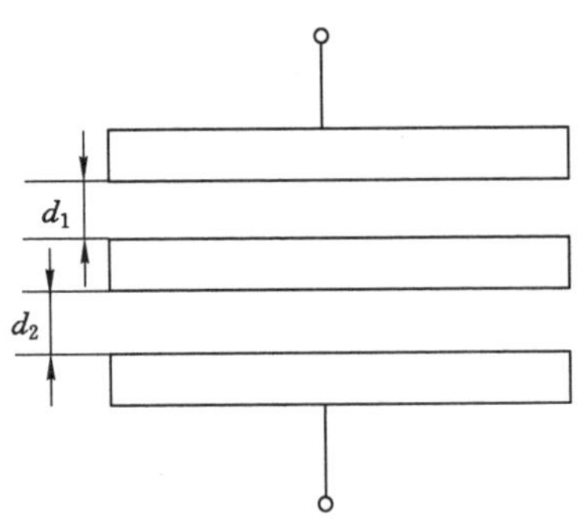

图 2-10　差动变极距型电容式传感器原理

2.3.1.3　差动变极距型电容式传感器

如图 2-10 所示，上、下为定极板，中间为动极板，在初始位置时，$d_1=d_2=d_0$，$C_1=C_2=C_0$。在传感器工作时，如果动极板上移，则 $d_1=d_0-\Delta d$，$d_2=d_0+\Delta d$，则电容的变化分别为 $\pm\Delta C$，写成增量形式并按泰勒级数展开：

$$\begin{cases} C_1=C_0\dfrac{1}{1-\dfrac{\Delta d}{d_0}} \\ \quad =C_0\left[1+\dfrac{\Delta d}{d_0}+\left(\dfrac{\Delta d}{d_0}\right)^2+\left(\dfrac{\Delta d}{d_0}\right)^3+\cdots\right] \\ C_2=C_0\dfrac{1}{1+\dfrac{\Delta d}{d_0}} \\ \quad =C_0\left[1-\dfrac{\Delta d}{d_0}+\left(\dfrac{\Delta d}{d_0}\right)^2-\left(\dfrac{\Delta d}{d_0}\right)^3+\cdots\right] \end{cases} \tag{2-26}$$

电容总的变化为：

$$\Delta C=C_1-C_2=C_0\left[2\frac{\Delta d}{d_0}+2\left(\frac{\Delta d}{d_0}\right)^3+\cdots\right] \tag{2-27}$$

电容的相对变化为：

$$\frac{\Delta C}{C_0}=2\frac{\Delta d}{d_0}\left[1+\left(\frac{\Delta d}{d_0}\right)^2+\left(\frac{\Delta d}{d_0}\right)^4+\cdots\right] \tag{2-28}$$

略去高次项，则：

$$\frac{\Delta C}{C_0}\approx 2\frac{\Delta d}{d_0} \tag{2-29}$$

定义差动变极距型电容式传感器的灵敏度 K 为：

$$K=\frac{\dfrac{\Delta C}{C_0}}{\Delta d}=\frac{2}{d_0} \tag{2-30}$$

差动变极距型电容式传感器在微位移测量中应用较为广泛。

2.3.1.4　变面积型电容式传感器

如图 2-11 所示，被测量通过动极板移动引起两极板有效覆盖面积 S 改变，从而得到电容量的变化。

当动极板相对于定极板水平方向平移 x 时，电容变化量为：

$$\Delta C=C_0-C=\frac{\varepsilon_0\varepsilon_r ab}{d}-\frac{\varepsilon_0\varepsilon_r(a-x)b}{d}=\frac{\varepsilon_0\varepsilon_r bx}{d} \tag{2-31}$$

电容相对变化量为：

$$\frac{\Delta C}{C_0}=\frac{\dfrac{\varepsilon_0\varepsilon_r bx}{d}}{\dfrac{\varepsilon_0\varepsilon_r ba}{d}}=\frac{x}{a} \tag{2-32}$$

显然，这种形式的传感器其电容量 C 与水平位移 x 呈线性关系。

如图 2-12 所示，当动极板有一个角位移 θ 时，与定极板之间的有效覆盖面积就发生改变，从而改变了两极板之间的电容量。当 $\theta\neq 0$ 时，有：

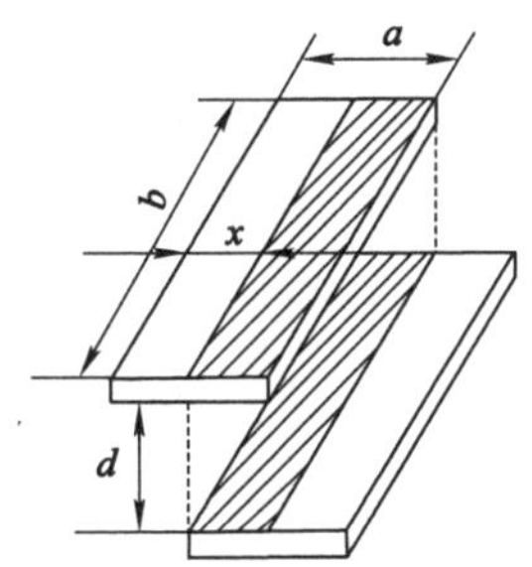

图 2-11　变面积型电容式传感器原理

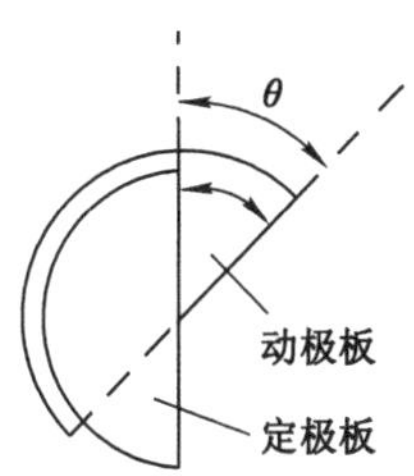

图 2-12　角位移型电容式传感器原理

$$C=\frac{\varepsilon_0\varepsilon_r S_0\left(1-\dfrac{\theta}{\pi}\right)}{d_0}=C_0-C_0\,\frac{\theta}{\pi} \tag{2-33}$$

式中，S_0 为两极板初始覆盖面积。

由式(2-28)可以看出，传感器的电容量 C 与角位移 θ 呈线性关系。

2.3.1.5　变介质型电容式传感器

变介质型电容传感器有较多的结构形式，可以用来测量纸张、绝缘薄膜等的厚度，也可用来测量粮食、纺织品、木材或煤等非导电固体介质的湿度。

如图 2-13 所示，两平行电极固定不动，极距为 d_0，相对介电常数为 ε_{r2} 的电介质以不同深度插入电介质 ε_{r1} 的电容器中，从而改变两种介质的极板覆盖面积。

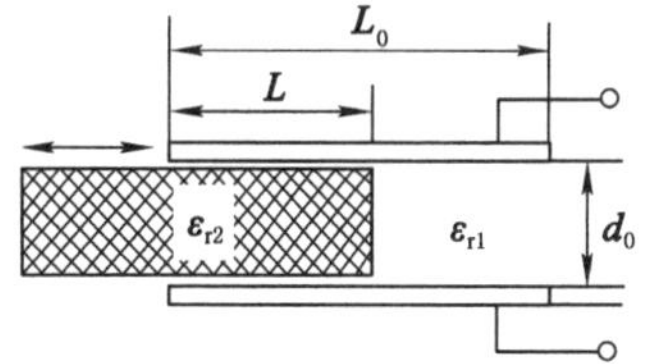

图 2-13　变介质型电容式传感器

当 $L=0$ 时，传感器初始电容为：

$$C_0=\frac{\varepsilon_0\varepsilon_{r1}L_0 b_0}{d_0} \tag{2-34}$$

式中，L_0 和 b_0 分别为极板的长度和宽度。

当被测介质 ε_{r2} 进入极板间深度 L 后，传感器总电容量 C 为：

$$C=C_1+C_2=\varepsilon_0 b_0\,\frac{\varepsilon_{r1}(L_0-L)+\varepsilon_{r2}L}{d_0} \tag{2-35}$$

电容的相对变化量为：

$$\frac{\Delta C}{C_0}=\frac{C-C_0}{C_0}=\frac{(\varepsilon_{r2}-1)L}{L_0} \tag{2-36}$$

可见，电容量的变化与电介质 ε_{r2} 的移动量 L 呈线性关系。

2.3.1.6 同轴圆柱形电容式传感器

设 A、B 为两个同轴圆柱形导体，A 导体的半径为 r，B 导体的半径为 R，且 $R>r$，L 为导体的长度，如图 2-14 所示。

当 $L\gg R-r$ 时，两端边缘效应可以忽略，也可将圆柱体视为无穷长，则圆柱电容器的电容 C 为：

$$C=\frac{2\pi\varepsilon L}{\ln\frac{R}{r}} \tag{2-37}$$

由式(2-37)可知，改变 L，也就是图 2-14 中的动极筒的位移，将引起电容的变化。

电容式液位计中所使用的电容式传感器就属于变介质圆柱形电容式传感器，如图 2-15 所示。

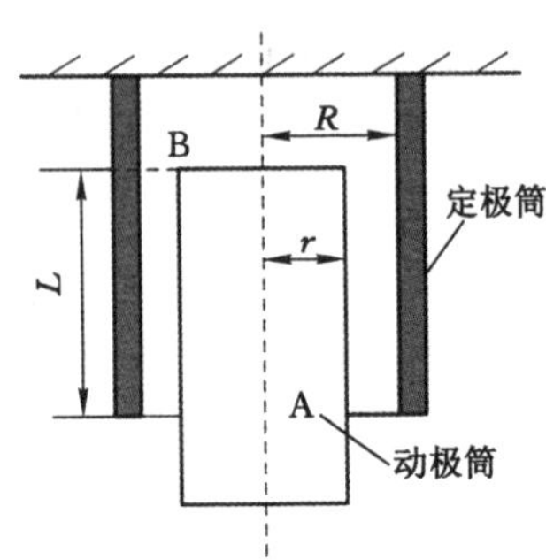

图 2-14　同轴圆柱形电容式传感器原理

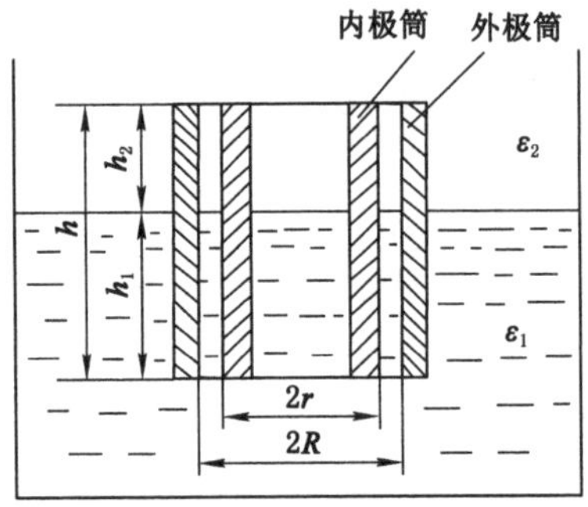

图 2-15　电容式液位计原理

当被测液体的液面在同心圆柱电极之间发生变化时，将导致电容的变化，此时相当于不同介质的两个同轴圆柱形电容器的并联。根据式(2-37)可知：

$$\begin{aligned}C=C_1+C_2&=\frac{2\pi\varepsilon_1 h_1}{\ln\frac{R}{r}}+\frac{2\pi\varepsilon_2 h_2}{\ln\frac{R}{r}}\\&=\frac{2\pi\varepsilon_2 h}{\ln\frac{R}{r}}+\frac{2\pi(\varepsilon_1-\varepsilon_2)h_1}{\ln\frac{R}{r}}\end{aligned} \tag{2-38}$$

式中，ε_1 为被测液体介电常数；ε_2 为电容介质介电常数；h 为电极总长度；r 为内电极外径；R 为外电极内径。

令 $a=\frac{2\pi\varepsilon_2 h}{\ln\frac{R}{r}}$，$s=\frac{2\pi(\varepsilon_1-\varepsilon_2)}{\ln\frac{R}{r}}$，则式(2-38)变为：

$$C=a+sh_1 \tag{2-39}$$

由式(2-39)可知，输出电容与液面高度变化 h_1 呈线性关系。

2.3.2 电容式传感器测量电路

将电容量转换成电量(电压或电流)的电路称作电容式传感器的转换电路，它们的种类很多，较常采用的有电桥电路、谐振电路及运算放大电路等。

2.3.2.1 运算放大器电路

采用比例运算放大器电路，可以使输出电压与位移的关系转换为线性关系。这种电路适合变极距式电容位移传感器的信号转换，如图 2-16 所示。

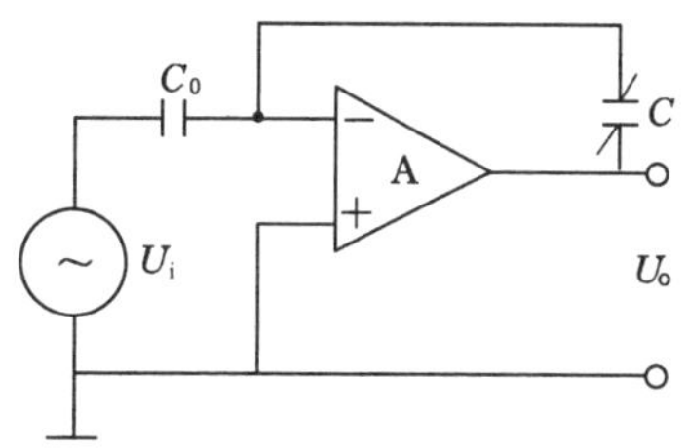

图 2-16　运算放大器测量等效电路

反馈回路中的 C 为极距变化型电容式传感器，C_0 为固定电容，U_i 为稳定的工作电压。由于放大器的高输入阻抗和高增益特性，比例器的运算关系为：

$$U_o=-\frac{C_0}{C}U_i=-\frac{C_0}{\frac{\varepsilon S}{d}}U_i=-\frac{C_0 d}{\varepsilon S}U_i \tag{2-40}$$

由式(2-40)可知，输出电压与电容传感器的间隙呈线性关系；其中“－”号表明输出电压与电源电压反相。

2.3.2.2 电桥电路

电桥型电路通常将电容式传感器接入电桥，作为桥路的一部分，如图 2-17 所示。差动电容 C_1、C_2 作为相邻两臂接入电桥，另一相邻两臂为电感，构成电容式传感器变压器电桥。电桥的输出是调幅波，经交流放大后，通过相敏检波和滤波便可得到与电容量变化相应的直流输出。此电路要求电源电压和频率非常稳定，否则会产生测量误差。另外，电容的变化范围也不能太大，过大会使电桥输出产生非线性失真，造成较大误差。

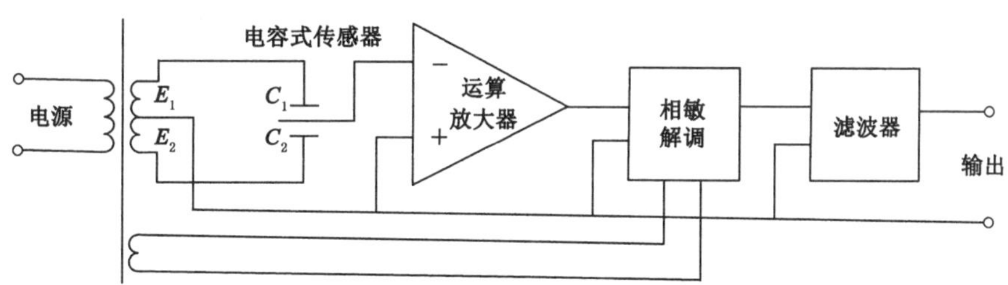

图 2-17　全桥测量等效电路

2.3.2.3 谐振电路

将电容传感器作为 RC 振荡电路或 LC 振荡电路中的电容元件，此时固定电阻或固定电感，因为电容随被测量变化，振荡电路的振荡频率则随电容值变化。它可以将电容转换为频率或脉宽输出。对于变极距式电容位移传感器，可以测量频率得到与电容极距成正比的线性输出。对于变面积式电容位移传感器，可以测量脉宽得到线性输出。

如图 2-18 所示，电容传感器的电容 C 作为谐振回路(L_2、C_2、C)调谐电容的一部分。谐振回路通过电感耦合，从稳定的高频振荡器取得振荡电压。当传感器电容发生变化时，使得谐振回路的阻抗发生相应的变化，而这个变化被转换为电压或电流，再经过放大、检波即可得到相应的输出。

为了获得较好的线性关系，一般谐振电路的工作点选在谐振曲线的线性区域内最大振幅 70%附近的地方。这种电路比较灵活但工作点不易选好，变化范围也较窄，传感器连接电缆的杂散电容对电路的影响较大；同时，为了提高测量精度，要求振荡器的频率具有很高的稳定性。

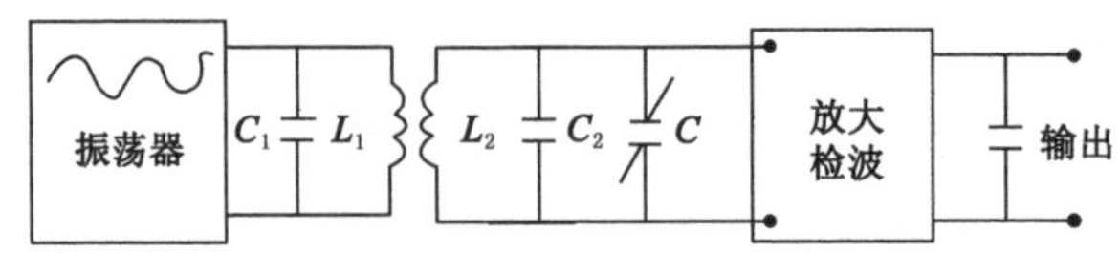

图 2-18　谐振测量等效电路

2.4　电感式传感器

电感式传感器利用电感元件将被测物理量(如位移、压力)的变化转换成电感的自感系数 L 或互感系数 M 的变化，再由测量电路转换为电压(电流)信号，能满足信息的远距离传输、记录、显示和控制等方面的要求，在监测监控系统中应用十分广泛。电感式传感器结构简单，无活动电触点，工作可靠，寿命较长；灵敏度和分辨率高，电压灵敏度一般每毫米的位移可达数百毫伏的输出；线性度和重复性比较好，在一定位移(如几十微米至几毫米)内，传感器非线性误差可做到 0.05%～0.1%，并且稳定性好。

2.4.1　自感式电感传感器

自感式电感传感器主要用来测量位移或可以转换成位移的被测量，如振动、厚度、压力、流量等。工作时，衔铁通过测杆与被测物体接触，被测物体的位移将引起线圈电感量的变化，当传感器线圈接入测量转换电路后，电感的变化将被转换成电压、电流或频率的变化，从而完成非电量到电量的转换。

2.4.1.1　工作原理

线圈的自感量等于线圈中通过单位电流所产生的磁链数，线圈的电感量 L 为：

$$L=\frac{\psi}{I}=\frac{N\Phi}{I}=\frac{\mu N^2 S}{l} \tag{2-41}$$

式中，ψ 为磁链，$\psi=N\Phi$；Φ 为磁通量($\Phi=\mu NIS/l$)；μ 为磁导率；S 为磁路截面积；l 为磁路总长度；I 为流过线圈的电流；N 为线圈匝数。

令 $R_m=l/\mu S$ 为磁路的磁阻，则线圈的电感量为：

$$L=\frac{N^2}{R_m} \tag{2-42}$$

磁路的总长度 l 包括铁芯长度 l_1、衔铁长度 l_2 和铁芯与衔铁之间两个空气间隙 δ 的长度。铁芯和衔铁均为导磁材料，磁阻可忽略不计，则式(2-41)可改写为：

$$L=\frac{\mu N^2 S}{l}\approx\frac{N^2\mu_0 S_0}{2\delta} \tag{2-43}$$

式中，S_0 为气隙的等效面积；μ_0 为空气的磁导率。

由式(2-43)可知，只要被测非电量能够引起气隙厚度 δ 或截面积 S_0 发生变化，线圈的电感量就会随之发生变化。因此,电感式传感器从原理上可分为变气隙长度式、变气隙截面式和螺管式3种类型,如图2-19所示。

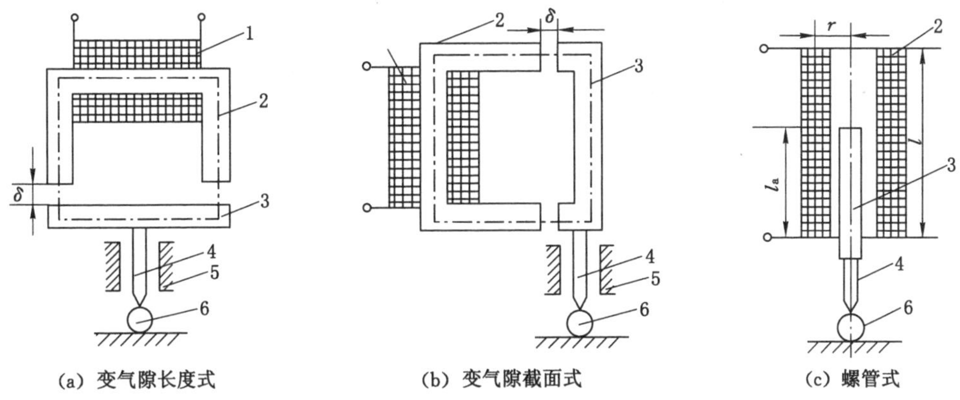

1—线圈;2—铁芯;3—衔铁;4—测杆;5—导轨;6—工件。

图2-19 自感式电感传感器结构

2.4.1.2 变气隙长度式电感传感器

由式(2-43)可知,若 S_0 为常数,则电感 L 是气隙厚度 δ 的函数,故称这种传感器为变气隙长度式电感传感器,如图2-19(a)所示。由于电感量 L 与气隙厚度 δ 成反比,故输入/输出呈非线性关系。可见,δ 越小,灵敏度越高,为提高灵敏度,保证一定的线性度,将这种传感器用于较小位移的测量,测量范围在0.001～1 mm。由于行程小,而且衔铁在运行方向上受铁芯限制,制造装配困难。

2.4.1.3 变气隙截面式电感传感器

变气隙截面式电感传感器的结构如图2-19(b)所示。若保持气隙厚度 δ 为常数,则电感 L 是气隙截面积 S_0 的函数,故称这种传感器为变截面式电感传感器。但是,由于漏感等原因,变截面式电感传感器在 $S_0=0$ 时,仍有一定的电感,所以其线性区较小,为了提高灵敏度,常将 δ 做得很小。变截面式电感传感器的灵敏度比变间隙式小,但线性较好,量程也比变间隙式大,使用比较广泛。

2.4.1.4 螺管式电感传感器

螺管式电感传感器的结构如图2-19(c)所示。螺管式电感传感器由一柱形衔铁插入螺管圈内构成。其衔铁随被测对象移动,线圈磁力线路径上的磁阻发生变化,线圈电感量也因此而变化。线圈电感量的大小与衔铁插入深度有关。理论上,电感相对变化量与衔铁位移相对变化量成正比,但由于线圈内磁场强度沿轴线分布不均匀,所以实际上它的输出仍存在非线性。

设线圈长度为 l、线圈的平均半径为 r、线圈的匝数为 N、衔铁进入线圈的长度为 l_a、衔铁的半径为 r_a、铁芯的有效磁导率为 μ_m,则线圈的电感量 L 与衔铁进入线圈的长度 l_a 的关系为:

$$L=\frac{4\pi^2N^2}{l^2}\left[lr^2+(\mu_m-1)l_ar_a^2\right] \tag{2-44}$$

由式(2-44)可知,螺管式电感传感器的灵敏度较低。但由于其量程大且结构简单,易于制作和批量生产，因此它是使用最广泛的一种电感式传感器。

以上 3 种类型的传感器由于线圈中流过负载的电流不等于零，存在起始电流，非线性较大，而且有电磁吸力作用于活动衔铁，易受外界干扰的影响，如电源电压和频率的波动、温度变化等都将使输出产生误差，所以不适用于精密测量，只用在一些继电信号装置中。在实际应用中，广泛采用的是将两个电感式传感器组合在一起，形成差动自感传感器。

2.4.1.5 差动自感传感器

两只完全对称的单个自感传感器合用一个活动衔铁，构成差动自感传感器。差动自感传感器的结构各异。差动 E 形自感传感器如图 2-20 所示，其结构特点是上、下两个磁体的几何尺寸、材料、电气参数均完全一致，传感器的两只电感线圈接成交流电桥的相邻桥臂，另外两只桥臂由电阻组成，构成交流电桥的 4 个臂，供桥电源为交流 $\dot{U}_{AC}$，桥路输出为交流电压 $\dot{U}_o$。

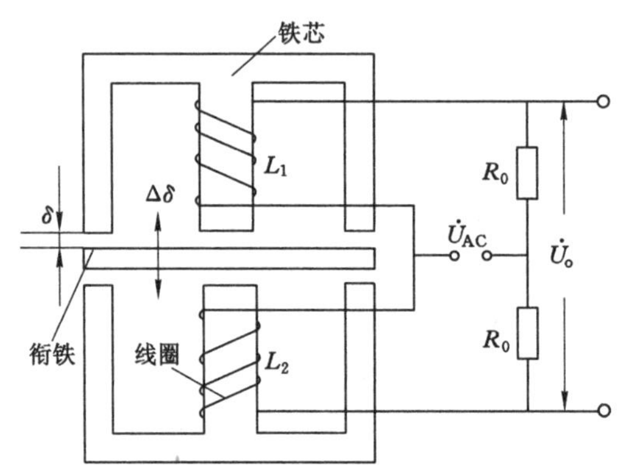

图 2-20　差动 E 形自感传感器等效电路

初始状态时，衔铁位于中间位置，两边气隙宽度相等，则两只电感线圈的电感量相等，接在电桥相邻臂上，电桥输出 $\dot{U}_o=0$，即电桥处于平衡状态。当衔铁偏离中心位置，向上或向下移动时，造成两边气隙宽度不一样，使两只电感线圈的电感量一增一减，电桥不平衡，电桥输出电压的大小与衔铁移动的大小成比例，其相位则与衔铁移动量的方向有关。因比，只要能测量出输出电压的大小和相位，就可以决定衔铁位移的大小和方向，衔铁带动连动机构就可以测量多种非电量，如位移、液面高度、速度等。差动自感传感器不仅可使灵敏度提高 1 倍，而且使非线性误差减小，当单边式自感传感器的非线性误差为 10%时，差动式的非线性误差可小于 1%。

2.4.2 互感式电感传感器

互感式电感传感器利用线圈的互感作用将位移转换成感应电势的变化。互感式电感传感器实际上是一个具有可动铁芯和两个次级线圈的变压器。变压器初级线圈接入交流电源时，次级线圈因互感作用产生感应电动势，当互感变化时，输出电势亦发生变化。由于它的两个次级线圈常接成差动的形式，故又称为差动变压器式电感传感器，简称差动变压器。差动变压器的结构形式较多，下面介绍目前广泛使用的螺管式差动变压器。

2.4.2.1 工作原理

螺管式差动变压器主要由线圈框架A、绕在框架上的一组初级线圈W和两个完全相同的次级线圈 W_1、W_2 及插入线圈中心的圆柱形铁芯B组成，如图2-21(a)所示，等效电路如图2-21(b)所示。

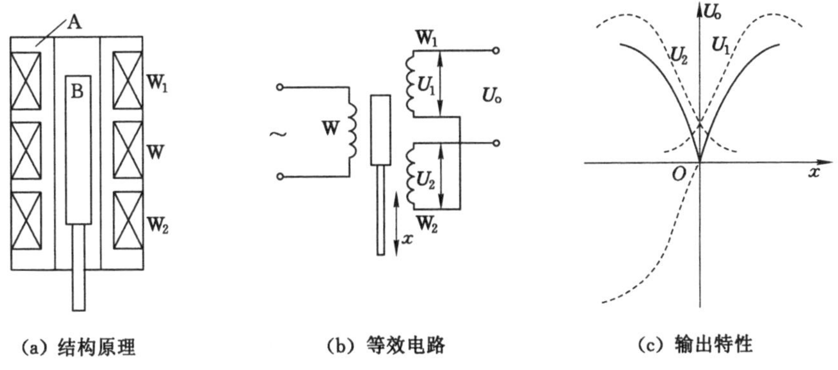

图2-21 差动变压器工作原理

当初级线圈W加上一定的交流电压时，次级线圈 W_1 和 W_2 由于电磁感应分别产生感应电势 U_1 和 U_2，其大小与铁芯在线圈中的位置有关。将感应电势 U_1 和 U_2 反极性串联，则输出电势：

$$U_o = U_1 - U_2 \tag{2-45}$$

当铁芯位于中间位置时，由于两线圈互感相等 $M_1 = M_2$，感应电势 $U_1 = U_2$，故输出电压 $U_o = 0$；当铁芯偏离中间位置时，由于磁通量变化使互感系数一个增大，一个减小，$M_1 \neq M_2$，$U_1 \neq U_2$，随着铁芯偏离中间位置，U_o 逐渐增大，其输出特性如图2-21(c)所示。

以上分析表明，差动变压器输出电压的大小反映了铁芯位移的大小，输出电压的极性反映了铁芯运动的方向。从特性曲线可以看出，差动变压器输出特性的非线性得到很大的改善。实际上，当铁芯位于中间位置时，差动变压器输出电压并不等于零，把差动变压器在零位移时的输出电压称为零点残余电压。零点残余电压主要是传感器在制作时两个次级线圈的电气参数与几何尺寸不对称以及磁性材料的非线性等问题引起的。零点残余电压一般在几十毫伏以下。在实际应用时，应设法减小零点残余电压，否则将会影响传感器的测量结果。

2.4.2.2 测量电路

差动变压器的输出是一个调幅波，且存在一定的零点残余电压，因此为了判别铁芯移动的大小和方向，必须进行解调和滤波。另外，为消除零点残余电压的影响，差动变压器的后接电路常采用差动整流电路和相敏检波电路。差动整流电路就是把差动变压器的两个次级线圈的感应电动势分别整流，然后将整流后的两个电压或电流的差值作为输出。下面以电压输出型全波差动整流电路为例来说明其工作原理，如图2-22(a)所示。

由图2-22(a)可知，无论两个次级线圈的输出瞬时电压极性如何，流过两个电阻 R 的电流总是从a到b，从d到c，故整流电路的输出电压为：

$$U_o = U_{ab} + U_{cd} = U_{ab} - U_{dc} \tag{2-46}$$

如图2-22(b)所示，当铁芯在零位时，$U_o = 0$；当铁芯在零位以上或零位以下时，输出电压的极性相反,于是零点残余电压会自动抵消。差动变压器具有测量精度高、线性范围大(±100 mm)、灵敏度高、稳定性好和结构简单等优点,被广泛用于直线位移的测量。

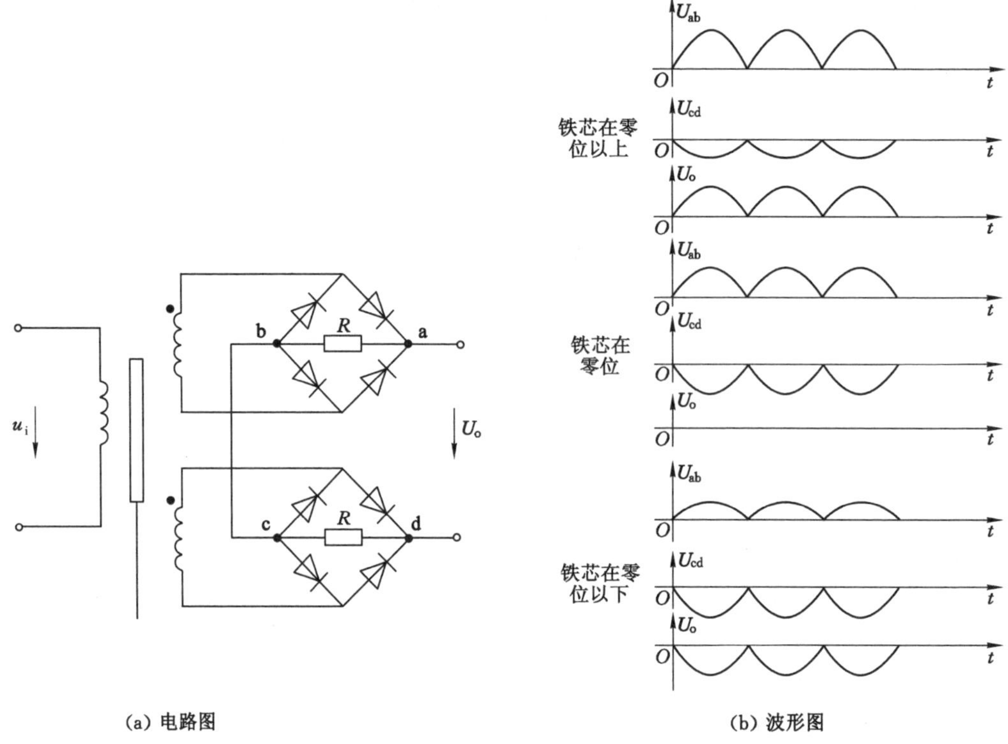

(a) 电路图　　(b) 波形图

图 2-22　差动变压器测量电路及波形

2.4.3　电涡流传感器

金属导体置于变化着的磁场中,导体内就会产生感应电流,这种电流像水中漩涡那样在导体内转圈,称为电涡流或涡流。人们将这种现象就称为涡流效应。电涡流式传感器就是在这种涡流效应的基础上建立起来的。要形成涡流必须具备下列两个条件:一是存在交变磁场;二是导电体处于交变磁场之中。因此,涡流式传感器主要由产生交变磁场的通电线圈和位于线圈附近处于交变磁场中的金属导体两部分组成。金属导体也可以是被测对象本身。

2.4.3.1　工作原理

如图 2-23 所示,给激励线圈通上高频电流后,线圈就有交变磁场产生。若导体接近线圈,则导体中会形成涡流状感应电流。涡流产生的磁通量反过来影响线圈,即要抵消交流电流所引起磁通量密度的变化,相当于在线圈中产生相反作用的电流,涡流要消耗一部分能量。这时,在检测线圈上的感应电压反映出削弱后磁通量的变化,即线圈的等效阻抗发生变化。这些变化与被测导体的电阻率 ρ、磁导率 μ 以及几何形状有关,也与线圈的几何参数、激励频率 ω、线圈与被测导体的尺寸因子 τ 有关,还与线圈与被测导体间的距离 x 有关,即:

$$Z = f(\rho, \mu, \omega, x, \tau) \tag{2-47}$$

如果保持其他参数不变,只改变其中一个参数,则传感器线圈阻抗 Z 只是这个参数的单值函数,通过测量电路测出阻抗 Z 的变化量,即可实现对该参数的测量。

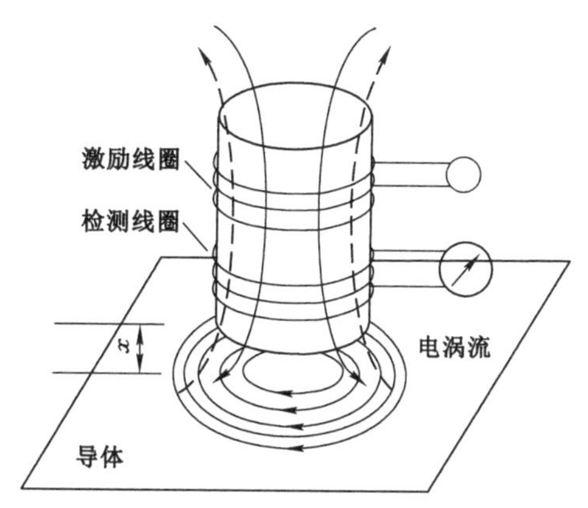

图 2-23 电涡流传感器原理

当导体中有交流电或者交变电磁场时，导体内部的电流分布不均匀，电流集中在导体的“皮肤”部分。也就是说，电流集中在导体外表的薄层，越靠近导体表面，电流密度越大，导体内部实际上电流较小。其结果使导体的电阻增加，同时也增加了损耗功率，这一现象称为趋肤效应。金属导体上产生的电涡流所贯穿的深度与线圈的励磁电流频率有关，频率越低涡流贯穿深度就越大。如果金属板厚度 d 比趋肤深度足够大时，电涡流流动充分，磁通量不能穿透金属板；金属板厚度 d 较小时，涡流不能充分流动，有磁通量穿过金属板。

2.4.3.2 电涡流传感器应用

涡流式传感器的特点是结构简单，易于进行非接触的连续测量，灵敏度较高，适用性强，因此得到了广泛的应用。它的变换量可以是位移 x，也可以是被测材料的性质(电阻率 ρ 或磁导率 μ)，其应用大致有 4 个方面：① 利用位移 x 作为变换量，也可以是被测量位移、厚度、振幅、振摆、转速等传感器，也可做成接近开关、计数器等；② 利用材料电阻率 ρ 作为变换量，可以做成测量温度、材质判别等传感器；③ 利用磁导率 μ 作为变换量，可以做成测量应力、硬度等传感器；④ 利用变换量 x、ρ、μ 等的综合影响，可以做或探伤装置等。电涡流传感器分高频反射型和低频透射型两种类型。

(1) 位移测量。如图 2-24 所示，电涡流传感器作为位移传感器检测 x 时，只允许 x 变化，其他参数不变，或者导体厚度 d 比趋肤深度 δ 大很多，以致 d 的变化可忽略不计。作为厚度传感器检测 d 时，只允许 d 变化，并且导体厚度 d 比趋肤深度 δ 要小。

(2) 低频透射式涡流厚度传感器。图 2-25 为透射式涡流厚度传感器的结构原理图。在被测金属板的左方设有发射传感器线圈 L_1，在被测金属板右方设有接收传感器线圈 L_2。当在 L_1 上加低频电压 $\dot{U}_1$ 时，L_1 上产生交变磁通量 Φ_1，若两线圈间无金属板，则交变磁通量直接耦合至 L_2 中，L_2 产生感应电压 $\dot{U}_2$。如果将被测金属板放入两线圈之间，则 L_1 线圈产生的磁场将导致在金属板中产生电涡流，并将贯穿金属板，此时磁场能量受到损耗，使到达 L_2 的磁通量将减弱，从而使 L_2 产生的感应电压下降。金属板越厚，涡流损失就越大，电压 $\dot{U}_2$ 就越小。因此，可根据 $\dot{U}_2$ 电压的大小得知被测金属板的厚度。透射式涡流厚度传感器的检测范围可达 1～100 mm，辨率为 0.1 μm，线性度为 1%。

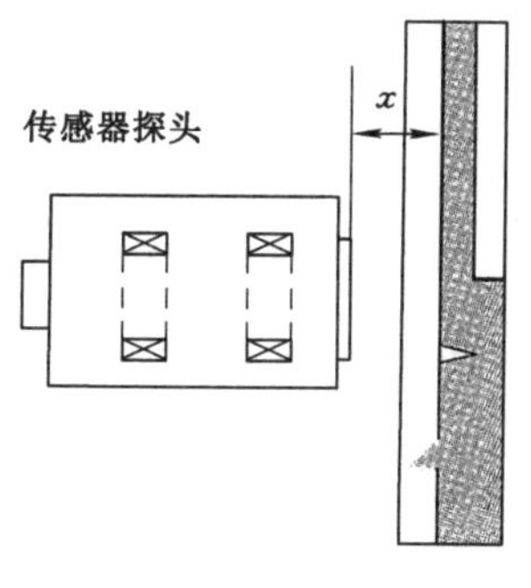

图 2-24 位移测量

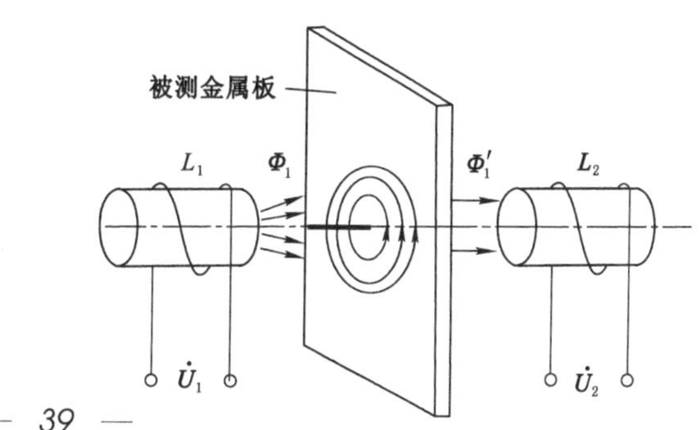

图 2-25 厚度测量

(3) 转速测量。图 2-26 所示为电涡流传感器转速测量的原理。在旋转体上装上一个齿轮状的(带槽的)零件,旁边安装一个电涡流传感器,当旋转体转动时,涡流传感器与旋转体的间距也在不断地变化,涡流传感器输出周期信号,该信号经放大、整流后,输出与转速成正比的脉冲频率信号。这种电涡流转速传感器可实现非接触式测量,可安装在旋转体的近旁长期对被测旋转体进行监视。

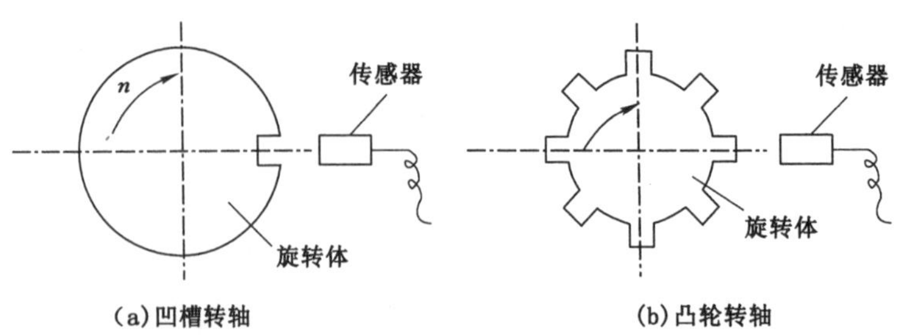

图 2-26　转速测量

2.5　磁电式传感器

磁电式传感器是利用电磁感应原理,将运动速度变换成感应电势输出的传感器。它不需要辅助电源就能将被测对象的机械能转换为易于测量的电信号,是一种有源传感器,也称为电动式或感应式传感器。制作磁电式传感器的材料有导体、半导体、磁性体、超导体等。利用导体和磁场的相对运动产生感应电动势的电磁感应原理,可制成各种类型的磁电式传感器和磁记录装置;利用强磁性体金属的各向异性磁阻效应,可制成强磁性金属磁敏器件;利用半导体材料的磁阻效应,可制成磁敏电阻、磁敏二极管、磁敏三极管等。

2.5.1　磁电感应式传感器

磁电感应式传感器利用导体和磁场发生相对运动而在导体两端输出感应电动势,是一种机-电能量转换型传感器,不需要供电电源,电路简单,性能稳定,输出阻抗小,又具有一定的频率范围(一般为 10～1 000 Hz),适用于振动、转速、扭矩等测量。

根据法拉第电磁感应定律,N 匝线圈在磁场中做切割磁力线运动或穿过线圈的磁通量变化时,线圈中产生的感应电动势 U_E 与磁通量 Φ 的变化率有如下关系:

$$U_E = -N\frac{\mathrm{d}\Phi}{\mathrm{d}t} \tag{2-48}$$

在电磁感应现象中,磁通量的变化是关键。进入线圈的磁通量越大,$\mathrm{d}\Phi$ 也越大,如果相对运动速度越快,即线速度 v 或角速度 ω 越大,相当于 $\mathrm{d}t$ 越小,$\mathrm{d}\Phi/\mathrm{d}t$ 就越大。感应电动势 U_E 还与线圈匝数 N 成正比。不同类型的磁电感应式传感器,实现磁通量 Φ 变化的方法不同,有恒磁通量的动圈式与动铁式磁电感应式传感器,有变磁通量(变磁阻)的开磁路式或闭磁路式磁电感应式传感器。

磁电感应式传感器的直接应用是测量线速度 v 和角速度 ω,如图 2-27 所示。当线圈垂直于磁场方向运动时,磁电感应式传感器是利用电磁感应原理,将输入量转换成线圈中的感应电势输出的一种传感器。

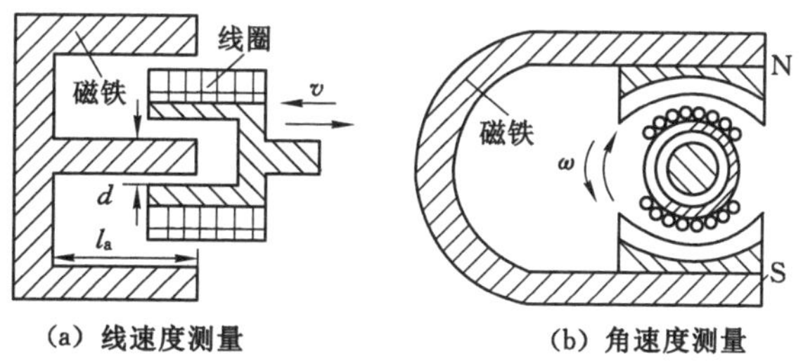

图 2-27　磁电感应式传感器

若线圈在恒定磁场中做直线运动,并切割磁力线,则线圈两端产生的感应电势为:

$$U_E = -NBl\frac{dx}{dt}\sin\theta = -NBlv \cdot \sin\theta \tag{2-49}$$

式中,B 为磁场的磁感应强度;x 为线圈与磁场相对运动的位移;v 为线圈与磁场相对运动的速度;θ 为线圈运动方向与磁场方向之间的夹角;N 为线圈的有效匝数;l 为每匝线圈的平均长度。

当 $\theta=90°$(线圈垂直切割磁力线)时,式(2-49)可写成:

$$U_E = -NBl\frac{dx}{dt}\sin 90° = -NBlv \tag{2-50}$$

若线圈相对磁场做旋转运动切割磁力线,则线圈的感应电势为:

$$U_E = -NBS\frac{d\theta}{dt}\sin\theta = -NBS\omega \cdot \sin\theta \tag{2-51}$$

式中,ω 为旋转运动相对速度,$\omega=\frac{d\theta}{dt}$;$S$ 为每匝线圈的截面积;θ 为线圈平面的法线方向与磁场方向的夹角。

当 $\theta=90°$时,式(2-51)可写成:

$$U_E = -NBS\frac{d\theta}{dt}\sin 90° = -NBS\omega \tag{2-52}$$

由式(2-50)和式(2-52)可知,当传感器的结构确定后,B、S、N、l 均为定值。因此,感应电势 U_E 与相对速度 $v(\omega)$成正比。由磁电感应式传感器的工作原理可知,它只适用于动态测量。如果在其测量电路中接入积分电路,输出的感应电势就会与位移成正比;如果接入微分电路,输出的感应电势就与加速度成正比。因此,磁电感应式传感器还可用来测位移和加速度。

2.5.2　变磁阻式磁电式传感器

这类传感器的线圈和磁铁都是静止不动的,利用磁性材料制成的一个齿轮在运动中不断地改变磁路的磁阻,从而改变贯穿线圈的磁通量 $d\Phi/dt$,使线圈中感应出电动势。变磁阻式传感器一般都做成转速传感器,将产生感应电势的频率作为输出,其频率值取决于磁通量变化的频率。变磁阻式转速传感器在结构上分为开磁路式和闭磁路式两种。

2.5.2.1 开磁路变磁阻式转速传感器

开磁路变磁阻式转速传感器的结构如图 2-28 所示，由永久磁铁、感应线圈、软铁、齿轮等组成。

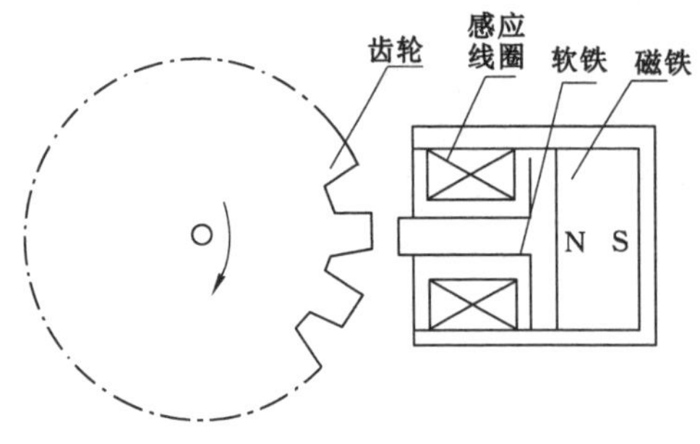

图 2-28 开磁路变磁阻式转速传感器的结构

齿轮安装在被测转轴上，与转轴一起旋转。当齿轮旋转时，由齿轮的凹凸引起磁阻变化，以使磁通量发生变化，因而在线圈中感应出交变电势，其频率等于齿轮的齿数 z 和转速 n 的乘积，即：

$$f = zn/60 \tag{2-53}$$

式中，f 为感应电势频率，s^{-1}；z 为齿轮的齿数；n 为被测轴转速，rpm。

当齿轮的齿数 z 确定以后，若能测出频率 f 就可求出转速 n（$n=60f/z$）。这种传感器结构简单，但输出信号小，转速高时信号失真也大，在振动强或转速高的场合，往往采用闭磁路变磁阻式转速传感器。

2.5.2.2 闭磁路变磁阻式转速传感器

闭磁路变磁阻式转速传感器的结构如图 2-29 所示。它是由安装在转轴上的内齿轮和永久磁铁、外齿轮及线圈构成的，内、外齿轮的齿数相等。测量时，转轴与被测轴相连，旋转时内、外齿的相对运动使磁路气隙发生变化，从而使磁阻发生变化，并使贯穿于线圈的磁通量变化，在线圈中感应出电势。与开磁路相同，闭磁路变磁阻式转速传感器也可通过感应电势频率测量转速。

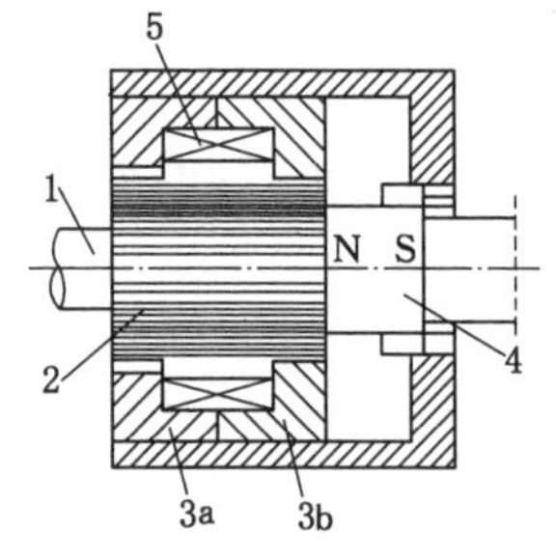

1—转轴；2—内齿轮；3a、3b—外齿轮；4—永久磁铁；5—线圈。

图 2-29 闭磁路变磁阻式转速传感器的结构

传感器的输出电势取决于线圈中磁场的变化速度，它与被测速度成一定比例。当转速太低时，输出电势很小，以致无法测量，所以这种传感器有一个下限工作频率，一般为 50 Hz 左右，最多可低到 30 Hz 左右，其上限工作频率可达 100 Hz。

2.5.3 霍尔传感器

霍尔传感器是基于霍尔效应的一种传感器。1879 年，美国物理学家霍尔首先在金属材料中发现了霍尔效应，但由于金属材料的霍尔效应太弱而没有得到应用。随着半导体技术的发展，开始用半导体材料制成霍尔元件，由于它的霍尔效应显著而得到了应用和发展。霍尔传感器具有结构简单、体积小、无触点、可靠性高、使用寿命长、频率响应宽、易于集成电路化和微型化等特点，广泛应用于测量技术、自动控制和信息处理等领域。

2.5.3.1 霍尔效应原理

置于磁场中的静止载流导体，当它的电流方向与磁场方向不一致时，载流导体上垂直于电流和磁场的方向上将产生电动势，这种现象称为霍尔效应。该电动势称为霍尔电动势。

如图 2-30 所示，长边为 a、短边为 b、厚度为 d 的半导体薄片置于磁感应强度为 B 的磁场中，磁场方向垂直于薄片。当有电流 I 流过时，在垂直于电流和磁场的方向上将产生电动势 U_H。

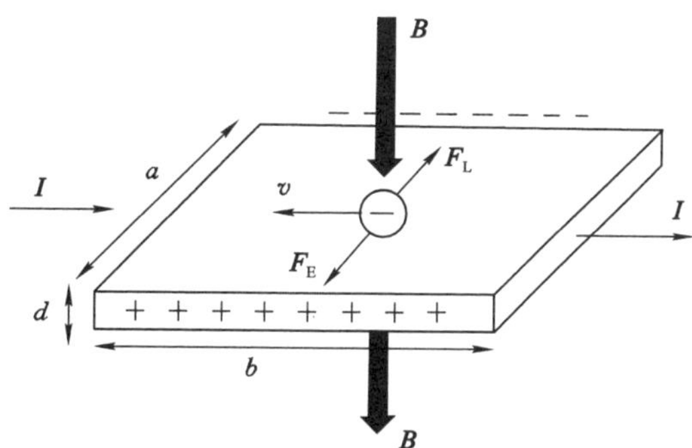

图 2-30　霍尔效应原理

通电流 I 时，载流电子将沿着与 I 相反的方向运动，电子在外磁场 B 中受洛仑兹力 F_L 作用偏转靠近后端面，使后端面带负电，而前端面缺少电子带正电，在前后端面间形成电场，该电场作用于电子的电场力 F_E 阻碍电子继续偏转，当电场力 F_E 与洛仑兹力 F_L 相等时，电子积累达到平衡，这时半导体前后端面间建立的电场称为霍尔电场，相应的电动势称为霍尔电动势 U_H，即霍尔电压。此时：

$$F_L = evB \tag{2-54}$$

$$F_E = e\frac{U_H}{a} \tag{2-55}$$

$$I = -nevad \tag{2-56}$$

$$F_E = F_L \tag{2-57}$$

式中，e 为电子电荷量；v 为电子运动速度；B 为磁场的磁感应强度；n 为半导体单位体积内电子数。

由此可得：

$$U_H = \frac{IB}{ned} = R_H\frac{IB}{d} = K_H IB \tag{2-58}$$

式中，R_H 为霍尔电阻；K_H 为霍尔系数，也称为霍尔元件的灵敏度系数，表示在单位磁感应强度和单位控制电流下的霍尔电动势的大小，由载流材料的物理性质决定。

金属的电子密度很高，霍尔系数较小；P 型半导体的载流子是空穴，空穴的迁移率小于电子迁移率，因此 N 型半导体是霍尔元件的主要材料。目前常用的霍尔元件材料有锗(Ge)、硅(Si)、砷化铟(InAs)、锑化铟(InSb)等半导体材料。其中，N 型锗(Ge)容易加工制造，其霍尔系数、温度性能和线性度都较好。N 型硅(Si)的线性度最好，其霍尔系数、温度性能同 N 型锗。锑化铟(InSb)对温度最敏感，尤其在低温范围内温度系数大，但在室温时其霍尔系数较大。砷化铟(InAs)的霍尔系数较小，温度系数也较小，输出特性线性度好。

恒定电流条件下，根据霍尔电压输出可以测量磁感应强度 B；恒定磁场条件下，可以测量电流 I。如果霍尔元件在一个线性梯度磁场中移动时，霍尔电压输出就反映了磁场变化，由此可以测出位移、压力和振动等物理量。

2.5.3.2　霍尔元件基本结构

霍尔元件的结构很简单，它是由霍尔片、四根引线和壳体组成的，如图 2-31 所示。

霍尔片是一块矩形半导体单晶薄片，厚度 d=0.1～0.2 mm，长宽比 $a:b$=2:1，b=

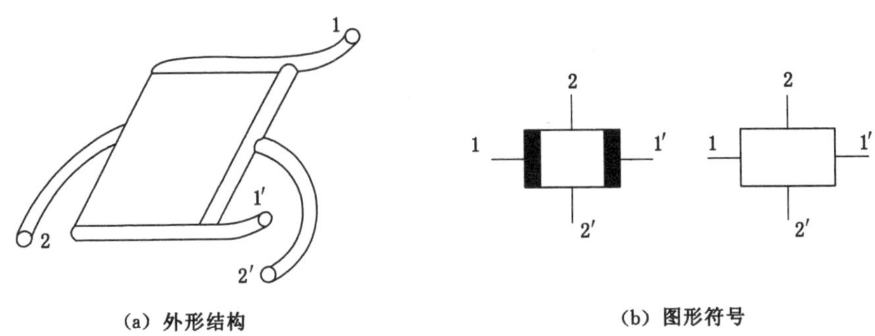

1,1′—激励电极;2,2′—霍尔电极。

图 2-31　霍尔元件

2 mm;1,1′两根引线加激励电压或电流,称为激励电极(控制电极);2,2′两根引线为霍尔输出引线,称为霍尔电极。霍尔元件的壳体是用非导磁金属、陶瓷或环氧树脂封装的。在电路中,霍尔元件一般可用两种符号表示。

2.5.3.3　霍尔传感器的应用

(1) 霍尔式位移传感器。霍尔元件具有结构简单、体积小、动态特性好和寿命长的优点。霍尔式位移传感器的工作原理如图 2-32 所示。

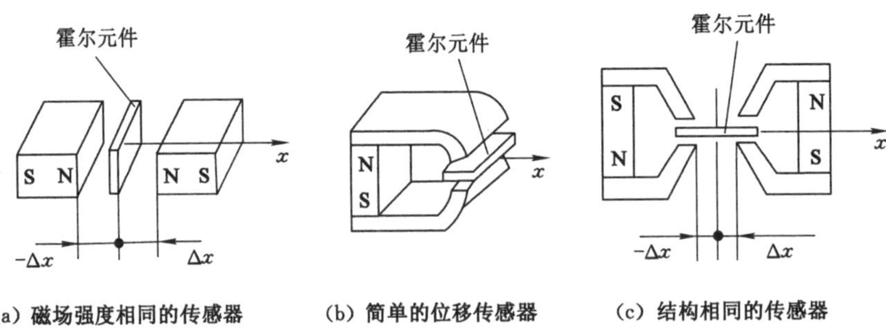

图 2-32　霍尔式位移传感器的工作原理

图 2-32(a)所示为磁场强度相同的两块永久磁铁,同极性相对地放置,霍尔元件处在两块磁铁的中间。由于磁铁中间的磁感应强度 $B=0$,因此霍尔元件输出的霍尔电势 $U_H=0$,此时位移 $\Delta x=0$。若霍尔元件在两磁铁中产生相对位移,霍尔元件感受到的磁感应强度也随之改变,这时 $U_H\neq 0$,其量值大小反映了霍尔元件与磁铁之间相对位置的变化量。这种结构的传感器,其动态范围可达 5 mm,分辨率为 0.001 mm。

图 2-32(b)所示为一种结构简单的霍尔位移传感器,是由一块永久磁铁组成磁路的传感器,在霍尔元件处于初始位置 $\Delta x=0$ 时,霍尔电势 U_H 不等于零。

图 2-32(c)所示为一个由两个结构相同的磁路组成的霍尔式位移传感器,为了获得较好的线性分布,在磁极端面装有极靴,霍尔元件调整好初始位置时,可以使霍尔电势 $U_H=0$。这种传感器灵敏度很高,但它所能检测的位移量较小,适用于微位移量及振动的测量。

(2) 霍尔式转速传感器。几种不同结构的霍尔式转速传感器如图 2-33 所示。

转盘的输入轴与被测转轴相连,当被测转轴转动时,转盘随之转动,固定在转盘附近的

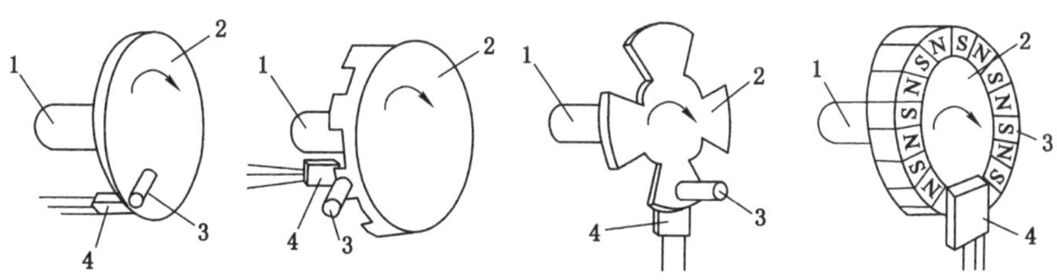

1—输入轴；2—转盘；3—小磁铁；4—霍尔传感器。

图 2-33　几种霍尔式转速传感器的结构

霍尔传感器便可在每一个小磁铁通过时产生一个相应的脉冲，检测出单位时间的脉冲数，便可知被测转速。因此，根据磁性转盘上小磁铁数目多少就可确定传感器测量转速的分辨率。

2.6　压电式传感器

压力式传感器是基于某些电介质材料的压电效应，是一种典型的有源传感器。它通过材料受力变形时，其表面会有电荷产生而实现非电量测量。压电式传感器具有体积小、质量轻、工作频带宽的特点，因此在各种动态力、机械冲击与振动等方面的测量，以及声学、医学、力学等方面的测量都得到了广泛的应用。

2.6.1　压电式传感器原理

某些电介质，当沿着一定方向对其施力而使它变形时，内部就产生极化现象，同时在它的两个表面上产生符号相反的电荷，当外力去掉后，又重新恢复不带电状态，这种现象称为压电效应。当作用力方向改变时，电荷极性也随着改变。逆向压电效应是指当某晶体沿一定方向受到电场作用时，相应地在一定的晶轴方向将产生机械变形或机械应力，又称为电致伸缩效应。当外加电场撤去后，晶体内部的应力或变形也随之消失。

2.6.1.1　压电效应原理

如图 2-34 所示，下面以石英单晶压电晶体为例，说明压电效应原理。

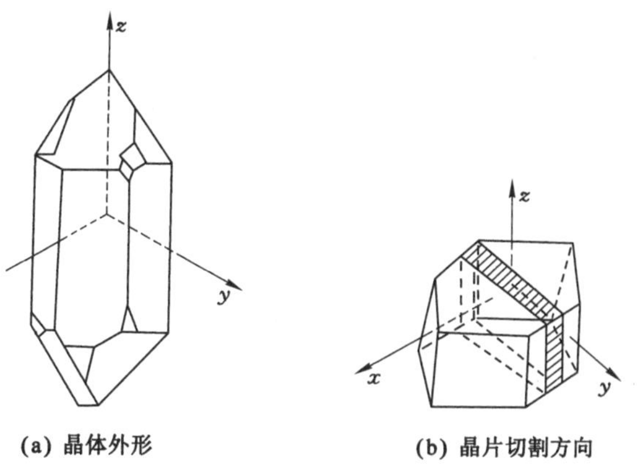

图 2-34　石英晶体外形及坐标系

石英晶体的理想外形是一个正六面体。在晶体学中它可用3根互相垂直的轴来表示。其中，纵向轴 z 称为光轴；经过正六面体棱线并垂直于光轴的 x 轴称为电轴；与 x 轴和 z 轴同时垂直的 y 轴(垂直于正六面体的棱面)称为机械轴。通常将沿电轴 x 方向的力作用下产生电荷的压电效应称为纵向压电效应，而将沿机械轴 y 方向的力作用下产生电荷的压电效应称为横向压电效应，沿光轴 z 方向受力但不产生压电效应。

石英晶体之所以具有压电效应，是与它的内部结构分不开的。组成石英晶体的硅离子和氧离子在平面投影，如图2-35所示。为方便讨论，将这些硅离子、氧离子等效为图中正六边形排列，图中"+"代表 Si^{4+} 离子，"−"代表 $2O^{2-}$ 离子。

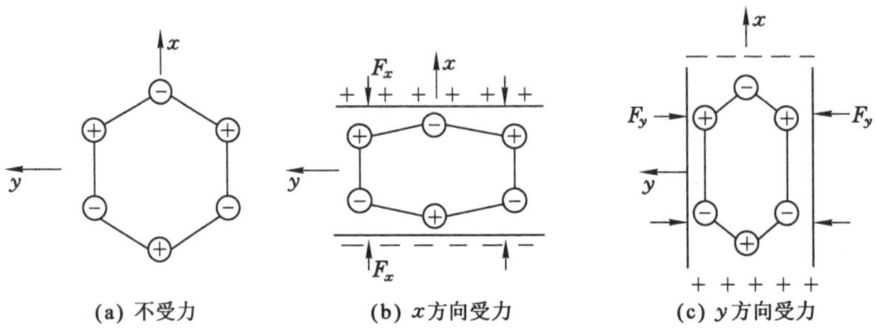

图2-35　压电效应原理

当无作用力时，正、负离子正好分布在正六边形顶角上，形成3个互呈120°夹角的电偶极矩，如图2-35(a)所示。此时正、负电荷中心重合，电偶极矩的矢量和等于零。当沿电轴 x 施加作用力 F_x 时，在上方正离子局部占优，在下方负离子局部占优，于是上方带正电，下方带负电，如图2-35(b)所示。当沿机械轴 y 轴施加作用力 F_y 时，在上方负离子局部占优，在下方正离子局部占优，于是上方带负电荷，下方带正电荷，如图2-35(c)所示。

当压电晶片受到沿 x 轴方向的力 F_x 时，就在与 x 轴垂直的平面上产生电荷：

$$Q_x = d_{11} F_x \tag{2-59}$$

式中，d_{11} 为压电常数，石英晶体 $d_{11}=2.3\times10^{-12}$ C/N。

若在同一压电晶片上的作用力是沿 y 轴方向，电荷仍在与 x 轴垂直的平面上出现，电荷大小为：

$$Q_x = d_{12}\frac{a}{b}F_y = -d_{11}\frac{a}{b}F_y \tag{2-60}$$

式中，a，b 分别为晶体切片的长度和厚度；d_{12} 为石英晶体在 y 轴方向受力时的压电系数。

根据石英晶体轴对称条件，有 $d_{12}=-d_{11}$，负号表明沿 y 轴的压力和沿 x 轴的压力所引起的电荷极性相反。沿 y 轴方向的力作用在压电晶片上所产生的电荷量与晶体切片的尺寸有关。

2.6.1.2　压电材料

具有压电效应的电介质叫作压电材料。常见的压电材料分为3类：压电晶体、多晶压电陶瓷和新型压电材料。

(1) 压电晶体。石英是典型的压电晶体，其化学成分是二氧化硅(SiO_2)，压电系数较低。它在几百摄氏度的温度范围内不随温度而变，但达到573 ℃时，完全丧失压电性质，这是它的居里点。石英具有很大的机械强度，在研磨质量较好时，并且机械性质也较稳定。除天然石英和人造石英晶体外，铌酸锂($LiNbO_3$)、钽酸锂($LiTaO_3$)、锗酸锂($GeLi_2O_3$)等许多压电单晶在传感技术中也获得了广泛应用。

(2) 多晶压电陶瓷。多晶压电陶瓷是一种经极化处理后的人工多晶体，主要有极化的铁电陶瓷(钛酸钡，$BaTiO_3$)、锆钛酸铅等。钛酸钡是使用最早的压电陶瓷，它具有较高的压电常数，为石英晶体的 50 倍。但是，它的居里点低，约为 120 ℃，机械强度和温度稳定性都不如石英晶体。锆钛酸铅系列压电陶瓷，随配方和掺杂的变化可获得不同的性能。它的压电常数很高，为$(200\sim500)\times10^{-12}$ C/N，居里点约为 310 ℃，温度稳定性比较好，是目前使用最多的压电陶瓷。由于压电陶瓷的压电常数大，灵敏度高，价格低廉，因此一般都采用它作为压电式传感器的压电元件。

(3) 新型压电材料。新型压电材料主要有有机压电薄膜和压电半导体等。有机压电薄膜是由某些高分子聚合物，经延展拉伸和电场极化后形成的具有压电特性的薄膜，如聚氟乙烯、聚仿氟乙烯等。有机压电薄膜具有柔软、不易破碎、面积大等优点，可制成大面积阵列传感器和机器人触觉传感器。压电半导体是指既具有半导体特性又具有压电特性的材料，如硫化锌(ZnS)、氧化锌(ZnO)、硫化钙(CaS)等。由于同一材料兼有压电和半导体两种物理性能，故可以利用压电性能制作敏感元件，又可以利用半导体特性制成电路器件，研制成新型集成压电传感器。

2.6.1.3　压电传感器等效电路

当压电晶片受力时，在它的两个电极上会产生极性相反、电量相等的电荷，这样可以将压电传感器看作一个静电发生器。由于两个极板上聚集电荷，中间为绝缘体，因此它又可以看作一个电容器，如图 2-36(a)所示。其电容量为：

$$C_a=\frac{\varepsilon_0\varepsilon_r S}{d} \tag{2-61}$$

式中，S 为极板面积；d 为压电晶片厚度；ε_0 为真空介电常数($\varepsilon_0=8.85\times10^{-12}$ F/m)；ε_r 为压电材料的相对介电常数(石英晶体为 4.85)。

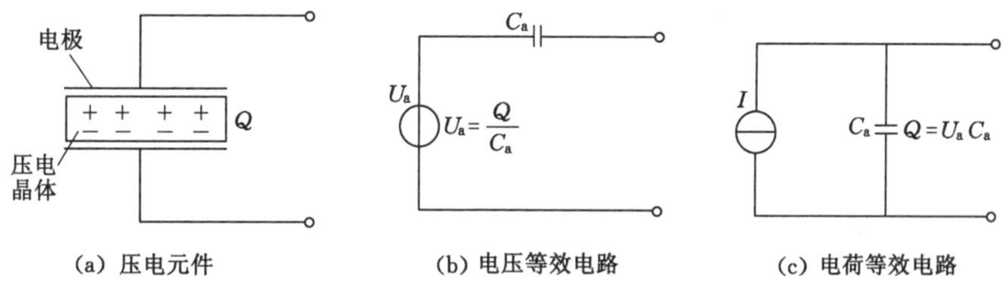

图 2-36　压电传感器等效电路

由于电容器上的开路电压 U_a、电荷量 Q 与电容 C_a，三者之间存在以下关系：

$$U_a=\frac{Q}{C_a} \tag{2-62}$$

因此，压电式传感器可以等效为一个电压源 U_a 和一个电容 C_a 的串联电路，如图 2-36(b)所示；也可以等效为一个电流源 I 和一个电容 C_a 的并联电路，如图 2-36(c)

所示。

由等效电路可知，只有在外电路负载无穷大，内部信号电荷无“漏损”时，压电传感器受力后产生的电压或电荷才能长期保存下来。事实上，传感器内部不可能没有泄漏，外电路负载也不可能无穷大，只有外力以较高频率不断地作用，传感器的电荷能得以补充时才适于使用，因此压电晶片不适合于静态测量。

2.6.2 压电式传感器应用

2.6.2.1 压电式测力传感器

压电式单向测力传感器主要由石英晶片、绝缘套、电极、上盖及基座等组成，如图 2-37 所示。传感器上盖为传力元件，当外力作用时，它将产生弹性变形，将力传递到石英晶片上。石英晶片利用其纵向压电效应实现力-电转换。为了提高传感器的输出灵敏度，可以用两片或多片晶片黏结在一起。

2.6.2.2 压电式加速度传感器

压电式加速度传感器主要由压电元件、质量块、预压弹簧、基座及外壳等组成，如图 2-38 所示。整个部件装在外壳内，并由螺栓加以固定。当加速度传感器和被测物一起受到冲击振动时，压电元件受质量块惯性力的作用，此惯性力是加速度的函数。测得加速度传感器输出的电荷便可知加速度的大小。

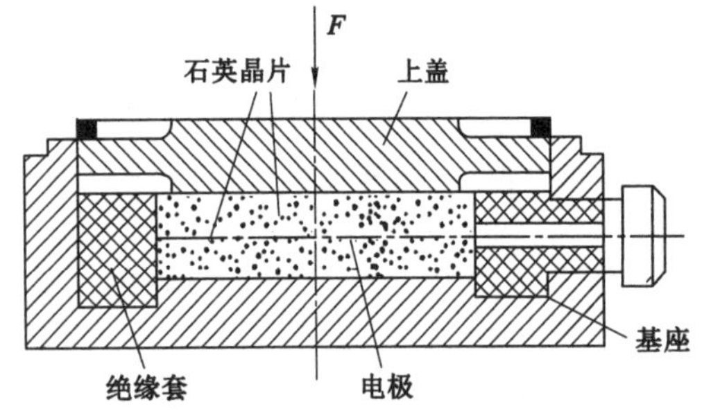

图 2-37 压电式测力传感器结构

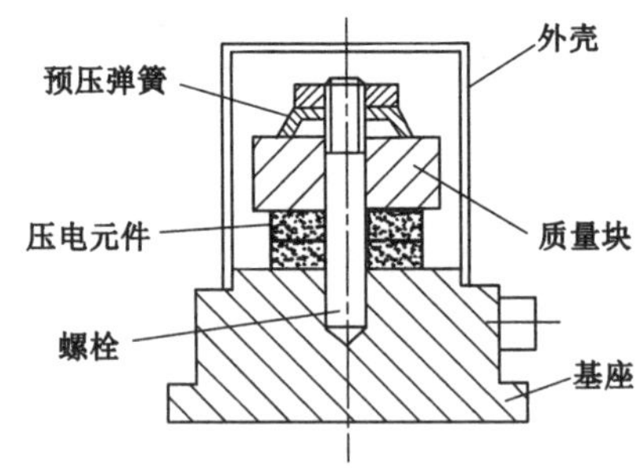

图 2-38 压电式加速度传感器结构

2.6.2.3 压电式玻璃破碎报警器

压电式传感器是利用压电元件对振动敏感的特性来感知玻璃受撞击和破碎时产生的振动波。传感器将振动波转换成电压输出，输出电压经放大、滤波、比较等处理后提供给报警系统。压电式玻璃碎报警器的组成如图 2-39 所示。

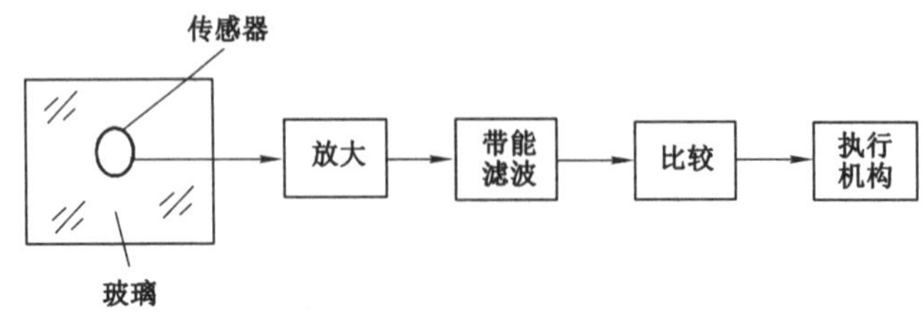

图 2-39 压电式玻璃破碎报警器的组成

将传感器用胶粘贴在玻璃上，然后通过电缆和报警电路相连。为了提高报警器的灵敏度，信号经放大后，经带通滤波器进行滤波，要求它对选定的频谱通带的衰减要小，而频带外衰减要尽量大。由于玻璃振动的波长在音频和超声波的范围内，这就使滤波器成为电路中的关键。只有当传感器输出信号高于设定的阈值时，才会输出报警信号，驱动报警执行机构工作。玻璃破碎报警器可广泛用于文物保管、贵重商品保管等场合。

2.7 光电式传感器

光电式传感器是将被测量的变化转换成光信号的变化，再通过光电器件把光信号的变化转换成电信号的一种传感器。光电式传感器一般由光源、光学通路、光电器件、测量电路等组成，如图 2-40 所示。被测量作用于光源或光学通路，从而引起光亮的变化。

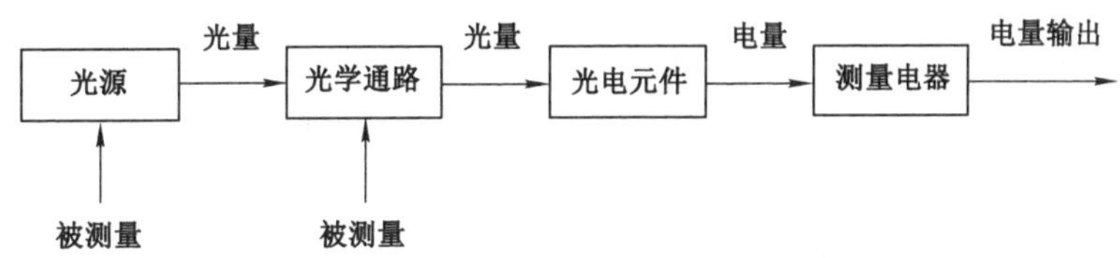

图 2-40　光电式传感器原理

光电式传感器具有频谱宽、不易受电磁干扰的影响、非接触式测量、响应快、可靠性高等特点。随着激光、光纤、CCD(CMOS)技术的发展，光电式传感器在安全监测监控中得到了广泛的应用。

2.7.1 光电器件

光电器件是将光信号的变化转换成为电信号的一种器件，也是构成光电式传感器的最主要部件。光电器件工作的物理基础是光电效应。

2.7.1.1 光电效应

光电效应分为外光电效应和内光电效应两大类。

(1) 外光电效应。一束光是由一束以光速运动的粒子流组成的，这些粒子称为光子。光子具有能量，每个光子具有的能量由式(2-63)确定，即：

$$E = h\nu \tag{2-63}$$

式中，h 为普朗克常数，$h = 6.626 \times 10^{-34}$ J·s；ν 为光频率，s^{-1}。

光的波长越短(频率越高)，其光子的能量也越大；反之，光的波长越长，其光子的能量也就越小。在光线作用下，物体内的电子逸出物体表面向外发射的现象称为外光电效应。向外发射的电子叫作光电子。基于外光电效应的光电器件有光电管、光电倍增管等。

光照射物体，可以看作一连串具有一定能量的光子轰击物体，物体中电子吸收的入射光子能量超过逸出功 A_0 时，电子就会逸出物体表面，产生光电子发射，超过部分的能量表现为逸出电子的动能。从而有能量守恒定理，即：

$$h\nu = \frac{1}{2}mv_0^2 + A_0 \tag{2-64}$$

式中，m 为电子质量；v_0 为电子的逸出速度。

式(2-64)为爱因斯坦光电效应方程式。光子能量必须超过逸出功 A_0 才能产生光电子；入射光的频谱成分不变，产生的光电子与光强成正比；光电子逸出物体表面时具有初始动能$\frac{1}{2}mv_0^2$。因此，对于外光电效应器件，即使不加初始阳极电压，也会有光电流产生，为了使光电流为零，必须加负的截止电压。

(2) 内光电效应。在光线作用下，物体的导电性能发生变化或产生光生电动势的效应称为内光电效应。内光电效应又可分为光电导效应、光生伏特效应等两类。

在光线作用下，对于半导体材料吸收了入射光子能量，若光子能量大于或等于半导体材料的禁带宽度，就激发出电子-空穴对，使载流子浓度增加，半导体的导电性增加，阻值减小，这种现象称为光电导效应。光敏电阻就是基于这种效应的光电器件。

在光线的作用下能够使物体产生一定方向的电动势的现象称为光生伏特效应。基于该效应的光电器件有光电池、光敏二极管、光敏晶体管等。

2.7.1.2 光电器件的基本特性

(1) 光电流。光敏元件的两端加上一定偏置电压后，在某种光源的特定照度下产生或增加的电流称为光电流。

(2) 暗电流。光敏元件在无光照时，两端加电压后产生的电流称为暗电流。暗电流在电路设计中被认为是一种噪声电流。在高照度情况下，由于光电流与暗电流的比值大，还不会产生问题；但在低照度时，由于光电流与暗电流的比值较小，当电路各级间没有耦合电容隔断直流电流时，容易使线路产生误动作。因此，暗电流对测量微弱光强及精密测量的影响很大。在选择时，应选择暗电流小的光电器件。

(3) 光照特性。当光敏元件加一定电压时，光电流 I 与光敏元件上光照度 E 之间的关系称为光照特性，一般可表示为 $I=f_e(E)$。

(4) 光谱特性。当光敏元件加一定电压时，如果照射在光敏元件上的是一单色光，且入射光功率不变，光电流随入射光波长变化而变化的关系称为光谱特性。光谱特性对选择光电器件和光源有重要意义。当光电器件的光谱特性与光源的光谱分布协调一致时，光电传感器的性能较好，效率也高。在检测中，应选择最大灵敏度在需要测量的光谱范围内的光敏元件，才有可能获得最高灵敏度。

(5) 伏安特性。在一定照度下，光电流 I 与光敏元件两端的电压 U 的关系 $I=f_u(U)$ 称为伏安特性。同晶体管的伏安特性一样，光敏元件的伏安特性可以用来确定光敏元件的负载电阻，设计应用电路。

(6) 频率特性。在相同的电压和相同幅值的光强度下，当入射光受不同的正弦交变频率调制时，光敏元件输出的光电流 I 和灵敏度 K 随调制频率 f 变化的关系 $I=f_1(f)$、$K=f_2(f)$ 称为频率特性。

(7) 温度特性。环境温度变化后，光敏元件的光学性质也将随之改变，这种现象称为温度特性。温度升高时，电子热运动增强，引起光敏元件的光电流及光谱特性等变化。温度超过一定值时，光电器件的性质会有显著的改变。

光电器件都有极限工作条件，正常使用时都不允许超过这些指标，否则会影响光电器件的正常工作，甚至使器件损坏。通常各种光电器件都规定了工作电压、工作电流、工作温度等的允许范围，使用时要注意。

2.7.1.3　光敏电阻

光敏电阻又称为光导管，它几乎是用半导体材料制成的光电器件，其常用的材料有硫化镉、硫化铅、锑化铟等。光敏电阻在不受光照射时的阻值称为暗电阻，此时流过的电流称为暗电流。光敏电阻在受光照射时的电阻称为亮电阻，此时流过的电流称为亮电流。亮电流与暗电流之差称为光电流。

光敏电阻没有极性，纯粹是一个电阻器件，使用时既可加直流电压，也可以加交流电压。无光照时，光敏电阻阻值（暗电阻）很大，电路中电流（暗电流）很小。当光敏电阻受到一定波长范围的光照时，它的阻值（亮电阻）急剧减小，电路中电流迅速增大。

光敏电阻的结构很简单，图 2-41(a)为金属封装的硫化镉（CdS）光敏电阻的结构图。在玻璃底板上均匀地涂上一层薄薄的半导体物质，称之为光导层。半导体的两端装有金属电极，金属电极与引出线端相连接，光敏电阻就通过引出线端接入电路。为了防止周围介质的影响，在半导体光敏层上覆盖了一层漆膜，漆膜的成分应使它在光敏层最敏感的波长范围内透射率最大。为了提高灵敏度，光敏电阻的电极一般采用梳状图案，如图 2-41(b)所示。光敏电阻的等效电路如图 2-41(c)所示。

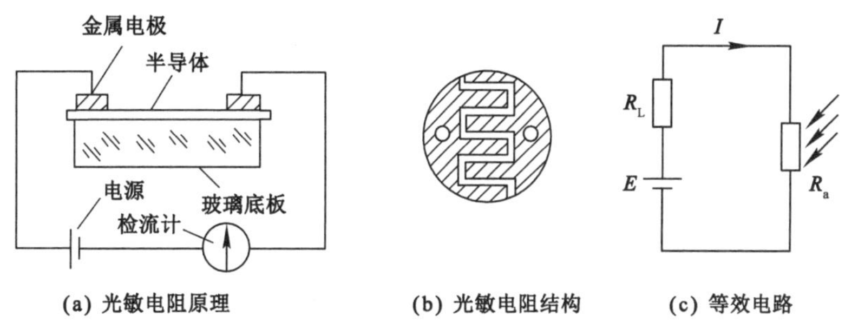

图 2-41　光敏电阻传感器原理

光敏电阻具有光谱特性好、允许的光电流大、灵敏度高、使用寿命长、体积小等优点，被广泛应用。此外，许多光敏电阻对红外线敏感，适宜于红外线光谱区工作。光敏电阻的缺点是型号相同的光敏电阻参数参差不齐，并且由于光照特性的非线性，不适用于测量要求线性的场合，常用作开关式光电信号的传感元件。

2.7.1.4　光敏二极管和光敏晶体管

光敏二极管的结构与一般二极管相似。它装在透明玻璃外壳中，其 PN 结装在管的顶部，可以直接受到光照射，光敏二极管在电路中一般是处于反向工作状态，如图 2-42 所示。在没有光照射时，反向电阻很大，反向电流很小，该反向电流称为暗电流。当光照射在 PN 结上，光子打在 PN 结附近，使 PN 结附近产生光生电子和光生空穴对，它们在 PN 结处的内电场作用下做定向运动，形成光电流。光的照度越大，光电流就越大。因此，光敏二极管在不受光照射时处于截止状态，在受光照射时处于导通状态。

光敏晶体管与一般晶体管很相似，具有两个 PN 结，如图 2-43 所示。它的发射极一边做得很大，以扩大光的照射面积。大多数光敏晶体管的基极无引出线，当集电极加上相对于发射极为正的电压而不接基极时，集电结就是反向偏压；当光照射在集电结时，就会在结附近产生电子-空穴对，光生电子被拉到集电极，基区留下空穴，使基极与发射极间的电压升

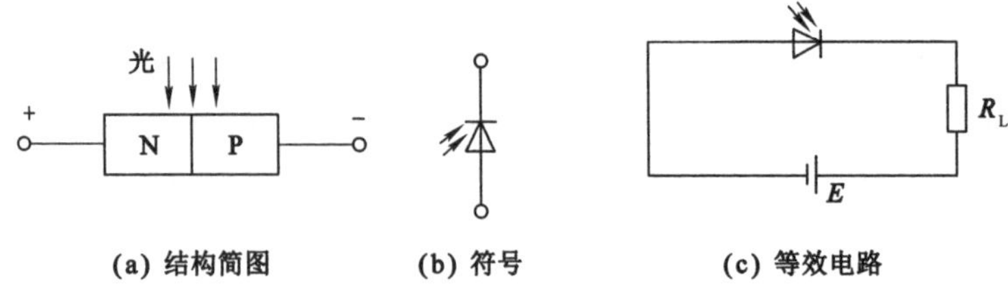

图 2-42　光敏二极管原理

高，这样便会有大量的电子流向集电极，形成输出电流，且集电极电流为光电流的 6 倍，所以光敏晶体管有放大作用。

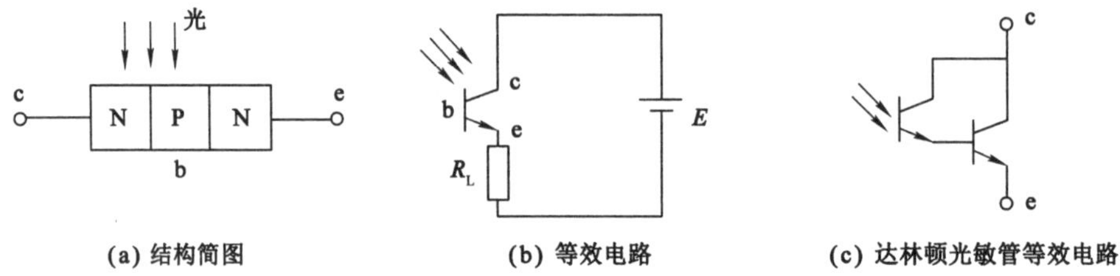

图 2-43　光敏晶体管结构与等效电路

光敏晶体管的光电灵敏度虽然比光敏二极管高得多，但在需要高增益或大电流输出的场合，需采用达林顿光敏管。达林顿光敏管是一个光敏晶体管和一个晶体管以共集电极连接方式构成的集成器件。由于增加了一级电流放大，所以输出电流能力大大加强，甚至可以不必经过进一步放大，便可直接驱动灵敏继电器。但由于无光照时的暗电流也增大，因此适用于开关状态或位式信号的光电变换。

2.7.1.5　光电耦合器件

光电耦合器件是由发光元件（如发光二极管）和光电接收元件合并使用，以光作为媒介将输入端的电信号耦合到输出端的一种器件。根据结构和用途的不同，可将光电耦合器件分为两类：一类是用于实现电隔离的光电耦合器（又称光电隔离器）；另一类是用于检测物体位置或检测有无物体的光电开关。

（1）光电耦合器。光电耦合器的发光元件和接收元件都封装在一个外壳内，一般有金属封装和塑料封装两种。发光器件通常采用砷化镓（GaAs）发光二极管，其管芯由一个 PN 结组成，随着正向电压的增大，正向电流增加，发光二极管产生的光通量也增加。光电接收元件可以是光敏二极管和光敏三极管，也可以是达林顿光敏管，如图 2-44 所示。为了保证光电耦合器有较高的灵敏度，应使发光元件和接收元件的波长匹配。

光电耦合器实际上是一个电量隔离转换器，它具有抗干扰性能和单向信号传输等功能，有时可取代继电器、变压器、斩波器等，广泛应用在电路隔离、电平转换、噪声抑制等场合。光电耦合器件具有体积小、寿命长、无触点、抗干扰能力强、输出和输入之间绝缘、可单向传输模拟或数字信号等特点。

（2）光电开关。光电开关是一种利用感光元件对变化的入射光加以接收，并进行光电转换，同时加以某种形式的放大和控制，从而获得最终的控制输出“开”“关”信号的器件，如

图 2-45 所示。

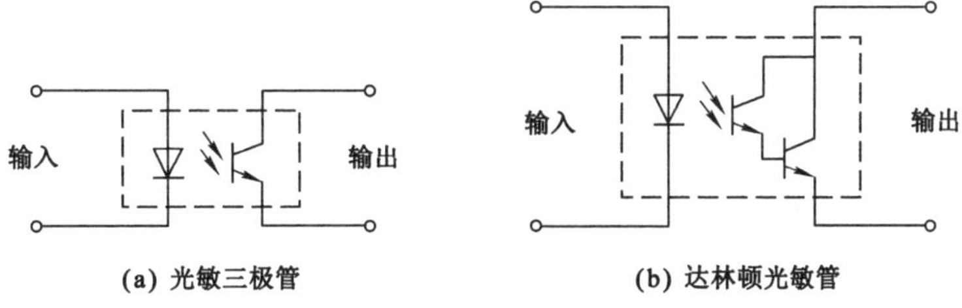

图 2-44 光电耦合器组合形式

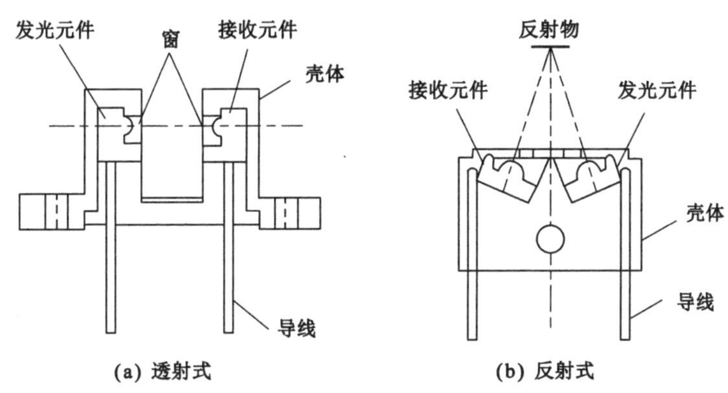

图 2-45 光电开关的结构

图 2-45(a)所示为一种透射式的光电开关,它的发光元件和接收元件的光轴是重合的。当不透明的物体位于或经过它们之间时,会阻断光路,使接受元件接收不到来自发光元件的光,这样就起到了检测作用。图 2-45(b)所示为一种反射式的光电开关,它的发光元件和接收元件的光轴在同一平面且以某一角度相交,交点一般为待测物所在处。当有物体经过时,接收元件将接收到从物体表面反射的光,没有物体时则接收不到。

光电开关具有小型、高速、非接触等特点,而且与 TTL、MOS 等电路容易结合。

2.7.1.6 电荷耦合器件

电荷耦合器件(CCD)是一种大规模金属氧化物半导体(MOS)集成电路光电器件。它以电荷为信号,具有光电信号转换、存储、移位并读出信号电荷的功能。CCD 自 1970 年问世以来,由于其独特的性能而发展迅速,尤其是图像领域。

MOS 光敏元 CCD 是由若干个电荷耦合单元组成的。其基本单元是 MOS(金属-氧化物-半导体)光敏元,如图 2-46 所示。它以 P 型(N 型)半导体为衬底,上面覆盖一层厚度约 120 nm 的 SiO_2 氧化层作为电解质,再在 SiO_2 表面依次沉积一层金属电极为栅电极,形成了 MOS 结构元。

当在金属电极上施加一个正电压 U_g 时,衬底接地,在电场的作用下,靠近氧化层的 P 型硅中的多数载流子(空穴)受到排斥,从而形成一个耗尽区,它对带负电的电子而言是一个势能很低的区域,称为势阱。半导体内的少数载流子(电子)被吸引到 P-Si 界面处,从而在界面附近形成一个带负电荷的耗尽区,也称为表面势阱。如果有光照射在硅片上,在光子作

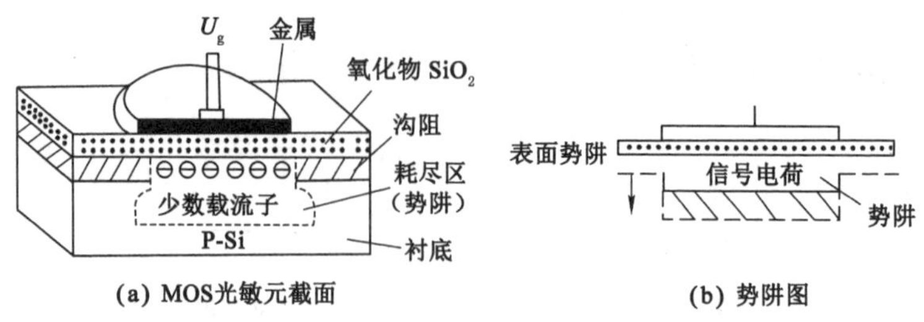

图 2-46　MOS 光敏元的结构

用下，半导体硅将产生电子-空穴对，由此产生的光生电子就被附近的势阱所吸收，而同时产生的空穴被排斥出耗尽区，势阱内所吸收的光生电子数量与入射到该势阱附近的光强成正比。这样的一个 MOS 结构元为 MOS 光敏元，叫作一个像素。存储了电荷的势阱被称为电荷包。

通常在半导体硅片上有几百或几千个相互独立的 MOS 光敏元，若在金属电极上施加一正电压，则在这半导体硅片上就形成几百个或几千个相互独立的势阱。如果照射在这些光敏元上的是一幅明暗起伏的图像，那么这些光敏元就感生出一幅与光照强度相对应的光生电荷图像。

电荷耦合器件用于固态图像传感器中，作为摄像或像敏的器件。CCD 固态图像传感器由感光部分和移位寄存器组成。感光部分利用 MOS 光敏元的光电转换功能，将投射到光敏元上的光学图像(光强的空间分布)转换为与光强成正比、大小不等的电荷包空间分布，然后利用移位寄存器的移位功能将光生电荷"图像"转移出来，从输出电路上检测到幅度与光生电荷包成正比的电脉冲序列，从而将照射在 CCD 上的光学图像转换为电信号图像。

2.7.1.7　位置敏感器件

位置敏感器件(PSD)是一种对其感光面上入射光点位置敏感的器件，也称为坐标光电池，其输出信号与光点在光敏面上的位置有关。PSD 具有高灵敏度、高分辨率、响应速度快和配置电路简单等优点，在位置坐标的精确测量、位置变化检测、位置跟踪、工业自动控制等领域得到越来越广泛的应用。

如图 2-47 所示，PSD 一般为 PIN 结构，上面为 P 层，下面为 N 层，在 P 层和 N 层之间有一层高电阻率的本征半导体 I 层，它们制作在同一硅片上。P 层是光敏层，也是一个均匀的电阻层，在 P 层表面电阻层的两端各设置一输出极。

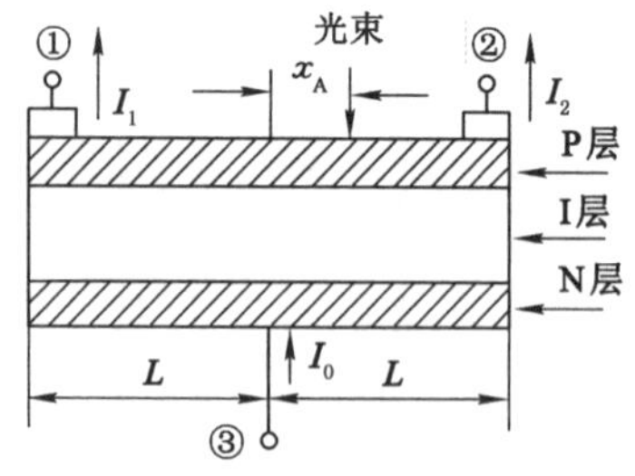

图 2-47　PSD 结构

当入射光照射到 PSD 的光敏层时，在入射位置上产生与入射辐射成正比的信号电荷，此电荷形成的光电流通过 P 型电阻层分别由电极①和电极②输出。设电极①、②距光敏面中心点的距离分别为 L，光束入射点的位置距中心点的距离为 x_A，流过两电极的电流分别为 I_1 和 I_2，则流过 N 型层上电极③的电流 I_0 为 I_1 和 I_2 之和，即 $I_0=I_1+I_2$。电流 I_1 和 I_2 分别为：

$$\begin{cases} I_1 = \dfrac{L - x_A}{2L} I_0 \\ I_2 = \dfrac{L + x_A}{2L} I_0 \end{cases} \tag{2-65}$$

则：

$$x_A = \frac{I_2 - I_1}{I_2 + I_1} L \tag{2-66}$$

由式(2-66)可确定光斑能量中心相对于器件中心位置 x_A，它只与 I_1 和 I_2 电流的差值及总电流 I_0 之间的比值有关，与入射光能的大小无关。

2.7.2　光纤传感器

光纤传感器是20世纪70年代中期发展起来的一种新技术，是伴随着光纤及光通信技术的发展而逐步形成的。光纤传感器和传统的各类传感器相比有一定的优点，如不受电磁干扰、体积小、质量轻、可缠绕、灵敏度高、耐腐蚀、高绝缘强度、防爆性好、集传感与传输于一体、能与数字通信系统兼容等。光纤传感器能用于温度、压力、应变、位移、速度、加速度、磁、电、声等的测量，在自动控制、在线检测、故障诊断、安全报警等方面具有极为广泛的应用潜力和发展前景。

光导纤维简称光纤，是一种特殊结构的光学纤维，如图2-48所示。中心的圆柱体叫作纤芯，围绕着纤芯的圆形外层叫作包层。纤芯和包层通常由不同掺杂的石英玻璃制成。纤芯的折射率 n_1 略大于包层的折射率 n_2，光纤的导光能力取决于纤芯和包层的性质。在包层外面还常有一层保护套，多为尼龙材料，以增加机械强度。

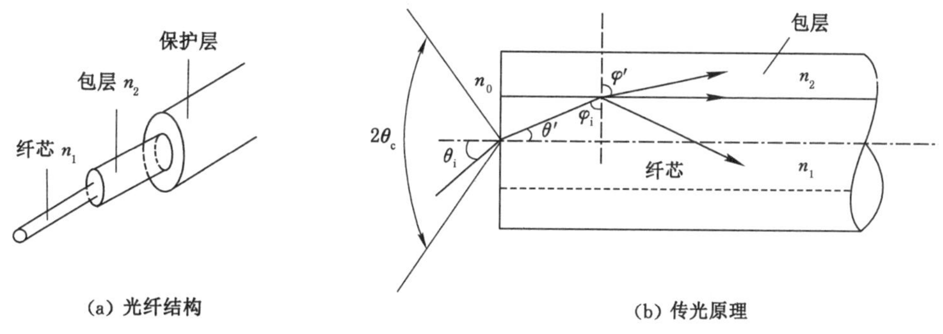

图2-48　光纤传光原理

光在空间是直线传播的。在光纤中，光的传输限制在光纤中，并随着光纤能传送很远的距离，光纤的传输是基于光的全内反射。设有一段圆柱形光纤，它的两个端面均为光滑的平面，如图2-48(b)所示。当光线射入一个端面并与圆柱的轴线成 θ_i 时，在端面发生折射进入光纤后，又以 φ_i 角入射至纤芯与包层的界面，光线有一部分透射到包层，一部分反射回纤芯。但当入射角 θ_i 小于临界入射角 θ_c 时，光线就不会透射出界面，而全部被反射，光在纤芯和包层的界面上反复逐次全反射，呈锯齿波形状在纤芯内向前传播，最后从光纤的另一端面射出，这就是光纤的传光原理。

光纤模式是指光波传播的途径和方式。对于不同入射角度的光线，在界面反射的次数是不同的，传递的光波之间的干涉所产生的横向强度分布也是不同的，这就是传播模式不同。在光纤中传播模式很多不利于光信号的传播，因为同一种光信号采取很多模式传播将使一部分光信号分为多个不同时间到达接收端的小信号，从而导致合成信号的畸变，因此希望光纤信号模式数量要少。一般纤芯直径为 2～12 μm、能传输一种模式称为单模光纤。这类光纤的传输性能好，信号畸变小，信息容量大，线性好，灵敏度高。但由于纤芯尺寸小，制造、连接和耦合都比较困难。纤芯直径较大(50～100 μm)、传输模式较多的，称为多模光纤。这类光纤的性能较差，输出波形有较大的差异，但由于纤芯截面积大，故容易制造，连接和耦合比较方便。

光纤传感器原理实际上是研究光在调制区内，外界信号(温度、压力、应变、位移、振动、电场等)与光的相互作用，即研究光被外界参数的调制原理。外界信号可能引起光的强度、波长、频率、相位、偏振态等光学性质的变化，从而形成不同的调制。

光纤传感器一般分为两大类：一类是利用光纤本身的某种敏感特性或功能制成的传感器，为功能型传感器，又称为传感型传感器；另一类是光纤仅起到传输光的作用，它在光纤端面或中间加装其他敏感元件感受被测量的变化，这类传感器称为非功能型传感器，又称为传光型传感器。光纤传感器由光源、敏感元件(光纤或非光纤的)、光探测器、信号处理系统以及光纤等组成，如图 2-49 所示。

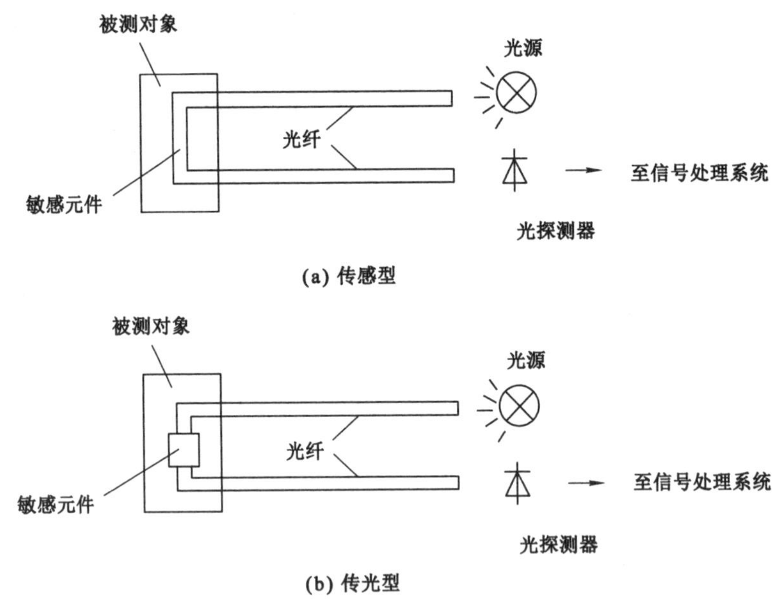

图 2-49　光纤传感器原理

由光源发出的光通过光纤引到敏感元件，被测参数作用于敏感元件，在光的调制区内，使光的某一性质受到被测量的调制，调制后的光信号经接收光纤耦合到光探测器，将光信号转换为电信号，最后经信号处理得到所需要的被测量。

2.7.3　光电式传感器应用

2.7.3.1　火焰探测报警器

图 2-50 是采用以硫化铅(PbS)光敏电阻为探测元件的火焰探测器电路图。

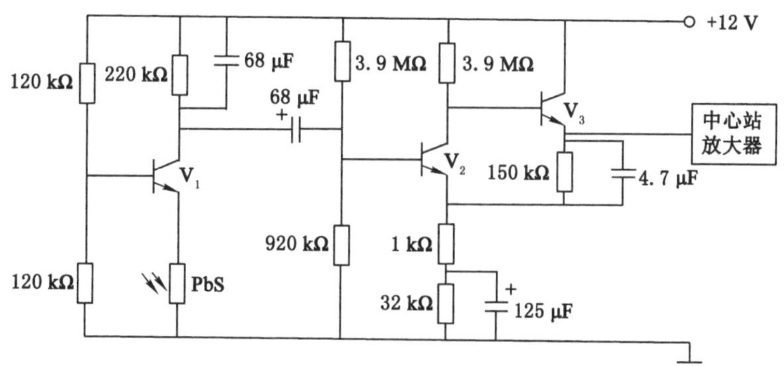

图 2-50　火焰探测报警器等效电路

硫化铅光敏电阻的暗电阻为 1 MΩ,亮电阻为 0.2 MΩ(在辐射照度 0.01 W/m^2 下测试),峰值响应波长为 2.2 μm,硫化铅光敏电阻处于 V_1 管组成的恒压偏置电路,其偏置电压约为 6 V,电流约为 6 μA。V_1 管集电极电阻两端并联 68 μF 的电容,可以抑制 100 Hz 以上的高频,使其成为只有几十赫兹的窄带放大器。V_2、V_3 构成二级负反馈互补放大器,火焰的闪动信号经二级放大后送给中心控制站进行报警处理。采用恒压偏置电路是为了在更换光敏电阻或长时间使用后,器件阻值的变化不至于影响输出信号的幅度,保证火焰报警器能长期稳定地工作。

2.7.3.2　CCD 图像传感器应用

CCD 图像传感器在许多领域内获得了广泛的应用。前面介绍 CCD 具有将光像转换为电荷分布以及电荷的存储和转移等功能,所以它是构成 CCD 固态图像传感器的主要光敏器件,取代了摄像装置中的光学扫描系统或电子束扫描系统。

CCD 图像传感器具有高分辨率和高灵敏度,具有较宽的动态范围,这些特点决定了它可以广泛应用于自动控制和自动测量,尤其适用于图像识别技术。CCD 图像传感器在检测物体的位置、工件尺寸的精确测量及工件缺陷的检测方面有独到之处。图 2-51 所示为应用 CCD 图像传感器测量物体尺寸系统。物体成像聚焦在图像传感器的光敏面上,视频处理器对输出的视频信号进行存储和数据处理,整个过程由微机控制完成。

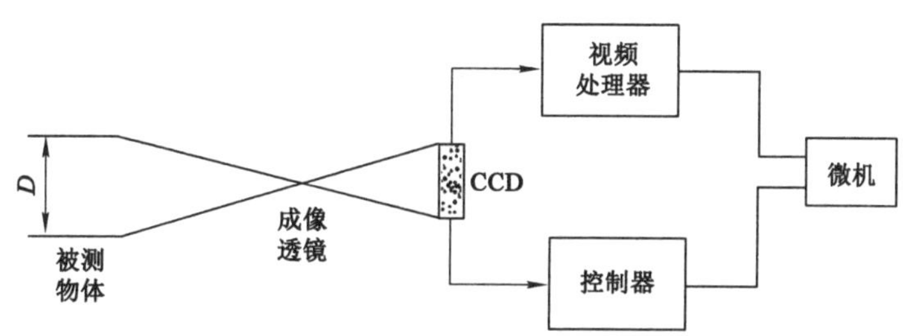

图 2-51　CCD 图像传感器尺寸检测系统

微机可对多次测量求平均值,精确得到被测物体的尺寸。任何能够用光学成像的零件都可以用这种方法,实现不接触在线自动检测的目的。

2.7.3.3 位置敏感器的应用

PSD是检测受光面上点状光束的重心(强度中心)位置的光敏器件。在应用时,PSD的前面设置聚光透镜,PSD应选择最适宜的受光面积,这样可确保光点进入受光面。例如,测量在PSD前面一定范围内左右方向移动物体的位置,如图2-52所示。在移动物体上安装发光二极管(LED),移动物体时LED通过聚光透镜在PSD上成像,测量该移动点的像即可得到物体移动的距离。

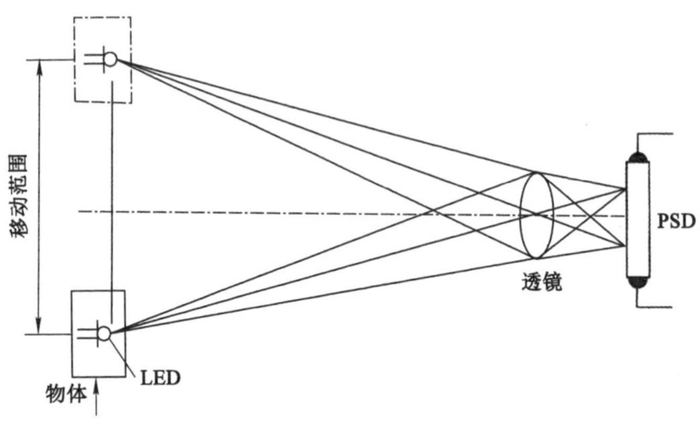

图2-52 PSD测量移动物体的位置

2.7.3.4 光纤传感器的应用

(1) 光纤加速度传感器。光纤加速度传感器是一种简谐振子的结构形式,如图2-53所示。激光束通过分光板后分为两束光,透射光作为参考光束,反射光作为测量光束。当传感器感受加速度时,由于质量块对光纤的作用,从而使光纤被拉伸,引起光程差的改变。相位改变的激光束由单模光纤射出后与参考光束会产生干涉效应。激光干涉仪干涉条纹的移动可由光电接收装置转换为电信号,经过信号处理电路处理后便可以正确地测出加速度值。

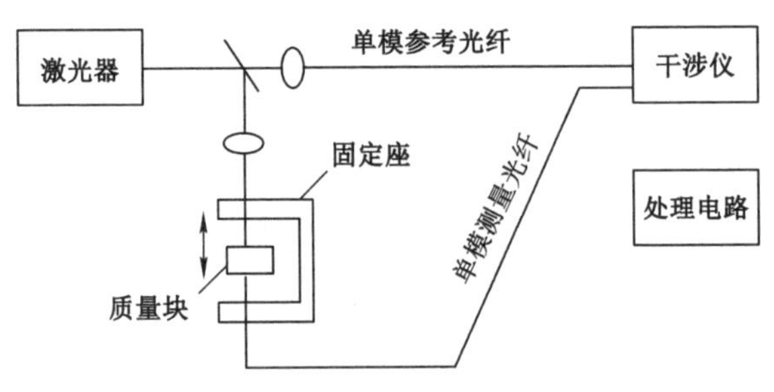

图2-53 光纤加速度传感器原理

(2) 光纤温度传感器。光纤温度传感器是目前仅次于加速度、压力传感器而被广泛使用的光纤传感器。根据工作原理它可分为相位调制型、光强调制型和偏振光型等。这里仅介绍一种光强调制型的半导体光吸收型光纤传感器,如图2-54所示。传感器由半导体光吸收器、光纤、光源和包括光探测器在内的信号处理系统等组成。光纤是用来传输信号,半导体光吸收器是光敏感元件,在一定的波长范围内,它对光的吸收随温度变化而变化,探测器检测输出光强的变化即达到测量温度的目的。

(3) 光纤旋涡流量传感器。光纤旋涡流量传感器是将一根多模光纤垂直地装入管道,当液体或气体流经与其垂直的光纤时,光纤受到流体涡流的作用而振动(振动的频率与流速

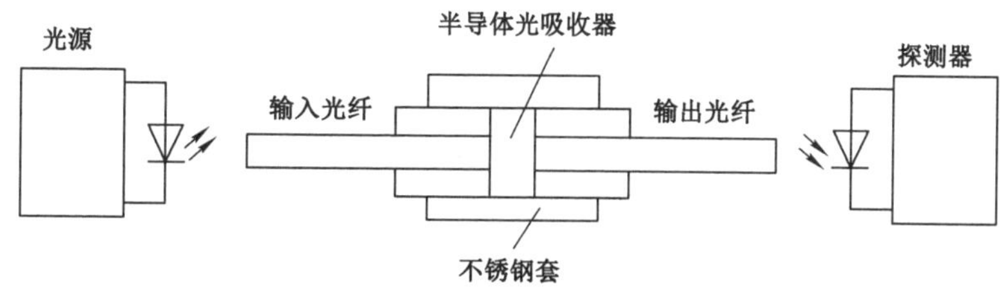

图 2-54　半导体光吸收型光纤温度传感器原理

有关)，测出频率就可知流速。如图 2-55 所示。

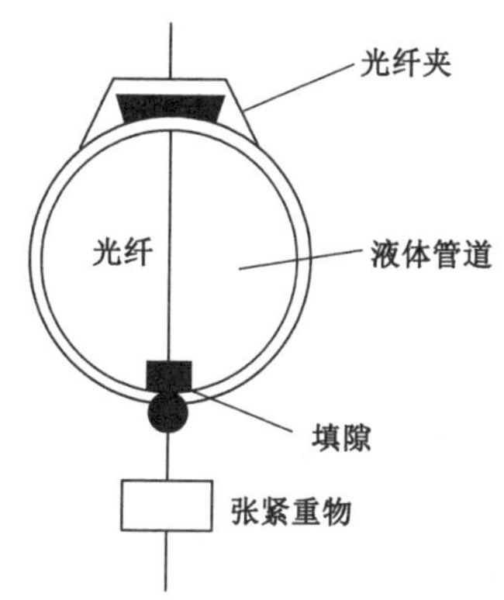

图 2-55　光纤旋涡流量传感器原理

2.8　传感器主要技术性能指标

传感器的基本特性是指输出对输入的响应质量，它包括静态特性和动态特性两大类。当输入量为常量或变化极慢时，这一关系就称为静态特性；当输入量随时间较快变化时，这一关系就称为动态特性。一般来说，传感器输出与输入关系可用对时间的微分方程来描述。理论上，将微分方程中的一阶及以上的微分项取为零时，便可得到静态特性。因此，传感器的静态特性只是动态特性的一个特例。实际上，传感器的静态特性还包括非线性和随机性等因素，如果将这些因素都引入微分方程，将使问题复杂化。为避免这种情况，总是把静态特性和动态特性分开考虑。传感器除了描述输出输入关系的特性之外，还有与使用条件、使用环境、使用要求等有关的特性。

2.8.1　传感器静态特性

静态特性表示传感器在被测量处于稳定状态时的输出输入关系。《传感器主要静态性能指标计算方法》(GB/T 18459—2001)规定了一般传感器主要静态性能指标的定义和计算方法，定义传感器的静态特性为被测量处于不变或缓变情况下输出与输入之间的关系。人们总是希望传感器的输出/输入具有确定的对应关系，而且最好呈线性关系。一般情况下，输出输入不会符合所要求的线性关系，同时存在迟滞、蠕变、摩擦、间隙和松动等各种因素，以及外界条件的影响。传感器的输出/输入影响因素如图 2-56 所示。误差因素就是衡量传感器特性的主要技术指标。外界影响程度取决于传感器本身，可通过传感器本身的改善来加以抑制，有时也可以对外界条件加以限制。

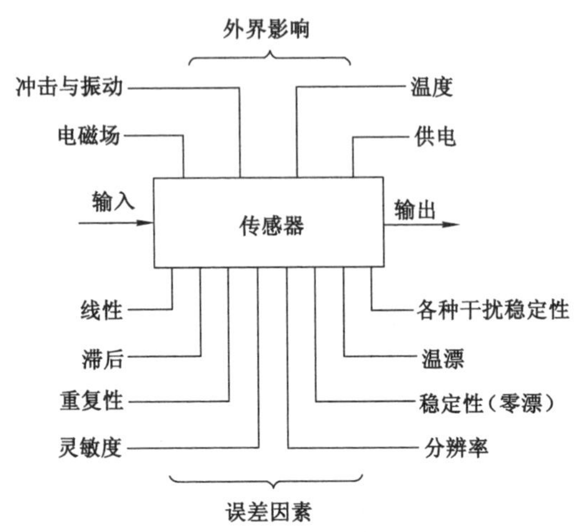

图 2-56　传感器的输出/输入影响因素

2.8.1.1　精确度、精密度和准确度

精确度能够反映测量误差的综合状态，综合误差越小，则精确度自然就越高。精确度就是传感器反映信号值与被测物理量真值(约定)的一致程度。精密度指的是在一定条件下进行多次测量时，在测量结果比较集中和仪表分辨率较高的条件下随机误差的大小。准确度是指在规定条件下测量结果的正确程度。精确度、精密度和准确度的 3 个概念可用图 2-57 来区分。

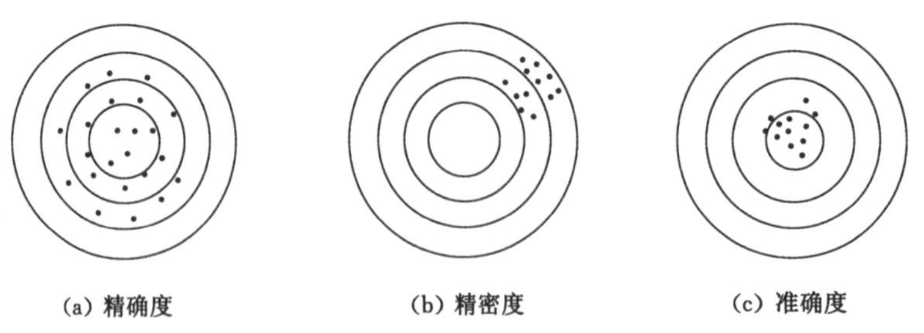

图 2-57　精确度、精密度和准确度

传感器的精确度往往以误差为指标，一般用百分数表示相对误差。

2.8.1.2　测量范围与量程

测量范围指被测物理量可以按规定的精确度进行测量的范围。量程是指测量范围的上限值与下限值的代数差，即：

$$Y_{ps}=Y_{max}-Y_{min} \tag{2-67}$$

式中，Y_{ps} 为量程；Y_{max}，Y_{min} 分别为测量范围的上、下限值。

在不致引起规定性能指标永久改变的前提下，允许传感器超过测量范围的能力称为过载能力。

2.8.1.3 线性度误差

理想情况下，传感器的输入和输出呈线性关系，其图形是一条理想直线。而实际测量系统的静态特性则是按多项式规律变化的，即：

$$Y=a_0+a_1X+a_2X^2+\cdots+a_nX^n \tag{2-68}$$

式中，X，Y 分别为输入量和输出量；a_0，a_1，a_2，…，a_n 分别为待定系数。

由式(2-68)可知，输出量 Y 除按线性项(a_0+a_1X)变化外，还有多项高次分量的影响，所以，输入-输出特性应是一条变化程度不同的曲线(称校准曲线)。当 $a\neq0$ 时，若输入为零，而输出不为零，这种现象称为零点漂移。

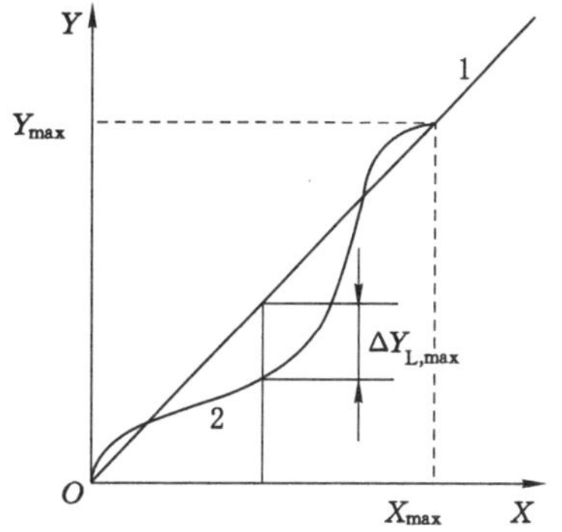

1—规定直线；2—校准曲线。

图 2-58 输入-输出响应特性

线性度误差是指校准曲线与规定直线的最大偏差，通常用百分数表示。这个百分数就是表示输入-输出特性的非线性度，或者称线性度误差，如图 2-58 所示。

由图 2-58 可知，最大偏差为 $\Delta Y_{L,max}$，通常用量程的百分数表示：

$$\delta_L=\frac{|\Delta Y_{L,max}|}{Y_{max}-Y_{min}}\times100\%=\frac{|\Delta Y_{L,max}|}{Y_{ps}}\times100\% \tag{2-69}$$

式中，δ_L 为线性度误差；$\Delta Y_{L,max}$ 为校准曲线与规定直线间最大偏差。

2.8.1.4 回差

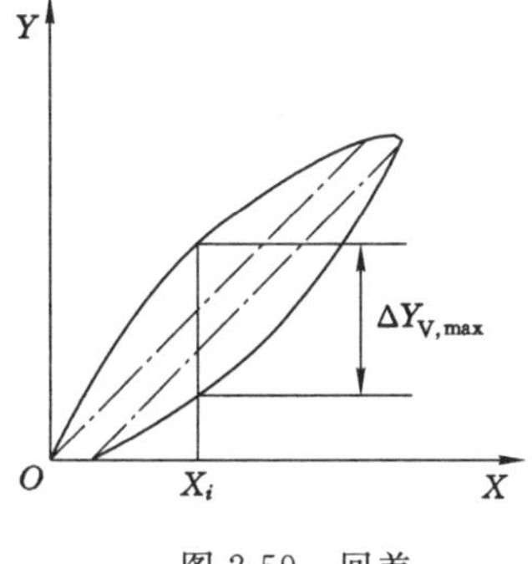

图 2-59 回差

回差也称为变差。在测量全范围内，同一个输入信号所对应的上、下行程输出之间的最大差值称为回差，包括滞后误差和死区，如图 2-59 所示。

回差 δ_V 用输出量程的百分数表示：

$$\delta_V=\frac{\Delta Y_{V,max}}{Y_{max}-Y_{min}}\times100\%=\frac{\Delta Y_{V,max}}{Y_{ps}}\times100\% \tag{2-70}$$

式中，$\Delta Y_{V,max}$ 为测量全范围内上、下行程输出的最大差值。

(1) 死区。当输入变量变化时，输出变量几乎毫无变化的有限区间，称为死区，如图 2-60 所示。死区用输入量程 δ_d 的百分数表示：

$$\delta_d=\frac{\Delta X_d}{X_{max}-X_{min}}\times100\% \tag{2-71}$$

式中，ΔX_d 为死区；$X_{max}-X_{min}$ 为输入量程。

（2）滞后误差。在全范围内的被测值上、下行程均需校准曲线，两曲线间的最大偏差 $\Delta Y_{V,max}$ 减去死区值 ΔX_d 后的输出增量 $\Delta Y_{H,max}$ 称为滞后误差，如图 2-61 所示。滞后误差同样用百分数表示：

$$\delta_H=\frac{\Delta Y_{H,max}}{Y_{max}-Y_{min}}\times 100\%=\frac{\Delta Y_{H,max}}{Y_{ps}}\times 100\% \tag{2-72}$$

式中，$\Delta Y_{H,max}$ 为在同一 X_i 下的最大滞后偏差绝对值。

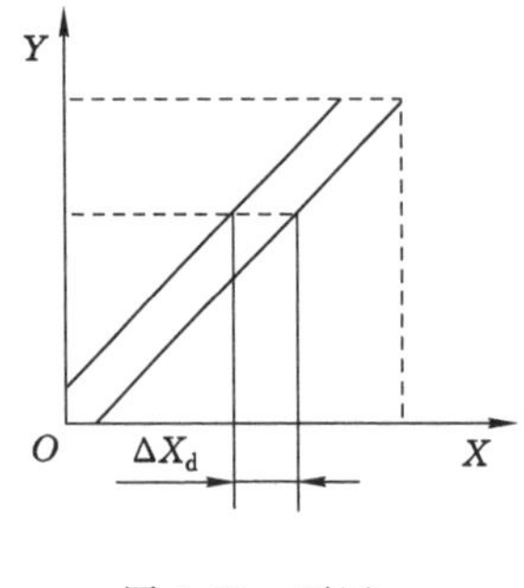

图 2-60　死区

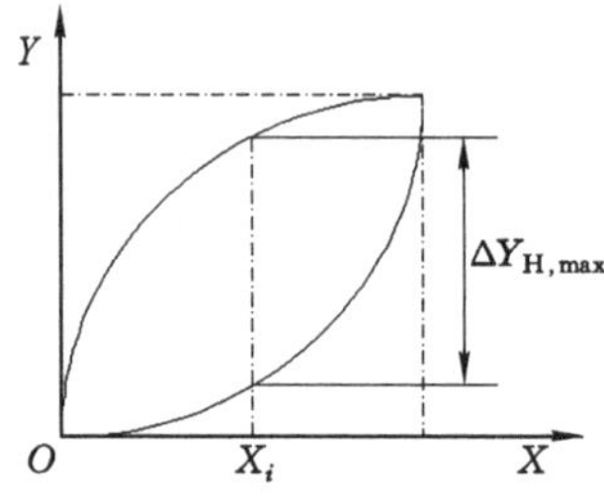

图 2-61　滞后误差

2.8.1.5　灵敏度、分辨率与阈值

传感器输出量的变化值与相应的被测量的变化值之比称为传感器的灵敏度。灵敏度反映传感器对被测物理量的变化程度。灵敏度用输出变化值（ΔY）除以输入变化值（ΔX）表示，即：

$$K=\frac{\Delta Y}{\Delta X} \tag{2-73}$$

由此可见，线性系统的灵敏度就是特性曲线的斜率，且灵敏度 K 为一常数。对于非线性系统，其灵敏度是特性曲线某点处的切线斜率，并随输入量的变化而变化。灵敏度可用百分数或绝对值表示，一定用途的传感器要限定其范围。

分辨率是指系统有效地辨别紧密相邻量值的能力，即传感器在规定测量范围内可能检测出的被测量的最小变化量称为传感器的分辨率。例如，某一温度传感器的量程是 −50～99.9 ℃，其分辨率应是 0.1 ℃。

阈值是能使检测系统输出端产生可测变化量的最小被测输入量值，即零位附近的分辨力。

2.8.1.6　重复性与漂移

在同一工作条件下，传感器对同一输入按同一方向连续多次检测时，其输出值相互间的一致程度，称为传感器的重复性。多次重复测试的曲线越重合，说明重复性越好，误差也小。重复特性的好坏与许多随机因素有关。重复性误差用试验的方法确定。

传感器的输入-输出特性随某一外界因素的影响而出现缓慢变化的现象，称为漂移。对于采用电桥电路的传感器，零点漂移是仪表主要性能指标之一。

静态特性是从静态角度考察传感器测量精度的指标，为了获取准确的输出信号，要求传感器应具备静态响应良好的综合性能。为此，就应尽量获取合适的测量范围和量程，具备足够的灵敏度、分辨率和重复性，以及尽量小的阈值、线性度误差、回差和漂移。

2.8.2 传感器动态特性

传感器的动态特性是指输入量随时间变化时的响应特性。由于传感器的惯性和滞后，当被测量随时间变化时，传感器的输出往往来不及达到平衡状态，处于动态过渡过程之中，所以传感器的输出量也是时间的函数，其间的关系要用动态特性来表示。一个动态特性好的传感器，其输出将再现输入量的变化规律，即具有相同的时间函数。实际上，传感器的输出信号不会与输入信号具有相同的时间函数，这种输出与输入间的差异就是动态误差。传感器的动态特性是传感器的输出值能够真实地再现变化着的输入量能力的反映。

2.8.2.1 数学模型与传递函数

为了分析动态特性，首先要写出数学模型，求得传递函数。一般情况下，传感器输出 y 与被测量 x 之间的关系为：

$$f_1(\mathrm{d}^n y/\mathrm{d}t^n, \cdots, \mathrm{d}y/\mathrm{d}t, y) = f_2(\mathrm{d}^m x/\mathrm{d}t^m, \cdots, \mathrm{d}x/\mathrm{d}t, x) \tag{2-74}$$

不过，大多数传感器在其工作点附近一定范围内，其数学模型可用线性微分方程表示，即：

$$a_n \mathrm{d}^n y/\mathrm{d}t^n + \cdots + a_1 \mathrm{d}y/\mathrm{d}t + a_0 y = b_m \mathrm{d}^m x/\mathrm{d}t^m + \cdots + b_1 \mathrm{d}x/\mathrm{d}t + b_0 x \tag{2-75}$$

式中，$a_0, a_1, \cdots, a_n$ 及 $b_0, b_1, \cdots, b_m$ 分别为与传感器结构特性有关的常系数。

设 $x(t)$、$y(t)$的初始条件为零，对式(2-75)两边进行拉普拉斯变换，可得：

$$a_n s^n Y(s) + \cdots + a_1 sY(s) + a_0 Y(s) = b_m s^m X(s) + \cdots + b_1 sX(s) + b_0 X(s) \tag{2-76}$$

由此可求得初始条件为零的条件下输出信号拉普拉斯变换 $Y(s)$与输入信号拉普拉斯变换 $X(s)$的比值，即：

$$W(s) = \frac{Y(s)}{X(s)} = \frac{b_m s^m + \cdots + b_1 s + b_0}{a_n s^n + \cdots + a_1 s + a_0} \tag{2-77}$$

比值 $W(s)$被定义为传感器的传递函数。传递函数是拉普拉斯变换算子 s 的有理分式。所有系数 $a_n, \cdots, a_1, a_0$ 及 $b_m, \cdots, b_1, b_0$ 都是实数，这是由传感器的结构参数决定的。分子的阶次 m 不能大于分母的阶次 n，这是由物理条件决定的，否则系统不稳定。分母的阶次用来代表该传感器的特征。$n=0$ 时称为零阶，$n=1$ 时称为一阶，$n=2$ 时称为二阶，而更大时称为高阶。

传递函数是测量系统本身各环节固有特性的反映，它不受输入信号的影响，但包含瞬态、稳态时间和频率响应的全部信息；传递函数是将实际检测系统抽象成数学模型后经过拉氏变换得到的，它只反映检测系统的响应特性；同一传递函数可能表征多个响应特性相似，但具体物理结构和形式却可能完全不同。

2.8.2.2 频率特性

经常用正弦信号作为典型输入信号来求取传感器的稳态响应。当输入信号 $x(t) = A\sin(\omega t)$时，对线性传感器来说，其稳态输出是与输入的正弦信号同频率的正弦信号。在初始条件下，输出信号的傅里叶变换与输入信号的傅里叶变换之比，就称作线性传感器的频率特性，记作：

$$W(\mathrm{j}\omega) = \frac{b_m(\mathrm{j}\omega)^m + \cdots + b_1(\mathrm{j}\omega) + b_0}{a_n(\mathrm{j}\omega)^n + \cdots + a_1(\mathrm{j}\omega) + a_0} \tag{2-78}$$

因此，频率响应函数是在频率域中反映传感器对正弦输入信号的稳态响应，也被称为正弦传递函数。对同一正弦输入，不同传感器稳态响应的频率虽相同，但幅度和相位角通常不同。同一传感器当输入正弦信号的频率改变时，输出与输入正弦信号幅值之比随输入信号频率变化关系称为传感器的幅频特性，通常用 $A(\omega)$ 表示；输出与输入正弦信号相位差随输入信号频率变化的关系称为传感器的相频特性，通常用 $\Phi(\omega)$ 表示。幅频特性和相频特性合起来统称为传感器的频率（响应）特性。根据得到的频率特性，可以方便地在频率域直观、形象和定量地分析研究传感器的动态特性。

2.8.2.3 过渡函数与稳定时间

过渡函数就是输入为阶跃信号的响应。传感器的输入由零突变到 A，且保持为 A，如图 2-62(a)所示；输出 y 将随时间变化，如图 2-62(b)所示。$y(t)$ 可能经过若干次振荡缓慢地趋向稳定值 kA，这里 k 为仪表的静态灵敏度，这一过程称为过渡过程，$y(t)$ 称为过渡函数。

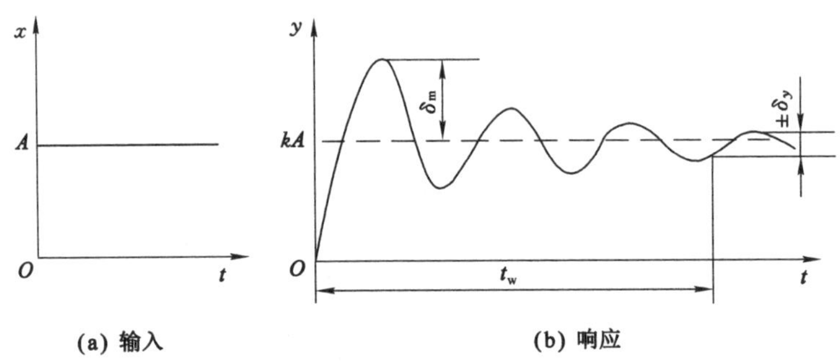

图 2-62 阶跃信号输入与响应

过渡函数，就是符合 $t=0$、$y=0$ 等初始条件的方程

$$a_n \mathrm{d}^n y/\mathrm{d}t^n + \cdots + a_1 \mathrm{d}y/\mathrm{d}t + a_0 y = b_0 A \tag{2-79}$$

的特解。

对过渡函数的要求，与输出信号如何提取有关。严格地说，过渡函数曲线上各点到 $y=kA$ 直线的距离都是动态误差。当过渡过程基本结束时，y 处于允许误差 δ_y 范围内所经历时间称为稳定时间 t_w。稳定时间也是重要的动态特性之一。当后续测量控制系统有可能受到过渡函数的极大值的影响时，过冲量 δ_m 应给予限制。

2.8.3 传感器性能提高方法

2.8.3.1 合理选择结构、材料与参数

决定传感器性能的技术指标很多，要求一个传感器具有全面良好的性能指标，不仅给设计、制造造成困难，而且在实用上也没有必要。因此，根据实际的需要与可能，在确保主要指标实现的基础上，放宽对次要指标的要求，以求得高的性价比。在设计、制造传感器时，合理选择结构、材料与参数是保证具有良好性能价格比的前提。

2.8.3.2 采用线性化技术

要求传感器具有线性输出特性的优越性在于：可简化理论分析和设计计算；便于标定和数据处理；便于刻度、制作、安装调试，并能提高精度水平；可不用非线性补偿环节。只有当传感器的输入与输出具有线性关系时，才能保证无失真的复现。实际上，传感器的线性特性很难做到，所以，人们要通过各种方法来完成输入-输出特性的线性化，以改善传感器的

性能。

2.8.3.3　平均技术

通用的平均技术有误差平均处理和数据平均处理。误差平均处理是利用 n 个传感器单元同时感受被测量体，因而其输出是这些单元输出的总和，假如将每一个单元可能带来的误差 δ_0 均视为随机误差，根据误差理论，总的误差将减小为 $\pm\delta_0/\sqrt{n}$。误差平均对由于工艺缺陷造成的随机误差有较好的弥补作用。数据平均处理是在相同条件下重复测量 n 次，然后进行数据处理，随机误差也将减小$\sqrt{n}$倍，对于带有微机芯片的智能化传感器尤为方便。

2.8.3.4　采用补偿与校正技术

有时传感器的误差规律过于复杂，采用一定的技术措施后仍难以满足要求，或者虽然可以满足要求，但因价格昂贵或技术过分复杂而无现实意义。这时可以找出误差的方向和数值，采用修正的方法加以补偿和校正。

2.8.3.5　采用屏蔽、隔离与抑制干扰措施

传感器可以视为一个复杂的输入系统，除能敏感有用信号外，还能敏感外界其他无用信号，即干扰信号而造成误差。消除或削弱干扰的方法可以从两个方面着手：一是减小传感器对干扰的灵敏度；二是降低外界干扰对传感器作用的实际功率。例如，对电磁干扰可以采用屏蔽、隔离、滤波等措施，其他干扰要采取相应的隔离措施，或者在变换为电量后对干扰进行分离或抑制减小其影响。

2.8.4　传感器选用

传感器种类繁多，要列出可以用来全面衡量传感器性能统一的指标很困难。迄今，国内外还是采用罗列若干基本参数和比较重要的环境参数的方法作为检验、使用和评价传感器的依据。表2-1列出了传感器的一些常用指标。

表2-1　传感器性能指标

基本参数指标	环境参数指标	可靠性指标	其他指标
量程指标：量程范围、过载能力等； 灵敏度指标：灵敏度、满量程输出、分辨率、输入/输出阻抗等； 精度方面的指标：精度、重复性、线性、滞后、灵敏度误差、阈值、稳定性、漂移等； 动态性能指标：固有频率、阻尼系数、频响范围、频率特性、时间常数、上升时间、响应时间、过冲量、衰减率、稳态误差、临界速度、临界频率等	温度指标：工作温度范围、温度误差、温度漂移、灵敏度温度系数、热滞后等； 抗冲振指标：各向冲振允许频率、振幅值、加速度、冲振引起的误差等； 其他环境参数：抗潮湿、抗介质腐蚀、抗电磁干扰能力等	工作寿命、平均无故障时间、保险期、疲劳性能、绝缘电阻、耐压等性能	使用方面：供电方式、电压幅度与稳定度、功耗、各项分布参数； 结构方面：外形尺寸、质量、外壳、材料、结构特点等； 安装连接方面：安装方式、馈线、电缆等

2.8.4.1　灵敏度

一般来说，传感器灵敏度越高越好，因为灵敏度越高，就意味着传感器所能感知的变化量小，即只要被测量有一微小变化，传感器就有较大的输出。当传感器的灵敏度很高时，那些与被测信号无关的外界噪声也会同时被检测到，并通过传感器输出，从而干扰被测信号。因此，为了既能使传感器检测到有用的微小信号，又能使噪声干扰小，要求传感器的信噪比

越大越好。也就是说，要求传感器本身的噪声小，而且不易从外界引进干扰噪声。当传感器的线性工作范围一定时，传感器的灵敏度越高，干扰噪声越大，则难以保证传感器的输入在线性区域内工作，过高的灵敏度会影响其适用的测量范围。当被测量是一个向量，而且是一个单向量时，就要求传感器单向灵敏度越高越好，而横向灵敏度越小越好；如果被测量是二维或三维的向量，那么还应要求传感器的交叉灵敏度越小越好。

2.8.4.2 响应特性

传感器的响应特性是指在所测频率范围内，保持不失真的测量条件。实际上，传感器的响应总不可避免地有一定延迟，但总希望延迟的时间越短越好。一般物性型传感器（如利用光电效应、压电效应等传感器）响应时间短，工作频率宽；而结构型传感器，如电感、电容、磁电等传感器，由于受到结构特性的影响、机械系统惯性质量的限制，其固有频率低，工作频率范围窄。

2.8.4.3 线性范围

任何传感器都有一定的线性工作范围。在线性范围内输出与输入呈比例关系，线性范围越宽，则表明传感器的工作量程越大。传感器工作在线性区域内，是保证测量精度的基本条件。例如，机械式传感器中的测力弹性元件，其材料的弹性极限是决定测力量程的基本因素，当超出测力元件允许的弹性范围时，将产生非线性误差。然而，对于任何传感器，保证其绝对工作在线性区域内是不容易的。在某些情况下，在许可限度内，也可以取其近似线性区域。例如，变间隙型的电容、电感式传感器，其工作区均选在初始间隙附近。

2.8.4.4 稳定性

稳定性是表示传感器经过长期使用以后，其输出特性不发生变化的性能。影响传感器稳定性的因素是时间与环境。为了保证稳定性，在选择传感器时，一般应注意根据环境条件选择传感器。如选择电阻应变式传感器时，应考虑到湿度会影响其绝缘性，湿度会产生零漂，长期使用会产生蠕动现象等。同时，要创造或保持一个良好的环境，如光电传感器的感光表面有尘埃或水汽时，会改变感光性质。在要求传感器长期地工作而不需要经常地更换或校准的情况下，应对传感器的稳定性有严格的要求。

2.8.4.5 测量方式

传感器在实际条件下的工作方式也是选择传感器时应考虑的重要因素，如接触与非接触测量、破坏与非破坏性测量、在线与非在线测量等。在条件不同的情况下，对测量方式的要求亦不同。在机械系统中，对运动部件的被测参数（如回转轴的误差、振动、扭力矩）往往采用非接触测量方式。因为对运动部件采用接触测量时，有许多实际困难，如测量头的磨损、接触状态的变动、信号的采集等问题，都不易妥善解决，容易造成测量误差，这种情况下采用电容式、光电式等非接触式传感器很方便。在某些条件下，可以运用试件进行模拟实验，这时可进行破坏性检验。然而，有时无法用试件模拟，因被测对象本身就是产品或构件，这时宜采用非破坏性检验。例如，超声波探伤、核辐射探伤以及声发射检测等。由于非破坏性检验可以直接获得经济效益，因此应尽可能选用非破坏性检测方法。

除了以上选用传感器时应充分考虑的一些因素外，还应尽可能兼顾结构简单、体积小、质量轻、价格便宜、易于维修、易于更换等因素。

第3章 温度检测

温度是一个基本物理量，是反映物体冷热状态的物理参数。在解决许多工程问题时，都会遇到温度检测的问题，而温度传感器则是实现温度检测和控制的重要器件。在工业生产和科学实验中，温度检测也因不同场合、条件而需要采用不同的方法。本章主要介绍一些测量温度的基本原理、方法及其常用检测仪表。

3.1 温度检测概述

3.1.1 温度与温标

温度是表征物体冷热程度的物理量。为了定量描述温度的高低，必须建立温度标尺（温标），即用温度的数值表示。各种温度计和温度传感器的温度数值均由温标确定。

建立现代化的温标必须具备以下条件：一是要有定义温度的固定点，一般利用物质的相平衡点可以作为温标的固定温度点，也称为基准点，它具有确定的温度值，如水的液相和固相平衡点称为冰点，具有固定的冰点温度值；二是要有在不同温度范围内可复现温度的基准仪器，确定测温仪器的实质是确定测温质和测温量，如铂电阻温度传感器的测温质是铂金属丝，而测温量是电阻值；三是要有温标方程，用来确定各固定点之间任意温度值的数学关系式称为温标方程，也称为内插公式。

历史上提出过多种温标，如早期的经验温标（摄氏温度和华氏温度）、理论上的热力学温标以及当前世界通用的国际温标。国际温标是国际协议性温标，是一个既能体现热力学温标，又容易实现的温标。

摄氏温标是工程上最通用的温度标尺。摄氏温标是在标准大气压（101 325 Pa）下将水的沸点定为 100 ℃，以水的结冰点定为 0 ℃，并将中间划分 100 等份，每一等份称为 1 摄氏度（1 ℃），一般用 t（℃）表示。

1848 年，英国科学家开尔文（Kelvin）提出以卡诺循环为基础建立热力学温标。他根据热力学理论，认为物质有一个最低温度点存在，定为 0 K，把水的三相点温度 273.15 K 选作唯一的参考点，在该温标中不会出现负温度值。从理想气体状态方程入手可以复现热力学温标，称为绝对气体温标。这两种温标在数值上完全相同，而且与测温物质无关。由于不存在理想气体和理想卡诺热机，故这类温标是无法实现的。在使用气体温度计测量温度时，要对其读数进行许多修正，修正过程又依赖于许多精确的测量，于是国际实用温标问世。热力学温标是以热力学第二定律为基础的一种理论温标，热力学温标确定的温度数值为热力学温度，一般用 T(K)表示。

国际温标是用来复现热力学温标的，其指导思想是采用气体温度计测出一系列标准固定温度(相平衡点)，以它们为依据在固定点中间规定传递的仪器及温度值的内插公式。第一个国际温标制定于 1927 年，此后随着社会生产和科学技术的进步，温标的探索也在不断地进展，1989 年 7 月国际计量委员会批准了新的国际温标，简称 ITS-90。我国于 1994 年起全面推行 ITS-90 新温标。ITS-90 同时定义国际开尔文温度(T_{90})和国际摄氏温度(t_{90})。水三相点热力学温度为 273.15 K，摄氏度与开尔文度保留原有简单的关系式，即：

$$t=(T-273.15)\ ℃ \tag{3-1}$$

3.1.2 温度检测方法

温度不能进行直接测量，温度测量是基于以下两点实现的：① 借助热交换使被测介质与温度传感器达到热平衡，温度传感器的温度与被测介质的温度完全相同；② 根据物体的某些随温度变化的物理属性制作的温度传感器，将温度量转换成某种物理属性的变化，测量该种物理属性的变化便反映了被测介质的温度高低。

理论上，凡是随温度变化的物理属性都可用来制作温度传感器，但实际上并非所有的物质以及所有这类属性均可用来测温，必须适当地加以选择。经常用到的测温原理与方法可归纳为 3 类：① 利用物体热胀冷缩的特性，如水银温度计、压力式温度计等；② 利用物体的电气参数(如电势、电阻等)随温度而变化的特性，如热电偶和热电阻温度计等；③ 利用物体表面光热辐射能与温度的关系，如辐射温度计、光学高温计、光电高温计及比色高温计等。

根据温度传感器与被测对象接触与否，温度检测仪表又可分为接触式和非接触式两大类。表 3-1 列出了各种温度计的测温原理和常用范围。

表 3-1　温度计的分类

温度计的分类		工作原理	常用测量范围/℃	主要特点
接触式	膨胀式温度计： 1. 液体膨胀式； 2. 固体膨胀式	利用液体(水银、酒精等)或固体(金属片)受热膨胀的特性	−200～700	结构简单、价格低廉，一般只用作就地测量
	压力式温度计： 1. 气体式； 2. 液体式； 3. 蒸汽式	利用封闭在一定容积中的气体、液体或某些液体的饱和蒸汽受热时其体积或压力变化的性质	0～300	结构简单、具有防爆性，不怕振动，可作近距离传示，准确度低，滞后性较大
	热电阻温度计	利用导体或半导体受热后电阻值变化的性质	−200～650	准确度高，能远距离传送，适于低、中温测量
	热电偶温度计	利用物体的热电性质	0～1 600	测温范围广，能远距离传送，适于中、高温测量；需参比端温度补偿，在低温段测量准确度较低

表3-1(续)

温度计的分类		工作原理	常用测量范围/℃	主要特点
非接触式	辐射式温度计： 1. 光学式； 2. 比色式； 3. 红外式	利用物体辐射能随温度变化的性质	600～2 000	适用于不能直接测温的场合，测温范围广，多用于高温测量；测量准确度受环境条件的影响，需对测量值修正

3.2 接触式温度检测

接触式测温是使温度敏感元件和被测介质相接触，当被测介质与感温元件达到热平衡时，温度敏感元件与被测介质的温度相等。这类温度传感器具有结构简单、工作可靠、精度高、稳定性好、价格低廉等优点，是目前应用最多的一类。

3.2.1 膨胀式温度计

膨胀式温度计是利用液体(如水银、酒精等)或固体(金属片)受热膨胀的特性制成，即测温敏感元件在受热后尺寸或体积会发生变化，根据尺寸或体积的变化值得到温度的变化值。按充填工作物质不同，可分为液体膨胀式和固体膨胀式。

3.2.1.1 液体膨胀式温度计

玻璃液体温度计是一种使用方便、测温范围广、价格便宜的测温仪表。它无论在科学研究、生产中，还是在日常生活中，都被广泛使用。玻璃液体温度计的工作原理是基于液体在透明玻璃外壳中的热膨胀作用。玻璃外壳由液体储囊或称感温泡(球形或圆柱形)与毛细管熔接而成，在毛细管的后面带有温度标尺。液体充满全部储囊和毛细管的一部分。当温度变化时，液体和储囊体积一起变化，因此毛细管中液柱上月面也随之升高或降低，通过与温度标尺比较即可读出不同的温度数值。所用的充填介质有水银、酒精、甲苯等。液体玻璃温度计根据其充填的工作介质不同，测温范围在－200～500 ℃。这类温度计结构简单、价格便宜、使用方便，但不能进行远距离测量，有热惰性且易破碎。

在医用和工业玻璃液体温度计中结构特殊的有最高温度计、最低温度计和电接点温度计，如图 3-1 所示。

水银体温计就是一种最高温度计。它有个特殊的装置，当温度下降时会阻碍汞柱下降，这个装置可以在接近储囊的毛细管处烧制成有弯曲的缩小喉部；也可以焊在储囊底部的一根销钉，其尾部正好处于储囊与毛细管连接的喉部。当温度升高时，汞柱升高；当温度下降时，由于壁面阻力增大，汞柱不易下降，会停留在高温的位置。只有加外力甩动时，汞柱才会下降。

最低温度计一般选用无色透明的无水乙醇做感温液体，并有一个用暗色玻璃制成的指示杆沉在毛细管液柱里。当液柱随温度下降时，液体表面张力使指示杆与液柱弯月面同时向下移动；当温度上升时，液柱会上升，而指示杆则停留不动，通过它与标尺的相对位置可以读出测量中的最低温度值。使用时，要注意最低温度计必须水平放置。

电接点温度计测温液体为汞。如果在汞温度计的感温泡附近引出一根导线，在对应某个温度刻度出再引出一根导线，当温度升至该刻度时，汞柱就会接通外电路；反之，温度下降

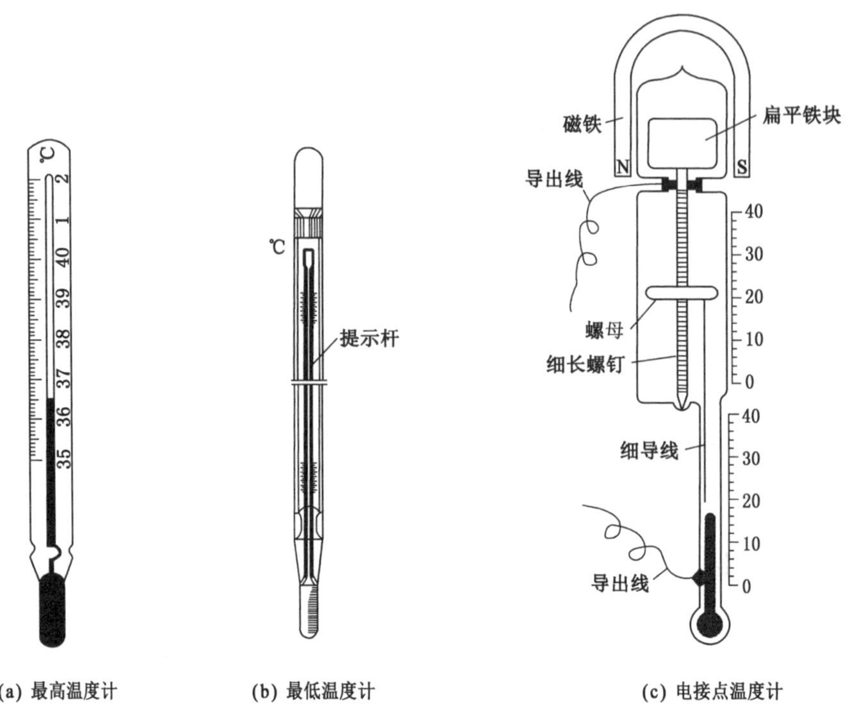

(a) 最高温度计　　(b) 最低温度计　　(c) 电接点温度计

图 3-1　液体膨胀式温度计原理

到刻度以下，又会断开外电路。这样，它就具有固定切换值的位式控制作用的温度传感器，既能提供就地温度指示，又能发出通断的控制信号，称为电触点温度计。

3.2.1.2　固体膨胀式温度计

固体膨胀式温度计是选用两种线膨胀系数差异较大的材料制成的，常见的有杆式和双金属片式。

(1) 杆式温度计。如图 3-2 所示，测温管是感温元件，采用线膨胀系数大的金属做成，其上端固定。传递杆用线膨胀系数很小的材料(如玻璃、石英等)做成，传递杆借弹簧压在测温管的下端底面上。当被测温度变化时，由于测温管和传递杆的线膨胀系数不同，使传递杆相对于测温管移动，带动摇板使指针偏转，指示出被测温度值。

(2) 双金属温度计。双金属温度计的感温元件是叠焊在一起的两片线膨胀系数不同的金属片，当其感受到被测温度变化后，由于两金属片的伸长不同而使金属片弯曲。温度变化越大，金属片弯曲的角度变化越大。双金属温度计结构简单、指示清晰、坚固耐震。目前实际采用的双金属材料及测温范围为：100 ℃以下，通常采用黄铜与 34%镍钢；150 ℃以下，通常采用黄铜与镍铁合金；250 ℃以上，通常采用高强度耐腐蚀镍合金与 34%～42%镍钢。

双金属温度计不仅可用于测量温度，而且可以方便地用作简单温度控制装置(尤其是开关的“通—断”控制)。最简单的双金属温度开关是由一端固定的双金属条形敏感元件直接带动电接点构成的，如图 3-3 所示。温度低时电接点接触，电热丝加热；温度高时双金属片向下弯曲，电接点断开，加热停止。温度切换值可用调温旋钮调整，它可以调整弹簧片的位置，也就改变了切换温度的高低。

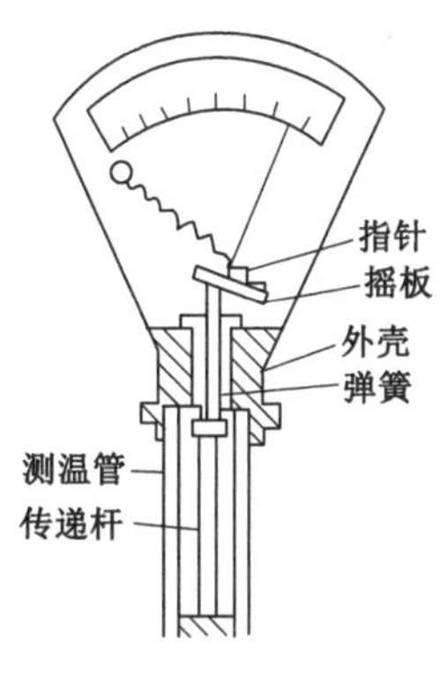

图 3-2 杆式温度计原理

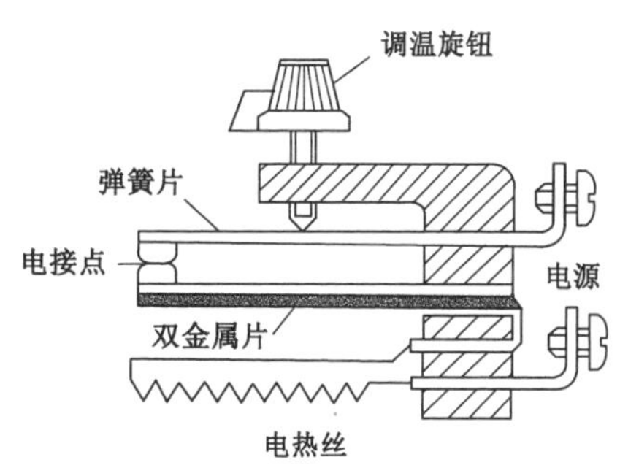

图 3-3 双金属温度开关

双金属片常制成螺旋管状来提高灵敏度，如图 3-4 所示。其测温范围大致为－80～600 ℃，精度等级通常为 1.5 级左右。

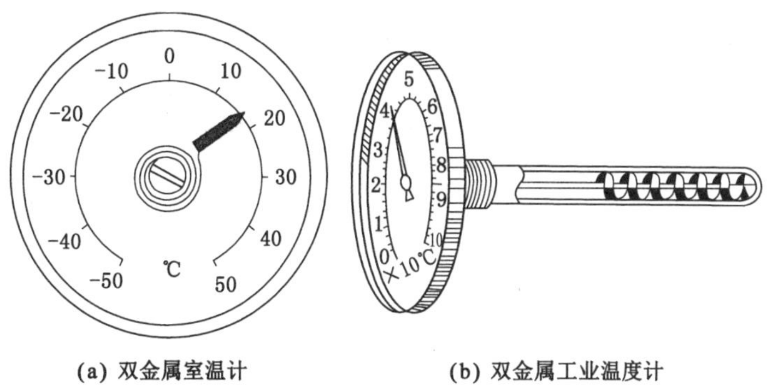

(a) 双金属室温计　(b) 双金属工业温度计

图 3-4 螺旋管状双金属片温度计

双金属温度计可彻底解决水银玻璃温度计和水银压力温度计易破损造成泄汞危害的问题，能够实现恒温控制，所以在测温和控温精度不高的场合，双金属温度计的应用范围不断扩大。双金属温度计抗振性好，读数方便，但精度不太高，只能用作一般的民用与工业用测温仪表。

3.2.1.3 压力式温度计

压力式温度计是利用密闭容器内的工作介质（如液体、气体或低沸点液体及其饱和蒸汽）的压力随温度变化的性质而制作，并通过对工作介质压力的测定来判断温度的一种机械式仪表。此类压力式温度计的构造都大体一致，均由感温元件（温包和接头管）、毛细管和弹簧管压力计构成，如图 3-5 所示。压力式温度计的主要特点是结构简单、强度较高、抗振性较好。

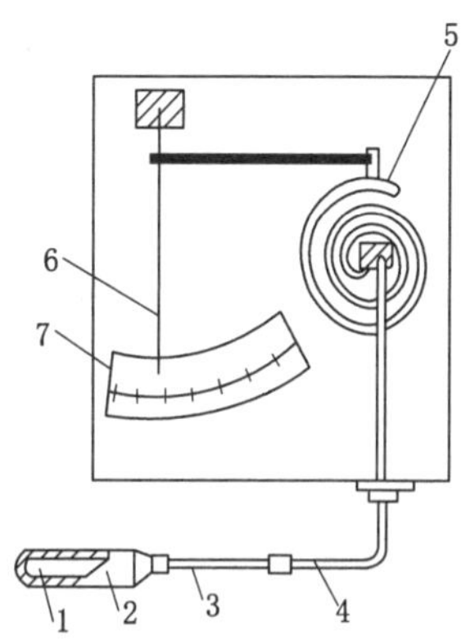

1—工作介质；2—温包；3—接头管；4—毛细管；5—弹簧管；6—指针；7—标尺。

图 3-5 压力式温度计原理

为了利于传热，温包的表面面积与其体积的比值应尽量大，通常采用细而长的圆筒型温包。虽然扁平断面要比圆断面更利于传热，但耐压能力远不如圆断面好。压力式温度计的毛细管细而长，其作用是传递压力，常用铜或不锈钢冷轧无缝管制作，内径为 0.4 mm。为了减小周围环境温度变化引起的附加误差，毛细管的容积应远小于温包的容积；为了实现远距离传递，这就要求其内径小。当然，长度加长内径减小会使传递阻力增大、温度计的响应变慢，在长度相等的条件下，管越细则准确度越高。一般检测温度点的位置与显示温度的地方可相距 20 m（特殊需要场合可制作到 60 m），故它又被称为隔离温度计。

测量温度时，温包内的工作物质感受被测介质的温度变化，并转变成温包内的压力变化，此压力变化经毛细管传送给弹簧管压力计，压力计的指示就是被测温度的数值。

3.2.2 热电偶温度计

热电偶是将温度量转换为电动势大小的热电式传感器，是工程上应用最广泛的温度传感器。它构造简单，使用方便，具有较高的准确度、稳定性及复现性，温度测量范围宽，在温度测量中占有重要地位。

3.2.2.1 热电效应

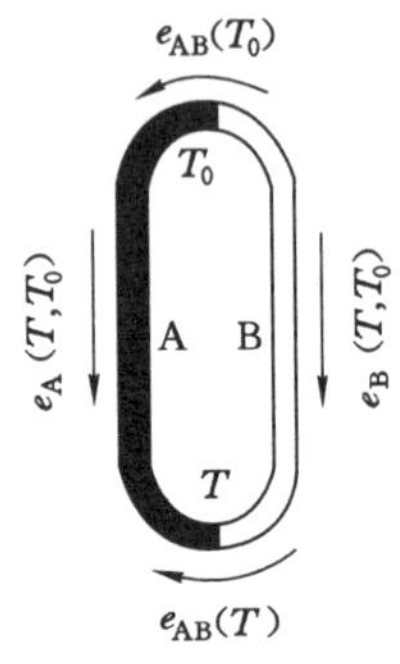

图 3-6 热电偶和热电势

将两种不同的导体或半导体焊接成闭合回路，如图 3-6 所示。若将两个接点分别置于温度为 T_0 及 T 的热源中，则在两个接点间会产生电动势称为热电势，这种现象则称为热电效应。热电势是由接触电势和温差电势两部分组成的。热电偶的两个连接点：与被测介质接触的一端称为工作端，另一端则称为参比端。

（1）接触电势。当两种不同性质的导体或半导体相互接触时，由于它们各自内部的自由电子密度不同，在连接点处将产生电子扩散，电子由密度大的导体 A 跑到密度小的导体 B，于是 A 带正电荷，B 带负电荷，在连接处形成一个由 A 指向 B 的静电场，它将阻止电子由 A 向 B 的继续扩散。当扩散与电场的作用平衡时，导体 A 和 B 在连接处便形成固定的接触电势，其大小主要决定于触点的温度 T 和材料 A、B 的性质。接触电势 $e_{AB}(T)$ 为：

$$e_{AB}(T)=\frac{kT}{q}\ln\frac{N_{AT}}{N_{BT}} \tag{3-2}$$

式中，N_{AT} 和 N_{BT} 分别为导体 A、B 在接点温度为 T 时的自由电子密度；q 为电子电量，$q=1.602\times10^{-19}$ C；k 为玻耳兹曼常数，$k=1.38\times10^{-23}$ J/K。

（2）温差电势。当同一导体两端温度不同时，高温 T 端的自由电子能量大于低温 T_0 端自由电子的能量。从总的趋势看，若干电子从高温端迁移到低温端，与接触电势道理相同，在导体上将产生电势，称为温差电势。导体 A 上产生的温差电势 $e_A(T,T_0)$ 为：

$$e_A(T,T_0)=\int_{T_0}^{T}\sigma\mathrm{d}t \tag{3-3}$$

式中，σ 为汤姆逊系数，表示温差为 1 ℃时所产生的电动势值，与导体材料的性质有关；t 为导体各断面的温度，导体 A 的电子密度与温度有关。

综上所述，不同材料 A、B 两导体组成的热电偶回路中产生的总电势 $e_{AB}(T,T_0)$ 可写成：

$$e_{AB}(T,T_0)=e_{AB}(T)-e_A(T,T_0)-e_{AB}(T_0)+e_B(T,T_0)$$
$$=[e_{AB}(T)-e_{AB}(T_0)]-[e_A(T,T_0)-e_B(T,T_0)] \quad (3\text{-}4)$$

通常情况下，温差电势比较小，因此：

$$e_{AB}(T,T_0)\approx e_{AB}(T)-e_{AB}(T_0)=\frac{kT}{q}\ln\frac{N_{AT}}{N_{BT}}-\frac{kT_0}{q}\ln\frac{N_{AT_0}}{N_{BT_0}} \quad (3\text{-}5)$$

式中，N_{AT_0} 和 N_{BT_0} 分别是导体 A、B 在接点温度为 T_0 时的自由电子密度。

当两种材料成分一定时，它们的电子密度是温度的单值函数，故式(3-5)可表示为：

$$e_{AB}(T,T_0)=f(T)_{AB}-f(T_0)_{AB} \quad (3\text{-}6)$$

热电偶回路热电势的大小只与组成热电偶的材料及两端温度有关，与热电偶的长短、粗细无关。如果使参比端温度 T_0 保持不变，则式(3-6)中 $f(T_0)_{AB}$ 为常数，此时回路热电势 $e_{AB}(T,T_0)$ 只是 T 的单值函数，这就是热电偶的测温原理。

对于式(3-6)，要求出温度与热电势的函数关系的数学表达式 $f(T)_{AB}$ 是比较困难的。在工程应用中，常用试验的方法求得温度与热电势的关系，并列出表格(分度表)备查。

3.2.2.2 热电偶回路性质

(1) 均质导体定律。由式(3-4)和式(3-5)不难看出，如果组成热电偶的两种材料性质相同，即 $N_A=N_B$，则无论两接点温度如何，回路内总热电势为零，这就是均质导体定律。如果两接点处温度相同，即 $T=T_0$。尽管两种导体材料性质不同，但是回路总电势必然为零。

(2) 中间金属定律。在热电偶回路中插入第三种导体，只要该导体两端温度相同，则对整个回路的热电势的大小和方向不产生影响，这就是中间金属定律。该定律可以用于回路串入多种导体。中间金属定律在热电偶的实际应用上很重要，使得可以在热电偶回路中接入各种仪表、导线，而且可以焊制热电偶，甚至可以使热电偶的工作端开路，只要都与被测介质接触即可。

(3) 中间温度定律。在热电偶回路中，如果热电极 A 和 B 分别连接导体 a、b，其接点温度分别为 T、T_n 和 T_0，则回路的总热电势等于热电偶的热电势与连接导体的热电势之代数和。当 A 与 a、B 与 b 材料分别相同时，其总的热电势为：

$$e_{AB}(T,T_n,T_0)=e_{AB}(T,T_n)+e_{AB}(T_n,T_0)=e_{AB}(T,T_0) \quad (3\text{-}7)$$

上式就是中间温度定律。一方面，在使用热电偶时，只需要考虑两端温度值，而不必顾及其中间段的温度；另一方面，贵重金属热电偶可采用补偿导线连接，只需要在 T_n 到 T_0 的温度范围内，补偿导线 a、b 与贵重金属 A、B 的热电特性分别相同即可。

3.2.2.3 热电偶结构

(1) 普通热电偶。这类热电偶主要用来测量气体、蒸汽和液体介质的温度，已经标准化、系列化。热电偶一般做成棒状，如图 3-7 所示，由热电偶丝、绝缘套管、保护套管和接线盒组成。实验室用可不加保护套管，以减少热惯性。

(2) 快速微型热电偶。它是一种用于测量熔融金属温度的消耗式热电偶，如图 3-8 所示，在 U 形石英管中穿入 ϕ0.05 mm～ϕ0.1 mm 的双铂铑热电偶而制成。测量时，外保护帽迅速熔化，石英管和热电偶暴露于熔体中，因其热容量小，几秒钟内可测出熔体温度，然后全部烧毁。

(3) 铠装热电偶。由热电极、绝缘材料和金属套管三者组合拉制而成，又称为套管热电偶，如图 3-9 所示。套管直径为 0.25～12 mm；长度可从 0.1 mm 至 100 mm 以上，其优点

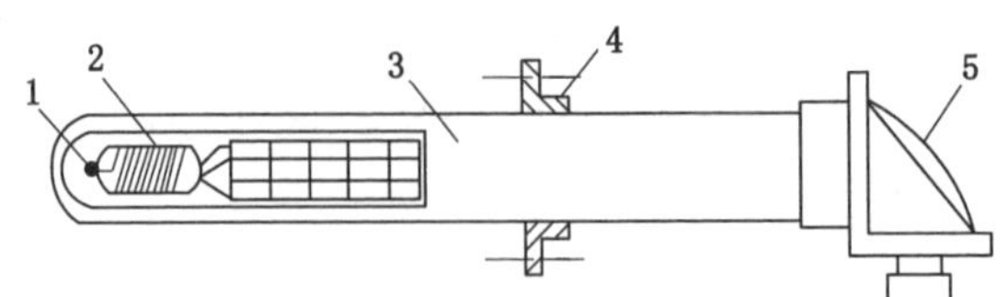

1—热端;2—热电偶丝;3—保护套管;4—安装固定件;5—接线盒。

图 3-7 热电偶结构

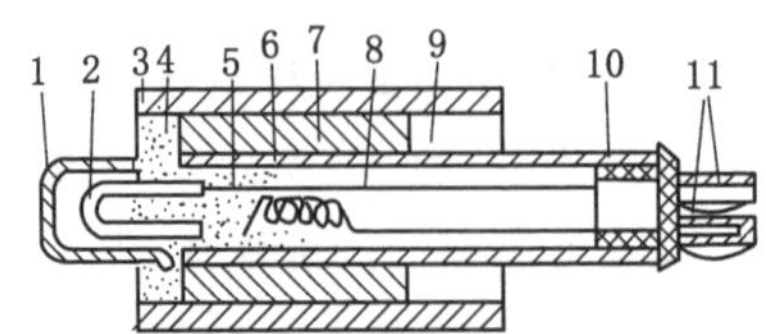

1—钢帽;2—石英管;3—纸环;4—绝热水泥;5—冷端;6—棉花;
7—绝缘纸管;8—补偿导线;9—套管;10—塑料插座;11—簧片与引出线。

图 3-8 快速微型热电偶结构

是小型化、热容量小、热惯性小,可用于快速或热容量很小物体的温度测量;套管可弯曲,适用应于复杂结构的安装要求,可耐强烈的振动和冲击。

(4) 表面热电偶。随着被测表面的形状和尺寸不同,表面热电偶被设计成多种结构形式和安装方式。其中,有一种薄膜热电偶,采用真空镀膜、化学涂层或电泳等方法将两种热电极材料积镀在绝缘基板上,形成薄膜,如图 3-10 所示。其热惯性极小,适用于微小面积快速测量,反应时间快至微秒级。

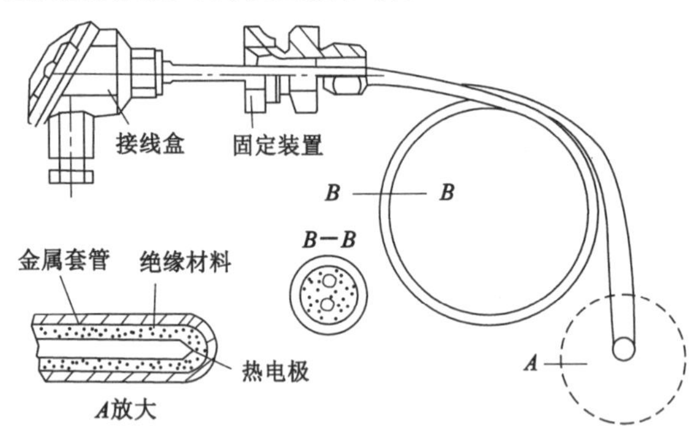

图 3-9 铠装热电偶断面结构

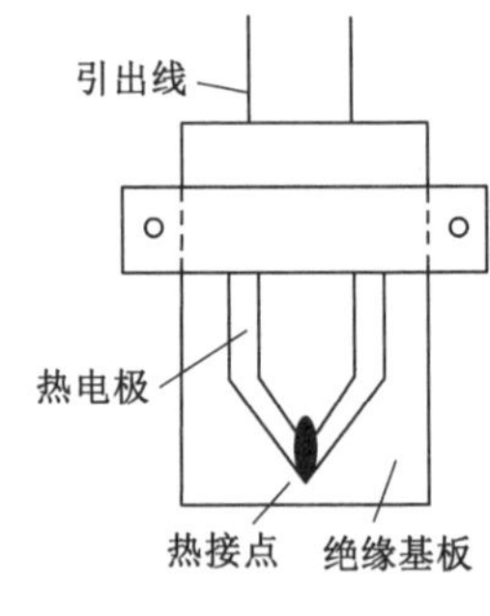

图 3-10 薄膜热电偶结构

3.2.2.4 热电偶参比端的温度补偿

热电偶只有在其参比端温度不变的条件下,热电势才与工作端温度呈单值函数关系,各种热电偶的温度与热电势关系的分度表,都是在参比端温度为 0 ℃时做出的。而在测温实践中,参比端温度常常发生变动,为了保证准确测量,必须采取措施,或者使参比端温度恒定,或者消除参比端温度变化的影响,这就是热电偶参比端的温度补偿。常用补偿方法有计算校正法、参比端恒温法、补偿导线法、电桥补偿法等。

(1) 计算校正法。当热电偶工作端温度为t,参比端温度t_0不为0 ℃时,可按式(3-8)予以修正:

$$e_{AB}(t,0)=e_{AB}(t,t_0)+e_{AB}(t_0,0) \tag{3-8}$$

式中,$e_{AB}(t,0)$为工作端在t时、参比端在0 ℃时的热电势;$e_{AB}(t,t_0)$为工作端在t时、参比端在$t_0(t_0\neq 0)$时实测热电势;$e_{AB}(t_0,0)$为工作端在t_0时、参比端在0 ℃时的热电势,即参比端不为0 ℃时的修正值。

(2) 参比端恒温法。将热电偶参比端置于电热恒温器或冰点槽等恒温装置中,保持参比端温度恒定。如果恒温点不是0 ℃,那么必须按式(3-8)修正。令$T=t$,$T_n=t_0$,$T_0=$0 ℃,就可以得到式(3-8)。

(3) 补偿导线法。由于热电偶多由贵重金属构成,一般做得比较短。当参比端与工作端相距不远易受被测介质温度影响时,或者在采用恒温法或电桥补偿法补偿时,需要采用补偿导线把参比端延长。补偿导线具有下列作用:节约贵重金属;使参比端远离被测对象至环境温度较恒定的地方,利于参比端温度的修正并减少误差;采用粗直径和导电系数大的补偿导线可减少热电偶回路电阻,利于动圈显示仪表工作。在选用补偿导线时,应注意各种补偿导线只能与相应型号热电偶配用。

(4) 电桥补偿法。在热电偶测温系统中串联一个不平衡电桥,利用电桥随热电偶参比端温度变化而产生的输出电压变化,对热电偶参比端由于温度变化而引起的热电势变化予以补偿。

3.2.3 热电阻和热敏电阻温度计

热电阻温度计是利用金属、合金导体或金属氧化物半导体做测温质,利用随温度而变化的电阻值来进行测温的。工业上广泛利用热电阻测量−200～500 ℃范围内的温度。热阻阻由电阻体、保护套管和接线盒等部分组成。一般将金属热电阻称为热电阻,而将半导体热电阻称为热敏电阻。

3.2.3.1 热电阻效应

物体的电阻率随温度变化而变化的物理现象称为热电阻效应。大多数金属导体的电阻都随温度变化,在金属中参加导电的为自由电子,当温度升高时,虽然自由电子的数目基本不变,但是每个自由电子的动能将增加。因此,在一定的电场作用下,要使这些杂乱无章的电子做定向运动就会遇到更大的阻力,导致金属电阻随温度的升高而增加,其变化特性方程为:

$$R_t=R_0\times(1+At+Bt^2+\cdots) \tag{3-9}$$

式中,R_t,R_0分别为金属导体在t和0 ℃时的电阻;A,B分别为金属导体的电阻温度系数。

对于大多数金属导体,A、B是温度的函数。但在一定的温度范围内,可近似地视为一个常数。不同的金属导体,A、B保持常数所对应的温度范围不同,而且这个范围均小于该导体能够工作的温度范围。

作为测量用的热电阻要求电阻温度系数要尽可能的大和稳定,电阻与温度变化关系最好呈线性,在整个测温范围内应具有稳定的物理和化学性质。工业上大量使用的金属材料为铂(Pt)、铜(Cu)和镍(Ni)。

3.2.3.2 热电阻温度计

与热电阻匹配的温度显示二次仪表原理一般为电桥。热电阻在科研和生产中经常用来测量$-200\sim850$ ℃范围内的温度，目前测量范围正在向温度的上、下限延伸。热电阻具有测量范围宽、精度高、稳定性好等优点，是广泛使用的一种测温元件。

(1) 铂热电阻(WZP)。铂是贵金属，价格较贵，在氧化性介质中，甚至在高温下，铂的物理、化学性质都很稳定；在还原性介质中，特别是在高温下，铂很容易被氧化物中还原的金属蒸气所玷污，致使铂丝变脆，尽管会改变电阻与温度的关系特性，但可以用保护套管设法避免或减轻。从对热电阻的要求来衡量，铂在极大程度上能满足热电阻材料的要求，所以它是制造基准热电阻、标准热电阻和工业用热电阻的最好材料。

铂电阻一般由直径为0.02～0.07 mm的铂丝绕在片形云母骨架上且采用无感绕法，然后装入玻璃或陶瓷管等保护管内，铂丝的引线采用银线，银线用双孔绝缘套管绝缘，如图3-11所示。目前，一般采用丝网印刷方法或真空镀膜方法来制作铂热电阻。

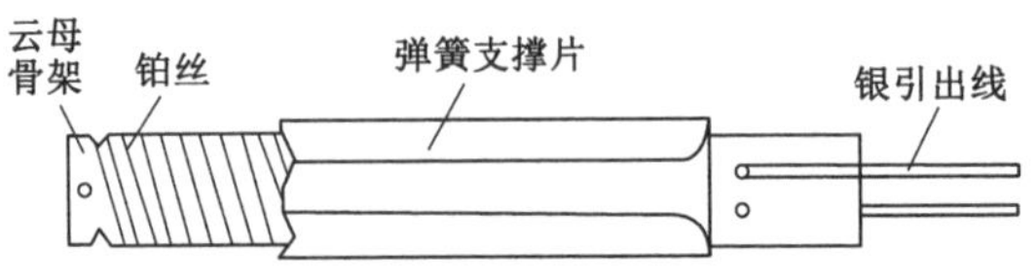

图3-11　热电阻的结构

铂热电阻的测温精度与铂的纯度有关，通常用百度电阻比表示铂的纯度，即：

$$W(100)=R_{100}/R_0 \tag{3-10}$$

式中，R_{100}为100 ℃时的电阻值；R_0为0 ℃时的电阻值。

$W(100)$越高，表示铂电阻丝纯度越高。国际实用温标规定，作为基准的铂热电阻，其百度电阻比$W(100)\geqslant1.392\ 56$，与之相应的铂纯度为99.999 5%，测温精度可达±0.000 1 ℃；作为工业标准铂热电阻，$W(100)\geqslant1.391$，其测温在$-200\sim0$ ℃时精度为±1 ℃，在0～100 ℃时为±0.5 ℃，在100～850 ℃时为$\pm(0.5\%)t$。

铂丝的电阻值R与温度t之间的关系为：

$$\begin{cases}R_t=R_0\times(1+At+Bt^2) & 0\ ℃\leqslant t\leqslant850\ ℃\\ R_t=R_0\times(1+At+Bt^2+C(t-100)t^3 & -200\ ℃\leqslant t\leqslant0\ ℃\end{cases} \tag{3-11}$$

式中，R_t为金属导体在t时的电阻、R_0为金属导体在0 ℃时的电阻；$A=3.908\ 02\times10^{-3}$ ℃；$B=-5.802\times10^{-2}$ ℃$^{-2}$；$C=-4.273\ 50\times10^{-12}$ ℃$^{-4}$。

热电阻在t时的电阻值与R_0有关。目前我国规定，工业用铂热电阻有$R_0=10\ \Omega$和$R_0=100\ \Omega$两种，它们的分度号分别为Pt_{10}和Pt_{100}，其中以Pt_{100}最为常用。铂热电阻的不同分度号亦有相应的分度表，即R_t-t的关系表，这样在实际测量中只要测得热电阻的阻值R_t，就可以从分度表上查出对应的温度值。

(2) 铜热电阻(WZC)。铜热电阻的温度系数比铂大，价格低，普遍采用铜热电阻，在一些测量精度要求不高而且温度较低的场合，用来测量$-50\sim150$ ℃范围内的温度。其缺点是电阻率小，约为铂的1/5.8，因而铜电阻的电阻丝细而且长，其机械强度较低，体积较大。此外，铜容易被氧化，不易用于侵蚀性介质中。

铜热电阻在$-50\sim150$ ℃范围内，其电阻值与温度关系近似呈线性关系，即：

$$R_t=R_0(1+\alpha t) \tag{3-12}$$

式中，α 为铜电阻的电阻温度系数，$\alpha=4.25\times10^{-3}\sim4.28\times10^{-3}$ ℃$^{-1}$。

我国生产的铜热电阻按其初始电阻 R_0 的不同，有 50 Ω 和 100 Ω 两种，分度号为 Cu_{50} 和 Cu_{100}，材料的百度电阻比 W(100)不得小于 1.425，其温度在 −50～50 ℃范围内的测量精度为±0.5 ℃，温度在 50～150 ℃范围内的测量精度为±0.01 ℃。

3.2.3.3 热敏电阻温度计

热敏电阻是由金属氧化物或半导体材料制成的热敏测温元件，测温范围在 −100～300 ℃。与金属热电阻相比，热敏电阻具有灵敏度高、体积小(热容量小)、反应快等优点，它作为中低温的测量元件已得到广泛的应用。

热敏电阻的种类繁多，其分类方法也各不相同。按热敏电阻的阻值与温度关系这一重要特性，可分为 3 类：正温度系数热敏电阻(PTC)，其电阻值随温度升高而增大的热敏电阻；负温度系数热敏电阻(NTC)，其电阻值随温度升高而比较均匀下降的热敏电阻；突变型负温度系数热敏电阻(CTR)，其电阻值在某特定温度范围内随温度升高而降低 3～4 个数量级，即具有很大负温度系数。热敏电阻的温度特性曲线如图 3-12 所示。

(1) NTC 热敏电阻。NTC 热敏电阻其阻值与温度之间的关系如下：

$$R_T=A\cdot e^{B/T} \tag{3-13}$$

式中，T 为绝对温度，K；R_T 为温度为 T 时的阻值，Ω；A，B 分别为取决于材料和结构的常数。

用曲线表示上述关系(图 3-12 中的曲线①)，温度越高，阻值越小，呈非线性关系。

NTC 热敏电阻主要由锰(Mn)、钴(Co)、镍(Ni)和铁(Fe)等金属的氧化物烧结而成，通过不同材质的组合能得到不同的电阻值 R_0 及不同的温度特性。根据测量的要求，NTC 热敏电阻可以做成片状、棒状或珠状，直径或厚度约为 1 mm，长度往往不到 3 mm。

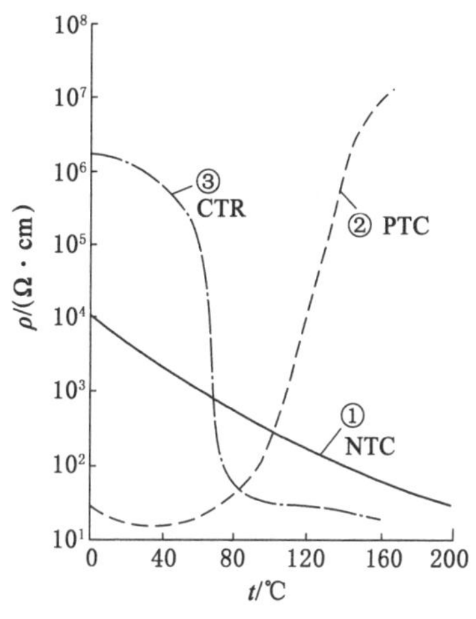

图 3-12 热敏电阻的温度特性曲线

(2) PTC 热敏电阻。具有正温度系数的 PTC 热敏电阻的特性曲线(图 3-12 中的曲线②)是随着温度升高而阻值增大的，温度在 80～160 ℃范围内斜率最大。PTC 热敏电阻是由钛酸钡($BaTiO_3$)和钛酸锶($SrTiO_3$)为主的成分中，加入少量的氧化钇(Y_2O_3)和三氧化二锰(Mn_2O_3)构成的烧结体为材料制成的，通过成分配比中添加剂的改变，可改变最大斜率区间的位置，以适用于不同的测温要求。

(3) CTR 热敏电阻。临界温度系数热敏电阻 CTR 的特性曲线(图 3-12 中的曲线③)也是负温度系数的类型，但在某个温度区间内阻值会急剧下降，灵敏度很高。这种临界温度系数热敏电阻体是用钒(V)、锗(Ge)、钨(W)等金属的氧化物在弱还原气氛中形成的烧结体为原料制成的。

PTC 和 CTR 热敏电阻最适合于制造用于位式控制作用的温度传感器，只有 NTC 热敏电阻才适合制作连续测量的温度传感器。

热敏电阻由于温度系数大，而且起始电阻也大，因此它的灵敏度比热电阻大几百倍。因为阻值改变显著，所以只要很小的电流通过热敏电阻就能得到明显的电压变化。例如，电流为1 mA时，温度变化1 ℃，热敏电阻上可产生大约100 mV的电压信号，这对于后处理电路来说是优点。同时，电流对热敏电阻本身也有加热作用，上述1 mA电流通过2 kΩ热敏电阻时，其发热功率为2 mW，使用时必须注意热敏电阻的允许功率，防止电流过大本身温度升高而造成测量误差。

3.3 非接触式温度检测

对于常见的热电偶、热电阻式测温仪表，其测温元件与被测物体必须相接触才能测温，因而容易破坏被测对象的测温场。又因为传感器必须和被测物体处于相同温度，仪表的测温上限受到传感器材料熔点的限制，所以在一些需要测量高温的场合，就必须采用非接触式测温仪表。

非接触式测温仪表是目前高温测量中应用广泛的一种仪表，主要应用于冶金、铸造、热处理以及玻璃、陶瓷和耐火材料等工业生产过程中。任何物体处于绝对零度0 K以上时，因其内部带电离子的运动，都会以一定波长电磁波的形式向外辐射能量，只是在低温段这种能量很微弱。非接触式测温仪表就是利用物体的辐射能量随温度而变化的原理制成的。在测量时，只需要将温度计光学接收系统对准被测物体，不必与物体接触，因而可以测量物体的温度并不会破坏物体的温度场。另外，由于感温元件只接收辐射能，它不必达到被测物体的实际温度，理论上测量上限是没有限制的，因而可以测量高温。

辐射测温方法广泛用于900 ℃以上的高温区测量中，随着红外技术的发展，产生了非接触式红外测温仪，测温下限已下移到常温区，扩展了非接触式测温方法的使用范围。

3.3.1 辐射测温原理

辐射式测温方法基于物体的热辐射能量随其温度的变化而变化的特性，这是非接触式测温方法。其特点如下：检测仪表和被测对象不接触，不会破坏被测对象的温度场，故即可测量运动物体，又可进行远距遥测；温度传感器的反应速度高、响应快；灵敏度、精确度均好。

辐射测温的理论基础是黑体辐射定律。黑体是指能对落在它上面的辐射能量全部吸收的物体。自然界中任何物体只要其温度在绝对零度以上，就会不断地向周围空间辐射能量。温度越高，辐射能量就越多。

处于热平衡状态的绝对黑体在热力学温度 T 时，在波长 λ 附近的单位波长间隔内，并且在半球面方向上，自单位面积辐射出的功率即光谱强度 $E_{b\lambda}$ 由普朗克定律给出：

$$E_{b\lambda}=\frac{2\pi hc^2}{\lambda^5(e^{\frac{hc}{\lambda kT}}-1)}=\frac{c_1}{\lambda^5(e^{\frac{c_2}{\lambda T}}-1)} \tag{3-14}$$

式中，c_1 为第一辐射常数，$c_1=2\pi hc^2=3.74183\times10^{-12}\ \mathrm{W\cdot cm^2}$；$c_2$ 为第二辐射常数，$c_2=hc/k=1.438\,8\ \mathrm{cm\cdot K}$；$h$ 为普朗克常数，$h=6.626\,17\times10^{-34}\ \mathrm{J\cdot s}$；$k$ 为玻耳兹曼常数，$k=1.380\,66\times10^{-23}\ \mathrm{J/K}$；$c$ 为光速，$c=2.997\,92\times10^{10}\ \mathrm{cm/s}$。

当 $\lambda T<3\,000\ \mu\mathrm{m\cdot K}$ 时，普朗克公式可用维恩公式近似：

$$E_{b\lambda} = \frac{c_1}{\lambda^5 e^{\frac{c_2}{\lambda T}}} \tag{3-15}$$

将普朗克公式在波长 0～∞范围积分，可得到斯忒藩-玻耳兹曼公式：

$$E_b = \int_0^{\infty} E_{b\lambda} d\lambda = \sigma T^4 \tag{3-16}$$

式中，σ 为斯忒藩-玻耳兹曼常量，$\sigma = 5.669\ 61 \times 10^{-12}\ \mathrm{W/(cm^2 \cdot K^4)}$。

式(3-16)表明，温度为 T 的黑体，单位面积向半球方面的全波长辐射功率 E_b 与体绝对温度 T 的 4 次方成正比。

由于实际物体都不是绝对黑体，它的单色辐射强度 $E_{b\lambda}$ 和全辐射强度 E_b 都比绝对黑体小。为了描述实际物体的辐射特性，引入单色发射率或黑度系数 ε：

$$E = \varepsilon E_b \tag{3-17}$$

黑度系数 ε 与物体的材料、表面光洁度及温度有关，光谱发射率还和波长 λ 有关。

3.3.2 辐射温度计

3.3.2.1 全辐射温度计

辐射温度计是一种工业中应用广泛的非接触式测温仪表。辐射温度计由辐射感温器和显示仪表两部分组成，用它可测量 100～2 000 ℃的高温，多为现场安装式结构。

如图 3-13 所示，全辐射能量由物镜 1 聚焦经光栏 2 投射到热接收器 5 上，这种热接收器多为热电堆结构。热电堆是由 4～8 支微型热电偶串联而成，目的是得到较大的热电势。热电偶的测量端贴在类十字形的锡箔上，锡箔涂成黑色以增加热吸收系数。热电堆的输出热电势接到显示仪表或记录仪表上。热电偶的参比端贴夹在热接收器周围的云母片中。在瞄准物体的过程中。可以通过目镜进行观察，目镜前有灰色玻璃用来削弱光强，保护观察者的眼睛。整个高温计机壳内壁面涂成黑色以便减少杂光干扰，并能造成黑体条件。

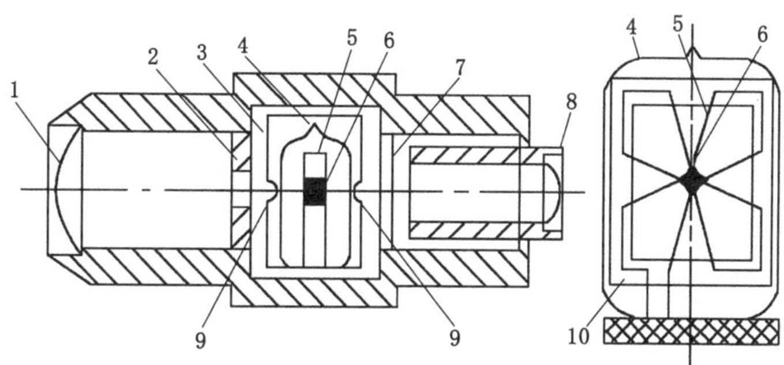

1—物镜；2—光栏；3—铜壳；4—玻璃泡；5—热电堆；6—铂黑片；
7—吸收玻璃；8—目镜；9—小孔；10—云母片。

图 3-13 全辐射式高温计原理

全辐射高温计结构简单，使用方便，性能稳定，价格低廉，广泛用于生产工艺过程的温度测量。

3.3.2.2 光学高温计

光学高温计原理如图 3-14 所示，标准的参考辐射源灯 3，其灯丝的电参数与温度的关系由黑体辐射源分度，并由电测仪表直接测量和显示；物镜 1、目镜 4 可沿镜筒前后运动以调节它们的焦距，通过调节焦距使被测物体聚焦到比较灯 3 上；红色滤光片 5 位于目镜一侧光路上，保证只能观测波长限制在 0.66 μm 附近的红光，灰色吸收玻璃 2 位于光路的物镜一侧，以减弱被测物体的光谱亮度，扩大仪表量程。

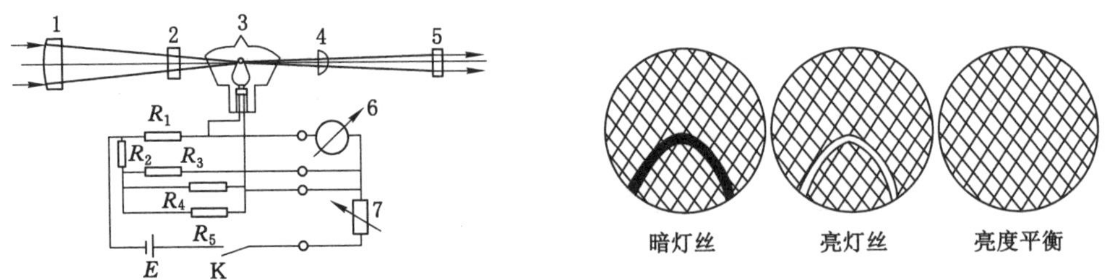

1—物镜；2—吸收玻璃；3—高温计灯泡；4—目镜；5—红色滤光片；6—测量电表；7—可调电阻。

图 3-14　光学高温计原理

测量时，观察者可在被测物体像所形成的发光背景上看到参考灯丝，并对二者亮度进行比较。调节仪表中可调电阻以改变灯丝电流，使其亮度变化。如果灯丝亮度低于被测物体亮度，那么在亮的背景上会出现暗的灯丝线；如果灯丝亮度高于物体的亮度，那么在暗的背景中就会出现亮的灯丝线。当二者亮度一致时，灯丝就会隐没在物体的背景中，这时参考灯丝的温度 T_2 为被测体的亮度温度(实际温度为 T_1)。

灯丝的亮度温度比实际被测物体真实温度要低，应按式(3-18)修正：

$$\frac{1}{T_1}-\frac{1}{T_2}=\frac{\lambda}{c_2}\ln \varepsilon_\lambda \tag{3-18}$$

式中，T_1 为被测物体真实温度；T_2 为参考灯丝温度；λ 为有效波长；ε_λ 为有效波长 λ 的黑度系数。

光学高温计是一种闭环式仪表，由于物质的光谱亮度随温度的变化响应较快，仪表灵敏度很高，所以它既可做成工业仪表，又可做成标准仪表，其测温范围一般为 800～2 000 ℃。该仪表缺点在于，测温精度受中间介质(如烟雾、灰尘等)影响，且随距离增大使误差增大。

3.3.2.3　光电高温计

光学高温计是由人工操作来完成亮度平衡工作的，其测量结果带有操作者的主观误差，而且它不能进行连续测量和记录，当被测温度低于 800 ℃时，光学高温计对亮度无法进行平衡。光电高温计是在光学高温计测量理论的基础上发展起来的，它采用新型的光电传感器件，自动进行亮度平衡，达到连续测量的目的。

光电高温计采用光敏电阻或光电池作为感受辐射源的敏感元件代替人眼的观察。根据光电器件的电信号，经电子放大器后，输出信号的电流大小就可以代表被测物体的温度值。采用一参考辐射源(标准温度灯)与被测物体进行亮度比较，由光敏元件和电子放大器组成鉴别和调整环节，使参考辐射源在选定的波长范围内的亮度自动跟踪被测物体的辐射亮度，当达到平衡时即可得到测量值。在平衡式测量方式中，光敏元件只起指零作用，它的特性如有变化对测量结果影响较小。参考辐射源选用钨丝灯泡，能保持较高的稳定性。

光电高温计由于采用平衡式测量方式，因此具有较高的精度和连续测量的特性。测量范围可达 200～1 600 ℃。光电高温计工作原理如图 3-15 所示。

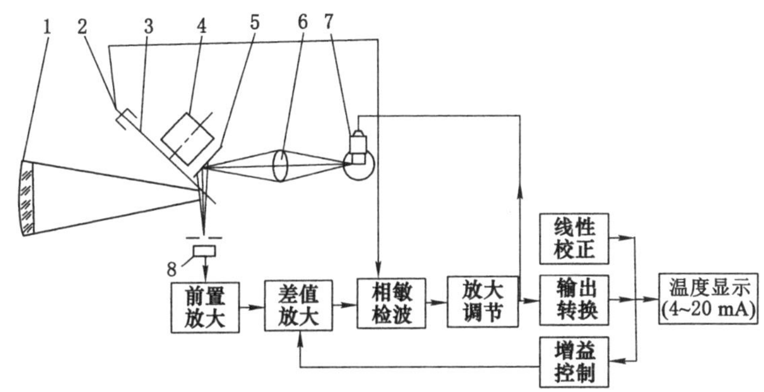

1—物镜;2—同步信号发生器;3—调制镜;4—微型电动机;
5—反光镜;6—聚光镜;7—参比灯;8—探测元件。

图 3-15 光电高温计工作原理

被测物体表面的辐射能由物镜 1 聚焦,经调制镜 3 反射到探测元件 8 上而被接收。用作比较的参考辐射源,参比灯 7 的辐射能量通过另一路聚光镜 6 会聚,经反射镜 5 反射并穿过调制镜 3 的叶片空间也到达探测元件上被接收。由微型电动机 4 驱动旋转的调制镜 3 使被测辐射能量与参比辐射能量交替被探测元件接收,从而分别产生相位相差 180°的信号。探测元件取出的测量信号是两个信号的差值,该差值信号由电子线路放大,并经相敏检波成为直流信号,再送至后面的电子线路放大器处理,以调节参比灯的工作电流,使其辐射能量与被测物体辐射能量相平衡。参比灯的工作电流靠一定的信号来维持,该信号来源于探测元件输出的差值信号。虽然这个系统存在余差,但是只要探测元件具有足够的响应,并且电子线路有足够的增益,则这个余差可以相当微小,对测量精度的影响也就很小。参比灯的辐射能量始终精确跟踪被测物体辐射能量并保持平衡状态,并将参比灯的电参数经过电子线路进一步处理,输出 4～20 mA 的统一信号送入显示仪表。为了适应辐射能量的变化特点,电路设有自动增益控制环节,在测量范围内可保证仪表电路有合适的灵敏度。

3.3.2.4 比色温度计

比色温度计是以测量两种波长的辐射亮度之比与被测温度之间的关系为基础,这种测温方法称为比色测温法。如果被测物体辐射的两种波长(λ_1 和 λ_2)对应的亮度之比值与黑体相应的亮度之比值相等,则黑体的温度称为比色温度,用 T_P 表示。它与被测物体的真实温度 T 的关系为:

$$\frac{1}{T}-\frac{1}{T_P}=\frac{\ln\frac{\varepsilon_{\lambda 1}}{\varepsilon_{\lambda 2}}}{c_2\left(\frac{1}{\lambda_1}-\frac{1}{\lambda_2}\right)} \tag{3-19}$$

式中,$\varepsilon_{\lambda 1}$,$\varepsilon_{\lambda 2}$ 分别为对应于波长 λ_1、λ_2 的单色辐射黑度系数;c_2 为第二辐射常数。

由式(3-19)可以看出,当两种波长的单色辐射发射因素相等时,被测物体的真实温度 T 与比色温度 T_P 相同。一般被测物体的发射因素不随波长而改变,故它们的比色温度等于真实温度。对于被测辐射体的两种测量波长按工作条件和需要选择,通常 λ_1 对应为蓝色,

λ_2 对应为红色。对于很多金属，由于单色辐射发射因数随波长的增加而减小，故比色温度稍高于真实温度。通常 $\varepsilon_{\lambda1}$ 与 $\varepsilon_{\lambda2}$ 非常接近，故比色温度与真实温度相差很小。图 3-16 为比色温度计原理图。

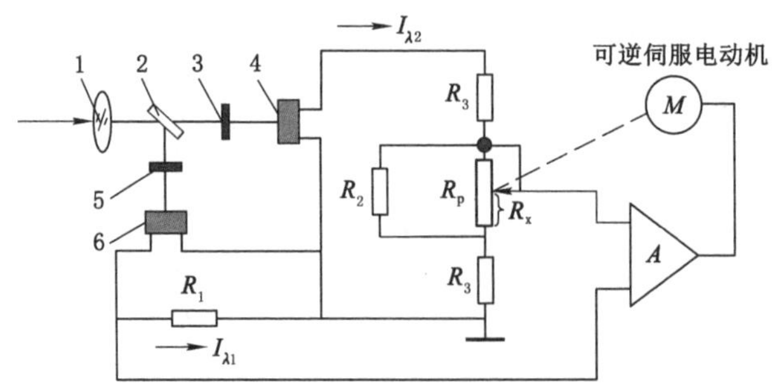

1—透镜；2—分光镜；3,5—滤光片；4,6—光敏元件。

图 3-16　比色温度计原理

被测物体的辐射经透镜 1 投射到分光镜 2 上。分成长波和短波两种，其中透射过的长波经滤光片 3 将波长为 λ_2 的辐射光投射在光敏元件 4 上，光敏元件 4 产生的光电流 $I_{\lambda2}$ 与波长为 λ_2 的辐射光强度成正比，则电流 $I_{\lambda2}$ 在电阻 R_3 和 R_4 上产生的电压 U_2 与波长为 λ_2 的辐射光强度也成正比；而被分光镜 2 反射出的短波经滤光片 5 把波长为 λ_1 的辐射光投射在光敏元件 6 上，光敏元件 6 产生的光电流 $I_{\lambda1}$ 与波长为 λ_1 的辐射光强度成正比，则电流 $I_{\lambda1}$ 在电阻 R_1 上产生的电压 U_1 与波长为 λ_1 的辐射光强度也成正比。当 $\Delta U = U_2 - U_1$ 时，ΔU 经放大后驱动可逆伺服电动机转动，带动电位器 R_P 的触点向相应方向移动，直到 $U_2 - U_1 = 0$，此时：

$$R_x = \frac{R_2 + R_P}{R_2}\left(R_1 \frac{I_{\lambda1}}{I_{\lambda2}} - R_3\right) \tag{3-20}$$

电位器的电阻 R_x 值反映了被测温度值。

比色温度计可用于连续自动测量钢水、铁水、炉渣和表面没有覆盖物的高温物体等的温度。其量程为 800～2 000 ℃，测量精度为 0.5%，具有反应速度快、测量范围宽、测量温度接近实际值等优点。

3.3.3　红外测温

在自然界中，当物体的温度高于绝对零度时，由于它内部热运动的存在，就会不断地向四周辐射电磁波，其中就包含了波段位于 0.75～100 μm 的红外线。红外测温仪正是利用这一原理制作而成的，因其具有非接触的特性，在对有一些距离、运动的和有危险性的物体进行温度测量时，具有安全、快速、可靠、方便等优势。

在辐射测温方面，前面介绍的几种非接触式测温仪表主要用于 800 ℃以上的高温测量中。由于光学传感元件和电子技术的发展，将非接触测温仪表中的光学系统改用只能透射红外波长的材料，接收能量的探测器选用有利于红光能量转换的器件，从而开发出了一种工作于红外波段的辐射或比色温度计，这种仪表统称为红外测温仪。它使用的红外波段范围宽，既适合高温也适合低温测量，仪表的探测器可以选择响应速度快的器件，以适用于高速变化温度的动态测量。

红外测温仪是将被测物体表面发射的红外波段的辐射能量通过光学系统汇聚到红外探测元件上，使其产生一信号，经电子单元进行放大和处理后，以数字方式显示被测的温度值。透射式红外测温仪工作原理如图 3-17 所示。

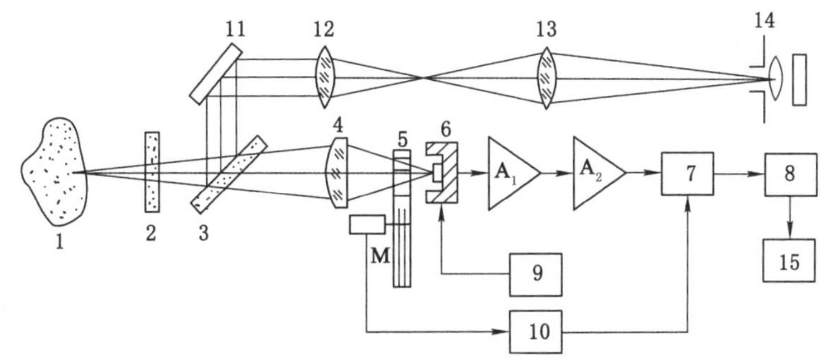

1—被测物体；2—光学窗口；3—分光片；4—聚光镜；5—调制盘；6—黑体空腔（内有红外探测器）；7—相敏功率放大器；8—A/D 转换器；9—温度传感器；10—同步放大器；11—反光镜；12，13—透镜；14—目镜；15—数字显示器。

图 3-17　透射式红外测温仪原理

由图 3-17 可以看出，被测物体 1 所发射的红外辐射能量进入红外测温仪的光学聚焦系统中，经光学窗口 2 到分光片 3，然后分成两路，其中一路透射到聚光镜 4 上，红外光束被调制盘 5 转变成脉冲光波，投射到黑体空腔 6 中的红外探测器上。为了消除环境温度对红外探测器的影响，用温度传感器 9 的测量值来控制黑体空腔的温度，使其保持在 40 ℃。此时，探测器输出的信号相当于被测目标与黑体空腔温度的差值，由于黑体空腔温度被控制在 40 ℃，故输出信号大小只取决于被测目标的红外辐射能量。此信号经 A_1 与 A_2 整形和电压放大后，被送入到相敏功率放大器 7。与此同时，调制盘驱动器的同步放大器 10，将信号送给相敏功率放大器 7，经解调和整流后的输出电流，经 A/D 转换器 8 由数字显示器 15 给出被测物目标的温度值。

为了对准被测物目标的特定位置，由分光片发出的另一路光束投射到反光镜 11 上，经 12、13、14 组成的目镜系统，可以观察到被测物体目标和透镜 12 上的十字形交叉线。

这种温度计的测温范围分成两挡：第一挡为 0～400 ℃；第二挡为 0～1 200 ℃。这类精度和灵敏度较高、可以测量常温的非接触式红外测温仪已得到迅速的发展和广泛的使用。我国在公共场所监测人群体温的设备就是这种红外测温仪。

第4章　通风压力与风速检测

在工业生产过程中，通常会存在各种污染物（粉尘和有毒、有害气体）以及余热、余湿等，致使工作场所环境空气受到污染和破坏，危害人类的健康，影响生产过程中的正常运行。工业通风的主要作用在于排出工作场所污染的或潮湿、过热或过冷的空气，送入外界清洁空气，以改善作业场所空气环境。因此，对工业通风参数（如通风压力、风速、温度以及空气成分等）进行有效检测和控制，保证空气质量。本章主要介绍通风压力、风速等检测原理与仪表。

4.1　通风压力测量

根据使用的不同要求，通风压力测量仪表可以有指示、记录和带有远传变送、报警和调节装置等多种形式。通风压力测量仪表按其转换原理不同，可分为平衡式通风测压仪表、弹性式通风测压仪表和电气压力传感器。前两类属机械压力传感器仪表，而电气压力传感器按原理又可划分为应变式、电感式、压阻式、压电式和电容式等。

4.1.1　压力基本知识

4.1.1.1　压力的概念

工程上将垂直均匀作用在单位面积上的力称为压力，即物理学中定义的压强。压力在国际单位制中的单位是 N/m^2，通常称为帕斯卡或简称帕（Pa）。由于帕的单位很小，工业上一般采用千帕（kPa）或兆帕（MPa）作为压力的单位。工程上还有一些习惯，如我国在实行法定计量单位前使用的工程大气压（kgf/cm^2），是指每平方厘米的面积上垂直作用 1 千克力（1 kgf）的压力；标准大气压（760 mmHg）是指 0 ℃时水银密度为 13.595 1 g/cm^3，在标准重力加速度 9.806 65 m/s^2 下高 760 mm 水银柱对底面的压力；毫米水柱（mmH_2O）是指标准状态下高 1 mm 的水柱对底面的压力；毫米汞柱（mmHg）是指标准状态下高 1 mm 的水银柱对底面的压力等。压力有多种不同的描述方法，具体如下：

（1）大气压力：地球表面上的空气柱质量所产生的压力，以 p_0 表示。

（2）绝对压力：作用于物体表面上的全部压力，其零点以绝对真空为基准，又称总压力或全压力，一般用大写字母 p_t 表示。

（3）相对压力：绝对压力与大气压力之差，一般用 p 表示。当绝对压力大于大气压力时，称为正压力，简称压力，又称为表压力；当绝对压力小于大气压力时，称为负压，负压又可用真空度表示，负压的绝对值称为真空度。

(4) 差压：任意两个压力之差。差压是工程上的习惯用语。

4.1.1.2　压力范围的划分

为了测量方便，根据所测压力高低不同，习惯上将压力划分成不同的区间。微压压力为 0～0.1 MPa；低压压力为 0.1～10MPa；高压压力为 10～600 MPa；超高压压力高于 600 MPa；真空以绝对压力表示，其中粗真空为 $1.333\ 2\times10^{3}\sim1.013\ 3\times10^{5}$ Pa，低真空为 $0.133\ 32\sim1.333\ 2\times10^{3}$ Pa，高真空为 $1.333\ 2\times10^{-6}\sim0.133\ 32$ Pa，超高真空为 $1.333\ 2\times10^{-10}\sim1.333\ 2\times10^{-6}$ Pa，极高真空小于 $1.333\ 2\times10^{-10}$ Pa。在各区间内，压力的发生和测量都有较大差别。压力范围的划分对测压仪表的分类也有较大影响。

4.1.1.3　压力仪表的分类

(1) 按敏感元件和转换原理的特性不同分类。液柱式压力计是根据液体静力学原理，将被测压力转换为液柱的高度来实现测量，如 U 形管压力计、单管压力计和斜管压力计等。弹性式压力计是根据弹性元件受力变形的原理，将被测压力转换为位移来实现测量，如弹簧管压力计、膜片压力计和波纹管压力计等。负荷式压力计是基于静力平衡原理测量，如活塞式压力计、浮球式压力计等。电测式压力仪表是利用敏感元件将被测压力转换为各种电量，根据电量的大小间接进行检测。

(2) 按测量压力的种类分类，可分为压力表、真空表、绝对压力表和差压压力表。

(3) 按仪表的精确度等级分类：一般压力表精确度等级有 1 级、1.5 级、2.5 级和 4 级；精密压力表精确度等级有 0.4 级、0.25 级、0.16 级、0.1 级和 0.05 级数字压力表；活塞式压力计 0.2 级(三等)、0.05 级(二等)、0.02 级(一等)。

除上述一些分类方法外，还有根据使用用途划分的，如标准压力计、实验室压力计、工业用压力计等。

4.1.2　平衡式压力检测仪表

平衡式测压仪表是使液柱高差的重力或砝码重量与被测通风压力相平衡的原理来测量通风压力，后者往往被用作检验通风压力仪表的方法。液柱式压力计是安全工程中常用的通风压力检测仪表。

4.1.2.1　液柱式压力计

液柱式压力计以液体静力学原理为理论基础。其结构简单，使用方便，尤其在低静压下，这些优点更显得突出。因此，在现场和实验室中，液柱式压力计广泛用于测量小于 0.13 MPa 的低压、负压和压力差，通常也作为校验低压和微压仪表的标准仪器。这种压力计通常采用水银、水或酒精作为工作液。液柱式压力计体积转大，具有读数不方便、玻璃管易破损等缺点。

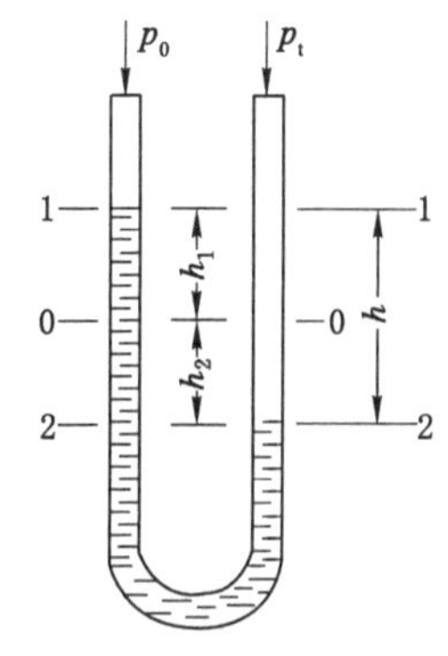

图 4-1　U 形压力计原理

(1) U 形压力计。如图 4-1 所示，U 形压力计是 U 形玻璃管内充填工作液制成的，U 形管的一端接受被测压力 p_t，另一端接受大气压力 p_0。当 $p_t>p_0$ 时，p_t 侧液柱下降，p_0 侧液柱升高，直至两侧液柱高差的重力与 p_t、p_0 的压差平衡。反之，当 $p_0>p_t$ 时，p_t

侧液柱上升，p_0 侧液柱下降。

根据液体静力学原理，压力平衡方程为：

$$p_t = \rho g h + p_0 \tag{4-1}$$

式中，ρ 为工作液密度，kg/m^3；g 为重力加速度，m/s^2；h 为液柱高差，m。

被测的工作压力 p 为：

$$p = p_t - p_0 = \rho g h \tag{4-2}$$

由式(4-1)和式(4-2)可知，当 U 形管内工作液选定后，被测工作压力 p 与液柱高差 h 成正比。这就是液柱压力平衡式测量压力原理。

对于 U 形管，重要的是保持管内径在直管部分的均匀一致，否则液柱高差 h 将受到影响而产生误差。管径越小，这种误差越大，一般不采用很小的管径。安放 U 形压力计应注意保持其垂直位置，以免因倾斜而产生附加误差。

由式(4-2)还可看出，对于同一个被测压力 p，工作液的密度 ρ 越小，则液柱高差 h 越大，即精密度越高。为了提高测量精度，宜选用密度小的工作液，如酒精(ρ=0.81 g/cm^3)。

使用 U 形压力计，一次测量需要在两侧管上同时读取两个读数 h_1 和 h_2，给使用带来不便，特别是当通风的压力波动较大时。另外，因其受到读数精度和毛细现象的影响，使测量结果带来误差，两次读数则更增加这些误差。当标尺最小分格为 1 mm 时，估计两次读数总误差为 2 mm。U 形管内径一般为 5～20 mm，为了减少毛细现象带来的误差，内径最好不小于 10 mm。

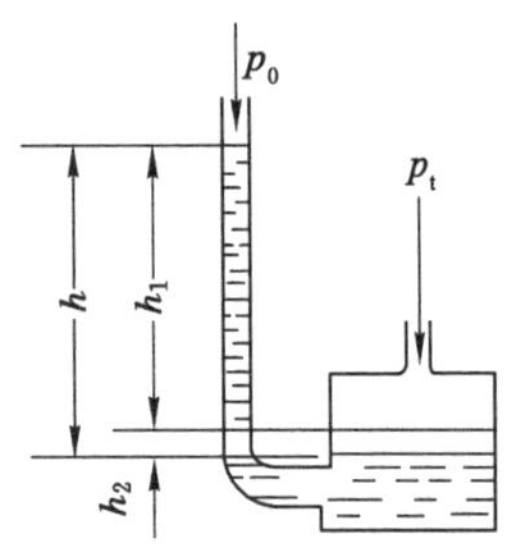

图 4-2　杯形压力计原理

(2) 杯形压力计(单管式压力计)。为了克服 U 形压力计的上述缺点，将 U 形管的一侧管子改为大直径的杯形容器，如图 4-2 所示。

其中杯形容器内径 D 远大于细管内径 d。尽管杯形压力计的形状不同于 U 形压力计，但测量通风压力的原理并无差异，式(4-2)在此仍然适用。由于压力计采用的是连通管，所以杯内液体的下降量应等于细管内液体上升量，即：

$$\frac{\pi}{4}D^2 h_2 = \frac{\pi}{4}d^2 h_1 \tag{4-3}$$

于是：

$$h_2 = \frac{d^2}{D^2}h_1 \tag{4-4}$$

将式(4-4)代入式(4-2)，得：

$$p = \rho g h = \rho g (h_1 + h_2) = \rho g h_1 \left(1 + \frac{d^2}{D^2}\right) \tag{4-5}$$

由于 $D \gg d$，故 d^2/D^2 可以忽略，式(4-5)可简化为：

$$p = \rho g h_1 \tag{4-6}$$

由式(4-5)或式(4-6)可以看出，当选定密度为 ρ 的工作液后，测量管内工作液上升高度 h_1 就可得到被测压力 p 的大小，即杯形压力计只需要一次读数可得到测量结果。

式(4-6)因略去 d^2/D^2 项，它比式(4-5)的测量误差较大。当 $d^2/D^2 \leqslant 0.01$ 时，其所致误差小于或等于 1%。为了使这种误差更小，必须使比值 d^2/D^2 更小，如 d=5 mm，D=

150 mm，则 $d^2/D^2=1/900$，此项所致误差可略。

杯形压力计因其只有一根细管，故亦称作单管式压力计。若将数根细管连至同一个大型杯形容器，则成为多管式压力计，常用来同时测量风道内各处负压。杯形容器与大气相通，各细管分别连至风道各段测点，此时各细管中的液柱高度即表示各处负压。

(3) 斜管压力计。斜管压力计的作用原理与杯形压力计完全相同，只是其测量管倾斜放置，如图 4-3 所示，这样放置可以提高测量精度。

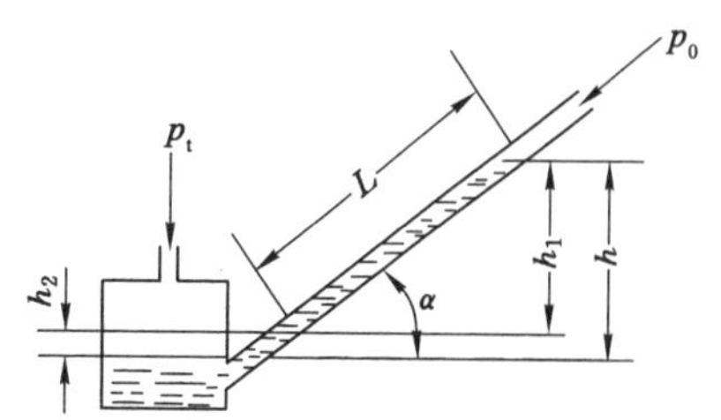

图 4-3　斜管压力计原理

斜管压力计完全可以类比杯形压力计的分析，其不同之处在于：

$$h_1=l\sin\alpha \tag{4-7}$$

$$h=h_1+h_2=l\left(\sin\alpha+\frac{d^2}{D^2}\right) \tag{4-8}$$

式中，α 为测量管的倾斜角度。

将式(4-8)代入式(4-2)，得到：

$$p=\rho gh=\rho gl\left(\sin\alpha+\frac{d^2}{D^2}\right) \tag{4-9}$$

当 $D\gg d$ 时，同样可忽略 d^2/D^2，于是式(4-9)可以简化为：

$$p=\rho gl\sin\alpha \tag{4-10}$$

令

$$k_\alpha=\left(\sin\alpha+\frac{d^2}{D^2}\right)\rho g \tag{4-11}$$

则式(4-10)变为：

$$p=k_\alpha l \tag{4-12}$$

对于不同倾斜度时的 k_α 值(0.2、0.3、0.4、0.6、0.8 等)标定在仪器支架上，该值不仅考虑了倾斜角 α，而且还包括工作液体的密度 ρ 及断面比(d^2/D^2)的影响。

由式(4-10)可以看出，对于同样一个工作压力 p 的测量，斜管压力计比直管(U 形、杯形)压力计液柱伸长的数值较大，即精度较高。而且随 α 角的减少，精度更加提高，但是量程却变小了。α 角不能无限减少(一般不小于 15°)，因为当 $\sin\alpha<0.05$ 时，由于工作液弯月面拉长，且易冲散，其精度反而降低。

斜管压力计的量程一般为 0～2 000 Pa，最小分度值为 2 Pa。斜管压力计通常采用密度较小的酒精作为工作液，以提高测量精度。

(4) 补偿式压力计。补偿式压力计与以上各种液柱式压力计一样，其原理也是连通器的液柱压力平衡式压力测量。但由于其设计独特、结构精细，并借助光学原理指示，用补偿方法来测量压力，因而较一般液柱式压力计的精度要高得多。补偿式压力计一般精度为 0.2～0.5 Pa，更高可达 0.1 Pa。精度为 0.1 Pa 的补偿式压力计因其反应速度较慢，一般只作为校准仪器用。补偿式压力计如图 4-4 所示。

由橡皮管 3 将水匣 1 和 2 连接起来。水匣 1 较大，具有螺旋沟槽，与中央螺杆 4 配合。

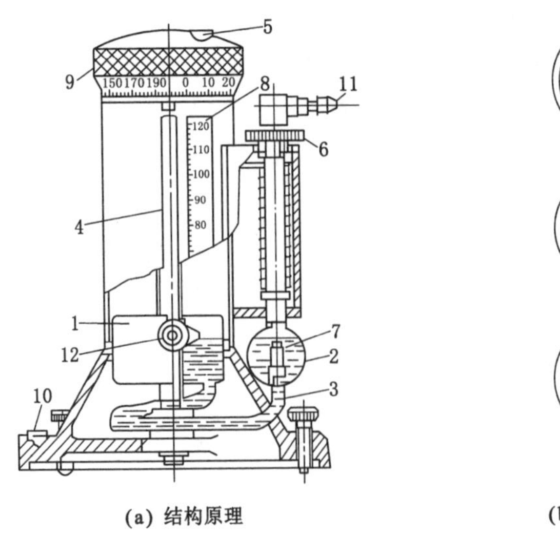

(a) 结构原理

顶针
正确
倒影
不正确
不正确

(b) 水匣调节

1,2—水匣;3—橡皮管;4—螺杆;5—柱销;6—轮盘;7—指示顶针;
8—垂直刻度;9—旋鼓;10—水准器;11,12—短管。

图 4-4　补偿式压力计

螺杆下端用铰链与仪器底座相连,上端连于旋鼓 9 上。借助旋鼓 9 上的柱销 5 使其左右旋转,从而带动水匣 1 上下移动,由于水匣 1 的位置变化,使水匣 2 内的水位亦变化,直到设于水匣 2 中三角指示顶针 7 的针尖与水表面接触为止。

为了准确地调整零位,水匣 2 也设有螺纹,旋转轮盘 6,也可以使水匣 2 垂直上下移动 4～5 mm。螺杆 4 的旋转转数以两个刻度计算:垂直刻度 8 及设于旋鼓 9 上的水平刻度,两个刻度相加就表示水匣 1 的垂直位置。垂直刻度的最小分度为 2 mm,而水平刻度按旋鼓 9 的圆周分为 200 个刻度。旋鼓 9 每旋转一圈,水匣 1 上升一个分度。例如,在垂直刻度上的读数为 12,而水平刻度盘上的读数为 120,则总的读数为:12＋120/100＝13.20 (mm),读数精度可达 1 mm。

仪器的初始位置是水匣 1、2 均与大气相通,三角顶针 7 的针尖与水匣 2 中的水面接触。仪器底座用水准器 10 找准。测压时,短管 11、12 与测压点相连,压力大的点与短管 11 相接。此时水匣 2 中的水被压入水匣 1 中,水匣 2 的水面下降。顺时针旋转旋鼓 9 以提高水匣 1 的位置,用水柱高度来平衡压力差造成水匣 2 水面的下降,使水匣 2 中的水面仍保持在初始位置。此时,水匣 1 的上升高度就是被测的压力差。

使用补偿式压力计应注意以下几点,否则其测量精度难以保证:① 调节底盘水准气泡居中,以保持水平;② 零位和测量调节,应使镜中顶针尖与倒影针尖恰好相对,针尖与倒影重叠或离开均不正确,调节成像这一点最重要;③ 操作必须缓慢谨慎,以适应该仪器惰性大、反应缓慢的特性;④ 注意大小两个压力与两个短管不得错接。

补偿式压力计一般用于测量微压,或者用于压力比较稳定的场所。

4.1.2.2　活塞式压力计

活塞式压力计是利用砝码压力平衡原理制成,用直接作用在已知活塞面积上的砝码重力来平衡被测压力,以求得被测压力值,如图 4-5 所示。

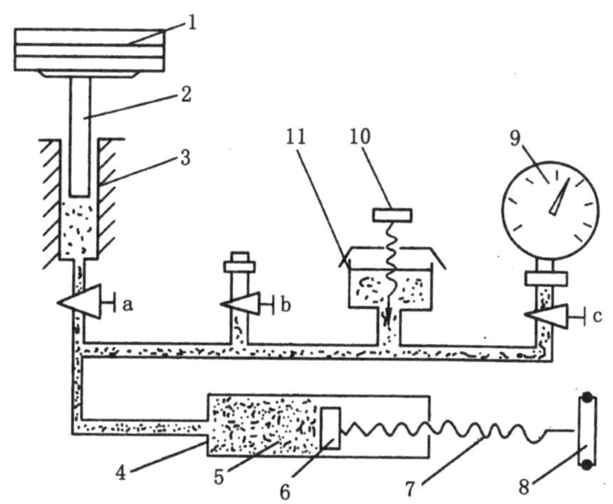

1—托盘与砝码；2—测量活塞；3—活塞缸；4—螺旋压力发生器；5—工作液；6—工作活塞；7—丝杠；8—手轮；9—被校压力表；10—进油阀；11—油杯；a，b，c—切断阀。

图 4-5　活塞式压力计

在测量活塞 2 上端放有托盘与砝码 1，活塞插入活塞缸 3 内。工作活塞 6 向左挤压工作液体 5(通常采用变压器油或蓖麻油)，则螺旋压力发生器产生压力为 p。当活塞下端面受力作用与活塞、托盘及砝码的总重量相平衡时，则活塞被顶起并稳定在某一平衡位置上。此时，力的平衡关系为：

$$p=\frac{G}{A} \tag{4-13}$$

式中，A 为工作液体压力有效作用面积；G 为活塞、托盘及砝码的总重量。

由于活塞与活塞缸之间有一定的间隙(约几微米)，活塞缸内的油在压力作用下将进入间隙给活塞一个向上的作用力。工作液体压力不仅作用于活塞底面，而且作用于活塞与活塞缸之间的间隙。因此，在计算 A 时，要考虑以上两个因素：即：

$$A=\pi r^2+\pi rh \tag{4-14}$$

式中，r 为活塞半径；h 为活塞与活塞缸之间的间隙长度。

在有效面积不变的情况下，不同的砝码重量对应不同的压力。通常取 $A=1\ \text{cm}^2$ 或 $0.1\ \text{cm}^2$，故可由测量平衡时所加砝码和活塞本身的总质量直接知道被测压力的大小。

活塞式压力计的活塞有效面积在铭牌或检定证书上给出。活塞与活塞缸、承重盘和砝码等必须配套使用，不能与其他活塞压力计的相应附件互换。

因为活塞底面的有效面积和砝码重量可以准确确定，所以这种测压方法是相当准确的。这种活塞式压力计通常用来校准工程用压力表或一般标准压力表，又称为活塞压力校验台。

因为砝码重量与重力加速度有关，所以在进行精确测量或当地重力加速度与标准重力加速度相差较大时，要对读数进行修正。修正公式如下：

$$p'=\frac{g'}{g}p \tag{4-15}$$

式中，g'，g 分别为测量时重力加速度和标准重力加速度；p'，p 分别为在重力加速度 g' 和

标准重力加速度 g 下测量的压力值。

4.1.3 弹性式压力检测仪表

根据物理学的虎克定律，在弹性极限以内，固体受外力作用能产生弹性变形。弹性变形的物体力图恢复原状，产生反抗外力作用的弹性力。当弹性力与作用力平衡时，变形停止。由于弹性变形与作用力具有一定的函数关系，弹性元件可将压力信号转换成弹性元件自由端的位移信号，这就是弹性式仪表测量通风压力的原理。按此原理制成的弹性式通风压力仪表由两部分组成：一部分其基本环节是弹性压力传感器，即弹性元件；另一部分环节是显示变形的位移交换器，它的输出是机械指针位移或电信号，以指示被测压力数值或将信号远传。弹性式压力检测仪表适用的压力范围广（$10^{-3}\sim10^{9}$ Pa），结构简单，故获得了广泛的应用。

因测压范围的不同，选用弹性元件各不相同。常用的弹性元件有：波纹膜片、膜盒和波纹管，多作微压和低压测量；单圈弹簧管（波程管）和多圈弹簧管，可用作高、中、低压以及真空度的测量。各种弹性元件的结构如图 4-6 所示，图中 x 表示受压后弹性元件的位移和方向。

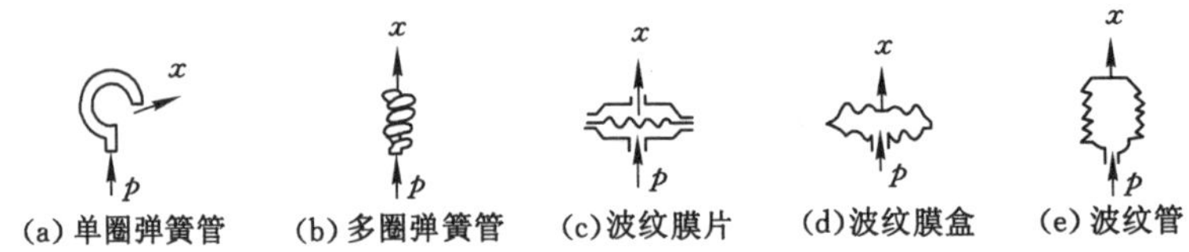

图 4-6 弹性元件的结构

弹性式压力检测仪表的弹性元件应保证在弹性变形的安全区域内工作，这时被测压力 p 与输出位移 x 呈近似线性关系。这类压力表的性能主要与弹性元件的特性有关。下面以膜式微压计为例，说明弹性压力表的结构和测量过程。

膜式微压计可测量 10 kPa 以下的正压或负压，如图 4-7 所示。

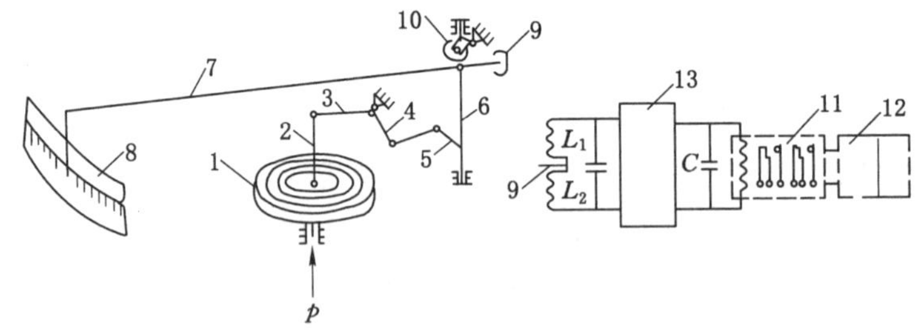

1—膜盒；2—连杆；3—铰链块；4—拉杆；5—曲柄；6—转轴；7—指针；8—刻度板；9—金属片；10—游丝；11—继电器；12—声光报警或控制装置；13—晶体管高频振荡器。

图 4-7 膜式微压计原理

膜式微压计采用金属膜盒作为压力-位移传感器。被测压力 p 对膜盒的作用由膜盒的弹性变形的反作用力所平衡。膜盒 1 的弹性形变位移由连杆 2 输出，使铰链 3 做顺时针偏转，经拉杆 4 和曲柄 5 拖动转轴 6 及指针 7 做逆时针偏转，在刻度板 8 的刻度标尺上指示出被测压力的大小。游丝 10 可以消除传动间隙的影响。由于膜盒变形位移与被测压力成正比,因此仪表具有线性刻度。这种微压计的精度为 2.5 级。

此外,这类微压计还附有被测压力上、下限给定值的声光报警或控制装置,是一个晶体管高频振荡器,通过压力指示针 7 尾部的金属片 9 出入振荡线圈 L_1 和 L_2 之间,可使振荡器停振或起振,从而控制下限(上限)继电器动作,断开或接通声光报警或控制电路,实现报警或控制作用。

4.1.4　电气压力传感器

4.1.4.1　膜式应变传感器

膜式应变传感器是将被测压力转换成集中力以后,再用应变测力计的原理测出压力的大小。图 4-8 所示为一种最简单的平膜压力传感器。由膜片直接感受被测压力而产生的变形,应变片贴在膜片的内表面,在膜片产生应变时,使应变片有一定的电阻变化输出。

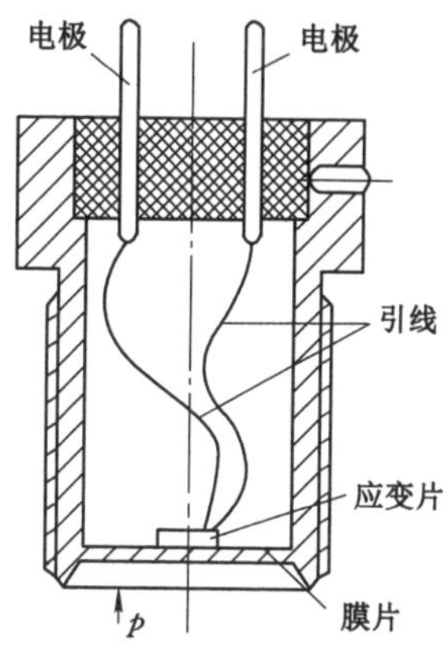

图 4-8　平膜式压力传感器

对于边缘固定的圆形膜片,在受到均匀分布的压力 p 后,膜片中一方面要产生径向应力,同时还有切向应力。由此引起的径向应变 ε_r 和切向应变 ε_τ 分别为:

$$\varepsilon_r = \frac{3p}{8h^3E}(1-\mu^2)(R^2-3x^2)\times 10^{-4} \tag{4-16}$$

$$\varepsilon_\tau = \frac{3p}{8h^3E}(1-\mu^2)(R^2-x^2)\times 10^{-4} \tag{4-17}$$

式中,R,h 分别为平膜片工作部分半径和厚度;E,μ 分别为膜片的弹性模量和材料泊松比;x 为任意点离圆心的径向距离。

由式(4-16)和式(4-17)可知,在膜片中心处,即 $x=0$,ε_r 和 ε_τ 均达到正的最大值:

$$\varepsilon_{r,\max} = \varepsilon_{\tau,\max} = \frac{3p}{8h^3E}(1-\mu^2)R^2 \tag{4-18}$$

而在膜的边缘,即 $x=R$ 处,$\varepsilon_\tau=0$,而 ε_r 达到负的最小值:

$$\varepsilon_{r,\min} = \frac{-3p}{4h^3E}(1-\mu^2)R^2 \tag{4-19}$$

在 $x=R/\sqrt{3}$ 处,$\varepsilon_r=0$,则:

$$\varepsilon_\tau = \frac{p}{4h^3E}(1-\mu^2)R^2 \tag{4-20}$$

由式(4-16)和式(4-17)可画出在均匀载荷下应变分布曲线,如图 4-9 所示。为充分利用膜片的工作压限,可以将两片应变片中的一片贴在正应变最大区(膜片中心附近),另一片贴在负应变最大区(靠近边缘附近),这时可得到最大差动灵敏度,并且具有温度补偿特性。

图 4-10 所示为专用圆形的箔式应变片。在膜片 $R/\sqrt{3}$ 范围内两个承受切力处均加粗以减小变形的影响,引线位置在 $R/\sqrt{3}$ 处。这种圆形箔式应变片能最大限度地利用膜片的应变形态,使传感器得到很大的输出信号。平膜式压力传感器最大优点是结构简单、灵敏度高,但不适用于测量高温介质,而且输出线性差。

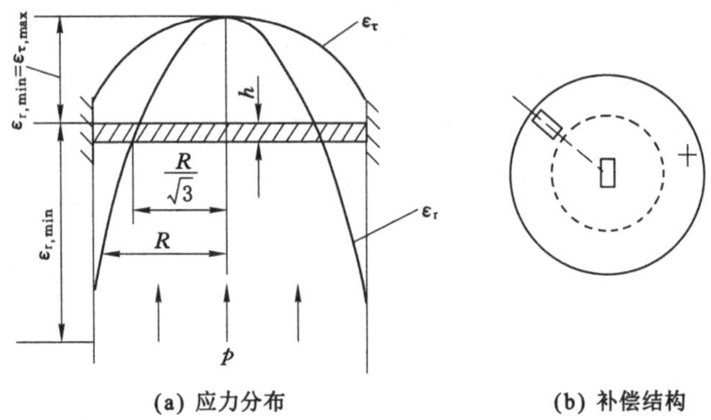

图 4-9　平膜式压力传感器应变分布特性

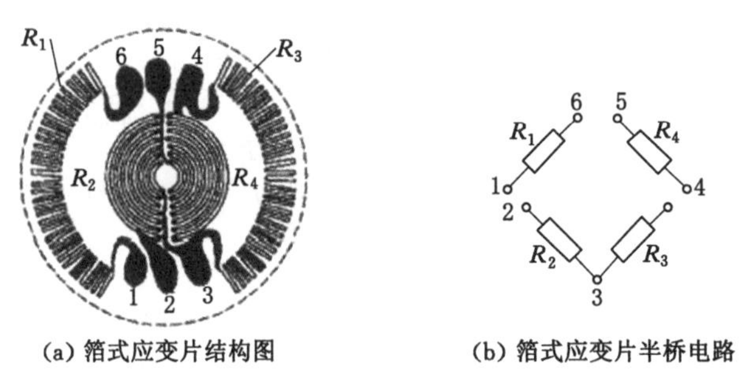

图 4-10　专用的圆形箔式应变片

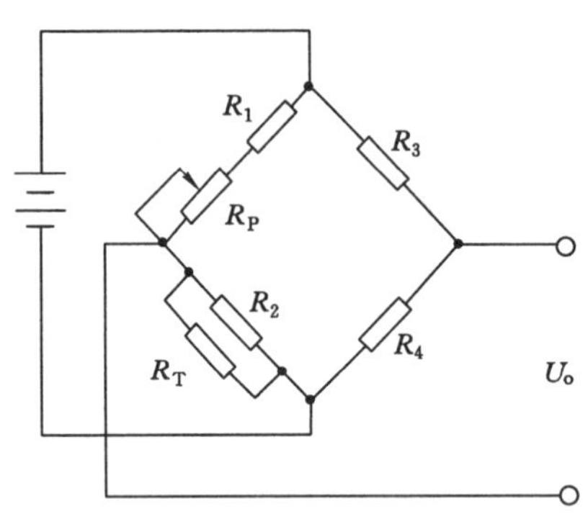

图 4-11　压阻式压力传感器工作原理

4.1.4.2　压阻式压力传感器

压阻式压力传感器是利用单晶硅的压阻效应制成的器件。这种压力传感器精度高、工作可靠、容易实现数字化，比应变式压力传感器体积小而输出信号大，是目前压力测量中使用较多的一种传感器。

压阻式压力传感器的工作原理是用集成电路工艺技术，在硅片上制造出 4 个等值的薄膜电阻 R_1、R_2、R_3、R_4，并组成电桥电路。当不受压力作用时，电桥处于平衡状态，无电压输出；当受到压力作用时，电桥失去平衡，电桥输出电压。电桥输出的电压与压力成比例，如图 4-11 所示。

为了解决压阻式压力传感器温度漂移问题，可采用在电桥电路中串联、并联补偿电阻的方法来解决。其中，R_T 为负温度系数的热敏电阻，主要用来补偿零位温度漂移，R_P 用来调节零位输出。

集成化压阻式压力传感器是将 4 个检测电阻组成的桥路、电压放大器和温度补偿电路集成在一起的单块集成化压力传感器。

4.1.4.3　电容式压力计

(1) 电容式差压计。如图 4-12 所示，将左右对称的不锈钢基座的外侧加工成环状波纹沟槽，并焊上波纹隔离膜片。基座内侧有玻璃层，基座和玻璃层中央都有孔。玻璃层内表面磨成凹球面，球面除边缘部分外镀以金属膜，此金属膜层为电容的定极板并有导线通往外部。左右对称的上述结构中央夹入并焊接弹性平膜片，即测量膜片，为电容的中央动极板。测量膜片左右空间被分隔成两个室，故有两室结构之称。

在测量膜片左、右两室中充满硅油，当左、右隔离膜片分别承受高压 p_1 和低压 p_2 时，硅油的不可压缩性和流动性便能将差压传递到测量膜片的左右面上。因为测量膜片在焊接前加有预张力，所以当差压为 0 时处于中间平衡位置并十分平整，此时定极板左、右两电容的电容值完全相等，电容量的差值等于 0。当有差压作用时，测量膜片发生变形，即动极板向低压定极板靠近，同时远离高压定极板，使得左右两侧电容量存在差值。

电容式差压计的特点是灵敏度高、线性好，并减少了由于介电常数受温度影响引起的不稳定性。能实现高可靠性的简单盒式结构，测量范围为$(-1\sim5)\times10^7$ Pa，可在$-40\sim100$ ℃的环境温度下工作。

(2) 变面积式压力计。如图 4-13 所示，被测压力作用在金属膜片上，通过中心柱、支撑簧片，使可动电极随膜片中心位移而动作。可动电极与固定电极都是由金属材质切削成的同心环形槽构成的，有套筒状突起，断面呈梳齿形，两电极交错重叠部分的面积决定电容量。固定电极的中心柱与外壳间有绝缘支架，可动电极则与外壳连通。压力引起的极间电容变化由中心柱引至电子线路，变为直流信号 4～20 mA 输出。电子线路与上述可变电容安装在同一外壳中，整体小巧紧凑。

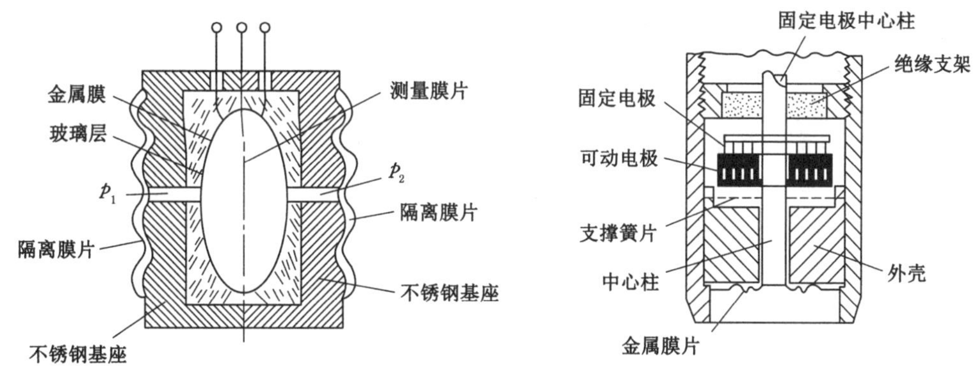

图 4-12　两室结构的电容差压计　　图 4-13　变面积式电容压力计

4.1.4.4　压差传感器

压差传感器主要应用了差动变压器的原理。其探头是由差压膜盒和差动变压器组成的差压变换器，并将差压膜盒和差动变压器封装在一个容器内，容器上留有两个压力输入孔以传递压力，如图 4-14 所示。

差动变压器是由一个可移动的铁芯 B，一个初级线圈 N_1 和两个次线圈 N_2 和 N_3 组成。差动变压器的活动铁芯是串联在膜盒 A 中心的硬芯部分，当压力发生变化时，压差膜盒产生轴向位移，其位移量的大小正比于外加压力。这样，膜盒 A 便带动了铁芯 B 上下移动，引起差动变压器的次级电压的变化，从而实现了压力/电量的转换。

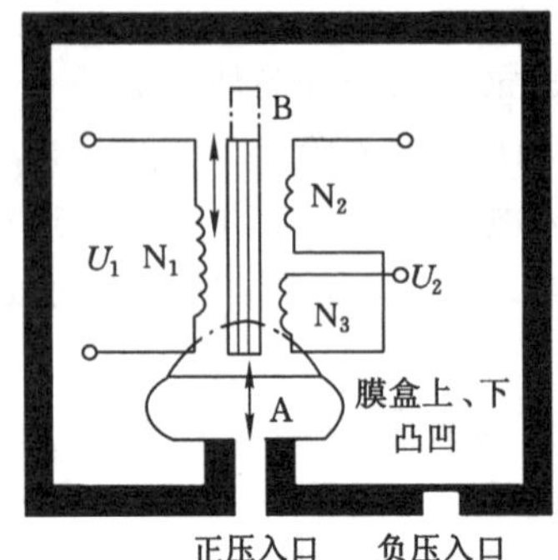

图 4-14　差压变换器工作原理

4.1.4.5　霍尔式压力计

如图 4-15(a)所示，当被测压力 p 送到膜盒中使膜盒变形时，膜盒中心处的硬芯及与之相连的推杆产生位移，从而使杠杆绕其支点轴转动，杠杆的一端装上霍尔元件。霍尔元件在两个磁铁形成的梯度磁场中运动，产生的霍尔电势与其位移成正比。若膜盒中心的位移与被测压力 p 呈线性关系，则霍尔电势的大小即反映压力的大小。

如图 4-15(b)所示，弹簧管在压力作用下，自曲端的位移使霍尔元件在梯度磁场中移动，从而产生与压力成正比的霍尔电势。

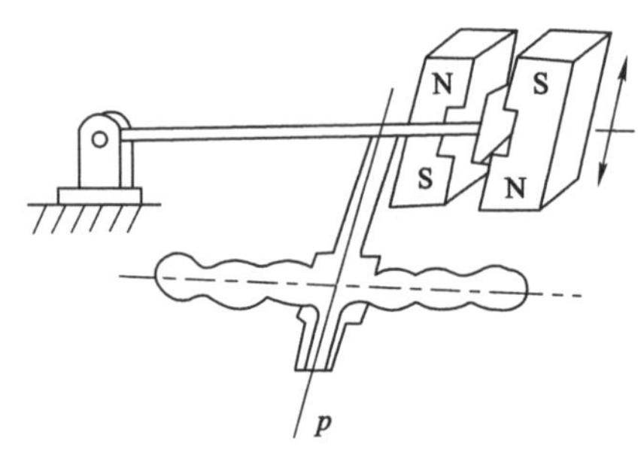

(a) 霍尔元件与膜盒结合

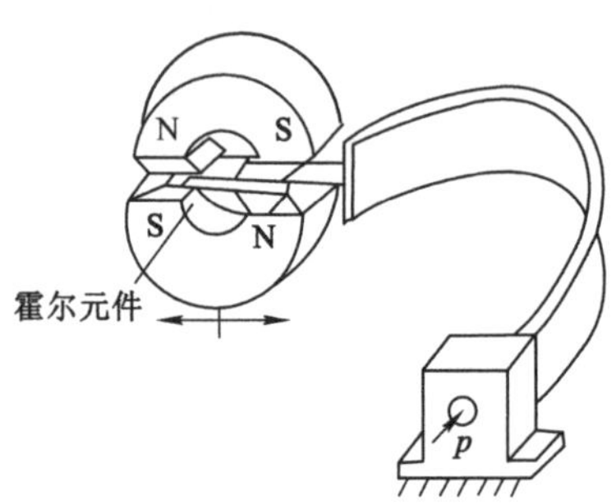

(b) 霍尔元件与弹簧管结合

图 4-15　霍尔式微压计原理

4.2 风速测量

风流速度的检测比较经典的方法有动力测压法、散热率法和机械法，随着现代科学技术的发展，激光、超声波等先进测速技术已开始得到广泛的应用。

4.2.1　动力测压法

动力测压的理论完善，其设备简单，使用方便，在矿井巷道、管道内的气体流速测量应用很广。

4.2.1.1　动力测压原理

动力测压法测量风流速度是基于气体的流速与其动压存在一定的函数关系进行的。当测得气体的压力和温度参数后，再根据有关公式计算即可得知风流的速度。

对于不可压缩风流，则动压 p_m 为：

$$p_m = \frac{1}{2}\rho v^2 \tag{4-21}$$

式中，ρ 为空气密度；v 为风速。

因此：

$$p = p_r + p_m = p_r + \frac{1}{2}\rho v^2 \tag{4-22}$$

式中，p 为全压；p_r 为静压。

对于可压缩风流，用 $\rho v^2/2$ 来表示动压就存在一定的误差，全压的正确表达式为：

$$p = p_r + \frac{1}{2}\rho v^2(1+\varepsilon) = p_r + \frac{1}{2}\rho v^2\left(1 + \frac{Ma^2}{4} + \frac{2-k}{24}Ma^4 + \cdots\right) \tag{4-23}$$

式中，ε 为气体压缩性修正系数；Ma 为马赫数；k 为气体的绝热指数。

Ma 表征了风流的可压缩性，在通风工程中风流速度一般在 40 m/s 以下。当温度为 20 ℃时，音速 c=343 m/s、风速 v=40 m/s 的 Ma 为 0.12，ε=0.003 4，取值很小。因此，对于一般测量可以不考虑风流的可压缩性影响。

4.2.1.2　毕托管

动力法测量压力的感受元件就是测压管，又称作风流测针或探针，也称作毕托管，如图 4-16 所示。它的表面根据测量需要开设若干小孔以感受风流的压力。因测量压力的不同，可分为全压管、静压管和动压管。因用途和使用场合的不同，毕托管的几何形状差别较大，如 L 形和 S 形、笛形管、梳状管、耙状管等。可以根据需要设计各种非标准毕托管，但是它们的传感原理完全一样。全部测压系统由毕托管、连接管和显示或记录仪表组成。

如图 4-16(a)所示，标准毕托管是一个弯成 90°的双层同心圆管，有时称作 L 形毕托管，其开口端同内管相通，用于测量全压。在靠近管头的外管管壁适当位置开有一圈小孔，用于测量静压。按标准尺寸制作的毕托管有足够的精度，其校正系数 k_m 值为 1.00±0.01，无须另做校正。标准毕托管测孔很小，当风流中尘粒浓度较大时，测孔易被堵塞。因此，标准毕托管只适用于较清洁的风流中，或者用于校正非标准型的毕托管。

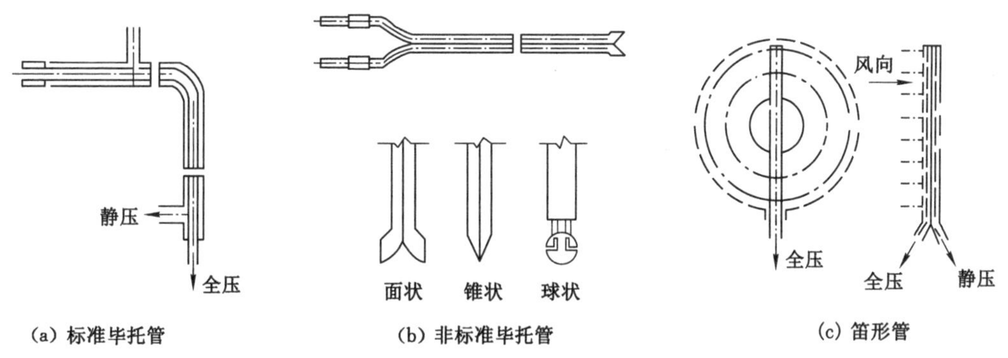

图 4-16　毕托管

含尘浓度高的风流压力宜用 S 形毕托管测量。如图 4-16(b)所示，该毕托管是由两根同样的金属管组成，测端是方向相反的两个相互平行的开口，测端或是锥状或是球状、面状，但两个开口总是反向。正对风流方向的开口为全压孔，背向风流的开口为静压孔。由于 S 形毕托管不像标准毕托管呈 90°弯角，可以在厚壁管道中使用。另外，由于其开口较大，减少了被尘粒堵塞的可能性。但在低流速的情况下，因其断面积较大，测量容易受到涡流和风流不均匀性的影响，灵敏度将下降，故一般不宜用以测量小于 3 m/s 的流速。

如果需要对风道、管道内风流流速进行连续监测，可以采用笛形管。笛形管是一种 S 形管，它不是在其一端开孔，而是在管身按一定距离排列规则开孔并作为测量孔，如图 4-16(c)所示。笛形管插入管道中或置入风道中，其不同测孔可安排在不同直径的地方，可以一次测出同一断面的平均流速。其优点是免去在同一断面测量很多点的流速取平均值的过程；缺点是在连续监测时测孔易被堵塞，造成读数误差。笛形管上开孔的位置和个数，应视流速分布情况和要求的测量精度决定。

非标准型毕托管在使用前必须用标准毕托管进行校正，求出它的校正系数。校正方法是在风洞中以不同的速度分别用标准毕托管和被校毕托管对比测定，二者测量的动压之比的平方根就是被校毕托管的校正系数 k_m，即：

$$k_m = \sqrt{\frac{p_m}{p_m'}} \tag{4-24}$$

式中，p_m，p_m'分别为标准毕托管和被校毕托管的测量动压。

必须指出的是，不同的流速范围的校正系数并不相同。因此，要选择合适的流速范围进行校正，才能使得到的校正系数满足实际测量条件。对于一般 S 形毕托管 k_m 值为 0.85±0.01。各种毕托管根据工况条件，选用铜管或不锈钢管制作。另外，用测压管测量低速时其灵敏度很低，如在标准状态下，空气的密度 $\rho_c = 1.293\ \text{kg/m}^3$，取毕托管最大校正系数 $k_m =1$。当斜管压力计的最小分度为 1.962 Pa 时，所能测出的最小流速为：

$$v = \sqrt{\frac{2p}{\rho_c}} = \sqrt{\frac{2 \times 1.962}{1.293}} = 1.75(\text{m/s})$$

因此，对用测压管测量流速的下限也有规定，一般取下限大约是 5 m/s，以免造成过大的测量误差。

4.2.2 散热率法

发热的测速传感器置于被测风流中，其散热速率与风流速度是增函数关系。因此，测量传感器的散热率即可得知气体流速的大小，这就是散热率法的流速测量原理。这种方法一般用于低流速的测量，测量范围为 0.05～0.50 m/s。

4.2.2.1 卡他温度计

卡他温度计是一种测定低风流速度的仪器，也是一支酒精温度计，如图 4-17 所示。

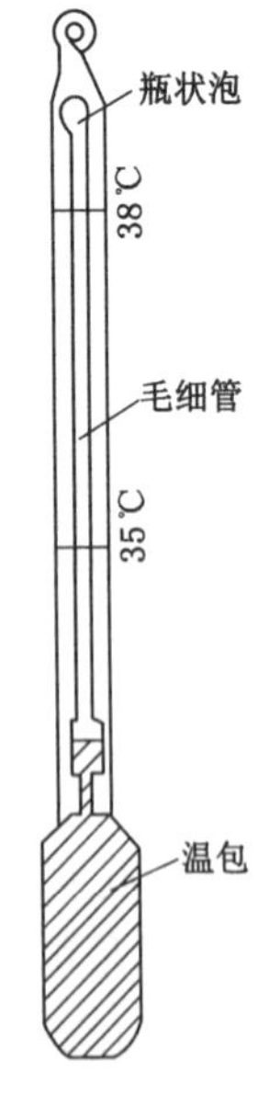

图 4-17 卡他温度计

卡他温度计的酒精温包为圆柱形，长 4 cm，直径为 1.6 cm，其中充有带色的酒精。温包上部为一毛细管，它的顶部扩大成瓶状泡，毛细管旁的刻度仅有 35 ℃与 38 ℃两点指示值。这种温度计的温包被加热后放置在被测点，然后根据测量其在测定地点热量散失所需要的时间，来确定风流流速。因为卡他温度计由 38 ℃下降到 35 ℃，其所散失的热量是不变的，但冷却的时间则根据周围空气的温度、湿度和空气流动速度而不同。当温度由 38 ℃下降到 35 ℃时，酒精温包上每平方厘米表面积所散失的热量称为卡他温度计的冷却系数 F，空气的冷却能力 H 称为卡他度，即：

$$H=\frac{F}{t} \tag{4-25}$$

式中，t 为温度由 38 ℃下降到 35 ℃所需要的时间，s。

空气的流速可根据下述经验公式求出：

$$\begin{cases} v=\left(\dfrac{H/\Delta t-0.2}{0.4}\right)^2 & v>0.1\ \mathrm{m/s} \\ v=\left(\dfrac{H/\Delta t-0.13}{0.47}\right)^2 & v\leqslant 0.1\ \mathrm{m/s} \end{cases} \tag{4-26}$$

式中，Δt 为卡他温度计的平均温度(36.5 ℃)与周围空气温度的差值。

卡他温度计测量前，将其温包放在不高于 70 ℃的热水中加热(水温过高将导致酒精沸腾)，一直加热到酒精充满毛细管后膨胀到上部的瓶状部分。然后，将温度计擦干，放在被测量的风流中，再用秒表测定酒精柱由 38 ℃下降到 35 ℃所需要的时间，可根据式(4-26)计算出风流速度。

4.2.2.2　热线风速仪

风流通过加热的金属丝时带走热量，于是金属丝的温度降低，或者由自动调节系统加大电流自动维持金属丝的温度不变。无论是金属丝温度降低的程度，还是加大电流的数值，都与风流速度存在一定的函数关系。

热线风速仪以直径为 0.025～0.15 mm 的铂或镍铬细丝加热置于风流中，当气体密度、比热容、导热系数一定时，气体流速 v 与热线散热量 Q 之间的关系为：

$$Q=A\sqrt{v}+B \tag{4-27}$$

式中，A 和 B 均为常数。

假设加热丝的电阻值为 R，通过的电流为 I，热功当量为 J，则：

$$Q=\frac{I^2R}{J}=A\sqrt{v}+B \tag{4-28}$$

在测量中，若保持热线电阻值一定，好保持热线温度恒定，则式(4-28)变为：

$$I^2=A'\sqrt{v}+B' \tag{4-29}$$

式中，A'，B'与工质性质、状态参数等有关，由实验求得。

由测量加热电流来测定流速，这就是所谓恒电阻法，即恒温法；还可以保持电流恒定，通过测量热线温度的高低，即热线电阻的阻值变化来测定流速，就是所谓的恒电流法。

恒电流热线风速仪的电路简单，如图 4-18 所示。风速仪测速探头由加热金属铂丝和测温度的铜-康铜热电偶组成。铂丝靠电池通电流加热，电流大小由可变电阻调节。热电偶的工作端固定在铂丝的中间，测量其温度。由于加热铂丝的温度与风流速度成函数关系，故显示仪表刻度可直接显示风流速度。

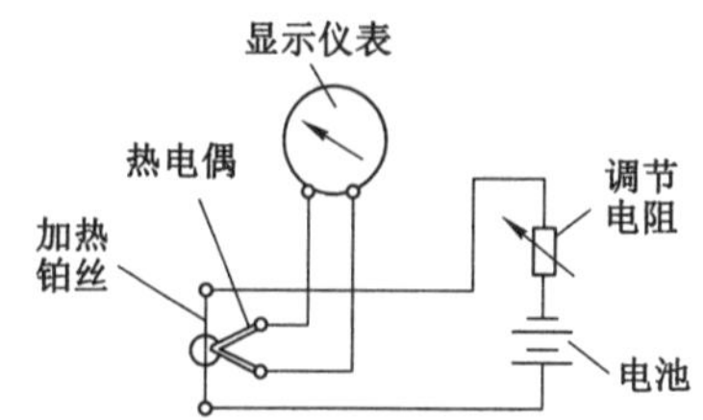

图 4-18　恒电流热线风速仪

(1) 恒电流热线风速仪。测速探头在变温变阻状态下工作，容易使敏感元件老化，稳定性差。

(2) 恒温热线风速仪。为了维持其测速探头的温度，必须增大通过的电流，周围风流速度越高，增加的电流越大，由电流增加的数值即可知流速的大小。恒温热线风速仪传感器工作在恒温状态，稳定性好，克服了温度变化的惰性，所以对变化的风速反应良好，其信号电平较高容易实现线性指示和风流温度的自动补偿，测速范围广。因此，恒电流热线风速仪将逐渐为恒温式热线风速仪所取代。

4.2.2.3 热敏电阻恒温风速仪

热敏电阻恒温风速仪是利用恒温度原理制作的一种风速仪，其测速探头装在一根测杆的顶端，如图 4-19 所示。

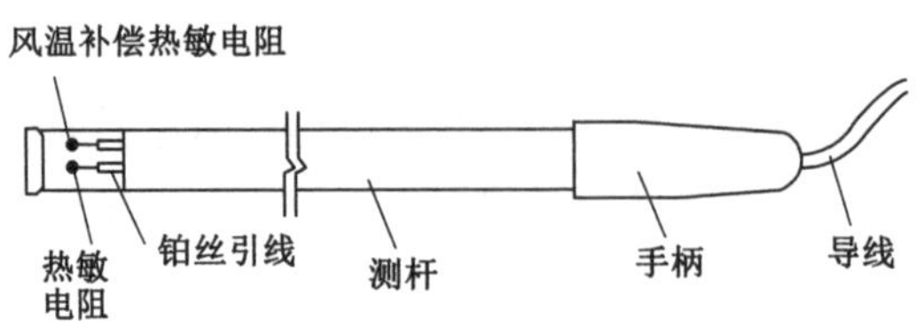

图 4-19 热敏电阻恒温风速仪

风速测头与风温自动补偿热敏电阻各用两根铂丝导线引出。风速测头采用珠状热敏电阻，直径约为 0.5 mm，因其体积小，对风流阻挡作用小，热惯性小，反应速度快。另外，热敏电阻灵敏度高，当探头工作在 130 ℃时，阻值约 300 Ω，阻值变化约为 5 Ω/℃，比一般热线风速仪高几十倍。

热敏电阻恒温风速仪用一个比例式温度调节器控制测速探头的温度，使其恒定不变，实现风温自动补偿。这种仪器用来测量常温、常湿条件下的风流速度。由于采用恒温度原理，操作简单，读数精确，探头体积小，时间常数小，灵敏度高，低风速下限可至 0.04 m/s。当风温在 5～40 ℃范围内变化时，风温自动补偿的精度为满刻度的±1%。由于恒温风速仪具有上述优点，所以它在通风、空调工程中得到普遍应用。

4.2.3 电子翼轮法

4.2.3.1 机械风表

机械式风表是利用流动气体的动压推动机械装置以显示气体流速的仪表。它一般用于流速较低的气体(空气)流速测量。利用该风速仪可以确定仪表所在位置的风流速度，也可以确定大型管道中风流的速度场。风表的传感器是一个轻型叶轮，一般采用铝质金属制成。带有径向装置的叶轮形状分为两类：翼形和杯形。翼形叶轮的叶片是几片扭转成一定角度的薄铝片，而杯形叶轮的叶片是铝制的半球形叶片，如图 4-20 所示。

由于风流流动的动压力作用于叶片使叶轮旋转，其转速与气流速度成正比，叶轮的转速通过机械传动装置连接到指示或计数设备，以显示所测风速。两种风表内部结构相似，都是由一套特殊的钟表传动机构、指针和叶轮组成。风表上有一个启动和停上指针转动的小杆，打开时指针随叶轮转动，关闭时叶轮虽转动但指针不动。机械式风表都有回零装置，以便可从零开始计量风速。

测定时，先回零，待叶轮转动稳定后打开开关，则指针随着转动，同时记录时间。测定的延续时间在 0.5～1 min 范围内选择，所测得数值是测量时间内的风速平均值。

一般翼式风表的灵敏度比杯式较高，杯式因其叶轮机械强度较高，所以风速测量上限比

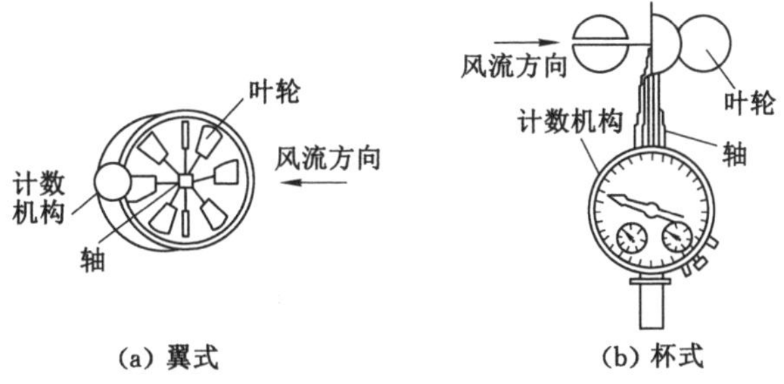

图 4-20　机械式风表

翼式大。杯式风表用在测定大于 10 m/s 的高风速，翼式风表测定 0.5～10 m/s 的中等风速，具有高度灵敏的翼式风表可以测定 0.1～0.5 m/s 的微风速。

使用翼式风表测定流速时应该注意，叶轮叶片的旋转轴线与风流方向的夹角不宜过大，如果夹角在±10°范围内，其读数误差不大于 1%；如果偏离角度更大，则测量误差剧增。

4.2.3.2　电子翼轮式风表

普通机械风表将风速转换成机械钟表式指示或机械计数显示，不能将其转换为电信号。但是，如果把随风旋转的翼轮作为一个斩波器，构成电子翼轮式测头，就可以获得一个与风速相关的电信号。电子翼轮式风表工作原理如图 4-21 所示，由测头、转换单元、时间单元、门电路、计数单元及开机置零单元组成。

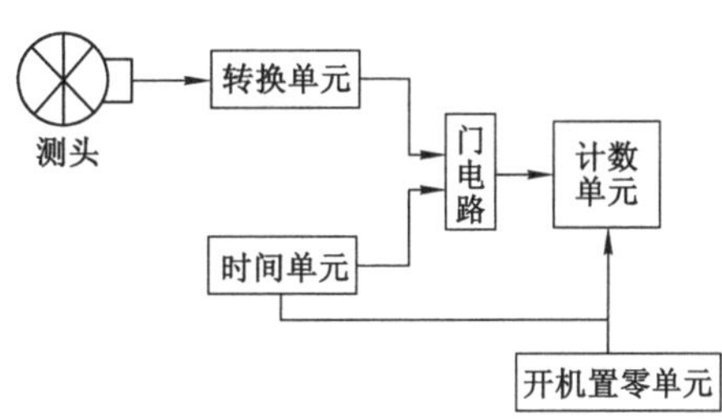

图 4-21　电子翼轮式风表工作原理

测定时，测头及转换单元将风轮转动次数不断地变换成脉冲信号送到门电路。时间单元产生 1 min 定时信号控制门电路开闭，使在 1 min 内与风轮转数成正比的脉冲信号进入计数单元。计数单元自动记下 1 min 内的平均数值，经风表校正曲线校正，即可显示实际风速。

4.2.4　超声波法

4.2.4.1　时差测速

超声波在流体中传播，由于叠加了流体流速，因而其向上游和向下游的传播速度不相同。于是，可以根据超声波向上、下游传播时间之差测得流体流速。测定传播速度之差的方法很多，主要有测量超声波发送器上、下游等距离处接收到的超声波信号的时间差、相位差或频率差等方法。

设静止流体中的声速为 c，流体流速为 v，发送器与接收器之间距离为 l，则上、下游传播的时间差 Δt 为：

$$\Delta t = \frac{l}{c-v} - \frac{l}{c+v} = \frac{2lv}{c^2 - v^2} \tag{4-30}$$

当 $c \gg v$ 时，则：

$$\Delta t \approx \frac{2lv}{c^2} \tag{4-31}$$

如果发生器发出的是连续正弦波，则上、下游接收到的波的相位差 $\Delta\Phi$ 为：

$$\Delta\Phi = \omega\Delta t = \frac{2\omega lv}{c^2} \tag{4-32}$$

式中，ω 为超声波的角频率。

由式(4-31)和式(4-32)看出，测得 Δt 或 $\Delta\Phi$ 就能求得流速 v。但是，流体中声速 c 是随流体温度而变的，这势必造成测量误差，一般需采用流体温度补偿装置。

相距 l 的上、下游接收到超声波的频率之差，即：

$$\Delta f = \frac{c+v}{l} - \frac{c-v}{l} = \frac{2v}{l} \tag{4-33}$$

可见，频率差与声速 c 无关，工业上常用频率法，以消除声速 c 的影响。

4.2.4.2 卡曼涡街

1911 年，匈牙利人卡曼在德国专门研究了流体绕圆柱背后的涡流运动规律，提出了著名的涡街理论，即通常所说的卡曼涡街。设在无限界流场中，垂直流向插入一根无限长的非流线型阻力体(旋涡发生体)，则在一定的雷诺数范围内，阻力体下游会产生两排内旋的、互相交替的，且频率正比于流速的旋涡列——卡曼涡街，如图 4-22 所示。

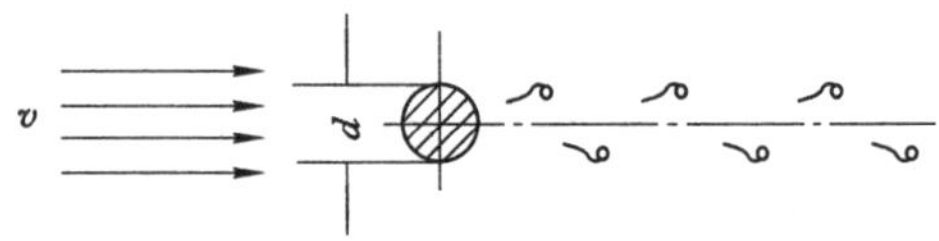

图 4-22 卡曼涡街原理

当流体绕流单独一根圆柱体时，在雷诺数 $Re_d = 200 \sim 50\ 000$ 范围内，由旋涡发生体产生的旋涡频率与流速 v 成正比，与圆柱直径 d 成反比：

$$f = St\frac{v}{d} \tag{4-34}$$

式中，f 为卡曼旋涡频率，Hz；St 为斯特拉哈尔常数，当 $200 < Re_d \leqslant 2\times10^5$ 时，$St = 0.21$。

由式(4-33)可知，旋涡频率 f 与风速 v 成正比。如果我们能测定频率 f，则风速也就可以得知。这样，测风速的问题就归结为测定旋涡频率的问题。

4.2.4.3 超声波旋涡风速传感器

超声波旋涡频率测定原理如图 4-23 所示。A、B 为一对谐振频率相同(相近)的超声波换能器，A 为发射换能器，发射超声波；B 为接收换能器，接收被旋涡调制的超声波。换能器 A、B 与旋涡发生杆相垂直，安装在测头框架的两侧。工作时，发射换能器 A 发射一束连续的等幅超声波。超声波束穿过空气到达对面，被换能器 B 接收。

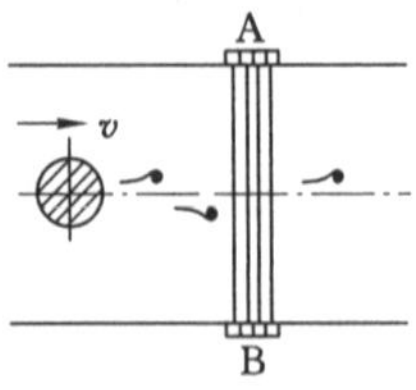

图 4-23 旋涡频率测定原理

当没有旋涡通过超声束时，接收换能器 B 收到一束未调制连续等幅的微弱超声波信号。当旋涡与超声束相遇时，由于旋涡内部的压力梯度和旋涡的旋转运动，使通过旋涡的声能部分地折射和反射，结果到达接收换能器 B 的声能减少。在旋涡流过超声束后，下一个旋涡到来之前，超声束立即恢复原来状态，接收换能器又收到原来的幅值。因此，只要有一个旋涡通过超声束，超声束就被调制一次。通过的旋涡有多少个，超声束就被调制多少次。

旋涡对超声束的调制度描述调制程度的大小，调制度的大小取决于旋涡的特征。旋涡越强烈调制度越大。不同的旋涡发生体产生的旋涡强度是不同的。对同一旋涡发生体，旋涡强度则随流速的高低而变化。一般来说，高流速时的旋涡强度比低流速时产生的旋涡强度大得多。

超声波旋涡风速传感器的工作原理如图 4-24 所示。发射换能器产生的等幅连续超声波束穿过流体被旋涡调制，到达接收换能器。接收换能器将已调制的超声波信号转换成电信号，送到选频放大，再经检波检出旋涡信号，经低频放大和整形电路后得到矩形波信号。矩形波信号经简单运算后送到数码显示器显示风速。

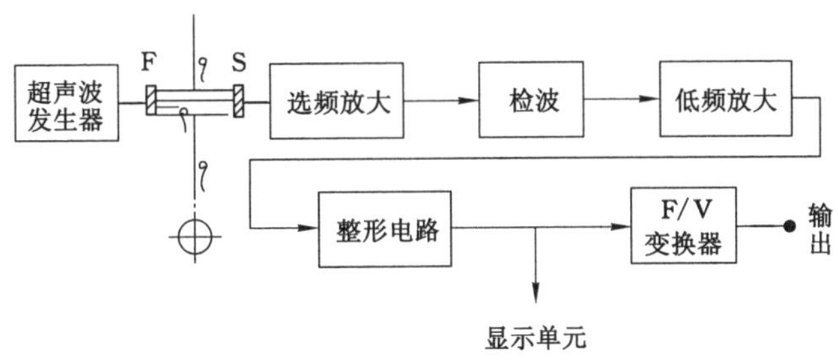

图 4-24　超声波旋涡风速传感器工作原理

4.2.5 风表校正

每种风表出厂前都进行过校正，附有该风表的校正曲线。但由于在使用过程中机件不断磨损以及生锈和粉尘进入风表等原因，造成风表测定精度降低。因此，每台风表使用半年或一年后必须重新校正，即重新作出风表测定值和真速之间的关系曲线——风表校正曲线。风表校正方法很多，现以风洞式风表校正仪加以说明。风洞式风表校正仪的构造及装置，如图 4-25 所示。

风洞式风表校正仪由稳定段、收缩段、实验段、扩散段和动力系统 5 部分组成。稳定段包括蜂窝器 8 及阻尼网 7，其作用是使风流平直且速度分布均匀。收缩段的作用是将稳定段流过来的风流加速，使实验段获得实验所需的速度。因此，收缩段断面由大逐渐变小，一般要求其大小断面积之比(收缩比)不小于 4。实验段是整个风洞的中心，风表在此段作校正试验。对实验段的要求如下：风流速度在此段内的任意截面应尽可能达到均匀分布，并且不随时间变化而变化；各点的风流方向应一致，并与风洞轴线平行；装卸风表及测量数据时操作方便。实验段安设待校正的风表 1 和毕托管 2，毕托管 2 与微压计 3 连接。扩散段的作用是减少通风机的出口速压，以降低能量损失。动力系统由通风机 5、电动机 4、机械传动装置和整流罩 6 组成。通风机利用直流电动机带动，通风机排风量的大小可借改变电动机的转数获得。

风洞式风表校正仪的风速范围为 0.5～30 m/s，适用于校正高速、中速风表。

校正风表时，首先启动电动机，待电压稳定，运转正常后，同时读取风表的表速 $v_{表1}$ 及微压计的速压 $h_{速1}$，并由速压公式求得实验段的真风速 $v_{真1}$，即：

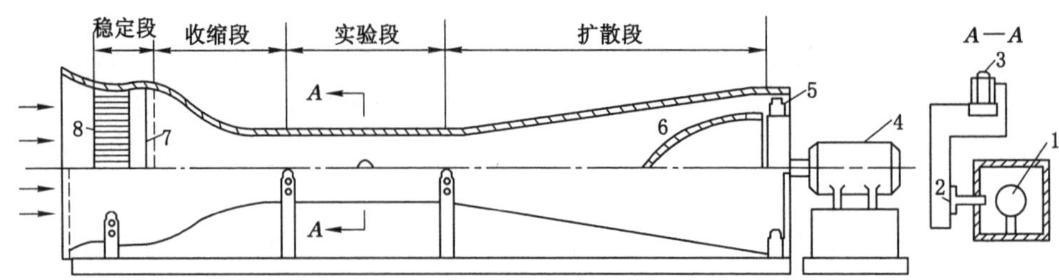

1—风表;2—毕托管;3—微压计;4—电动机;5—通风机;6—整流罩;7—阻尼网;8—蜂窝器。

图 4-25　风洞式风表校正仪

$$v_{真1}=\sqrt{\frac{2h_{速1}}{\rho}} \tag{4-35}$$

式中,ρ 为空气密度。

然后利用调压变压器变更电压,则电动机转数作相应的变动,风速也随之改变。按上述同样方法分别测出 $v_{表2}$,$v_{表3}$…;同时,读得 $h_{速2}$,$h_{速3}$,…;计算相应的 $v_{真2}$,$v_{真3}$,…。

最后用上述对应值,以表速为横坐标,以真风速为纵坐标,绘制出风表校正曲线。

第 5 章　流量与物位检测

在连续生产过程中，有各种物料在工艺设备间传送。为了有效地进行生产工艺控制，保障安全生产，需要对介质(如液体、气体、蒸汽等)的流量和物位进行检测监控。本章主要介绍流量与物位检测的基本原理与方法。

5.1 流量检测

5.1.1 流量的概念与检测方法

5.1.1.1 概念

流量一般是指单位时间内流过管道某一截面的流体数量，即瞬时流量。流量可以用质量表示，也可以用体积表示。单位时间内流过的流体以质量表示时称为质量流量(Q_m)，以体积表示时称为体积流量(Q_v)。常用的计量单位为 kg/s、t/h、L/s、m^3/h。Q_v 与 Q_m 之间的关系为：

$$Q_m = Q_v\rho \text{ 或 } Q_v = Q_m/\rho \tag{5-1}$$

式中，ρ 为流体密度。

除了上述瞬时流量外，将某一段时间内流过管道的流体流量的总和，即瞬时流量在某一段时间内的累计值，称为总量。为此，可在流量计上附加积算装置，进行瞬时流量对时间的积分运算，以获得一段时间内通过的物料总体积或总质量。

5.1.1.2 检测方法

流体的性质各不相同，如液体和气体在可压缩性上差别很大，其密度受温度、压力的影响也相差悬殊。另外，各种流体的黏度、腐蚀性、导电性等也不一样，很难用同一种方法测量其流量。尤其是工业生产过程情况复杂，某些场合的流体伴随着高温、高压，甚至是气-液两相或液-固两相的混合流体流动。流量的测量方法较多，其测量原理和所应用的仪表结构形式各不相同，按原理分为节流式(差压式)、速度式、容积式、电磁式等。

(1) 节流差压法。在管道中安装一个直径比管径小的节流件，如孔板、喷嘴、文丘利管等，当充满管道的单相流体流经节流件时，由于流道截面突然缩小，流速将在节流件处形成局部收缩，使流速加快。由能量守恒定律可知，动压能和静压能在一定条件下可以互相转换，流速加快必然导致静压力降低，于是在节流件前后产生静压差，而静压差的大小和流过的流体流量存在函数关系，所以通过测量节流件前后的压差即可求得流量。

(2) 容积法。容积法可以连续地测量密闭管道中流体的流量，它是由壳体和活动壁构成流体计量室。当流体流经该测量装置时，在其出、入口之间产生压力差，此流体压力差推动活动壁旋转，将流体逐一排出，记录总的排出份数，则可得到一段时间内的累积流量。容积式流量计有椭圆齿轮流量计、腰轮(罗茨式)流量计、刮板式流量计、膜式煤气表及旋转叶轮式水表等。

(3) 速度法。测出流体的流速，再乘以管道截面积即可得出流量。显然，对于给定的管道，其截面面积是个常数。流量的大小仅与流体流速大小有关，流速大流量大，流速小流量小。由于该方法是根据流速而来的，故称为速度法。根据测量流速方法的不同，有不同的流量计，如动压管式、热量式、电磁式和超声式等。

(4) 流体阻力法。流体阻力法是利用流体流动给设置在管道中的阻力体以作用力，而作用力大小和流量大小有关的原理来测流体流量。常用的靶式流量计其阻力体是靶，由力平衡传感器将靶的受力转换为电量，实现测量流量的目的；转子流量计是利用设置在锥形测量管中可以自由运动的转子(浮子)作为阻力体，它受流体自下而上的作用力而悬浮在锥形管道中某个位置，其位置高低和流体流量大小有关。

(5) 涡轮法。在测管入口处装一组固定的螺旋叶片，使流体流入后产生旋转运动。叶片后面是一个先缩后扩的管段，旋转流被收缩段加速，在管道轴线上形成一条高速旋转的涡线。该涡线进入扩张段后，受到从扩张段后返回的回流部分流体的作用，使其偏离管道中心，涡线发生旋进，而进动频率与流量成正比。利用灵敏的压力或速度检测元件将其频率测出，即可测出流体流量。

(6) 卡曼涡街法。在被测流体的管道中插入一个断面为非流线型的柱状体，如三角柱体或圆柱体，称为旋涡发生体。旋涡分离的频率与流速成正比，通过测量旋涡分离频率可测出流体的流速和瞬时流量。当流体流过柱体两侧时，会产生两列交替出现而又有规则的旋涡列。由于旋涡在柱体后部两侧产生压力脉动，在柱体后面尾流中安装测压元件，则能测出压力的脉动频率，经信号变换即可输出流量信号。

(7) 质量流量测量。质量流量测量分为间接式和直接式。间接式质量流量测量是在直接测出体积流量的同时，再测出被测流体的密度或测出压力、温度等参数，求出流体的密度。因此，测量系统的构成将由测量体积流量的流量计(如节流差压式、涡轮式等)和密度计或带有温度、压力等的补偿环节组成，其中还有相应的计算环节。直接式质量流量测量是直接利用热、差压或动量来检测。例如，双涡轮质量流量计，它是一根轴上装有两个涡轮，两涡轮间由弹簧联系，当流体由导流器进入涡轮后，推动涡轮转动，涡轮受到的转矩和质量流量成正比。由于两涡轮叶片倾角不同，所以受到的转矩是不同的。因此，使弹簧受到扭转，产生扭角，扭角大小正比于两个转矩之差，即正比于质量流量，通过两个磁电式传感器分别将涡轮转矩变换成交变电势，两个电势的相位差就是扭角。又如，科里奥利力质量流量计就是利用动量来检测质量流量。

5.1.1 差压式流量计

差压式(也称为节流式)流量计是基于流体流动的节流原理，利用流体流经节流装置时产生的压力差而实现流量测量的。它是流量测量仪表中最成熟、最常用的仪表之一。通常由能将被测流量转换成差压信号的节流装置和能将此差压转换成电信号的差压计两部分组成。差压信号通过差压变送器转换成相应的标准信号，以供显示、记录或控制用。

图 5-1 为最常见的使用孔板节流装置。节流装置包括节流件和取压装置，节流件是使管道中的流体产生局部收缩的元件，应用最广泛的是孔板，其次是喷嘴、文丘里管等。下面以孔板为例说明节流现象。

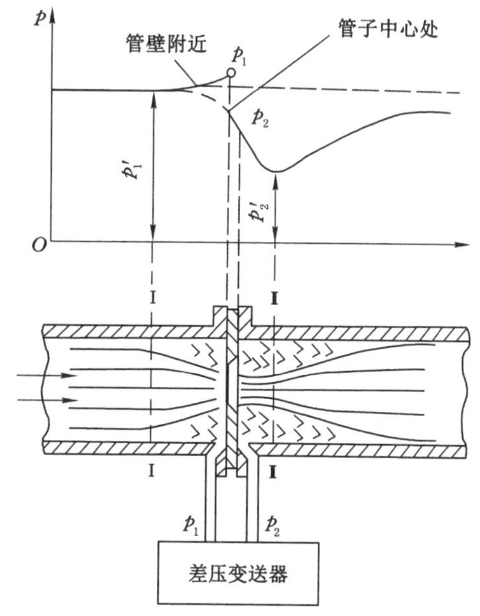

图 5-1　孔板节流原理

具有一定能量的流体，才可能在管道中形成流动状态。流动流体的能量有两种形式，即静压能和动能。流体由于有压力而具有静压能，又由于流体有流动速度而具有动能。这两种形式的能量在一定条件下可以互相转化。但是，根据能量守恒定律，流体所具有的动能增加，静压能必然降低。在流束的截面积收缩到最小处，由于流速达到最大值，静压降至最低点。在图 5-1 中，在管道中插入一片中心开孔的圆盘，当流体经过这一孔板时，流体流束截面缩小，流动速度加快。依据伯努利方程，在水平管道上，孔板前面稳定流动段Ⅰ—Ⅰ截面上的流体压力 p_1'、平均流速 v_1 与流束收缩到最小的截面Ⅱ—Ⅱ处的压力 p_2'、平均流速 v_2 间必然存在如下关系：

$$\frac{p_1'}{\rho_1 g}+\frac{v_1^2}{2g}=\frac{p_2'}{\rho_2 g}+\frac{v_2^2}{2g}+\xi\frac{v_2^2}{2g} \tag{5-2}$$

式中，ξ 表示流体在截面Ⅰ—Ⅰ与Ⅱ—Ⅱ间的动能损失系数；g 为重力加速度；ρ_1，ρ_2 分别表示流体在截面Ⅰ—Ⅰ和Ⅱ—Ⅱ处的密度，如果流体是不可压缩的，那么 $\rho_1=\rho_2=\rho$ 成立。

由流体流动的连续性方程可知，流过管道的流体体积流量为

$$Q_v=v_1S_1=v_2S_2 \tag{5-3}$$

式中，S_1，S_2 分别为流体在截面Ⅰ—Ⅰ和Ⅱ—Ⅱ处的流束截面积，S_1 等于管道的截面积。

联立求解式(5-2)和式(5-3)，可得：

$$v_2=\frac{1}{\sqrt{1-\left(\frac{S_2}{S_1}\right)^2+\xi}}\sqrt{\frac{2}{\rho}(p_1'-p_2')} \tag{5-4}$$

直接按式(5-4)计算流速是困难的。因为 S_1 和 S_2 都要在流束截面收缩到最小的地方测量，而它的位置是随流速的不同而改变的。实际测量中只能用固定取压点测定的压差代替式(5-4)中的 $p_1'-p_2'$。工程上常取紧挨孔板前后的管壁压差 p_1-p_2 代替 $p_1'-p_2'$，它们之间的关系可引用系数 φ 加以修正：

$$\varphi=\frac{p_1'-p_2'}{p_1-p_2} \tag{5-5}$$

为简化算式，引入截面收缩系数 $\mu=S_2/S_0$ 和孔板口对管道的面积比系数 $m=S_0/S_1$，S_0 是孔板的开孔面积。将这些关系式代入式(5-4)，可得：

$$v_2=\sqrt{\frac{\varphi}{1-\mu^2m^2+\xi}}\sqrt{\frac{2}{\rho}(p_1-p_2)} \tag{5-6}$$

那么，体积流量为：

$$Q_v=v_2S_2=v_2\mu S_0=\mu S_0\sqrt{\frac{\varphi}{1-\mu^2m^2+\xi}}\sqrt{\frac{2}{\rho}(p_1-p_2)} \tag{5-7}$$

令流量系数 $\alpha=\mu\sqrt{\frac{\varphi}{1-\mu^2m^2+\xi}}$，则体积流量 Q_v 和质量流量 Q_m 分别为：

$$Q_v=\alpha\sqrt{\frac{2}{\rho}(p_1-p_2)} \tag{5-8}$$

$$Q_m=\rho Q_v=\alpha S_0\sqrt{2\rho(p_1-p_2)} \tag{5-9}$$

以上分析说明，在一定的条件下，流体的流量与节流元件前后的压差平方根成正比。因此，可使用差压变送器测量这一差压，经开方运算后得到流量信号。由于这种变送器需要量较大，单元组合仪表中生产了专门的品种，将开方器和差压变送器结合成一体，称为差压流量变送器，可直接和节流装置配合，输入差压信号，输出流量信号。

在上述流量关系式中，流量系数 α 与以下多个因素有关：

(1) 流量系数的大小与节流装置的形式、孔口对管道的面积比 m 及取压方式密切相关，因此节流元件和取压方式都必须标准化。目前常用的标准化节流元件除孔板外，还有压力损失较小的喷嘴和文丘利管；取压方式除图 5-1 所示的在孔板前后端面处取压的“角接取压法”外，还有在孔板前后各 2.54 cm 处的管壁上取压的“法兰取压法”等方法。

(2) 流量系数的大小与管壁的粗糙度、孔板边缘的尖锐度、流体的黏度、温度及可压缩性相关。

(3) 流量系数的大小与流体流动状态有关。对于一般流体(水、油等)，雷诺数 $Re\leqslant 2\ 320$ 时，流动状态为层流；$Re>2\ 320$ 时，流动状态为湍流。大量的实验表明，只有在流体达到充分湍流时，流量系数 α 才是与流动状态无关的常数。对于差压式流量计，流量系数 α 在雷诺数大于 10^5 时才保持常数。

由于有上述诸多因素的制约，使用差压流量计时要查阅有关手册，按照规定的标准，设计、制造和安装节流装置，便可使用标准的流量系数。

差压流量计在测量条件较好的情况下测量误差为±(1%～2%)，由于雷诺数及流体温度、黏度、密度等的变化，以及孔板边缘的腐蚀磨损，误差常低于±2%。

5.1.2 转子流量计

在工业生产中经常遇到小流量的测量，如流量只有每小时几升到几百升的场合，要求测量仪表有较高的灵敏度。转子流量计特别适合于小管径(<50 mm)、小流量的测量。其工作原理也是根据节流现象，但节流元件不是固定地安置在管道中，而是一个可以移动的转子。其基本结构如图 5-2 所示。

一个能上下浮动的转子被置于圆锥形的测量管中，当被测流体自下而上通过时，由于转子的节流作用，在转子前后出现压差 Δp，此压差对转子产生一个向上的推力；当此向上的推力等于转子的重力时，转子便悬浮在测量管中，取得平衡位置。为了使转子在锥形管中移动时不碰到管壁，可以在转子侧面开几条斜形槽沟，流体流经转子时，作用在斜槽中的力使转子绕流速中心旋转，得以保证转子居中稳定，故称转子流量计。

转子平衡时，压差 Δp 产生的向上推力等于转子的重力，平衡条件为：

$$S\Delta p=(\rho_z-\rho)gV \tag{5-10}$$

式中，S 为转子的最大横截面面积；ρ_z 为转子材料的密度；ρ 为被测流体的密度；g 为重力加速度；V 为转子的体积。

这些参数在测量时均为常数，故转子平衡时 Δp 必为定值：

$$\Delta p=\frac{(\rho_z-\rho)gV}{S} \tag{5-11}$$

转子也属于节流元件，因此流量的计算公式也符合流量关系式

$$Q_v=\alpha S_0\sqrt{\frac{2}{\rho}\Delta p} \tag{5-12}$$

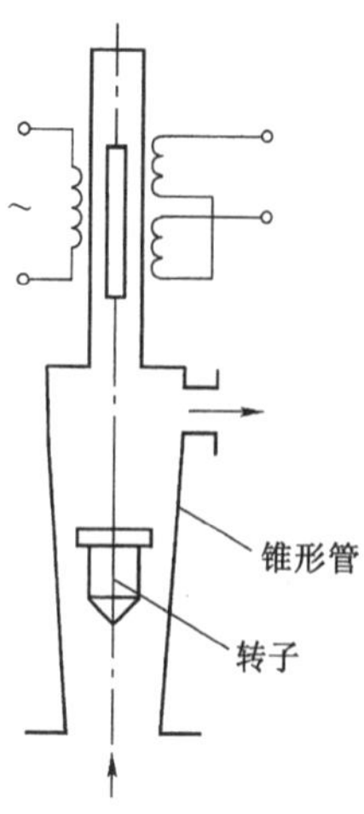

图 5-2　转子流量计原理

式中，α 为流量系数；S_0 为圆锥形测量管的环形缝隙的流通面积。

由于圆锥形测量管由下往上逐渐扩大，所以 S_0 与转子浮起的高度 H 有关，$S_0=kH$，因此：

$$Q_v=\alpha S_0\sqrt{\frac{2}{\rho}\Delta p}=\alpha kH\sqrt{\frac{2(\rho_z-\rho)gV}{\rho}} \tag{5-13}$$

由此可见，流量 Q_v 与转子的高度 H 成正比。故可从转子的平衡位置高低直接读出流量的数值，或用转子带动铁芯在差动变压器中移动，差动变压器将转子位置转换为电信号，放大后输出。

5.1.3　靶式流量计

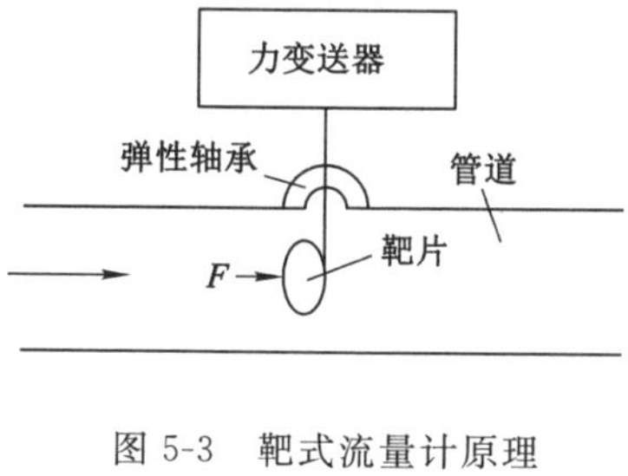

图 5-3　靶式流量计原理

靶式流量计也用节流原理测流量。与差压流量计不同的是，靶式流量计使用悬在管道中央的靶片作为节流元件，正面承受流体作用力 F，通过以硬性橡胶膜为支点的连杆传出，由力变送器转换成电信号，如图 5-3 所示。

理论分析与试验表明，流体作用于靶上的推力 F 与流体流速 v 的平方成正比，即：

$$F=kS_d\frac{\gamma}{2g}v^2 \tag{5-14}$$

式中，k 为靶的推力系数；S_d 为靶片面积；γ 为流体与标准状态下水的相对密度；g 为重力加速度；v 为靶与管壁间环形间隙中流体平均流速。

靶上的推力 F 由力变送器测出，由此可写出通过管道的体积流量：

$$Q=S_0v=S_0\sqrt{\frac{2gF}{k\gamma S_d}}=\alpha S_0\sqrt{\frac{2gF}{\gamma S_d}} \tag{5-15}$$

式中，S_0 为环形间隙的面积；$\alpha=1/k$ 为流量系数，其大小也与很多参数有关。只有当雷诺

数大于 10^4 时，α 才保持不变。

如前所述，靶式流量计与差压流量计在原理上是相似的，两种流量计的流量与检测信号之间的关系都是非线性的，必须将差压或推力信号进行开方运算后，才能得到流量信号。所不同的是，由于结构上的差别，靶式流量计能应用于高黏度的流体，如重油、沥青等的流量测量。此外，由于靶悬于管道中央，污物不易积聚，且靶直接与力平衡变送器连接，不像差压变送器导压管那样容易被堵塞及冻结，因而适用于测量有悬浮物、沉淀物的流体流量。靶式流量计的测量精度为 2%～3%。

5.1.4 椭圆齿轮流量计

椭圆齿轮流量计属于容积式流量计，如图 5-4 所示。

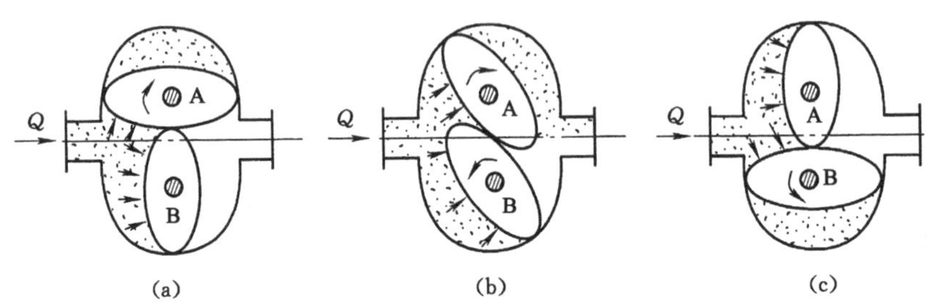

图 5-4　椭圆齿轮流量计原理

在金属壳体内有一对啮合的椭圆形齿轮 A 和 B(齿较细，图中未画出)，椭圆齿轮与壳体之间形成测量室。当流体自左向右通过时，在输入压力的作用下产生力矩，驱动齿轮转动。在图 5-4(a)所示位置时，A 轮左下侧压力大，右下侧压力小，产生的力矩使 A 轮作顺时针转动，它把 A 轮与壳体间半月形测量室内的液体排至出口，并带动 B 轮转动；在图 5-4(b)所示位置时，A 和 B 两轮都有转动力矩，继续转动，并逐渐将 B 轮与壳体间的半月形测量室充满流体；到达图 5-4(c)所示位置时，A 和 B 两轮都转动了 1/4 周期，排出了一个半月形容积的液体。此时，作用于 A 轮上的力矩为零，但 B 轮的左上侧压力大于右上侧，产生的力矩使 B 轮成为主动轮，带动 A 轮继续旋转，将 B 轮与壳体间半月形测量室内的液体排至出口。这样连续转动，椭圆齿轮每转 1 周，向出口排出 4 个半月形容积的液体。故通过椭圆齿轮流量计的体积流量为：

$$Q_v = 4nV_0 \tag{5-16}$$

式中，n 为椭圆齿轮的转速；V_0 为半月形测量室容积。

由此可见，测量椭圆齿轮的转速便知道液体的体积流量，累计椭圆齿轮的转数，便可知道一段时间内液体流过的总量。

由于椭圆齿轮流量计是直接按照固定的容积来计量流体的，所以测量精度与流体的流动状态无关，被测液体的黏度越大，齿轮间隙中的泄漏量越小，测量误差越小，特别适宜于高黏度流体的测量。只要加工精确，配合紧密，便可得到极高的精度，一般可达 0.2%～0.5%，通常作为标准表及精密测量之用。但要求被测流体中不能有固体颗粒，否则很容易将齿轮卡住或引起严重磨损。此外，如果椭圆齿轮的工作温度超出规定的范围，也可能因热胀冷缩而发生齿轮卡死或增加测量误差。

5.1.5　涡轮流量计

涡轮流量计是利用置于流体中的涡轮的转速与流体速度的线性关系，通过测量涡轮的转速来间接测得通过管道的体积流量，如图 5-5 所示。

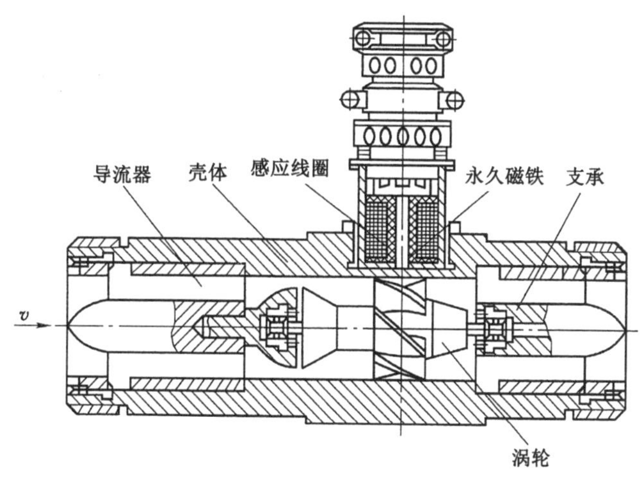

图 5-5　涡轮流量计原理

在管道内安装一个可以自由转动的涡轮，涡轮的轴装在管道的中心线上，流体轴向流过涡轮时，推动叶片，使涡轮转动。如果忽略机械摩擦阻力矩，则涡轮转动的角速度为：

$$\omega=\frac{\tan\beta}{r}v \tag{5-17}$$

式中，β 为涡轮叶片对轴线的倾角；r 为涡轮叶片的平均半径；v 为作用于涡轮上的流体轴向速度。

由此可见，涡轮转速与流体流速成正比。涡轮在管道里转动，一般通过非接触方式测其转速。图 5-5 所示为电磁感应测量方法。涡轮的叶片采用导磁材料制成，在非导磁材料做成的导管外面安放一组套有感应线圈的磁铁，磁力线能够穿入导管。当涡轮旋转时，每当叶片经过磁铁下面时，就会改变磁路的磁通量，磁通量变化使感应线圈感应出电脉冲。在一定流量范围内，产生的电脉冲信号的频率为：

$$f=\frac{\omega}{2\pi}Z \tag{5-18}$$

式中，Z 为涡轮叶片数。

管道内流体的体积流量为：

$$Q_v=Sv \tag{5-19}$$

式中，S 为涡轮处的有效流通面积。

根据上述关系式可得：

$$f=\frac{Z\tan\beta}{2\pi rS}Q_v=NQ_v \tag{5-20}$$

式(5-20)说明，在流量计中每通过单位体积的流体，会产生 N 个电脉冲信号，N 又称为仪表常数，在仪表出厂时就已经调整好。脉冲信号很容易远传，使用频率/电流转换仪表就可转换成流量的电流信号；配用脉冲计数器即可积算一段时间内的流体总量。

为了保证流体沿轴向流动推动涡轮，提高测量精度，在涡轮前后均装有导流器。尽管如此，还要求在涡轮流量计的前后均安装一段直管，上游直段的长度应不小于管径的10倍，下游直管长度应不小于管径的5倍，以保证液体流动的稳定性。涡轮流量计线性好，反应灵敏，但只能在清洁流体中使用，精度达0.5级。

还有一种光纤式涡轮流量计，用光电方式测涡轮转速。在涡轮叶片上贴一小块具有高反射率的反射片或镀一层反射膜，在测量管外面安装探头装置。探头光源通过发送光纤把光线照射到涡轮叶片上，当涡轮叶片上的反射片经过光线发射口时，入射光线被反射，由接收光纤接收到探头的光电接收器中。由光电接收器转换成电脉冲，计算出这一电脉冲数就能算出涡轮的转速，进而计算出流体的流量。光纤涡轮流量计具有重现性和稳定性好的特点，不易受环境、电磁、温度等因素的干扰，显示迅速，测量范围大。其缺点是只能用来测量透明的气体和液体。

5.1.6 电磁流量计

电磁流量计利用导电液体通过磁场时在两固定电极上感应出的电动势测量流速。电磁流量计原理如图5-6所示。

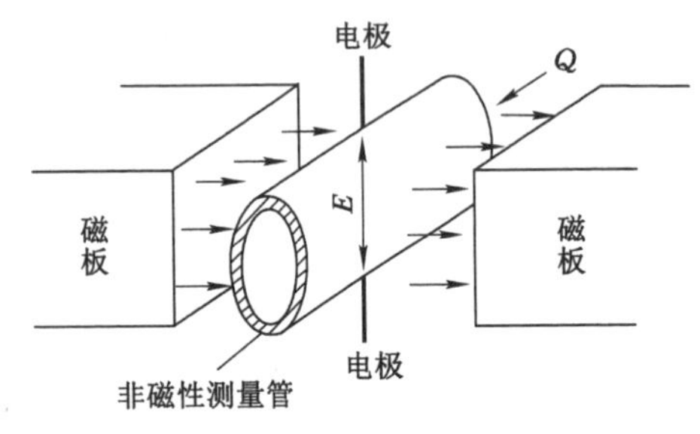

图5-6　电磁流量计原理

在一段不导磁的测量管两侧安装一对电磁铁，管壁在与磁场垂直的方向上有一对与液体接触的电极。当被测液体由管内流过时，以流动的液体当作切割磁力线的导体，根据电磁感应定律，与液体接触的两电极间产生的感应电动势为：

$$E = BDv \tag{5-21}$$

式中，B为管道内磁感应强度；D为管道内径，也就是切割磁力线的导体的长度；v为管内流体的平均流速。

由产生的感应电动势测知管道内液体的流速，则体积流量为：

$$Q_v = \frac{\pi D^2}{4} v = \frac{\pi D}{4B} E = kE \tag{5-22}$$

式中，k为仪表常数。

由此可见，流量与感应电动势的大小成正比。实际的电磁流量计中，流量电动势只有几到几十毫伏。为避免电极在直流电流作用下发生极化作用，同时也为了避免接触电动势等直流干扰，管道外的磁铁都使用交流励磁。获得的流量电动势也是交变的，经过交流放大、再转换成直流信号输出。

电磁流量计通常用于测量导电液体流量，被测液体的电导率应大于水的电导率(100 μΩ/cm)，不能测量油类或气体的流量。电磁流量计的优点是在管道中不设任何节流元件，可以测量各种高黏度的导电液体，特别适合测量含有纤维和固体颗粒的流体，精度可达0.5级。

5.2 物位检测

物位测量在工业生产中具有重要的地位。物位不仅是物料消耗量或生产量计量的参数，也是保证连续生产和设备安全的重要参数。特别是在现代化大工业生产中，由于规模大，速度快，使用的高温、高压、强腐蚀性或易燃易爆物料，对于各种塔、槽、罐中物位的监测和自动控制更是至关重要。通过物位的测量可以获知容器中所储物质的体积或质量，还可以监视或控制容器内介质物位，使它保持在工艺要求的高度上，以使生产过程正常进行。例如蒸气锅炉运行时，如果汽包水位过低，就会危及锅炉的安全，造成严重事故。

在生产过程中，经常需要在容器中储存液体或固体物料。容器中液体的储存高度称为液位；固体或颗粒状物质的堆积高度称为料位；而两种密度不同、互不相容的液体介质的分界面称为界位。液位、料位及界位统称为物位。

工业生产中对物位仪表的要求多种多样，测量物位的方法也很多。按其工作原理不同，物位测量可分为下列几种类型：

(1) 静压式物位测量。利用液体或物料对某定点产生压力的原理而工作，可分为压力式物位测量和差压式物位测量。

(2) 浮力式物位测量。利用浮子的高度随液位变化而改变，或浸沉于液体中的浮子(沉筒)所受的浮力随液位高度而变化的原理工作。

(3) 电气式物位测量。利用敏感元件将物位的变化转换为电量参数的变化，通过测出电量的变化而得知物位，有电阻式、电容式和电感式等。

(4) 核辐射式物位测量。利用核辐射线穿透物料时，物料对核辐射线的吸收特性进行测量，即核辐射线的透射强度随物质层的厚度而变化，应用较多的是穿透能力强的 γ 射线。

(5) 声学式物位测量。利用超声波在一定状态的物质中传播速度一定的特性，物位的变化造成超声波传播时间的变化，据此可测出物位。

(6) 光学式物位测量。用普通白炽灯光或激光等作为光源，利用光波在传播中可被不同的物质界面遮断和反射原理测量物位。

上述物位测量方法中，静压式、浮力式只适用于液位测量，其他方法既可以测量液位，也可以测量料位。在物位检测中液位检测使用场合较多，下面介绍几种常用的液位检测方法。

5.2.1 差压式液位检测

5.2.1.1 检测原理

根据流体静力学原理，静止液体内某一点的静压力与这一点之上的液柱高度成正比。利用压力或差压变送器可以很方便地测量液柱压力或差压，将其转换成标准信号输出。

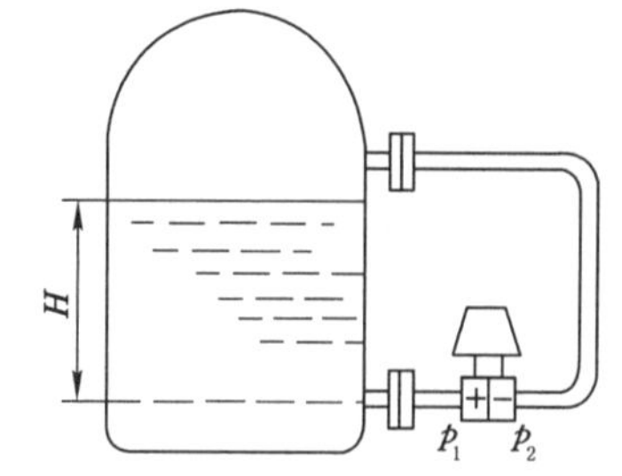

图 5-7　差压变送器液位测量原理

如图 5-7 所示，在容器的底部和顶部各引出一根导压管，将差压变送器的正、负压室一端接液相，另一端接气相，分别引入压力 p_1 和 p_2。

设容器上部空间为干燥气体，其压力为 p_0，则：

$$p_1 = \rho g H + p_0 \tag{5-23}$$

$$p_2 = p_0 \tag{5-24}$$

差压变送器感受到的压差为：

$$\Delta p = p_1 - p_2 = \rho g H \tag{5-25}$$

式中，H 为底部取压点以上的液位高度；ρ 为介质密度；g 为重力加速度。

由此可见，当被测介质的密度为已知时，差压变送器测得的差压与液位高度成正比，这样就可以用测量差压的方法测出液位高度。

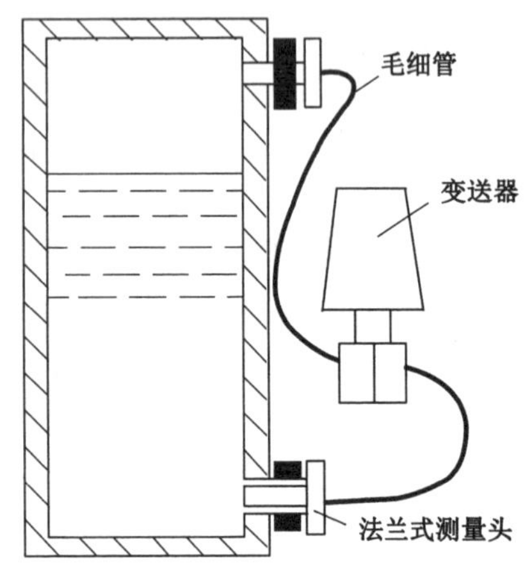

图 5-8　法兰式差压变送器测量原理

如果被测容器不是密闭的，其气相压力就等于大气压。此时，差压变送器的负压室不必接引压管，直接通大气，或者直接用压力变送器即可。若不需要远传信号，也可以在容器底部安装压力表，根据压力 p 与液位 H 的线性关系，可直接在压力表上按液位进行刻度。

在测量具有腐蚀性或含有结晶颗粒以及黏度大、易凝固等液体液位时，为了防止引压管线被腐蚀或堵塞，可以使用法兰式差压变送器，如图 5-8 所示。

用金属膜片作为敏感元件的法兰式测量头经毛细管与变送器的测量室相通。在膜片、毛细管和测量室所组成的封闭系统内充有硅油，作为传压介质，法兰式测量头安装在容器的导压口处，使被测介质不进入毛细管与变送器，以免堵塞。法兰式差压变送器测液位可以省去隔离罐，简单易行。

5.2.1.2　量程迁移

无论是压力检测法还是差压检测法，都要求取压口（零液位）与压力（差压）检测仪表的入口在同一水平高度，否则会产生附加静压误差。但是，在实际安装时不一定能满足这个要求。如地下储槽，为了读数和维护的方便，压力检测仪表不能安装在所谓零液位的地方。采用法兰式差压变送器时，由于从膜盒至变送器的毛细管充以硅油，无论差压变送器在什么高度，一般均会产生附加静压。在这种情况下，可通过计算进行校正，更多的是对压力（差压）变送器进行零点调整，使它在只受附加静压（静压差）时输出为“0”，这种方法称为量程迁移。

（1）无迁移。在如图 5-9 所示的液位测量系统中，作为测量仪表的差压变送器的输入差压 Δp 和液位 H 之间的关系都可以简单表示。

当 $H=0$ 时，差压变送器的输入 Δp 也为 0，即：

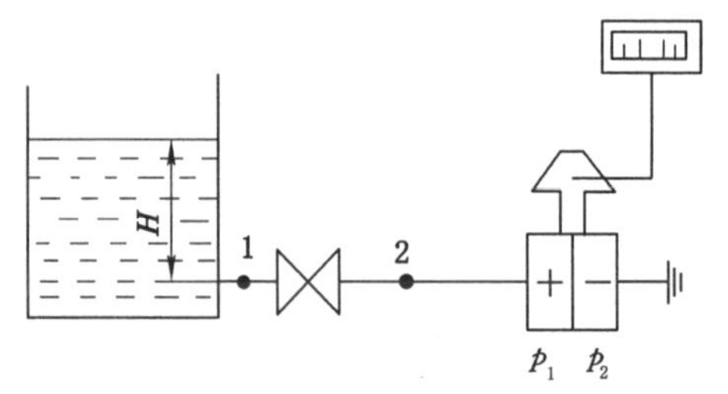

图 5-9　无迁移液位测量原理

$$\Delta p\mid_{H=0}=0 \tag{5-26}$$

显然，当 $H=0$ 时，差压变压器的输出也为0，相应的显示仪表指示为0，这时不存在零点迁移问题。

(2) 正迁移。出于安装、检修等方面的考虑，差压变送器往往不安装在液位基准面上，如图5-10所示，差压变送器安装在液位基准面下方 h 处。这时，作用在差压变送器正、负压室的压力分别为：

$$p_1=\rho g(H+h)+p_0 \tag{5-27}$$

$$p_2=p_0 \tag{5-28}$$

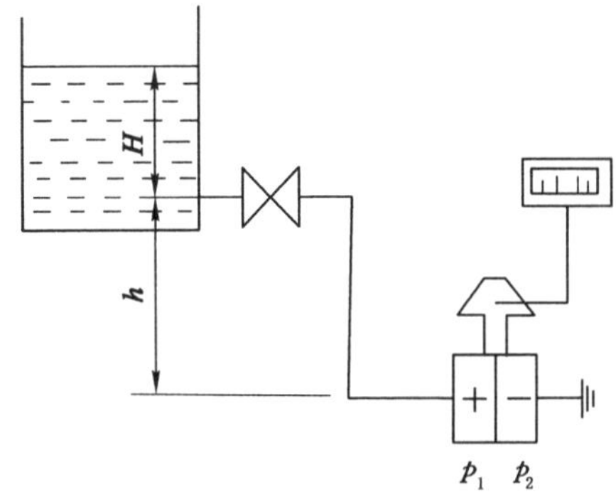

图5-10　正迁移液位测量原理

差压变送器的差压输入为：

$$\Delta p=p_1-p_2=\rho g(H+h) \tag{5-29}$$

所以：

$$\Delta p\mid_{H=0}=\rho gh \tag{5-30}$$

也就是说，当 $H=0$ 时，差压变送器仍有一个固定差压输入 ρgh，这就是从液体储槽底面到差压变送器正压室之间那一段液相引压管液柱的压力。因此，差压变送器在液位为零时会有一个相当大的输出值，给测量过程带来诸多不便。为了保持差压变送器的零点(输出下限)与液位零点的一致，就有必要抵消这一固定差压的作用。由于这一固定差压是一个正值，因此称之为正迁移。

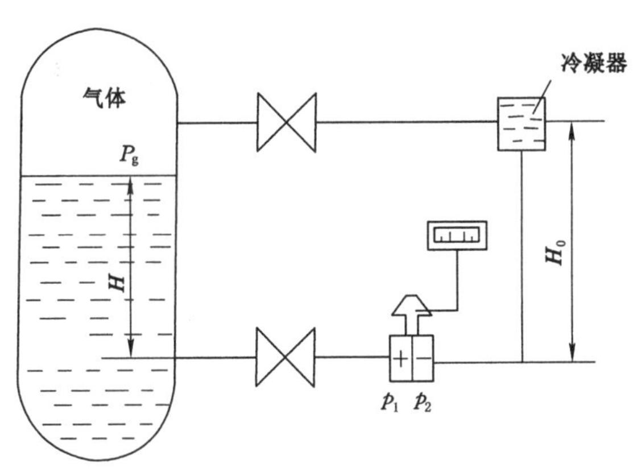

图5-11　负迁移液位测量原理

(3) 负迁移。如图5-11所示的液位测量系统，它的气相是蒸气。因此，在它的气相引压管中充满的不是气体，而是冷凝水(其密度与容器中的水的密度近似相等)。这时，差压变送器正、负压室的压力分别为：

$$p_1=p_g+\rho gH \tag{5-31}$$

$$p_2=p_g+\rho gH_0 \tag{5-32}$$

差压变送器差压输入为：

$$\Delta p=p_1-p_2=\rho g(H-H_0) \tag{5-33}$$

所以：

$$\Delta p\mid_{H=0}=-\rho gH_0 \tag{5-34}$$

也就是说，当液位为零时，差压变送器将有一个很大的负的固定差压输入。为了保持差压变送器的零点(输出下限)与液位零点一致，就必须抵消这一个固定差压的作用。又因为这个固定差压是一个负值，所以称之为负迁移。

需要特别指出的是，对于如图5-11所示的液位测量系统，由于液位 H 不可能超过气相

引压管的高度 H_0，所以 $\Delta p=\rho g(H-H_0)$ 必然是一个负值。如果差压变送器不进行迁移处理，无论液位有多高，变送器都不会有输出，测量就无法进行。

综上所述，正、负迁移的实质是通过迁移弹簧改变变送器的零点，即同时改变量程的上、下限，而量程的大小不变。

5.2.2 浮力式液位计

利用液体浮力测量液位的原理应用广泛，它是靠浮子随液面升降的位移来反映液面的变化，属于恒浮力方式；若靠液面升降对物体浮力大小的改变来反映液位的高低，属于变浮力方式。

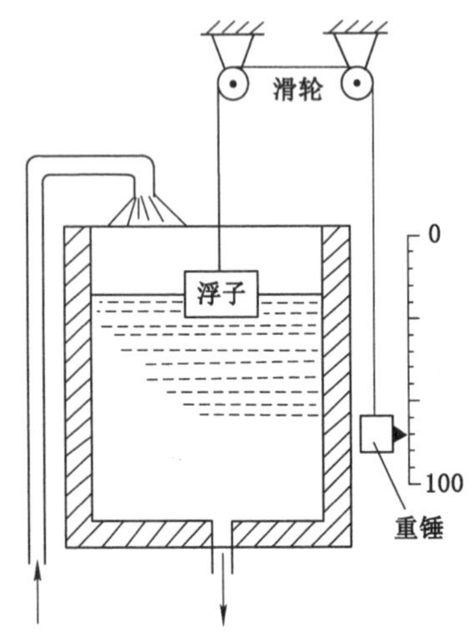

图 5-12 恒浮力式液位计原理

5.2.2.1 恒浮力式液位计

恒浮力式液位检测原理如图 5-12 示。将液面上的浮子用绳索连接并悬挂在滑轮上，绳索的另一端挂有平衡重锤，利用浮子所受重力和浮力之差与平衡重锤的重力相平衡，使浮子漂浮在液面上。其平衡关系为：

$$W-F=G \tag{5-35}$$

式中，W 为浮子的重力；F 为浮力；G 为重锤的重力。

当液位上升时，浮子所受浮力 F 增加，则 $W-F<G$，使原有平衡关系被破坏，浮子向上移动。但浮子向上移动的同时，浮力 F 下降，$W-F$ 增加，直到 $W-F$ 又重新等于 G 时，浮子将停留在新的液位上，反之亦然，因而实现了浮子对液位的跟踪。由于式(5-35)中 W 和 G 可以认为是常数，因此浮子停留在任何高度的液面上时，F 值不变，故称为恒浮力法。该方法的实质是通过浮子将液位的变化转换成机械位移(线位移或角位移)的变化。

前面所讲的只是一种转换方式，在实际应用中，还可采用各种各样的结构形式来实现液位-机械位移的转换，并且可以通过机械传动机构带动指针对液位进行指示，如果需要远传，还可通过电或气的转换器将机械位移转换为电信号或气信号。

浮力液位计只能用于常压或敞口容器，通常只能就地指示。由于传动部分暴露在周围环境中，使用日久摩擦增大，液位计的误差就会相应增大，因此这种液位计只能用于不太重要的场合。

5.2.2.2 变浮力式液位计

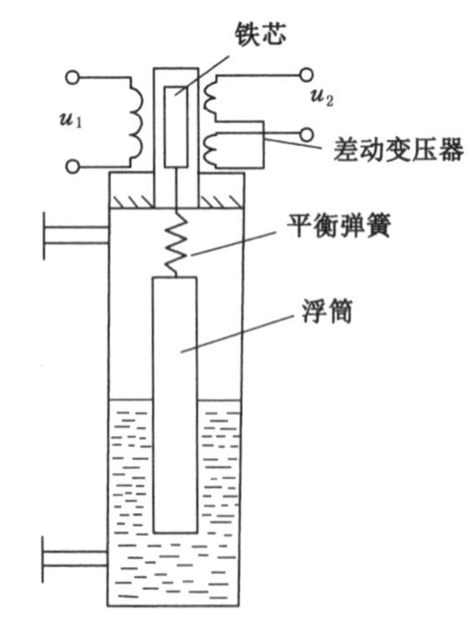

图 5-13 变浮力式液位计原理

变浮力式液位计原理如图 5-13 所示，它是利用浮筒实现液位检测的。

由于被液体浸没高度不同，以致所受的浮力不同来检测液位的变化。将一横截面面积为 S，质量为 m 的圆筒形空心金属浮筒挂在弹簧上，由于弹簧的下端被固定，因此弹簧因浮筒的重力被压缩。当浮筒的重力与弹簧的弹力达到平衡时，浮筒才停止移动，其平衡条件为：

$$Cx_0 = G \tag{5-36}$$

式中，G 为浮筒的重力；C 为弹簧的刚度；x_0 为弹簧由于浮筒重力被压缩所产生的位移。

当浮筒的一部分被浸没时，浮筒受到液位对它的浮力作用而向上移动；当它与弹力和浮筒的重力平衡时，浮筒停止移动。设液位高度为 H，浮筒由于向上移动实际浸没在液体中的长度为 h，浮筒移动的距离即弹簧的位移改变量 Δx 为：

$$\Delta x = H - h \tag{5-37}$$

根据力平衡可知：

$$G - Sh\rho = C(x_0 - \Delta x) \tag{5-38}$$

式中，ρ 为浸没浮筒的液体密度。

将式(5-36)代入式(5-38)，可得：

$$Sh\rho = C\Delta x \tag{5-39}$$

一般情况下，$h \gg \Delta x$，由式(5-37)可得 $H \approx h$，则被测液位 H 为：

$$H = (C\Delta x)/(S\rho) \tag{5-40}$$

由式(5-40)可知，当液位变化时，使浮筒产生位移，其位移量 Δx 与液位高度 H 成正比。因此，变浮力液位检测方法实质上就是将液位转换成敏感元件浮筒的位移变化。可应用信号变换技术，进一步将位移转换成电信号，配上显示仪表在现场或控制室进行液位指示和控制。

变浮力式液位检测是在浮筒的连杆上安装一铁芯，可随浮筒一起上、下移动，通过差动变压器使输出电压与位移呈正比关系，从而检测液位。

除此之外，还可以将浮筒所受的浮力通过扭力管达到力矩平衡，将浮筒的位移变成扭力管的角位移，进一步用其他转换元件转换为电信号，构成一个完整的液位计。浮筒式液位计不仅能检测液位，而且还能检测界面。

5.2.2.3　磁性浮子式液位计

图 5-14 是磁性浮子式液位计，置于连通器内的磁性浮子随液位上、下移动，使磁性指示翻板或磁性开关的状态发生变化。该液位计可以用作就地指示，也可变换成电触点信号进行远传控制。

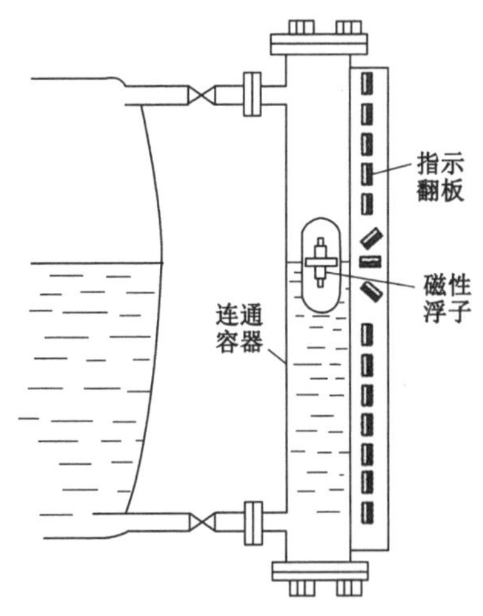

图 5-14　磁性浮子式液位计原理

5.2.3　电容式液位检测

利用电容器的极板之间介质变化时，电容量也相应变化的原理测物位，可测量液位、料位和两种不同液体的分界面。电容器式物位计原理如图 5-15 所示。

图 5-15(a)适用于在导电的容器中存有绝缘性物料，且容器为立式圆筒形，器壁为一极，沿轴线插入金属棒为另一极，其间构成的电容 C_x 与物位成比例。也可悬挂带重锤的软导线作为电极。

图 5-15(b)适用于非金属容器，或虽为金属容器

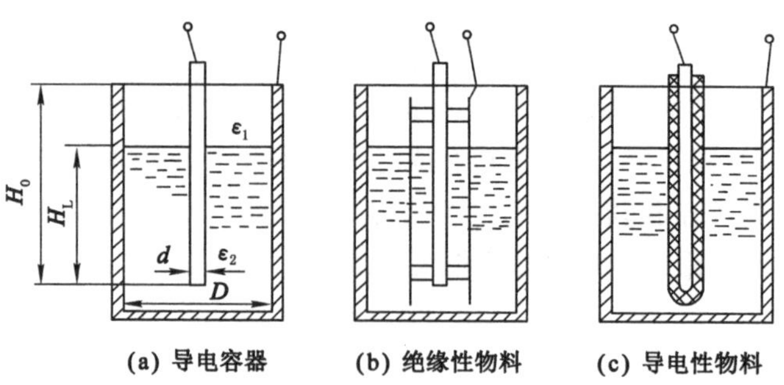

图 5-15　电容式物位计原理

但非立式圆筒形，物料为绝缘性的。这时在棒状电极周围用绝缘支架套装金属筒，筒的上下开口，或整体上均匀分布多个孔，使内外物位相同。中央圆棒及与之同轴的套筒构成两个电极。其间电容与容器形状无关，只取决于物位。这种电极只用于液位，而粉粒体则容易滞留在极间。

图 5-15(c)用于导电性物料，其形状和位置和图 5-15(a)一样，但中央圆棒电极上包有绝缘材料，电容 C_x 是由绝缘材料的介电常数和物位决定的，与物料的介电常数无关，导电物料使筒壁与中央电极间的距离缩短为绝缘层的厚度，物位升降相当于电极有效面积改变。

以图 5-15(a)为例，设导电容器直径为 D，中央电极直径为 d，上部空气的介电常数为 ε_1，下部液体的介电常数为 ε_2，电极有效总长为 H_0，浸没在液体中的长度为 H_L，则根据同心圆筒状电容的公式可写出气体部分和液体部分的电容，分别为：

$$C_1=\frac{2\pi\varepsilon_1(H_0-H_L)}{\ln\frac{D}{d}},C_2=\frac{2\pi\varepsilon_2 H_L}{\ln\frac{D}{d}} \tag{5-41}$$

忽略杂散电容及端部边界效应后，两电极间总电容为

$$\begin{aligned}C_x&=C_1+C_2=\frac{2\pi}{\ln\frac{D}{d}}[\varepsilon_1 H_0+(\varepsilon_2-\varepsilon_1)H_L]\\&=\frac{2\pi}{\ln\frac{D}{d}}\varepsilon_1 H_0+\frac{2\pi}{\ln\frac{D}{d}}(\varepsilon_2-\varepsilon_1)H_L\\&=C_0+\frac{2\pi}{\ln\frac{D}{d}}(\varepsilon_2-\varepsilon_1)H_L\end{aligned} \tag{5-42}$$

式中，C_0 为初始电容，可在空仓时测出。

由式(5-42)可知，有物料时电容 C_x 与物位 H_L 呈线性关系。为了提高灵敏度，希望 H_L 前的系数尽量大，除 $\varepsilon_2-\varepsilon_1$ 取决于被测介质外，在电极结构上应力图使用大直径的中央电极，d 接近于 D 则系数的分母小，灵敏度高。实际上，采用图 5-15(a)的结构时不可能使 d 大到接近于 D 的程度，但可以将电极装在另一个直径小的竖管里，再将竖管作为旁通器与被测容器连通，或者采用图 5-15(b)的结构。当然，这两种办法只适合于流动性好的液体，

对于粉粒体或稍有黏性的液体,如要提高灵敏度,可将中央电极稍偏向一侧器壁,但切勿过分靠近,因为太靠近壁面时稍有弯曲或移动会引起灵敏度剧烈变动。

5.2.4　超声波液位检测

超声波液位计是利用回声测距原理进行工作的。由于超声波可以在不同介质中传播,所以超声波液位计也分为:气介式、液介式及固介式 3 类,最常用的是气介式和液介式。

超声波在液体中传播有较好的方向性,且传播过程中能量损失较少,遇到分界面时能反射。根据这一特性,可用回声测距的原理,测定超声波发射后遇液面反射回来的时间,以确定液面的高度。超声波液位计原理如图 5-16 所示。

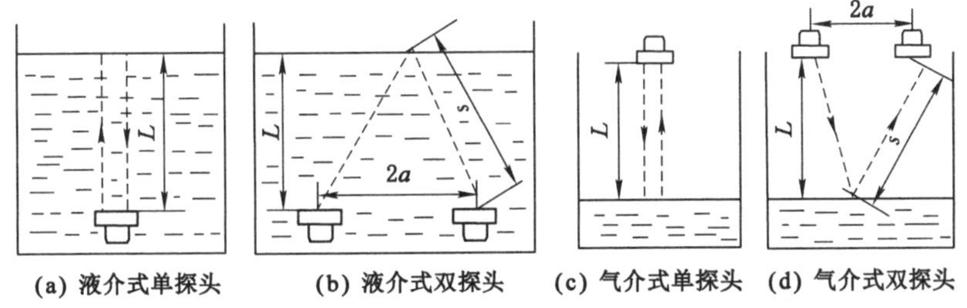

图 5-16　超声波测液位原理

对于液介式,探测器安装在液面底部,有时也可安装在容器(底)外部。如图 5-16(a)所示,由锆钛酸铅或钛酸钡等压电陶瓷材料做成的换能器安装于容器底壁,若通过一定的电路,给换能器加一个时间极短的电压脉冲,换能器便将电脉冲转变为超音频的机械振动,以超声波的形式穿过容器底壁进入液体,向上传播到液体表面处被反射后,向下返回换能器。由于换能器的作用是可逆的,所以在反射波回来时起接收器的作用,可将机械振动重新转换为电压脉冲。用计时电路测定超声波在液体中来回的时间 t,则液面高度:

$$H=\frac{1}{2}vt \tag{5-43}$$

式中,v 为超声波在液体中的传播速度。

显然,只要知道速度 v,便可由时间 t 直接算出液位高度 H。

对于单探头与双探头方案的选择,主要应从测量对象具体情况来考虑。一般多采用单探头方案,为单探头简单、安装方便、维修工作量也较小。另外,它可直接测出距离,不必修正。但是在一些特殊情况下,也不得不选择双探头方案。例如,探测距离较远,为了保证一定灵敏度,必须加大发射功率,用大功率换能器。但这些大功率换能器作为接收探测器灵敏度都很低,甚至无法用于接收。在这种情况下,只好用另一个灵敏度高的接收探测器。

超声波液位计的优点是检测元件可以不与被测液体接触,特别适合于强腐蚀性、高压、有毒、高黏度液体的测量。由于没有机械可动部件,所以使用寿命很长。但被测液体中不能有气泡和悬浮物,液面不能有很大的波浪,否则反射的超声波将很混乱,产生误差。此外,换能器怕热,不宜用于高温液位的测量。

超声波液位计的测量精度主要受声速 v 随温度变化的影响。常温下声速在空气中的传播速度随温度每升高 1 ℃增加 0.18%;在水中,常温下温度每变化 1 ℃,声速变化 0.3%。要提高测量精度,必须采取措施消除声速变化的影响。

第6章 气体检测

及时、准确地对氧气和易燃、易爆、有毒、有害气体进行监测和自动控制，这是煤炭、石油、化工等生产领域的保证生命健康和安全生产的关键措施。检测气体成分与浓度的关键部件是气体传感器，由于各种气体的理化性质不同，因此不同的气体需要用不同的传感器和传感技术来检测。本章将介绍生产生活中氧气、可燃气体和有毒、有害气体的检测原理与方法。

6.1 气体检测方法

为了实现对气体的有效检测，往往都要涉及各种快速检测仪表和系统，而这些检测仪表和系统都是以气体传感器为核心来构成的。因此，各种气体传感器的作用机理决定了相应的测量仪表对气体的检测原理。

6.1.1 气体检测方法概述

6.1.1.1 气体检测基本原理

气体浓度(组分、含量)通常用体积百分数来表示，称为体积分数。气体浓度检测的方法主要有电化学式、热学式、光学式及半导体气敏式等。电化学式有恒电位电解、伽伐尼电池式、氧化锆浓差电池式等；热学式有热导式、接触催化燃烧式等；光学有光干涉式、红外吸收式等。

(1) 热导式气体传感器是利用被测气体与纯净空气的热传导率之差的特性，将被测气体浓度转换成热丝温度或电阻的变化，实现测定气体浓度。

(2) 半导体式气体传感器是利用灵敏度较高的气敏半导体元件吸附被测气体后电阻变化的特性，实现测定气体浓度。

(3) 恒电位式传感器是被测气体通过薄膜向电解池中扩散，进行恒电位电解，发生氧化还原反应，在外部电路产生电流，据此测定气体浓度。

(4) 伽伐尼电池式传感器是利用原电池的输出与通过薄膜溶于电解质中的被测气体浓度呈正比来测定。

(5) 红外吸收式传感器是利用被测气体引起的红外线吸收量的变化来测定气体浓度。

(6) 接触(催化)燃烧式是利用可燃性气体在有足够 O_2 和一定高温条件下发生催化燃

烧，放出热量，从而引起电阻变化的特性，实现测定可燃性气体浓度。

(7) 光干涉式传感器是利用被测气体与新鲜空气的光干涉形成的光谱来实现测定气体浓度。

(8) 气体检定管是利用填充于玻璃管内的指示剂与被测气体起反应而引起颜色变化，实现测定各种被测气体的浓度。

不同的性质的气体，均有多种检测原理和方法，可根据需要制成各种检测仪表。各类主要测量仪表特征见表 6-1。

表 6-1 主要气体测量仪表特征

测量仪器类型（检测方式）	测量范围（LEL）	检测对象	检测原理
催化燃烧式	0.1%～x×100%	所有可燃气体和蒸汽	根据气体在检测元件催化燃烧引起的温度上升和电阻变化测定可燃性气体和蒸汽浓度
气体热传导式	0.1%～100%	几乎所有气体	利用被测气体的热导率与铂金丝的热导率之差所引起的温度变化测定温度
气敏半导体式或固体热传导式	0.01%～x×100%	几乎所有气体	利用灵敏度较高的气敏半导体元件吸附被测气体后电阻变化的特性，实现测定气体浓度
恒电位电解式	允许浓度附近～$x\times10^{-3}$	CO、NO、CO_2、NO_2、H_2S、SO_2、NH_3、Cl_2 等	通过薄膜向电解池中扩散，进行恒电位电解，发生氧化还原反应，在外部电路产生电流，据此测定气体浓度
伽伐尼电池式（薄膜原电池式）	$x\times10^{-4}$～100%	O_2 等	利用原电池的输出与通过薄膜溶于电解质中的氧量呈正比来测定浓度
燃料电池电解式（薄膜离子电极式）	$x\times10^{-6}$～x×100%	H_2S、HCN、$COCl_2$、NO_2、SO_2、NH_3 等	利用气体溶解于电解溶液中形成气态物质的电离，通过电子电极作用而产生电动势变化实现检测
电量式	允许浓度附近	Cl_2、SO_2、NH_3 等	利用气体与电解质的反应生成电解电流的变化来实现检测
光干涉式	0.1%～100%	几乎所有气体	利用被测气体与新鲜空气的光干涉形成的光谱来测定浓度
红外吸收式	$x\times10^{-6}$～100%	几乎所有气体	利用被测气体引起的红外线吸收量的变化来测定浓度

6.1.1.2 气体检测仪表分类

(1) 按其功能分类，有气体检测仪表、气体报警仪表和气体检测报警仪表等类型。

(2) 按其检测原理分类，主要取决于所用气体传感器的基本工作原理，一般可燃气体检测有催化燃烧型、半导体型、热导型、电化学型、红外线吸收型、气相色谱型等。

(3) 按其使用方式分类，根据使用方式不同，气体检测仪表一般分为携带式和固定式两种类型。其中固定式装置多用于连续监测报警，携带式多用于携带检查泄漏和事故预测。

(4) 按其检测对象分类，有可燃性气体检测报警仪表、有毒气体检测报警仪表和氧气检测报警仪表等类型，或者将适于多种气体检测的通称为多种气体检测报警仪表。

(5) 按其使用场所分类，根据工业生产环境，尤其是一些工业场所防爆安全的要求，气体测量仪表有常规型和防爆型之分，而且防爆多制成固定式，用在危险场所进行连续安全监测。

(6) 按结构分类，可分为干式和湿式两大类。凡构成气体传感器的材料为固体者均称为干式气体传感器；凡利用水溶液或电解液感知待测气体浓度的称为湿式气体传感器。气体传感器通常在大气工况中使用，而且被测气体分子一般要附着于气体传感器的功能材料表面且与之起化学反应，因而气体传感器也可归于化学传感器之内。所以，气体传感器必须具备较强的抗环境影响的能力。

(7) 按输出的信号性质分类，可分为模拟传感器和数字传感器两大类。模拟式传感器的输出是一组与被测物理量呈一定量值关系的信号，不论是连续的或离散的信号，都可用幅值或频率方式反映其变化规律。数字式传感器的输出是一组与被测物理量呈一定关系的脉冲信号，通常用 0、1 表示。数字式传感器可以将被测非电物理量直接转换成脉冲、频率或二进制数码输出，抗干扰能力强。上述两类传感器均可通过模/数转换或数/模转换环节与监测系统连接。

6.1.2 热导式气体检测

表征物质导热能力的强弱用导热系数表示。一般来说，固体和液体的导热系数大，气体的导热系数相对较小。热导式气体传感器就是利用不同气体其导热能力不一样而制成的。表 6-2 为一些常见气体的导热系数。

表 6-2 常见气体的导热系数

气体名称	0 ℃时的导热系数 λ_0/[W·(m·K)$^{-1}$]	0 ℃的相对导热系数 $\frac{\lambda_0}{\lambda a_0}$
氢气(H_2)	0.174 1	7.130
甲烷(CH_4)	0.032 2	1.318
氧气(O_2)	0.024 7	1.013
空气	0.024 4	1.000
氮气(N_2)	0.024 4	0.998
一氧化碳(CO)	0.023 5	0.964
氨气(NH_3)	0.021 9	0.897
氩气(Ar)	0.016 1	0.658
二氧化碳(CO_2)	0.015 0	0.614
二氧化硫(SO_2)	0.008 4	0.344

对于多组分组成的混合气体，随着组分含量的不同，其导热能力将会发生变化。如果混合气体中各组分之间无相互作用，则混合气体的导热系数 λ 为：

$$\lambda = \lambda_1 C_1 + \lambda_2 C_2 + \cdots + \lambda_n C_n = \sum_{i=1}^{n} \lambda_i C_i \tag{6-1}$$

式中，λ_i 为混合气体中第 i 组分的导热系数；C_i 为混合气体中第 i 组分的浓度。

如果混合气体中只有两个组分，则待测组分的浓度与混合气体的导热系数的关系为：

$$C_1=\frac{\lambda-\lambda_2}{\lambda_1-\lambda_2} \tag{6-2}$$

式(6-2)表明，两种气体组分的导热系数差异越大，则测量的灵敏度越高。但对于多组分($i>2$)的混合气体，由于各组分的含量未知，因此应用式(6-2)时还应满足两个条件：除待测组分外，其余组分的导热系数相等或相近；待测组分的导热系数与其余组分的导热系数应有显著的差异。

在实际测量中，对于不能满足以上条件的多组分混合气体，可以采取预处理方法，例如检测烟气中 CO_2 的含量。通常来说，烟气组分主要有 CO_2、N_2、CO、SO_2、H_2、O_2 及水蒸气等，其中 SO_2、H_2 的导热系数与其他组分的导热系数相差太大，其存在会严重影响测量结果，一般称之为干扰气体。在预处理时去除干扰组分，则剩余背景气体导热系数相近，并与被测气体 CO_2 的导热系数有显著差异，这样就可以用导热法分析烟气中的 CO_2 含量。

应当指出的是，即使同一种气体，导热系数也不是固定不变的，气体的导热系数将随着温度的升高而增大。

热导检测器是将混合气体导热系数的变化转换成电阻变化的部件，是热导传感器的核心部件，又称为热导池。图 6-1 为热导池的结构与原理。

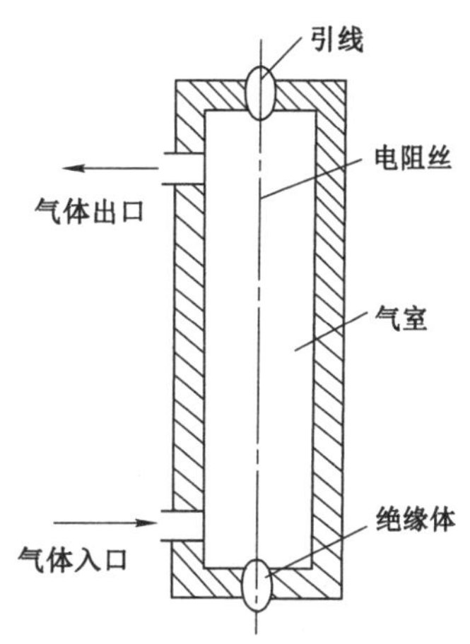

图 6-1　热导池的结构与原理

热导池是金属制成的圆柱形气室，气室的侧壁上开有被测气体的进出口，气室中央装有一根细的铂或钨热电阻丝。热丝通以电流后产生热量，并向四周散热，当热导池内通入待测气体时，热丝上产生的热量主要通过气体进行传导。热平衡时，即热丝所产生的热量与通过气体热传导散失的热量相等时，热丝的电阻值也维持在某一个值。电阻的大小与被测气体的导热系数存在对应关系。气体的导热系数越大，说明导热散热条件越好。热平衡时热电阻丝的温度越低，电阻值越小。这就实现了将气体的导热系数的变化转换成热丝电阻的变化，通过测量电阻变化实现气体成分(浓度)的测量。当然，我们可以采用通过改变电流的方式来维持温度不变，即维持热丝电阻不变，这时，可以通过测量电流的变化来实现气体成分(浓度)的测量。

热导式气体浓度检测方法的优点是在测量范围内具有线性输出，不存在催化元件中毒问题，工作温度低，使用寿命长，防爆性能好，多制成携带式仪器。其缺点是背景气体干扰测量结果(如 CO_2、水蒸气等)，在环境温度骤变时输出也要受影响，在低浓度检测时有效信号较弱。

6.1.3　半导体式气体检测

化学吸附半导体式气体传感器也称为半导体气敏电阻器，它是利用半导体表面的金属氧化物吸附被测气体时，将引起电导率变化的特性，使其电阻大大下降(可从 500 kΩ 下降到 10 kΩ 以下)，从而达到测定某种气体浓度的目的。

从结构上讲，化学吸附半导体式气体传感器是一种利用加热器使元件处于所需的高温，半导体接触被测气体时，引起电阻变化的电阻器。目前应用最多的半导体气敏电阻器是二氧化锡(SnO_2)系和氧化锌(ZnO)系元件。这类元件加入适量贵金属作催化剂，由加热器加热到 300～400 ℃使用，其结构如图 6-2 所示。

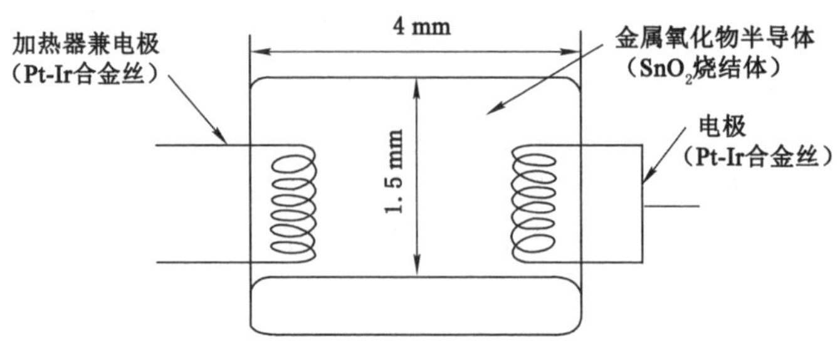

图 6-2　半导体式气体传感器的结构

工作时给电阻丝通电加热，温度一般控制在 200～400 ℃，并处于纯净空气中，氧气将解离为氧离子，吸附在氧化物表面，使氧化物半导体呈现高阻值。当吸入还原气体时，气体与氧离子发生氧化反应，使氧化物半导体阻值降低。当吸入氧化性气体时，器件阻值增大。由图 6-3 中可以看出，加热器件使其达到稳定状态约需 4 min，阶跃响应时间约 1 min 以内。

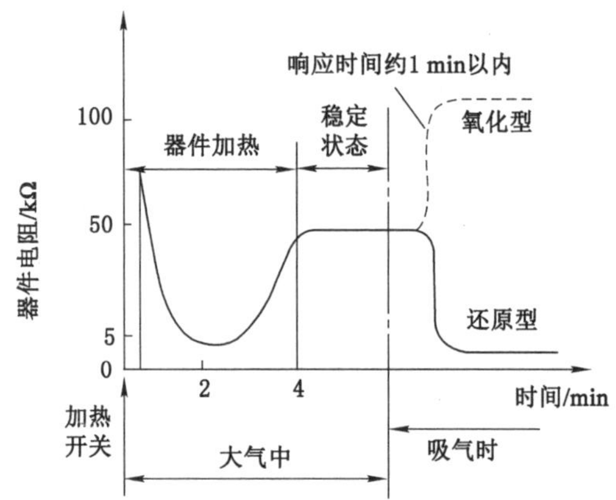

图 6-3　SnO_2 半导体气体传感器的阻值变化特性

另一类半导体气敏电阻器是用 γ-Fe_2O_3 烧结体制成，不用贵金属作催化剂，对湿度、乙醇和烟等灵敏度低，对异丁烷或丙烷等气体灵敏度最高，不存在催化剂劣化引起的灵敏度下降问题。

半导体金属氧化物中添加金属催化剂可以改变传感器的选择性。例如，对 ZnO 添加 Pd，则对 H_2 和 CO 有较高的灵敏度；若对 ZnO 添加 Pt，则对丙烷(C_3H_8)和异丁烷(C_4H_{10})比较敏感。有关化学吸附半导体式气体检测元件的使用特性见表 6-3。

采用化学吸附半导体式传感器的测量仪器仪表主要用于测定 H_2、CO、H_2S、NH_3 和烷烃气体。其优点是测量灵敏度高，适于微量(1×10^{-4})检测，不存在催化中毒问题，整机体积小，电路简单。其缺点是当被测气体浓度较大时，测量输出与气体浓度的关系因吸附饱和效应呈非线性，从而造成测量时误差较大。另外，由于气敏元件需经一段时间加热到工作温度

(300～400 ℃),约几分钟时间,这限制了它们在频繁启动的携带式测量仪表上的应用。

表 6-3 各种半导体式气体检测元件使用特性对比

所用半导体材料(金属氧化物+催化剂)		气体选择性		其他
		使用气体(灵敏度高)	不适用情况	
SnO_2		H_2、CO、O_2、Cl_2、NH_3、CH_4 和烷烃气体		标定气体为丁烷,适用于低浓度气体
ZnO	Pt	乙烷、丙烷、丁烷、其他烷烃气体	H_2、CO	适用于低浓度气体
	Pd	H_2、CO	烷烃气体	适用于低浓度气体
γ-Fe_2O_3		异丁烷、丙烷、天然气等烷烃气体	乙醇、烟、湿度	适用于低浓度气体

6.1.4 恒电位电解式气体检测

恒电位电解式气体传感器是一种湿式气体传感器。它利用定电位电解法原理,通过测定气体在某个电位电解时所产生的电流来测量气体浓度。

恒电位电解式气体传感器原理如图 6-4 所示。使电极与电解质溶液的界面保持一定电位进行电解,由于电解质内的工作电极与气体进行选择性的氧化或还原反应时,在对电极上发生还原或氧化反应,使电极的设定电位发生变化,从而能检测气体浓度。传感器的输出是一个正比于气体浓度的线性电位差。对于特定气体来说,设定电位由其固有的氧化还原电位决定,同时还随电解时作用电极的材质、电解质的种类不同而变化。

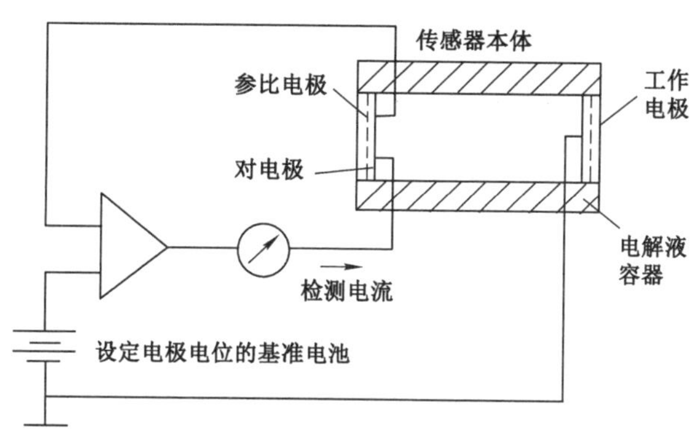

图 6-4 恒电位电解式气体传感器原理

电解电流和气体浓度之间有如下关系:

$$I=\frac{nFADC}{\delta} \tag{6-3}$$

式中,I 为电解电流;n 为 1 mol 气体产生的电子数;F 为法拉第常数;A 为气体扩散面积;D 为扩散系数;C 为电解质溶液中电解的气体浓度;δ 为扩散层厚度。

由于同一传感器的 n、F、A、D 及 δ 是固定的数值,所以电解电流与气体浓度成正比。一些气体的氧化还原反应电位如表 6-4 所示。

表 6-4　主要气体的氧化还原反应电位

气体	氧化还原反应式	氧化还原反应电位/V
CO	$CO+H_2O \rightleftharpoons CO_2+2H^++2e$	0.12
SO_2	$SO_2+2H_2O \rightleftharpoons SO_4{}^{2-}+4H^++2e$	0.17
NO_2	$NO_2+H_2O \rightleftharpoons NO_3^-+2H^++e$	0.80
NO	$NO+2H_2O \rightleftharpoons NO_3^-+4H^++3e$	0.96
NO	$NO+H_2O \rightleftharpoons NO_2^-+2H^++2e$	1.02
O_2	$O_2+4H^++4e \rightleftharpoons 2H_2O$	1.23

下面以 CO 气体检测为例，说明这种传感器的工作原理。在容器内的相对两壁安装工作电极和对比电极，其内充满电解质溶液，容器构成一密封结构。再在工作电极和对电极之间加以恒定电位差而构成恒压电路。透过隔膜（多孔聚四氟乙烯膜）的 CO 气体，在工作电极被氧化：

$$CO+H_2O \longrightarrow CO_2+2H^++2e$$

而在对电极上 O_2 被还原：

$$O_2+4H^++2e \longrightarrow 2H_2O$$

总的反应方程为：

$$2CO+O_2 \longrightarrow 2CO_2$$

在这种情况下，CO 分子被电解，通过测量工作电极与对电极之间流过的电流，即可得到 CO 的浓度。

利用这种原理制造的传感器体积小、质量轻，且具有极高的灵敏性，在低浓度下线性度较好。恒电位电解式气体传感器可以用来检测各种可燃性气体和有毒气体，如 H_2S、NO、NO_2、SO_2、HCl、Cl_2、PH_3 等。

6.1.5　伽伐尼电池法气体检测

伽伐尼电池式气体检测与恒电位电解式一样，是通过测量电解电流来检测气体浓度。但由于传感器本身就是电池，因此不需要外界施加电压，又称为隔膜电池式气体传感器或原电池式气体传感器。伽伐尼电池式气体传感器的电解电流与气体浓度的关系，与恒电位电解式的计算式(6-3)相同。

伽伐尼电池式传感器原理如图 6-5 所示。在容器内安置厚 10～30 μm 的透氧性好的聚四氟乙烯薄隔膜，靠近该膜的内面设置工作电极（电极用铂、金、银等金属），在容器中其他内壁或容器内空间设置对电极（电极用铅、镉等离子化倾向大的金属），用氢氧化钾（KOH）或碳酸氢钾（$KHCO_3$）作为电解质

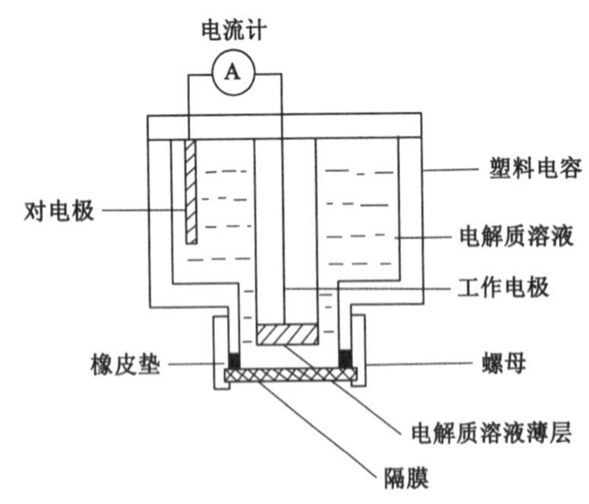

图 6-5　伽伐尼电池式传感器原理

溶液。O_2 通过隔膜溶解于隔膜与工作电极之间的电解质溶液中，在电极上产生电化学反应，从而在两极间形成电位差，产生与被测气体浓度成正比的电流。

O_2 经隔膜进入电解池内，在工作电极上产生电化学反应，反应方程式为：

$$O_2+2H_2O+4e \longrightarrow 4(OH)^-$$

氢氧根离子$(HO)^-$进入对电极后产生电化学反应，其反应方程式为：

$$2Pb \rightarrow 2Pb^{2+}+4e$$

$$4(OH)^-+2Pb^{2+} \longrightarrow 2Pb(OH)_2$$

总的反应方程为：

$$O_2+2Pb+2H_2O \longrightarrow 2Pb(OH)_2$$

通过上述化学反应，在电解池内产生一个离子电流，电流的大小与 O_2 溶解量呈一定比例，从而测出 O_2 浓度的变化。

使用这类仪器测量 O_2 时，不需要任何外接电源就可满足要求，是较理想的便携式测氧仪器。伽伐尼电池式传感器除用于测量 O_2 外，还可用于测量其他多种气体。

6.1.6 红外线法气体检测

红外线气体分析仪属于光学分析仪器中的一种。光学分析仪器品种之多，测量对象之广在分析仪器中都居首位。红外线气体分析仪是利用不同气体对红外波长的电磁波能量具有特殊的吸收特性而进行分析的。

物体被加热可以向外辐射红外电磁波。红外线的波长范围为 0.75～1 000 μm。在整个电磁波谱中，红外波段射线的热功率最大，因此红外辐射称为热射线。红外辐射被物体吸收后，会很快转换成热量，使物体温度升高。红外线遵守光的反射、折射和直线传播定理。对于红外线气体分析仪，主要利用的是 2～25 μm 这一段红外电磁波。

红外线气体分析仪是一种吸收式的、不分光型的气体分析仪。所谓吸收式，即利用气体对电磁波的吸收特性；不分光型也称为非色散型，即光源发射出连续光谱的射线，全部投射到被分析的气样上去，利用气体的特征吸收波长及其积分特性进行定性和定量的分析。

大部分的有机和无机气体在红外波段内都有其特征吸收峰，有的气体还有两个或多个特征吸收峰，部分气体的红外线特征吸收峰波长如表 6-5 所列。图 6-6 为吸收峰的图谱。

表 6-5 部分气体的特征吸收峰波长

气体	特征吸收峰波长	气体	特征吸收峰波长
CO	4.65 μm	H_2S	7.6 μm
CO_2	2.7 μm，4.26 μm，14.5 μm	HCl	3.4 μm
CH_4	2.4 μm，3.3 μm，7.65 μm	C_3H_4	3.4 μm，5.3 μm，7 μm，10.5 μm
NH_3	2.3 μm，2.8 μm，6.1 μm，9 μm	$H_2O\uparrow$	在 2.6～10 μm 有广泛的吸收
SO_2	7.3 μm		

具有对称结构的、无极性的双原子分子气体，如 O_2、H_2、N_2、Cl_2 等，以及单原子分子气体，如氖(Ne)、氦(He)和氩(Ar)等，在红外线波段内没有特征吸收峰，因此红外线气体分析仪对这种双原子和单原子分子气体不能进行分析测量。每一台红外线气体分析仪只能分析一种气体。例如，一台 CO_2 红外线气体分析仪，它可以从一个多组分的混合气体中分析出

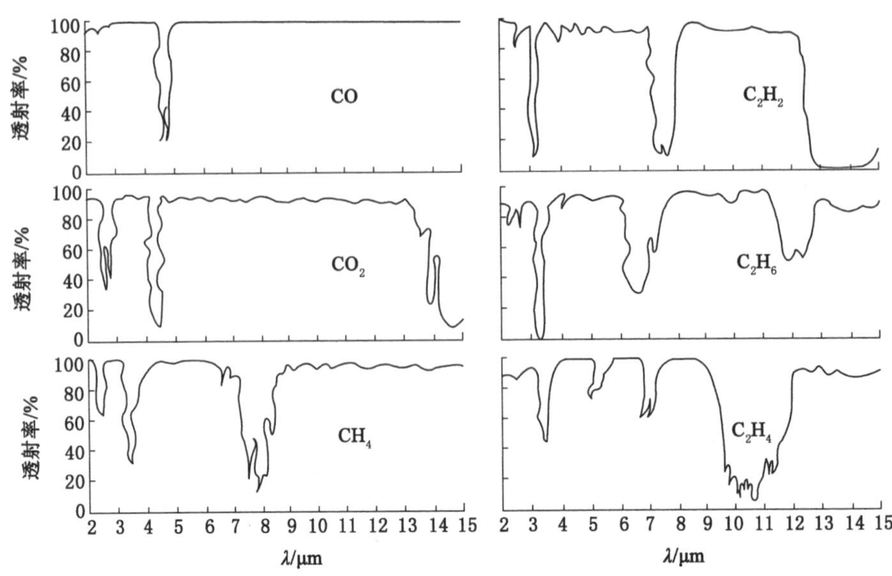

图 6-6　部分气体的红外线特征吸收峰图谱

CO_2 的体积分数，如果背景气体中的某一组分在红外线波段内有与 CO_2 的特征吸收峰重叠的部分，那么称这种背景气体为干扰组分。因此在气样进入红外线气体分析仪之前要把干扰组分去除掉。水蒸气在 2.6～10 μm 这个很宽的波段范围内具有广泛的吸收特性，因此水蒸气对红外线气体分析仪来讲是一种重要的干扰组分，在分析之前都要对气样进行干燥处理，去除水分，这样才能保证测量的准确性。

光的吸收定律即朗伯特-比耳(Lambert-Beer)定律描述了单色平行光通过均匀介质时能量被介质吸收的规律。该定律可表达为：

$$E = E_0 e^{k_\lambda Cd} \tag{6-4}$$

式中，E 为吸收后的能量；E_0 为吸收前的能量；k_λ 为气体的吸收系数；C 为气体的浓度；d 为光程。

由式(6-4)可知，能量为 E_0 的单色平行光通过均匀介质时，能量被介质吸收一部分后，剩下的能量为 E，其大小随介质浓度 C 和光程的长短 d 按指数曲线衰减；气体吸收系数 k_λ 的大小取决于介质的特性，不同的介质具有不同的 k_λ 值，而同一种介质的 k_λ 值又会随着光的波长 λ 值而变化，因此对于不同的介质或不同波长的光，气体吸收的能量也是不同的。

红外线气体分析仪的工作原理如下：用人工方法制造一个包括被测气体特征吸收峰波长在内的连续光谱的辐射源，使这个连续光谱通过固定长度的含有被测气体的混合组分，在混合组分的气体层中，被测气体的浓度不同，吸收固定波长红外线的能量也不相同，继而转换成的热量也不相同。在一个特制的红外检测器中再将热量转换成温度或压力，测量这个温度或压力就可以准确地测量出被分析气体的浓度。从朗伯特-比耳定律来看，就是要使红外线气体分析仪辐射源的发射能量连续地通过一定长度的被分析气样，也就是说使 E_0、d 和 k_λ 确定下来，然后测量气体吸收后的能量 E 来确定气样浓度 C 的大小。非分散红外法测定原理如图 6-7 所示。下面以 CO 为例，具体分析其工作原理。

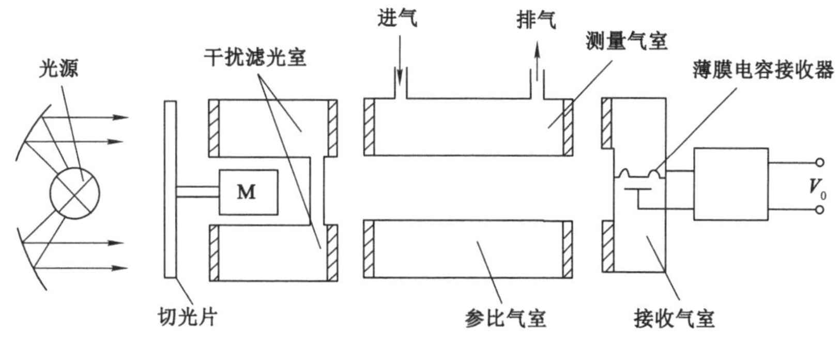

图 6-7 非分散红外法测定原理

由光源发出能量相等的两束红外线,被同步电动机带动的扇形切光器切割成一定频率的断续光,其中一束光通过比较室投射到检测室的下侧,另一束光通过试样室投射到检测室的上侧。检测室有金属膜片分隔成容积相等的上、下两室,金属膜片与另一片金属构成电容式传感器。检测室的上、下两室中,密封有等量的CO。比较室中密封有不吸收红外线的气体,如 O_2 或 N_2 等。

测定时,将待测气样导入试样室中。由于比较室中的气体不吸收红外线,因此通过比较室投射到检测室下侧的红外线的强度不变。经过试样室的红外线,部分地被气样中的CO吸收,使强度减弱。气样中CO的浓度越高,红外线被吸收的就越多,并且在一定的范围内,吸收量与CO浓度呈线性关系。由于密封在检测室上、下两侧的CO接收到红外光的热能不同,产生不同的热膨胀压力,从而使上、下两室间的金属膜发生相对位移,改变了电容器的电容量。这个过程使光能的变化转变为电量的变化,再经过放大器放大后,即可推动指示器,反映出CO的高低。

如果待测气体中的某种组分与被测组分的红外吸收峰有重叠之处,则其浓度的变化会对被测组分的测量造成干扰。为消除其干扰,可在测量气室和参比气室之前分别加设一个干扰滤光室,里面充满高浓度的干扰气体,使两束红外线中,干扰气体可能吸收的能量在这里全部被吸收,不会影响以后的测量。

如果在切光盘上再增加多组干涉滤光片和同步信号,则一台红外线气体分析器就可以同时测量多种组分的气体的浓度,完全改变了传统的一台红外线气体分析仪只能测量一种气体浓度的模式。

6.1.7 气相色谱法气体检测

色谱法又叫作层析法,是一种物理分离技术。分离原理是使混合物中各组分在两相间进行分配。其中,一相不动,叫作固定相;另一相则是推动混合物流过固定相的流体,叫作流动相。当流动相中所含的混合物经过固定相时,就会与固定相发生相互作用。由于各组分在性质与结构上的不同,相互作用的大小强弱也有差异。因此,在同一推动力作用下,不同组分在固定相中的滞留时间有长有短,从而按先后次序从固定相中流出,这种借在两相分配原理而使混合物中各组分获得分离的技术,称为色谱分离技术或色谱法。当用液体作为流动相时,称为液相色谱;当用气体作为流动相时,称为气相色谱。

色谱分析法是物理分析方法，它包括两个核心技术。一是分离技术，它要把复杂的多组分混合物分离开来，这取决于现代色谱柱技术；二是检测技术，经过色谱柱分离开的组分要进行定性和定量分析，这取决于现代检测器的技术。

色谱分析的首要任务是用色谱柱把混合物中的不同组分分离开来，然后才能用检测器分别对它们进行测量。当两相做相对运动时，这些物质也随流动相一起运动，并在两相之间进行反复多次的分离分析。对于气-固色谱，是吸附和脱附的过程；对于气-液色谱，是溶解和析出的过程。色谱柱的基本构成是一根气固填充柱，它是在直径为 3～6 mm、长 1～4 m 的玻璃或金属细管中填装一定的固体吸附剂颗粒构成的。目前常用的固体吸附剂有氧化铝、硅胶、活性炭、分子筛等，称为固定相。当被分析的气样脉冲在称为“载气”的运载气体（流动相）的携带下，按一定的方向通过吸附剂时，气样中各组分便与吸附剂进行反复的吸附和脱附分配过程，吸附作用强的组分前进很慢，而吸附作用弱的组分则很快地通过。这种反复的分离分析过程可达 10^3～10^6 次，各组分由于前进速度不同而被分开，时间上先后不同流出色谱柱，逐个地进入检测器接受定量测量。混合物在色谱柱中的分离情况如图 6-8 所示。

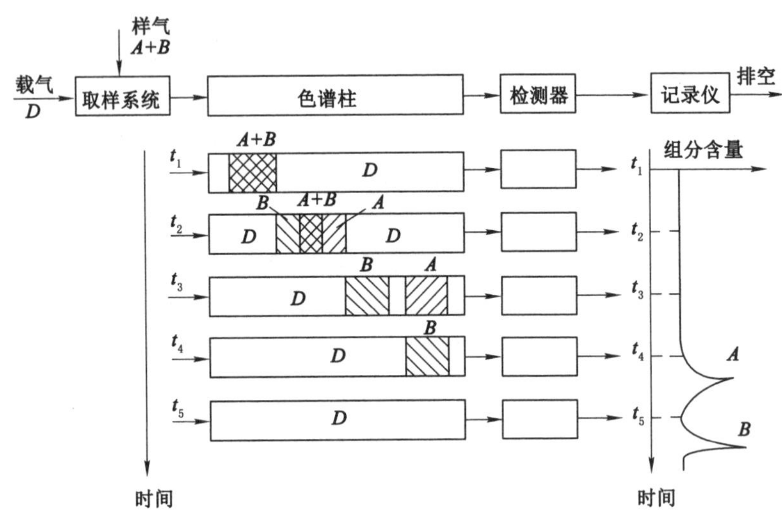

图 6-8　混合物在色谱柱中的分离

从图 6-8 中可以看出，两个组分 A 和 B 的混合物经过一定长度的色谱柱后，逐步地分离，在不同的时间流出色谱柱，进入检测器产生信号，于是在记录仪中出现色谱峰。可以根据色谱峰出现的不同时间如 t_4 和 t_5 来进行定性分析，同时还可以根据色谱峰的高度或峰面积进行定量分析。

检测器的作用是将由色谱柱分离开的各组分进行定量的测定。由于样品的各组分是在载气的携带下进入检测器的。从原理上说，各组分与载气的任何物理或化学性质的差别都可作为检测的依据。目前气相色谱仪中使用最多的是热导式检测器和氢火焰电离检测器。热导式其他检测原理前面已有介绍，氢火焰离子化检定器如图 6-9 所示。氢火焰电离检测器的灵敏度比热导式检测器高，是一种常用的高灵敏度检测器。但它只能检测有机碳氢化合物等在火焰中可电离的组分。

氢气在空气中燃烧会产生少量的带电粒子，在两侧设置电极加一定电压，两电极之间会产生微弱的电流，一般在 10^{-12}A 左右。如果火焰中引入含碳的有机物，那么产生的电流便会急剧增加，电流的大小与火焰中有机物含量成正比。

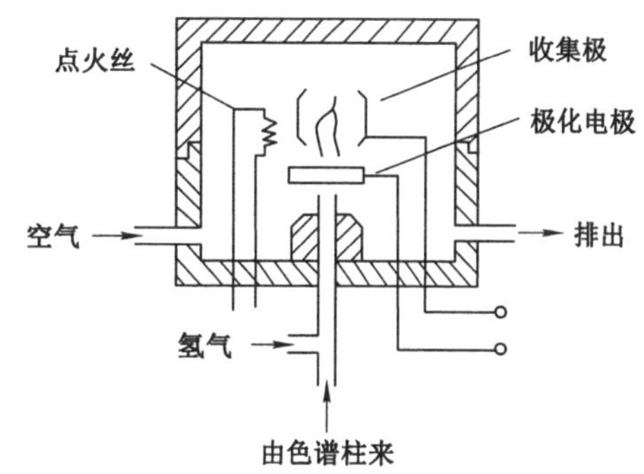

图 6-9 氢火焰离子化检定器

带分离组分的载气从色谱柱出来后，与纯氢混合进入火焰电离室（如果用氢气作为载气，就不需要另外加氢气了），由点火电阻丝将氢点燃，在洁净空气的助燃下形成氢火焰，分离组分中的有机成分在火焰中被电离成离子和电子，在附近电极的电场作用下，形成离子电流。经高阻值电阻转换为电压，由高输入阻抗放大器放大后输出。

以 CO 检测为例，气相色谱分析系统工作原理如图 6-10 所示，是在一般气相分析流程的基础上，在色谱柱与检定器之间安装一个转化炉，其作用是将 CO 和 CO_2 转变成 CH_4。用此法可直接测定气样中的 CH_4，并在此基础上间接地测定 CO 和 CO_2。

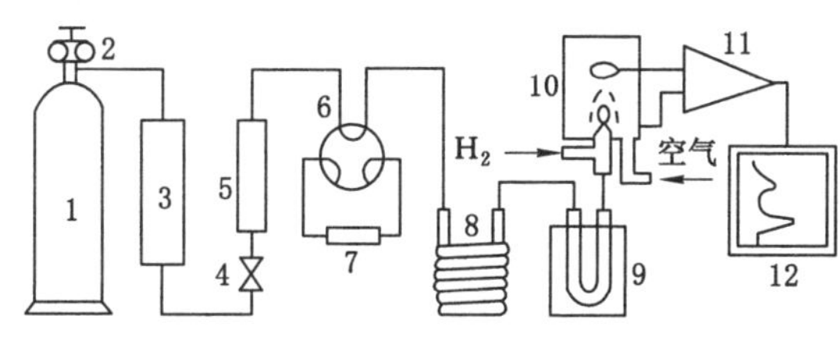

1—氢气瓶；2—减压阀；3—净化管；4—调节阀；5—流量计；6—六通阀；7—定量管；8—色谱柱；9—转化炉；10—检定器；11—放大器；12—记录仪。

图 6-10 测定 CO 的气相色谱原理

在分析气样时，通过接在六通阀 6 上的气体定量管 7，取一定体积的气体，转动六通阀，借助来自 H_2 气瓶 1 的载气将气样带入色谱柱 8，在色谱柱中各被测组分得到分离，按 O_2（来自空气）、CO、CH_4 和 CO_2 的顺序从色谱柱流出，并继续通至装有镍催化剂的转化炉 9，在转化炉中 CO 和 CO_2 均按 1∶1 的关系定量地转变为 CH_4。转化后的气体仍按原来的顺序通过氢火焰检定器 10，在记录仪 12 上画出各待测组分的色谱峰。

6.2 氧气检测

氧气（O_2）是一种无色、无臭、无味和无毒的气体。在标准状态（温度 0 ℃，压力 $1.013\ 25\times10^5$ Pa）下，O_2 的密度是 1.429 g/L，对空气的相对密度为 1.105。在常压下，将 O_2 冷却到它的沸点－182.96 ℃时，就变成淡蓝色透明且易流动的液态 O_2。液态 O_2 的密度为 1.142 g/mL。如果继续冷却，在达到它的熔点－218.4 ℃ 时就会开始凝固，成为蓝色结晶状的固态 O_2，固态 O_2 的密度是 1.27～1.30 g/mL。O_2 能溶于水，在 0 ℃和 1 atm（$1.013\ 25\times10^5$ Pa）的水中，能够溶解的 O_2 大约占水的体积的 4.9%。

人体维持正常生命过程所需的 O_2 量取决于人的体质、精神状态和劳动强度等。一般情况下，人体需氧量与劳动强度的关系见表 6-6 所列。

表 6-6　人体需氧量与劳动强度的关系

劳动强度	呼吸空气量/($L\cdot min^{-1}$)	氧气消耗量/($L\cdot min^{-1}$)
休息	6～15	0.2～0.4
轻劳动	20～25	0.6～1.0
中度劳动	30～40	1.2～1.6
重劳动	40～60	1.8～2.4
极重劳动	60～80	2.5～3.0

最有利于人体呼吸的 O_2 浓度为 21%左右，当空气中的 O_2 浓度降低时，人体就可能产生不良的生理反应，出现种种不舒适的症状，严重时可能导致缺氧死亡。人体缺氧症状与空气中 O_2 浓度的关系见表 6-7。

表 6-7　空气中 O_2 浓度与人体缺氧症状

O_2 浓度/%	主要症状
17	静止时无影响，工作时能引起喘息和呼吸困难
15	呼吸及心跳急促，耳鸣目眩，感觉和判断能力降低，失去劳动能力
10～12	失去理智，时间稍长有生命危险
6～9	失去知觉，呼吸停止，如不及时抢救几分钟内可能导致死亡

矿井下的 O_2 主要来源于进入矿井的地面大气所固有的含量。由于矿井内各种有机物和无机物的氧化、煤炭自燃、人员呼吸、爆破工作等均不断直接消耗 O_2，同时其他有害气体的不断涌出，使得井下 O_2 浓度不断减少。为保证井下空气中有足够数量的 O_2，必须不断地供给井下足够风量。在通风良好的巷道，O_2 浓度的减小是微小的，只有在通风不良的地点或采空区内，O_2 浓度才会显著降低。因此，在井下通风不良的地点，如果不经检查而贸然进入，就可能引起人员的缺氧窒息。缺氧窒息是造成矿井人员伤亡的主要原因之一。

检测 O_2 含量不仅有利于防止作业人员发生缺氧症，而且对于预防火灾、判定灭火效果等方面具有重要的意义。O_2 的检测方法包括伽伐尼电池法、顺磁测量法、氧化锆氧量计法等。

6.2.1　顺磁性测量法

顺磁性指的是一种材料的磁性状态。有些材料可以受到外部磁场的影响，产生与外部磁场同向的磁化矢量的特性。这样的物质具有正的磁化率称为顺磁性，与顺磁性相反的现象称为抗磁性。在外磁场的作用下，顺磁性物质会被拉向磁场强度大的方向，而逆磁性物质正好相反，会被推向磁场弱的方向。顺磁性和逆磁性物质不仅限于固体，气体也有这种现象。表 6-8 给出各种气体的体积磁化率。

表 6-8　各种气体的体积磁化率(O_2 为 100 的相对值)

气体	体积磁化率	气体	体积磁化率
氯气(Cl_2)	−0.128	氮气(N_2)	−0.42

表6-8(续)

气体	体积磁化率	气体	体积磁化率
二氧化碳(CO_2)	−0.613	氢气(H_2)	−0.123
氨气(NH_3)	−0.575	二氧化氮(NO_2)	+6.2
氧化亚氮(N_2O)	−0.575	空气	+21.6
乙炔(C_2H_2)	−0.375	一氧化氮(NO)	+43
甲烷(CH_4)	−0.37	氧气(O_2)	+100
乙烯(C_2H_4)	−0.85	—	—

由表6-8可知,能够把O_2同其他气体区分开来的最显著特性是O_2的顺磁性。除O_2外,只有NO和NO_2具有顺磁性。由于O_2具有很大的磁化率,它们被吸向强磁场的方向,利用这种特性可制造出各种类型的测定仪器。

磁性氧气分析仪属于磁式分析仪器中的一种,是利用O_2有比其他气体高得多的磁化率这一特性进行测量的,可以测量混合气体中O_2的浓度。根据仪器结构的不同,又可以分为热磁式氧气分析仪和磁力机械式氧气分析仪。

6.2.1.1 热磁式氧气分析仪

物质处于外磁场中均会被磁化,物质被磁化从微观来看就是物质的分子磁矩沿着同一方向排列,物质被磁化的程度用磁化强度M(A/m)表示:

$$M=\kappa H \tag{6-5}$$

式中,H为外磁场强度,A/m;κ为介质的体积磁化率。

κ值反映了介质本身的磁化特性,而介质本身的磁感应强度B为:

$$B=\mu_0(H+M)=\mu_0(H+\kappa H)=\mu_0(1+\kappa)H=\mu H \tag{6-6}$$

式中,μ_0为真空中介质的磁导率,H/m;μ为介质的绝对磁导率,H/m。

从式(6-6)可知,$\mu_0(1+\kappa)=\mu$,$1+\kappa$称为介质的相对磁化率。当介质的绝对磁导率μ大于真空磁导率μ_0时,则$\mu_0(1+\kappa)>0$、$1+\kappa>1$、$\kappa>0$。对于介质的体积磁化率κ大于0的物质称为顺磁性物质;反之,κ小于0的物质称为逆磁性物质。

含有O_2混合气体的体积磁化率κ可以近似地用叠加法求出:

$$\kappa\varphi=\sum_{i=1}^{n}\kappa_i\varphi_i \tag{6-7}$$

式中,φ为混合气体的浓度,$\varphi=100\%=1$;κ_i表示某一种气体的体积磁化率;φ_i表示某一种气体的浓度。

因此:

$$\kappa=\kappa_{O_2}\varphi_{O_2}+(1-\varphi_{O_2})\kappa_s \tag{6-8}$$

式中,κ_s为混合气体中除O_2外其他背景气体的平均体积磁化率。

由于$\kappa_{O_2}\gg\kappa_s$且$1-\varphi_{O_2}<1$,因而:

$$\kappa\approx\kappa_{O_2}\varphi_{O_2} \tag{6-9}$$

式(6-9)表明,由于O_2的磁化率κ_{O_2}是已知的,只要测出混合气体的磁化率κ,就可以得到O_2的浓度φ_{O_2}。

顺磁性物质的磁化率κ还与温度T有下述关系:

$$\kappa=\frac{Cmp}{RT^2} \tag{6-10}$$

式中,C 为居里常数;m 为气体相对分子质量;p 为气体绝对压力;R 为气体常数;T 为气体热力学温度,K。

由式(6-10)可知,κ 与 T^2 成反比:即当气体温度上升时,气体的体积磁化率 κ 大大下降。热磁式氧气分析仪正是利用 O_2 是一种强顺磁性气体,以及 O_2 的磁化率与温度平方成反比这一特性进行测量的。它是利用气体的热磁对流形成磁风,即被测混合气体中 O_2 含量的大小转换为磁风的强弱,如图 6-11 所示。

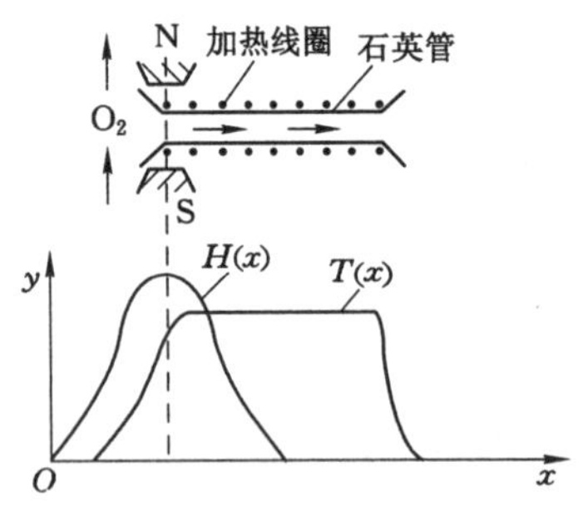

图 6-11　热磁式氧气分析仪原理

在一个水平石英管的外边绕有直径 0.03 mm 的铂电阻丝,铂电阻丝既可作为加热元件,又可作为测量元件,铂电阻丝通以恒定加热电流。在管的左端有永久磁钢的一对磁极,形成一个固定的不均匀磁场。气样从水平管的左端由下而上运动,在经过水平管左端时,由于气样中含有 O_2,而 O_2 又是很强的顺磁性气体,它必然要被拉向磁场强的方向,于是有 O_2 进入到水平管道中。进入水平管道的气体受到铂电阻丝的加热,于是其 κ 值大大下降,这部分气体又会被推出水平横管,从横管右端流出。这个过程不断地进行,在水平管中形成气流,称为磁风,即热磁对流。

图 6-11 下端的曲线表示沿横管长度 x 方向的磁场分布 $H(x)$和温度分布 $T(x)$的情况。若控制气样由下向上运动的流量值、温度值和压力值不变,并保持水平管的外磁场和温度场的恒定,那么磁风的大小仅与气样中的 κ 值与 O_2 含量有关。

磁风的大小并不能直接加以测量,而是利用下面的转化过程:气样中 O_2 含量增加→磁风加大→横管中流量加大→带走热量增加→铂电阻丝的平衡温度下降→铂电阻丝的阻值下降。这个转化过程是将 O_2 含量转变成铂电阻阻值的变化,然后通过测量铂电阻丝电阻变化来获得 O_2 浓度。

6.2.1.2　磁力机械式氧气分析仪

磁力机械式氧气分析仪是对 O_2 的顺磁特性直接测量,仪器灵敏度高,除可进行常规 O_2 含量测量外,还可以测量微量 O_2 含量。它不受气样的导热性能、密度等变化的影响。

最早科学家法拉第所做的实验是用丝线吊一根水平杆,杆的一端是一个空心的玻璃球,当球内充满 O_2 时,球就会被磁场所吸引。这就是磁力机械式氧气分析仪的雏形。下面分析装有 N_2 气的石英小球在不均匀磁场中所受力的大小,如图 6-12 所示。

有一对磁极,其磁场强度 H 沿水平方向是非均匀的,越向右移,H 值越小。磁场中有一石英小球 A,球内密封着 N_2,它的体积磁化率为 κ_A。如果球的周围充满含有 O_2 的混合气体,其体积磁化率为 κ_B,此时 O_2 分子就会被磁场吸引,聚集到磁场强度大的地方,那么必然要将小球 A 挤出去。因此,小球 A 受到的力 F 为:

$$F=\int_0^V(\kappa_A-\kappa_B)H\frac{\partial H}{\partial x}\mathrm{d}V \tag{6-11}$$

式中,κ_A 为小球的体积磁化率;κ_B 为混合气样的平均体积磁化率;H 为不均匀磁场的平均磁场强度；V 为小球的体积；x 为小球沿水平方向移动的距离。

从式(6-11)可知，如果 κ_A、H、$\frac{\partial H}{\partial x}$、$V$ 为常数，则小球受力 F 与混合气样的体积磁化率 κ_B 具有单值的对应关系。比较实用的做法是在一根杆的两端装有两个石英小球，形状像一个哑铃，所以也称这种仪器为哑铃式氧气分析仪，其结构如图 6-13 所示。

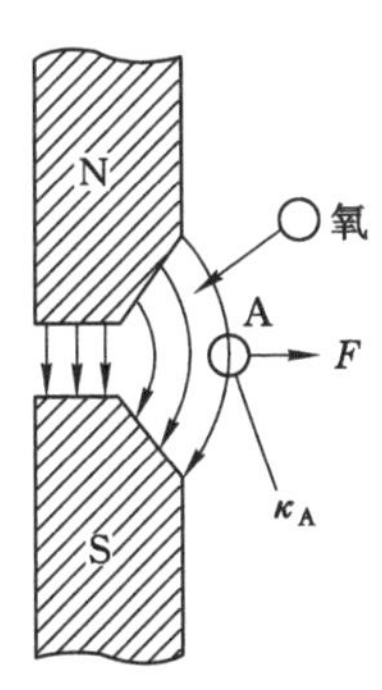

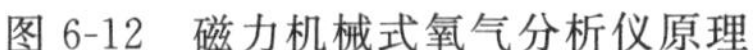

图 6-12 磁力机械式氧气分析仪原理

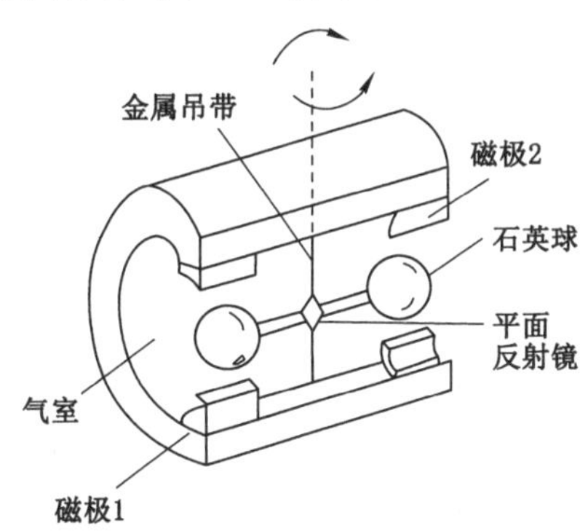

图 6-13 哑铃式氧气分析仪原理

在一个密闭的气室 1 中装有两对磁极 1 和 2，磁极 1 和磁极 2 的磁场极性正好相反。两个空心石英球内充以 N_2，两个小球之间有一杆相连呈哑铃状，两个小球分别置于两对磁极的中间。哑铃由金属吊带固定，哑铃可以绕吊带转动。当含有 O_2 的混合气样进检测气室，哑铃的两个球会受到一个转动力矩，于是产生偏转，转角的大小可由平面反射镜的反射光束来加以检测。

磁力机械式氧气分析仪的历史比热磁式更悠久，在提高仪器精度方面遇到了当时技术上不能解决的问题，因而其发展停滞了一段时间。随着技术的发展，磁力机械式氧气分析仪在结构、元件和工艺上都有了新的突破，生产和使用的数量都比热磁式氧气分析仪多。

6.2.2 氧化锆氧量计法

氧化锆氧量计是属于电化学分析器中的一种。氧化锆(ZrO_2)是一种氧离子导电的固体电解质，氧化锆氧量计可以用来连续地分析各种工业窑炉烟气中的 O_2 含量，然后控制送风量来调整以保证最佳的空气燃料比，达到节能及环保的双重效果。

氧化锆氧量分析仪除了灵敏度高、稳定性好、响应快和测量范围宽之外，与其他气体分析仪器的最大不同在于，氧化锆传感器探头可以直接插入烟道中进行测量，不需要复杂的采样和预处理系统，减少了仪器的维修工作量。必须指出的是，氧化锆测量探头必须在 850 ℃左右的高温下运行，否则灵敏度会下降，所以氧化锆氧量计在探头上都装有测温传感器和电加热设备。

6.2.2.1 氧化锆氧量计原理

过去人们只了解有关电解质溶液的一些特性，如 KCl 溶于水后产生 K^+ 和 Cl^- 离子，这种溶液具有良好的导电特性，称为离子导电。后来人们发现熔融盐也具有离子导电作用。20 世纪初，人们又发现有些固体也具有离子导电作用，这些固体称为固体电解质。20 世纪 60 年代后期，人们系统地研究了以 ZrO_2 为代表的氧离子导电固体电解质的特性，ZrO_2 在常温下为单斜晶体，当温度为 1 150 ℃时，晶体排列由单斜晶体变为立方晶体，同时有不到 1/10 的体积收缩。如果在 ZrO_2 中加入一定量的氧化钙(CaO)和氧化钇(Y_2O_3)，则其晶型

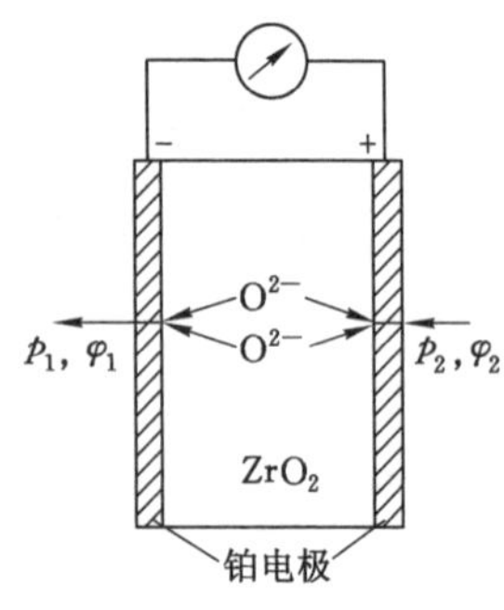

图 6-14　氧化锆氧量计原理

变为不随温度而变化的稳定的萤石型立方晶体，这时 Zr^{4+} 被 Ca^{2+} 和 Y^{2+} 置换，同时产生氧离子空穴。当温度为 800 ℃以上时，空穴型的 ZrO_2 就变成了良好的氧离子导体，从而可以构成 O_2 浓差电池。氧化锆氧量计原理如图 6-14 所示。

在 ZrO_2 电解质的两侧各烧结一层多孔的铂电极，便形成了 O_2 浓差电池。电池左边是被测的烟气，其中 O_2 含量一般为 4%～6%，设 O_2 分压为 p_1，O_2 浓度为 φ_1。电池的右边是参比气体，如空气，其中 O_2 含量一般为 20.8%，设 O_2 分压为 p_2，浓度为 φ_2。当 $t=850$ ℃时，在正极上 O_2 分子得到电子成为 O^{2-}，即：

$$O_2(\text{分压 } p_2)+4e \longrightarrow 2O^{2-}$$

在负极上 O^{2-} 离子失去电子成为 O_2 分子，即：

$$2O^{2-}-4e \longrightarrow O_2(\text{分压 } p_1)$$

这个过程就好像 O_2 从电池正极渗透到负极上去一样，在负极上不断有电子释放出来，而正极上又不断地吸收电子，这样铂电极两侧之间就存在电动势。只要电极两侧存在 O_2 浓度差，即 O_2 分压不相等，也就是 $p_1 \neq p_2$，就会有电动势存在。O_2 浓差电势的大小可以用能斯特(Nernst)方程表示：

$$E=\frac{RT}{nF} \cdot \ln \frac{p_2}{p_1} \tag{6-12}$$

式中，E 为 O_2 浓差电势；R 为气体常数；F 为法拉第常数；T 为热力学温度，K；n 为反应时一个 O_2 分子输送的电子数，$n=4$；p_1 为被测气体的 O_2 分压；p_2 为参比气体的 O_2 分压。

如果被测气体和参比气体的压力均为 p，则：

$$E=\frac{RT}{nF} \cdot \ln \frac{p_2}{p_1}=\frac{RT}{nF} \cdot \ln \frac{p_2/p}{p_1/p} \tag{6-13}$$

又因

$$\frac{p_1}{p}=\frac{V_1}{V}=\varphi_1, \frac{p_2}{p}=\frac{V_2}{V}=\varphi_2 \tag{6-14}$$

式中，V_1 和 V_2 分别为被测气体和参比气体中的 O_2 的分体积；φ_1 和 φ_2 分别为被测气体和参比气体中的 O_2 的浓度。

所以：

$$E=\frac{RT}{nF} \cdot \ln \frac{p_2/p}{p_1/p}=\frac{RT}{nF} \cdot \ln \frac{\varphi_2}{\varphi_1} \tag{6-15}$$

设 $\varphi_2=20.8\%$，即以空气为参比气体，在 1 个大气压下，将气体常数 $R=8.314$ J/(mol·K)、$n=4$、法拉第常数 $F=96\ 500$ C/mol 代入，并将自然对数换成以 10 为底的对数，则：

$$E=4.961\ 5 \times 10^{-2} T \cdot \lg \frac{20.8}{\varphi_1} \tag{6-16}$$

由式(6-16)可知，E 和 φ_1 呈非线性关系。E 的大小除受 φ_1 的影响外，还会受被测气体热力学温度 T 的影响，所以氧化锆氧量计一般需要带有温度补偿环节。

(1) 测量时应使氧化锆传感器的温度恒定，一般保持在 $t \approx 850$ ℃，这时仪器灵敏度最高。温度 T 的变化直接影响 O_2 浓差电势 E 的大小，仪器应加温度补偿环节。

(2) 必须要有参比气体，而且参比气体的 O_2 含量要稳定不变。参比气体的 O_2 含量与被测气体的 O_2 含量差别越大，仪器灵敏度越高。例如，用氧化锆氧量计分析烟气的 O_2 含量时，用空气作为参比气体，空气中 O_2 含量为 20.8%，烟气中 O_2 含量一般为 3%～4%，其差值较大，氧化锆传感器的信号可达几十毫伏。

(3) 被测气体和参比气体应具有相同的压力，这样可以用 O_2 的浓度代替分压，仪器可以直接以 O_2 浓度来刻度。从电势 E 求出 φ_1 时，仪器的信号处理模块要进行反对数运算。

6.2.2.2 氧化锆氧量计结构

空气进入一头封闭的氧化锆管的内部作为参比气体，烟气经陶瓷过滤器后作为被测气

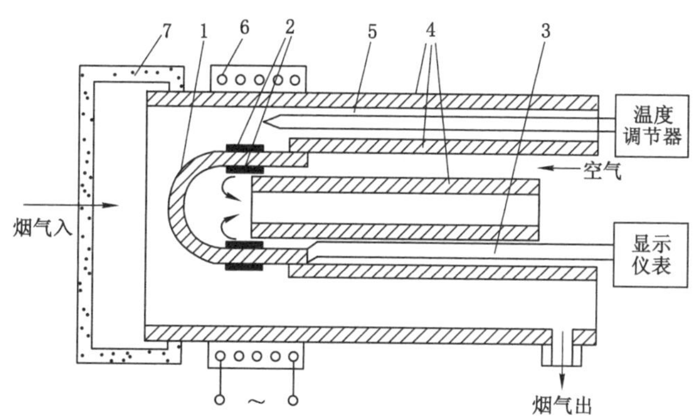

1—氧化锆管；2—内、外铂电极；3—铂电极引线；4— Al_2O_3 管；5—热电偶；6—加热电阻丝；7—陶瓷过滤器。

图 6-15 氧化锆传感器结构

体流过氧化锆管的外部。检测烟气的氧化锆传感器探头通常带有测温装置，如图 6-15 所示。为了稳定氧化锆管的温度，在氧化锆管的外围装有加热电阻丝，并装有热电偶来监测管子温度，通过调节器调整加热丝电流的大小，使氧化锆管子稳定在 850 ℃左右。

6.2.2.3 氧化锆氧量计应用

氧化锆氧分析仪的现场安装有两种方式：一种为直插式，如图 6-16(a)所示，多用于锅炉、窑炉的烟气含氧量的测量，使用温度为 600～850 ℃；另一种为抽吸式，如图 6-16(b)所示，在石油、化工生产中可测量高达 1 400 ℃的高温气体。

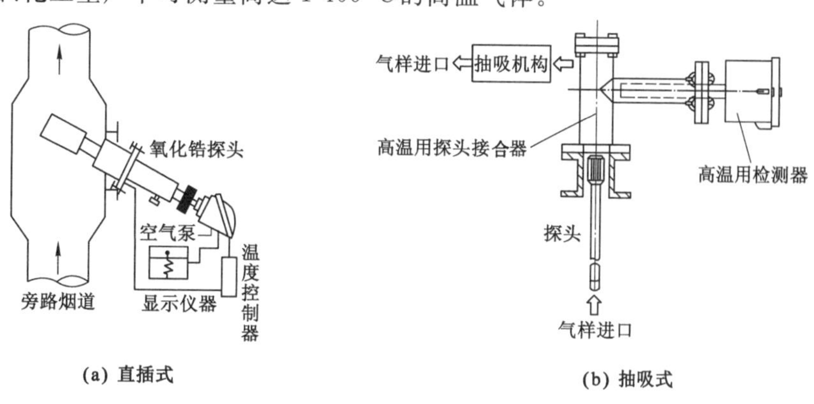

图 6-16 氧化锆氧分析仪的现场安装方式

6.3 可燃气体检测

可燃性气体的涉及面十分广泛，凡在空气中可以燃烧的气体都属于可燃性气体，如日常生活中的管道燃气、液化石油气、工业原料气(乙烯、丙烷)、煤矿中的甲烷等。在生产和生活中以及在有可能出现可燃性气体的场所，一般都是利用快速气体浓度及成分测量仪表来实现对可燃性气体的有效检测。在一些重要的、极具危险的生产现场，往往以气体浓度及成分测量仪表与生产过程控制系统相配合，构成安全生产监控系统。

6.3.1 可燃气体检测概述

对生产和生活环境中常见的可燃性气体进行安全监测时，通常以可燃性气体浓度为检测对象，以可燃性气体的爆炸极限为标准来确定测量与报警指标。可燃气体和空气组成的混合气遇火源，即能发生爆炸的可燃气体最低浓度称为该气体的爆炸下限。可燃气体和空气组成的混合气遇火源即能发生爆炸的可燃气体最高浓度称为该气体的爆炸上限。爆炸下限用 LEL(lower explosive limit)表示；爆炸上限用 UEL(upper explosive limit)表示。部分易燃气体或蒸汽的爆炸浓度范围如表 6-9 所示，可燃气体的爆炸极限越宽、爆炸下限越低越危险。

6-9 部分可燃气体爆炸极限

可燃气体名称	化学式	爆炸下限/%	爆炸上限/%
甲烷	CH_4	5	15
甲苯	$C_6H_5CH_3$	1.2	7.1
甲醇	CH_3OH	6.7	36
乙炔	C_2H_2	1.5	100
乙烷	C_2H_6	3	15.5
乙醇	C_2H_5OH	3.3	19
乙烯	C_2H_4	2.8	32
丙烷	C_3H_8	2.1	9.5
氢	H_2	4	75
氨气	NH_3	16	25
一氧化碳	CO	12.5	74.2
硫化氢	H_2S	4.3	45

为了保护环境，保障人的身体健康，保证安全生产和预防火灾爆炸事故发生，必须首先确知生产和生活环境中可燃性气体的 LEL，以便通过应用各种类型的测量仪器、仪表对这些气体进行检测，以及采取措施或通过自动监测系统实现对生产和生活环境的有效监控。

可燃性气体的监测标准取决于可燃物质的危险特性，主要是由可燃性气体的 LEL 决定的。从监测和控制两方面的要求来看，监测首先应做到可燃性气体与空气混合物中可燃气体的浓度达到阈限值时给出报警或预警指示，以便采取相应的措施，而其中规定的浓度阈值和可燃性气体与空气混合物的 LEL 直接相关。可燃性气体测量报警仪表通常以 LEL(%)作测量单位,此即是以某种可燃性气体的 LEL 为满刻度(100%),如丁烷的 LEL=1.8%,若以 1.8%作为 100%,则有 1 %LEL 相当于 0.018%丁烷。

国家标准《可燃气体探测器》(GB 15322—2019)按照测量范围将探测器分为测量范围在 3%LEL~100%LEL 的探测器、测量范围在 3%LEL 以下的探测器和测量范围在 100% LEL 以上的探测器;按照工作方式将探测器分为系统式探测器和独立式探测器;按照采样方式将探测器分为自由扩散式探测器、吸气式探测器和光纤传感式探测器;规定测量范围在 3%LEL~100%LEL 的探测器具有低限、高限两个报警设定值时,其低限报警设定值应在 5%LEL~25%LEL 范围,高限报警设定值应为 50%LEL;仅有一个报警设定值的探测器,其报警设定值应在 5%LEL~25%LEL 范围内。

6.3.2 接触催化燃烧式气体检测

6.3.2.1 检测原理

接触(催化)燃烧式气体检测仪器是利用可燃性气体在有足够氧气和一定高温条件下发生催化燃烧(无焰燃烧)、放出热量,从而引起电阻变化的特性,达到对可燃性气体浓度进行测量的目的,具有体积小、质量轻的特点。

接触(催化)燃烧式气体检测仪所用检测元件有铂丝催化型和载体催化型两种。铂丝催化型元件没有专门的催化外壳,是由铂丝承担三重工作:铂丝表面完成可燃气体氧化催化功

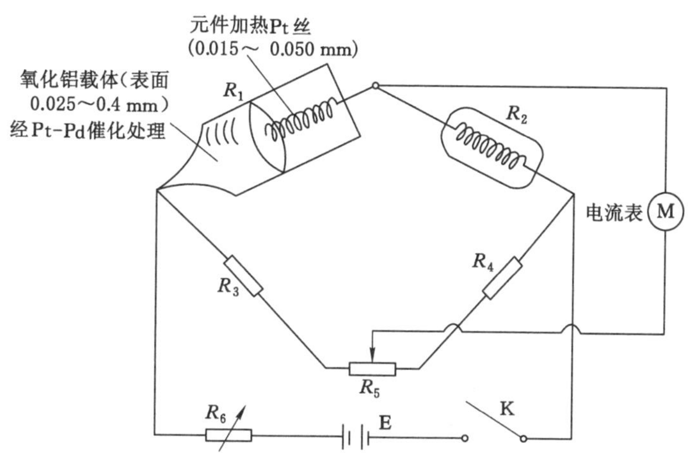

图 6-17 催化燃烧式气体检测原理

能,同时铂丝又兼作加热丝和测温元件。而载体催化型元件是由加热芯丝和载体催化外壳组成,催化外壳对可燃气体的氧化过程起催化作用,加热电流通过芯丝将催化外壳加热到正常工作温度,而芯丝又兼作电阻测温元件来检测催化外壳的温度变化。接触(催化)燃烧式气体检测原理及其电路如图 6-17 所示。

检测元件 R_1 为载体催化型,中心为铂丝螺线,周围由氧化铝载体所覆盖,载体表面以铂、钯等催化剂处理;补偿元件 R_2 为特性与检测元件相近、不含催化剂或不与气体接触的元件;R_3、R_4 为固定桥臂电阻;R_5 为零点调节电位器;R_6 为电桥调压电阻;E 为加热电源。当空气中存在可燃气体时,可燃气体在催化元件上燃烧,温度升高,使元件电阻发生变化,改

变了电桥平衡，从而可测定可燃气体的浓度。

一般载体热催化元件由一个带催化剂的敏感元件 R_1（俗称黑元件）和一个不带催化剂的补偿元件 R_2（俗称白元件）构成。

载体热催化元件的骨架是铂丝线圈，它是用直径为 0.02～0.05 mm 的高纯铂丝绕制而成，正常工作时通过 60～350 mA 的电流加热催化剂，使催化剂达到起燃温度，同时又可利用铂丝电阻值随温度改变的性质，通过测量其电阻来测量催化元件的温度。

铂丝线圈被载体包围，载体是由氧化铝（Al_2O_3）浇注成的均匀多孔体，它不仅能牢固地固定铂丝线圈，而且其多孔表面可以提高催化反应效果，提高催化剂的活性和抗毒性能力。

催化剂是涂镀在载体表面的一层黑色铂族金属元素（如铂、钯、铑等），如 CH_4 和 O_2 在催化剂作用下，起燃温度大大降低，可在 300～500 ℃的温度下产生强烈的氧化反应，俗称无焰燃烧。

白元件与黑元件的结构和尺寸均相同，所不同的是催化剂只涂镀在黑元件表面，白元件的作用是在测量桥路中起补偿作用。

可燃气体（如 CH_4 和 O_2）在载体催化元件上的反应是一种气固相催化反应过程，CH_4 在催化剂作同下产生氧化反应，生成 CO_2 和 H_2O，同时放出热量。氧化反应方程式为：

$$CH_4 + 2O_2 \longrightarrow CO_2 + H_2O + \text{热量}$$

氧化反应放出的热量使铂丝温度上升，温度上升值 Δt 与 CH_4 浓度有如下关系：

$$\Delta t = AMQ/C \tag{6-17}$$

式中，A 为 CH_4 接触燃烧时反应速度的差异系数；M 为 CH_4 浓度，%；Q 为 CH_4 分子燃烧热，J；C 为催化剂热容量，J/K。

6.3.2.2 测量电路

载体催化甲烷传感器被制成一个便于测量的探头，探头可以单独布置，也可作为一个独立单元装配在仪器中使用。载体催化甲烷传感器的测量电路如图 6-18 所示，主要由一个测量电桥构成，电桥由黑元件 r_1、白元件 r_2、电阻 R_1、R_2、R_3、R_4 和电位器 W 组成。

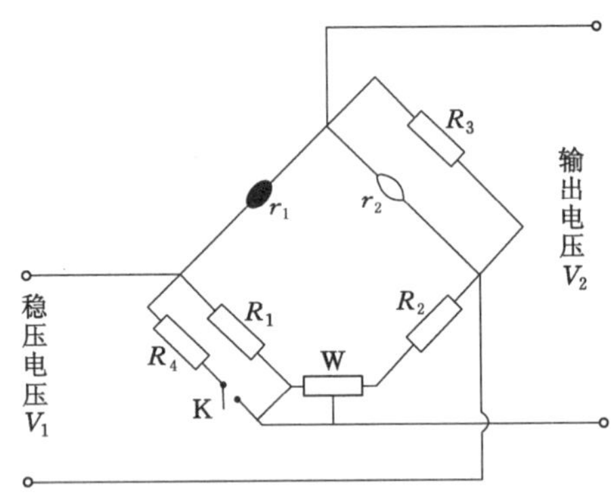

图 6-18 载体催化甲烷传感器等效电路

黑元件和白元件分别是敏感元件和补偿元件，固定桥臂电阻 R_1、R_2 的电阻相等，一般为 200 Ω。补偿电阻 R_3 与白元件 r_2 并联，是为了补偿黑白元件的热力学差异，改善电桥的零点飘移。电阻 R_4 和微动开关 K 是实验报警用的。当探头长期在低浓度的位置工作时，为了检查报警开关电路和声光箱是否正常，只要按下微动开关 K，电阻 R_1 和 R_4 并联，阻值下降，破坏了电桥的平衡，探头输出一个较大的电信号，经放大推动开关电路发出声、光报警信号。电位器 W 又称零点微调电阻，主要用以调整仪器零点，消除原始误差，使 CH_4 浓度为零时电桥平衡，输出电压为零。

电桥输出电压 V_2 为：

$$V_2 = \frac{V_1 r_2}{r_1 + r_2} - \frac{V_1 R_2}{R_1 + R_2} \tag{6-18}$$

铂电阻与温度的关系为：

$$R_t = R_0(1 + At + Bt^2) \tag{6-19}$$

式中，R_t 为温度在 t 时的电阻；R_0 为温度在 0 ℃时的电阻；A 为常数，$A=3.94\times10^{-8}/℃$；B 为常数，$B=5.8\times10^{-7}/℃^2$。

当黑、白元件的温度分别为 $(t+\Delta t)$ 和 t 时，其电阻之比为：

$$\frac{r_1}{r_2} = \frac{1 + A(t+\Delta t) + B(t+\Delta t)^2}{1 + At + Bt^2} \tag{6-20}$$

当 CH_4 浓度较低、Δt 较小时，电桥输出电压与 CH_4 浓度近似呈线性关系：

$$V_2 \approx kMV_1 \tag{6-21}$$

当 CH_4 浓度较高时，电桥输出电压与 CH_4 浓度呈非线性关系，CH_4 要完全燃烧，其浓度与 O_2 浓度之间比例不得大于 1∶5。当 CH_4 浓度大于 10%时，由于缺氧，CH_4 浓度越大，催化反应生成热反而越少。理论上，CH_4 浓度超过 80%时，仪器显示值与 2%浓度值相同，出现所谓的"双值"现象。电桥输出电压与 CH_4 浓度的关系如图 6-19 所示。因此，载体催化甲烷传感器只适用于测量 0～4%范围内的低浓度 CH_4 的浓度。

6.3.3　光学甲烷检测

煤矿井下各种有毒有害气体统称为矿井瓦斯，如 CH_4、CO、CO_2、H_2S、NO_2、SO_2、NH_3、H_2、C_2H_6、C_3H_8 等，具有燃烧和爆炸的性质，其总量的 90%以上往往是 CH_4，瓦斯又通常指 CH_4。CH_4 是无色、无味、无毒气体，比空气轻，其扩散速度是空气的 1.34 倍，从煤岩中涌出后会很快扩散到煤矿井下空间中。CH_4 虽然无毒，但其浓度超过 57%时能使井下空气中 O_2 浓度降低至 10%以下。在矿井通风不良的空间往往积聚大量的 CH_4，如果未经检查进入这些空间，那么人员就会因缺氧而很快昏迷窒息；如果得不到及时救治，那么人员就会因缺氧窒息死亡。

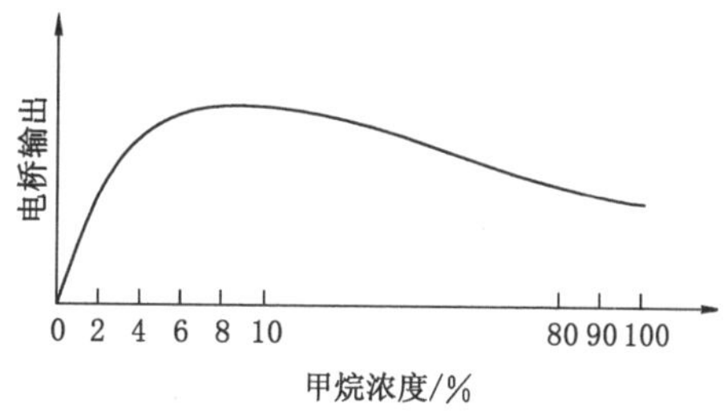

图 6-19　电桥输出电压与 CH_4 浓度的关系

6.3.3.1　光学甲烷检测原理

光学甲烷检测是应用光干涉原理，通过图像传感器检测干涉条纹的移动量来测量空气中的 CH_4（CO_2）浓度，具有读数直观，使用方便的特点。在检测 CH_4 浓度时，可将测量数据存储起来，然后通过计算机管理软件对数据进行分析和打印，还可通过专门开发的瓦斯巡检管理软件对测量数据进行管理，适用于矿山、化工、石油、天然气、钢铁、环保、隧道施工等行业。便携式光学甲烷检测仪如图 6-20 所示。

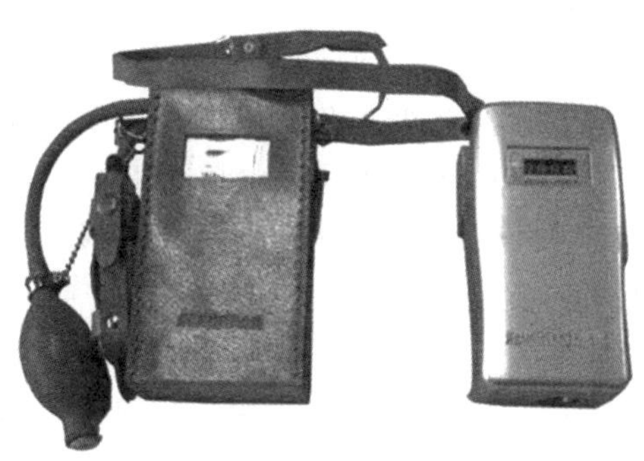
图 6-20　便携式光学甲烷检测仪

光学甲烷检测仪的原理如图 6-21 所示，主要由平面镜 3、平行平面镜 4、气室 5、折光棱镜

6、反射棱镜7、望远镜系统8、分划板9组成。

由光源灯泡1发出的白光，经光栅10和聚光镜2变为一束细而亮的光束后投射到平面镜3上并分解成两束(实线和虚线各表示一束)光线，实线表示的光线经空气室、折光棱镜6，再次经过空气室后投射到平面镜上；虚线表示的光线经过甲烷室、折光棱镜6，再次经过甲烷室后也投射到平面镜上；这两束光线经平面镜作用汇合成“一束”光线，实际上是这两束光线传播的路径发生了重叠而已。

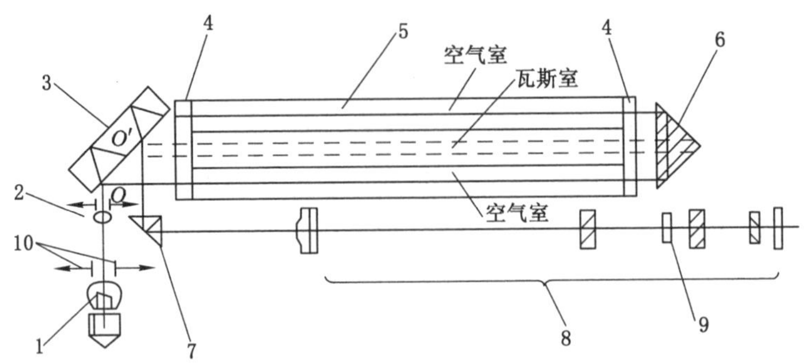

1—光源灯泡；2—聚光镜；3—平面镜；4—平行平面镜；5—气室；6—折光棱镜；7—反射棱镜；8—望远镜系统；9—分划板；10—光栅。

图6-21　光学甲烷检测原理

这两束光线已成为相干光源，会形成干涉现象。当这两束光线经反射棱镜7投射到物镜上时，则在物镜的平面上产生干涉条纹。干涉条纹由红、绿、黄、黑4种条纹组成，呈一定的规律分布，其中有两条黑条纹比较清楚，左边那一条常被用作基准线。如果在仪器的空气室和甲烷室里都充入同样密度的新鲜空气，并利用分划板和所选的基准线记录此时干涉条纹的位置。当甲烷室中充入含有CH_4的气体时，干涉条纹就会发生位移(因为CH_4相对于空气来说是光密介质、折射率大，所以通过甲烷室的那束光线的光程增大)，其位移量与甲烷室的CH_4浓度成正比，利用特制的分划板就可以将干涉条纹的位移量换算成甲烷室的CH_4浓度。

6.3.3.2　甲烷检测

(1) 检查吸收剂。光学甲烷检测仪使用的吸收剂在使用一段时间之后就会失效，必须经常检查，发现失效时应及时更换，否则会影响检查的准确性。吸收剂是否失效主要是根据其物理性质进行判断的。吸收水分的硅胶在完全失效时其颜色由蓝色变为白色或很淡的浅红色。吸收CO_2的钠石灰在完全失效时颜色会由粉红色变为淡黄色或青灰色。吸收剂不应等到完全失效时再更换，应适当提前更换。

(2) 气路系统检查。气路系统的检查必须按顺序进行，首先检查吸气球是否完好，然后检查气路系统是否漏气，最后检查气路系统是否畅通。检查吸气球是否漏气的方法是用一只手捏扁气球，另一只手平捏住胶皮管，然后放松吸气球，吸气球不鼓胀则说明不漏气。检查仪器是否漏气的方法是将吸气球的胶皮管接于仪器的吸气孔上，用手指堵住进气孔，捏扁气球，松手后气球不鼓胀则说明气路系统不漏气。检查气路是否畅通的方法是放开进气孔，用手捏扁气球，放手后气球立即鼓胀，则说明气路畅通无阻。

(3) 清洗空气室。仪器应定期拆开后盖板，打开堵头，拔去毛细管，利用吸气球清洗空气室，使空气室经常保持新鲜空气。

(4) CH_4 浓度的测定。首先，在和待测地点温度相近的进风巷道中，捏吸气球数次清洗甲烷室。为了防止由于温差过大而引起测量时出现零点漂移(俗称跑正/跑负)的现象，待测地点温度应相近。在测定地点将 CO_2 吸收管接于仪器的进气口上，然后捏放气球五六次，使含有 CH_4 的空气进入甲烷室，便携式光学甲烷检测仪即可直接显示 CH_4 浓度值。

6.3.3.3 二氧化碳浓度的测定

便携式光学甲烷检测仪用于测定其他气体时仪器所示读数并不是被测气体的实际浓度，还必须进行换算，这是由于仪器出厂时是按测定 CH_4 浓度进行校正的。在空气中测定其他气体时，换算系数 α 可按式(6-22)求得：

$$\alpha = \frac{n_1 - n_0}{n_x - n_0} \tag{6-22}$$

式中，n_1 为甲烷的折射率；n_0 为空气的折射率；n_x 为被测气体的折射率。

空气、CH_4 和 CO_2 的折射率见表 6-10 所示。

表 6-10 空气、CH_4 和 CO_2 的折射率

气体种类	光源种类	折射率	仪器采用值
新鲜空气	白光	1.000 293	1.000 292
CO_2	白光	1.000 447～1.000 450	1.000 447
CH_4	白光	1.000 443	1.000 440

因此，在测定 CO_2 时，α＝(1.000 440－1.000 292)/(1.000 447－1.000 292)＝0.955。

在没有 CH_4 但 CO_2 很严重的矿井里，用便携式光学甲烷检测仪测定 CO_2 浓度时，吸收剂不用钠石灰，而只用硅胶或氯化钙吸收水蒸气。其实际浓度应为所读取的数值乘以0.955。

在有 CH_4 的地方测定 CO_2 时，或是在测定 CH_4 的同时又测定 CO_2，必须先测定 CH_4 和 CO_2 的混合含量(不用钠石灰吸收 CO_2，只用硅胶或氯化钙吸收水蒸气)，然后再用钠石灰吸收 CO_2 来测定 CH_4 含量，将两次测定的读数相减所得的有效值再乘以 0.955，可得 CO_2 的实际浓度。例如，测得混合含量为 4%，CH_4 含量为 3%，则 CO_2 含量为(4%－3%)×0.955＝0.955%。

6.3.4 可燃气体检测报警器的应用

在生产和生活环境中存在大量可燃气体，危及工业生产和人类生活安全。国家出台了不同工业生产环境和生活环境中对可燃气体检测报警的相关规定和标准。在《火灾自动报警系统设计规范》(GB 50116—2013)中，对可燃气体探测报警系统设计做了一般性规定。《作业场所环境气体检测报警仪 通用技术要求》(GB 12358—2006)对作业场所气体检测报警仪的术语、分类、技术要求、试验方法、检验规则与标识等进行了规定。《石油化工可燃气体和有毒气体检测报警设计标准》(GB/T 50493—2019)规定，在生产或使用可燃气体及有毒气体的工艺装置和储运设施的区域内，对可能发生可燃气体和有毒气体的泄漏进行检测时，应设置可燃气体检测器和有毒气体检测器。

6.3.4.1 可燃气体检测报警系统基本要求

（1）可燃气体探测报警系统应由可燃气体报警控制器、可燃气体探测器和火灾声光警报器等组成。

（2）可燃气体探测报警系统应独立组成，可燃气体探测器不应接入火灾报警控制器的探测器回路；当可燃气体的报警信号需接入火灾自动报警系统时，应由可燃气体报警控制器接入。

（3）石化行业涉及过程控制的可燃气体探测器，可按《石油化工可燃气体和有毒气体检测报警设计标准》（GB 50493—2019）的有关规定设置，但其报警信号应接入消防控制室。

（4）可燃气体报警控制器的报警信息和故障信息，应在消防控制室图形显示装置或起集中控制功能的火灾报警控制器上显示，但该类信息与火灾报警信息的显示应有区别。

（5）可燃气体报警控制器发出报警信号时，应能启动保护区域的火灾声光警报器。

（6）可燃气体探测报警系统保护区域内有联动和警报要求时，应由可燃气体报警控制器或消防联动控制器联动实现。

（7）可燃气体探测报警系统设置在有防爆要求的场所时，尚应符合有关防爆要求。

6.3.4.2 可燃气体检测报警器安装的一般规定

（1）可燃气体或含有毒气体的可燃气体泄漏时，可燃气体浓度可能达到25%爆炸下限，但有毒气体不能达到最高容许浓度时，应设置可燃气体检（探）测器。

（2）有高毒气体或含有可燃气体的有毒气体泄漏时，有毒气体浓度可能达到最高容许浓度，但可燃气体浓度不能达到25%爆炸下限时，应设置有毒气体检（探）测器。

（3）可燃气体与有毒气体同时存在的场所，可燃气体浓度可能达到25%爆炸下限，有毒气体的浓度也可能达到最高容许浓度时，应分别设置可燃气体和有毒气体检（探）测器。

（4）同一种气体，既属可燃气体又属有毒气体时，应只设置有毒气体检（探）测器。

（5）可燃气体和有毒气体的检测系统应采用两级报警。同一检测区域内的有毒气体、可燃气体检（探）测器同时报警时，应遵循同一级别的报警中有毒气体的报警优先、二级报警优先于一级报警。

（6）工艺有特殊需要或在正常运行时人员不得进入的危险场所，宜对可燃气体和有毒气体释放源进行连续检测、指示、报警，并对报警进行记录或打印。

（7）报警信号应发送至现场报警器和有人值守的控制室或现场操作室的指示报警设备，并且进行声光报警。

（8）装置区域内现场报警器的布置应根据装置区的面积、设备及建构筑物的布置、释放源的理化性质和现场空气流动特点等综合确定。现场报警器可选用音响器或报警灯。

（9）可燃气体检（探）测器应采用经国家指定机构或其授权检验单位的计量器具制造认证、防爆性能认证和消防认证的产品。

（10）国家法规有要求的有毒气体检（探）测器应采用经国家指定机构或其授权检验单位的计量器具制造认证的产品。其中，防爆型有毒气体检（探）测器还应采用经国家指定机构或其授权检验单位的防爆性能认证的产品。

（11）可燃气体或有毒气体场所的检（探）测器，应采用固定式。可燃气体、有毒气体检测报警系统宜独立设置。便携式可燃气体或有毒气体检测报警器的配备，应根据生产装置的场地条件、工艺介质的易燃易爆特性及毒性和操作人员的数量等综合确定。

（12）工艺装置和储运设施现场固定安装的可燃气体及有毒气体检测报警系统，宜采用不间断电源（UPS）供电。加油站、加气站、分散或独立的有毒及易燃易爆品的经营设施，其可燃气体及有毒气体检测报警系统可采用普通电源供电。

6.3.4.3 可燃气体检测报警器平面位置的设置

可燃气体检测器安装位置的确定是十分重要的，在某些情况下，可能直接影响到能否及时报警。可燃气体和有毒气体检测器的检测点，应根据气体的理化性质、释放源的特性、生产场地布置、地理条件、环境气候、操作巡检路线等条件，并选择气体易于积累和便于采样检测之处布置。在安装可燃性气体检测报警仪时，一般根据检测现场的空气可能环流现象及空气流动的上升趋势，以及厂房的空气自然流动情况、通风通道等来综合推测当发生大量泄漏时，可燃气体在平面上自然扩散的趋势方向，确定平面位置；然后根据泄漏气体的密度并结合空气流动的方向，确定空间位置；最后根据泄漏是微漏还是喷射状，确定检测器距泄漏点的距离。

（1）探头应安装在可能泄漏点附近，且尽可能接近。特别是可燃气体易积聚的死角（地坑、排污沟）一定要安装探头，并要避免风直接吹探头。同时，对于空气流通的场合，还要考虑风向的影响，一般宜安装在泄漏点的下风侧。

（2）储罐区在储罐的进出料阀门组附近位置（两罐之间设一台）及可能存在泄漏气体的机泵房、压缩机房、灌瓶间阀组等分别设置检测器，灌瓶间一般多为半封闭厂房，可10 m左右设一台。

（3）设置在建筑物内的压缩机、泵、反应器、储罐，容易引起高压气体设备处积聚气体的地方，在这些设备群的周围，按每10 m安装一台检测器考虑。

（4）设置在建筑物外的上述高压气体设备，这些设备接近其他构筑物，墙壁或设置在坑内，在这些设备群的周围可按间隔不大于20 m配置，并视装置区设备的安装密度和生产过程发生爆炸的危险程度做相应的增减。

（5）在加热炉等火源的生产设施周围、气体易滞留的地方，可按每20 m安装一个检测器考虑。

（6）可燃性气体和液体的罐装口，在其周围需要安装两个以上的检测器。

（7）仪表控制室内设置数量超过一台的检测器。

（8）当可燃性气体检测采取网络设点时，应注意如下问题：可燃气体检测器的有效覆盖水平平面半径，室内宜为7.5 m，室外宜为15 m。在有效覆盖面积内，可设一台检测器。

（9）对于泄漏点的泄漏状态，如果是微漏，设点位置则要靠近泄漏点；如果是喷射状泄漏，则要离泄漏点稍远一些。

6.3.4.4 可燃气体检测报警器安装高度的确定

（1）检测比空气重（在标准状态下，气体密度大于0.97 kg/m^3 的认为比空气重，小于0.

97 kg/m^3 的认为比空气轻)的可燃气体或有毒气体时,检测器的安装高度,应距地坪(楼地板)0.3~0.6 m,过低易受雨水淋、溅而对检测器造成损害,过高则超出了比空气重的气体易于积聚的高度;检测比空气轻的可燃气体或有毒气体时,检测器宜高出释放源 0.5~2 m 或安装在上部易积聚可燃气体或有毒气体处。

(2) 对敞开式气体压缩机厂房的二层平台,一般不设可燃气体检测器,但在地面层可设检测器。对有毒气体压缩机,应针对释放源安装检测器。

(3) 对使用 H_2 的场所,检测器应安装在释放源的上方,地面一般不设 H_2 检测器。对使用 H_2 的封闭式厂房或分析仪房,于房顶易积聚气体的死角处另设检测器。

(4) 检测比空气稍重或稍轻且极易与空气混合的气体(如 H_2S、NO 或 CO 等)时,检测器的安装高度应与现场操作人员的呼吸高度相近,距地面 1.2~1.5 m。

6.3.4.5 可燃气体检测报警仪安装注意事项

(1) 检测报警仪的选择要合理。根据装置的生产原料、中间产品、现场工艺条件及传感器使用温度等实际情况,选取合适的传感器及显示仪表。检测器的防爆类别、级别、组别必须符合现场爆炸性气体混合物的类别、级别、组别的要求,不得在超过防爆标志所允许的环境中使用,否则起不到现场防爆作用。非防爆型检测器不能在可燃气体浓度高于爆炸下限的环境条件下使用。

(2) 固定式气体检测器从采样方法上有自然扩散式和强制吸入式两种,通常情况下采用自然扩散式采样方法。对于因少量泄漏有可能引起严重后果的场所、由于受安装条件和环境条件的限制难于使用扩散检测器的场所、明显的剧毒气体释放源、人员常去的泵房等有毒气体易积聚的场所中的释放源较集中的地点等应安装吸入采样设施。

(3) 检测器的安装位置应便于校验和维护。其周围应保持一定的自由空间。安装检测仪时,下边至少要留出 30 cm 的自由空间,以便标定时使用。

(4) 检测器应注意防水,在室外和室内易受到水冲刷的地方应装有防水罩;检测器连接电缆高于检测器的应采取防水密封措施。

(5) 连接电缆要加保护套管。在探头的接线处最好加金属软管,并注意防爆标志等级与工厂防爆要求一致。报警器的周围不能有对仪表工作有影响的强电磁场(如大功率电动机、变压器)。

(6) 报警器是安全仪表,有声、光显示功能,对于报警回路应安装在工作人员易看到听到的地方,以便及时了解情况。

(7) 报警设定值应符合规定,探测器具有低限、高限两个报警设定值时,其低限报警设定值应在 5%LEL~25%LEL 范围内,高限报警设定值应为 50%LEL;仅有一个报警设定值的探测器,其报警设定值应可调,在 5%LEL~25%LEL 范围内。

(8) 应按检定周期对仪器进行检定,平时应定期检查仪器的报警功能。对于有试验按钮的仪器,启动报警器的试验按钮,即可检查报警器的报警功能是否正常。

(9) 报警控制器应有其对应检测器所在位置的指示标牌或检测器的分布图。

(10) 可燃气体检测报警器的管理应由专人负责,责任人应接受过专门培训,负责日常检查和维护。

6.4　有毒有害气体检测

在生产、生活环境中，还存在许多对人体有毒有害的气体。有毒气体是指常温常压下呈气态或极易挥发的有毒化学物，如 CO、SO_2、H_2S 等。还有一些气体(如 CO_2 等)，虽然对人体无毒，但是其在空气中浓度过高时会显著降低 O_2 的浓度，严重时会造成人员窒息。本节将介绍 CO、氮氧化物、SO_2、H_2S、CO_2 的一些检测方法。

6.4.1　一氧化碳检测

一氧化碳(CO)为无色、无臭气体，相对分子质量为 28.0，对空气的相对密度为 0.967。在标准状态下，1 L 气体重 1.25 g，100 mL 水中可溶解 0.024 9 mg 的 CO，燃烧时为淡蓝色火焰。当空气中 CO 体积浓度在 12.5%～74.2%时，有爆炸的危险。

CO 有剧毒，与人体血液中血红素的亲和力比氧大 250～300 倍。一旦 CO 进入人体后，首先就与血液中的血红素结合，使血红素失去输氧的功能。CO 与血红素结合后，生成鲜红色的碳氧血红素，故 CO 中毒最显著的特征是中毒者黏膜和皮肤均呈樱桃红色。人体吸入 CO 后的中毒程度与空气中 CO 浓度关系如表 6-11。《煤矿安全规程》中规定，矿井 CO 最高允许浓度为 0.002 4%。

表 6-11　CO 浓度与中毒症状的关系

CO 浓度/%	主要症状
0.02	2～3h 内可能引起轻微头痛
0.08	40 min 内出现头痛、眩晕、恶心；2 h 内发生体温和血压下降、脉搏微弱、出冷汗，可能出现昏迷
0.32	5～10 min 内出现头痛、眩晕；30 min 内可能出现昏迷并有死亡危险
1.28	几分钟内出现昏迷和死亡

CO 化学测定方法有恒电位电解法、非分散红外法、气相色谱法、汞置换法和检测管法等。

6.4.1.1　汞置换法(间接冷原子吸收法)

冷原子吸收法是测定汞(Hg)的特效方法，这个方法是通过 Hg 蒸气对 253.7 nm 紫外线的强烈吸收作用，利用光电转换测定器测定 Hg 蒸气的含量进行的。此方法也可以用于 CO 的间接测定。汞置换法测定 CO 的装置如图 6-22 所示。

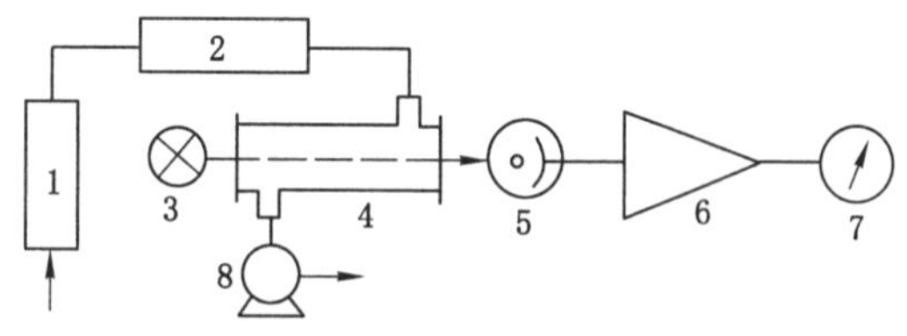

1—净化器；2—置换炉；3—低压汞灯；4—汞吸收管；5—光电管；6—放大器；7—指示仪表；8—抽气泵。

图 6-22　汞置换法测定 CO 原理

利用抽气泵 8，使气体通过净化器 1，除去气样中的尘粒、水分、SO_2、H_2S、醛、酮以及不饱和烃类化合物，然后进入装有固体 HgO 的置换炉 2。在置换炉中，CO 和 HgO 反应释放出 Hg 蒸气。当 Hg 蒸气通过汞吸收管 4 时，就会吸收低压汞灯 3 所发出的 253.7 nm 的紫外线，使光电管 5 的光电流减小，于是在显示仪表 7 上指出对应于被测物浓度大小的吸光度。

6.4.1.2 检测管法

检气管具有现场使用简便、速度快、便于携带和灵敏度高等优点。适用于在各种环境中现场采集测定 CO、H_2S、NO、NO_2、NH_3、CO_2 以及烷烃、烯烃、苯、酮等多种有机化合物气体，应用十分广泛。

检气管是用适当的试剂(指示剂)浸泡过的载体做填充剂，填装于细长的玻璃管中密封即做成。如图 6-23 所示，检气管由外壳、堵塞物、保护胶、隔离层及指示胶等组成。其中，外壳是用中性玻璃管加工而成的。堵塞物用的是玻璃丝布、防声棉或耐酸涤纶，它对管内物质起固定作用。保护胶是用硅胶作载体吸附试剂制成的，其用途是除去对指示胶变色有干扰的气体。隔离层一般用的是有色玻璃粉或其他惰性有色颗粒物质，对指示胶起界限作用。指示胶是以活性硅胶为载体吸附化学试剂经加工处理而制成的。

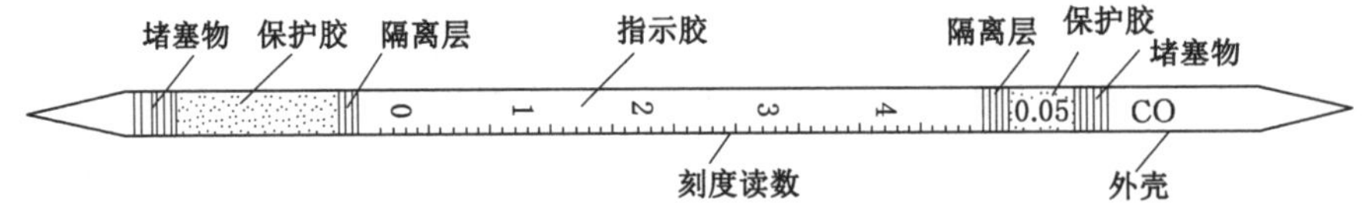

图 6-23 检测管结构

检气管直径为 4～6 mm，长度为 150 mm 左右。使用时，用锉刀将检气管两端封口锉断，用一定容积的吸气球或注射器，使一定量的被测气体以一定的速度通过检气管，被测气体与指示剂发生反应，使填充剂呈现一定的颜色。每支检气管只能使用一次。

检气管有比色式和比长式两种，它们分别根据颜色深浅或色柱的长短，与事先制成的标准色板或浓度标尺进行比较，就可以测出气样中被测气体的含量。其中，利用被测气体与指示剂起反应而改变颜色深浅程度的检定管叫作比色式气体检定管；利用被测气体与指示剂起反应后变色的长度来测定气体浓度的检定管叫作比长式气体检定管。

6.4.2 氮氧化物检测

氮的氧化物包括 N_2O、NO、NO_2、N_2O_3、N_2O_4 和 N_2O_5 等多种形式，总称为氮氧化物(NO_x)。空气中的氮氧化物主要是 NO 和 NO_2，是大气环境中主要有害物之一。人为产生的 NO、NO_2 是工业生产和石化燃料燃烧过程中及城市汽车排放出来的，人为产生的 NO、NO_2 大约是天然来源的 1/7。NO 又是形成光化学烟雾的触发分子，是二次污染物的前身。NO_2 比 NO 的毒性高 4 倍。

NO 是无色、无臭的气体，相对分子质量为 30.011，对空气的相对密度为 1.036 7，熔点为－163.6 ℃，沸点为－1 581.8 ℃，在标准状态下 1 L 气体重 1.340 3 g，稍溶于水。NO 不稳定，易转化为 NO_2。

NO_2 为红褐色的有特殊刺激臭味的气体，相对分子质量为 46.01，对空气的相对密度为 1.58，沸点为 21.2 ℃，熔点为－10.8 ℃，在标准状况下 1 L 气体重 2.056 2 g，具有腐蚀性和较强的氧化性，易溶于水，溶于水后生成腐蚀性很强的硝酸(HNO_3)。对眼睛、呼吸道黏膜和肺部组织有强烈的刺激及腐蚀作用，严重时可引起肺水肿。NO_2 中毒有潜伏期，容易被人忽视，中毒初期仅是眼睛和喉咙有轻微的刺激症状，常不被注意，有的在严重中毒时尚无明显感觉，还可以坚持工作，但经过 6～4 h 后发作，中毒者指头及皮肤出现黄色斑点，并有严重的咳嗽、头痛、呕吐，甚至死亡。

在检测工作中，NO 和 NO_2 可以分别测定它们的总量，通常是测定总重，测定结果均以 NO_2 表示。检测方法包括化学发光法、原电池法等。下面介绍化学发光法检测原理。

当气样中的 NO 与臭氧（O_3）接触时，发生反应生成激发态和基态的二氧化氮（NO_2^* 和 NO_2，其比例约为 92∶8）：

$$NO + O_3 \longrightarrow NO_2(NO_2^*) + O_2$$

激发态的 NO_2 跃迁到较低的基态时，发出波长范围为 600～3 000 nm 的连续光谱，峰值波长 1 200 nm：

$$NO_2^* \longrightarrow NO_2 + h\nu$$

在 O_3 足量的情况下，其发光强度与气样中 NO 的浓度成正比。因此，通过发光强度的测定，即可定量得到气样中 NO 的浓度。

化学发光法测定原理如图 6-24 所示。通过切换三通阀 2，可使气样直接进入反应室 6，测定 NO 的浓度；也可以使气样经过转化器 3 将其中的 NO_2 定量地转变成 NO，由转化器 3 出来的气体再进入反应室 6。

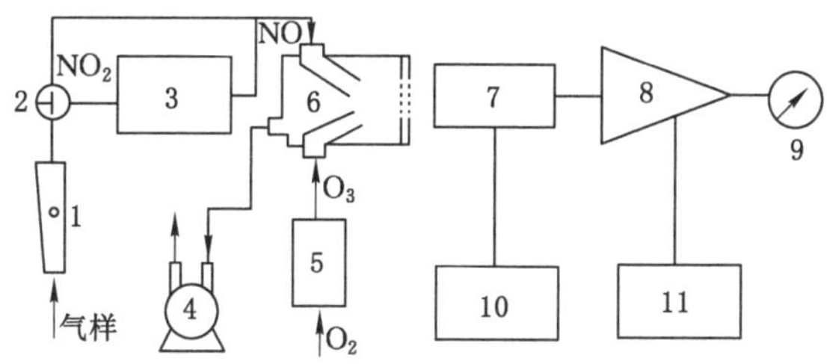

1—流量计；2—三通阀；3—转化器；4—抽气泵；5—O_3 发生器；6—反应室；
7—光电倍增管；8—放大器；9—指示仪表；10—高压电源；11—放大器电源。

图 6-24　化学发光法测定原理

在测定氮氧化物的总浓度时，因 NO_2 转变成 NO 是按 1∶1 定量的，所以发光强度也与气样中氮氧化物的总浓度成正比。显然，经过光电倍增管 7 和线性放大器 8 后，所得推动指示仪表 9 的电信号，也与气样中氮氧化物的浓度成正比。

化学发光法测定氮氧化物的特点是灵敏度高、选择性强、响应速度快，所以受到国内外的普遍重视，在大气连续自动监测中也得到采用。现已被很多国家和世界卫生组织全球监测系统作为检测大气氮氧化物的标准方法。

6.4.3　二氧化硫检测

二氧化硫（SO_2）是一种无色、有强烈硫磺味的气体，易溶于水，相对密度为 2.32，是井下有害气体中密度最大的。在风速较小时，易积聚于巷道的底部。SO_2 有剧毒，对眼睛有强烈刺激作用，矿工们将其称之为“瞎眼气体”。SO_2 遇水后生成硫酸（H_2SO_4），对呼吸器官有腐蚀作用，使喉咙和支气管发炎、呼吸麻痹，严重时引起肺水肿病。当空气中含 SO_2 为 0.000 5％时，嗅觉器官能闻到刺激味。浓度达 0.002％时，有强烈的刺激，可引起头痛、眼睛红肿、流泪、喉痛；0.05％时，引起急性支气管炎和肺水肿，短时间内即死亡。SO_2 是大气主要污染物之一。火山爆发时会喷出该气体，在许多工业过程中也会产生 SO_2。由于煤和石油通常都含有硫元素，因此燃烧时会生成 SO_2。《煤矿安全规程》中规定，煤矿井下空气中

SO_2 含量不得超过 0.000 5%。

6.4.3.1 溶液电导率法

溶液电导率法是在具有一定酸性的硫酸-过氧化氢(H_2SO_4-H_2O_2)吸收的容器中，通以一定流量的被测空气，进行定时的接触反应。被测空气中所含 SO_2 被吸收后形成 H_2SO_4，使吸收液的电导率变化，可得到一定时间内 SO_2 的浓度的平均值；根据记录曲线的斜率可得到 SO_2 浓度的瞬时变化。

6.4.3.2 吸光光度法

按其所采用的溶液可分为 P-品红碱甲醛水溶液法和碘—淀粉溶液法。前者是用 P-品红碱甲醛水溶液吸收空气中 SO_2 成色的方法。后者是利用空气中的 SO_2 与碘淀粉混合液产生化学反应使溶液褪色的方法。二者均属于吸光光度法，根据其光度变化，均可测量被测气体中 SO_2 的浓度。两种方法的仪器结构也相同，均由过滤器、气泵、液泵、气体吸收池及检测部分组成。测量方法可以连续测量也可以数小时为周期进行间隔测量。要注意定期更换试剂和用标准液校准。

6.4.4 硫化氢检测

硫化氢(H_2S)，为无色、微甜、有浓烈的臭鸡蛋味气体，能引起鼻炎、气管炎和肺水肿。当空气中 H_2S 浓度达到 0.000 1%即可嗅到，但当浓度较高时(0.005%～0.01%)，因嗅觉神经中毒麻痹，臭味“减弱”或“消失”，反而嗅不到。H_2S 对水的相对密度为 1.19，易溶于水，在常温、常压下一个体积的水可溶解 2.5 个体积的 H_2S。H_2S 化学性质不稳定，在空气中容易燃烧，空气中 H_2S 浓度为 4.3%～45%时有爆炸危险。H_2S 为剧毒物质，当空气中 H_2S 浓度较低时，主要以腐蚀刺激作用为主；当空气中 H_2S 浓度较高时，能引起人体迅速昏迷或死亡。H_2S 中毒症状与浓度的关系见表 6-12。《煤矿安全规程》中规定，矿井中 H_2S 浓度不得超过 0.000 66%。

表 6-12 H_2S 浓度与中毒症状关系

H_2S 浓度/%	主要症状
0.002 5～0.003 0	有强烈臭味
0.005 0～0.010 0	1～2 h 内出现眼及呼吸道症状，臭味“减弱”或“消失”
0.015 0～0.020 0	出现恶心、呕吐、头晕、四肢无力，反应迟钝，眼及呼吸道有强烈刺激症状
0.035 0～0.045 0	0.5～1 h 内出现严重中毒，可能发生肺炎、支气管炎及肺水肿，有死亡危险
0.060 0～0.070 0	很快昏迷，短时间内死亡

对 H_2S 的测定常用检定管(亚甲基蓝比色法)和伽伐尼电池式气体检测方法等。

6.4.5 二氧化碳检测

二氧化碳(CO_2)是无色、略带酸臭味的气体，易溶于水，不助燃，也不能供人呼吸。CO_2 比空气重，对空气的相对密度为 1.52，在风速较大的巷道中，一般能与空气均匀地混合。在新鲜空气中，含有微量的 CO_2 对人体是无害的。CO_2 对人体的呼吸中枢神经有刺激作用，如果空气中完全不含有 CO_2，则人体的正常呼吸功能就不能维持。因此，在抢救遇难者进行人工输氧时，往往要在氧气中加入 5%的 CO_2，以刺激遇难者的呼吸机能。但当空气中

CO_2 浓度过高时，也将使空气中的氧浓度相对降低，轻则使人呼吸加快、呼吸量增加，严重时也可能造成人员中毒或窒息。

煤矿井下 CO_2 常常积聚在煤矿井下的巷道底板、水仓、溜煤眼、下山尽头、盲巷、采空区及通风不良处。CO_2 窒息同缺氧窒息一样，都是造成矿井人员伤亡的重要原因之一。

生产作业环境的 CO_2 浓度进行检测，可用光学甲烷检测仪、热导式气体检测仪和恒电位电解式检测仪等检测。

6.5 便携式多参数气体检测仪

多参数便携式气体检测仪其大多由载体催化传感器、电化学原理传感器、嵌入式微控制芯片和 LCD 显示屏组成的电子测定器。可以实时检测环境空气中 O_2、CH_4、CO、CO_2、H_2S 等多种气体浓度，可能具有温度、湿度、大气压力等检测功能，具备日期、时间记忆，具有声光报警、欠压报警等多种功能。对于爆炸性环境下使用的仪表，检测仪通常具有防爆功能。多参数气体检测仪的工作原理通常如图 6-25 所示。

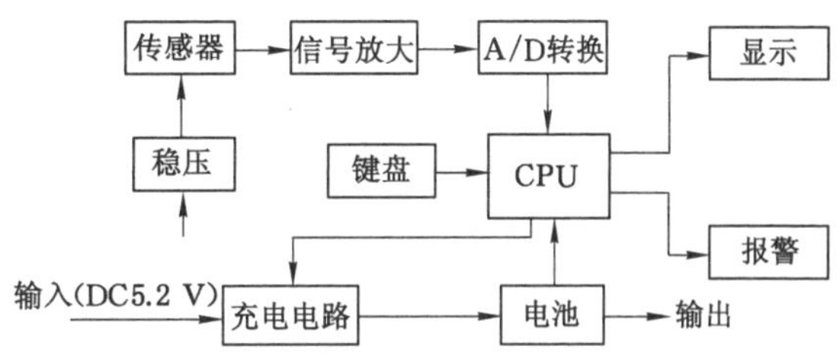

图 6-25　多参数便携式气体检测仪原理

CD4 便携式多参数气体检测仪可以实时检测环境空气中 O_2、CH_4、CO、H_2S 等 4 种气体的浓度。检测仪具有体积小、质量轻、操作简单、携带方便、准确可靠等优点。可广泛适用于煤矿井下、冶金化工、环保现场等环境气体的检测。CD4 便携式外形结构如图 6-26 所示，主要性能和技术参数如表 6-13 所示。

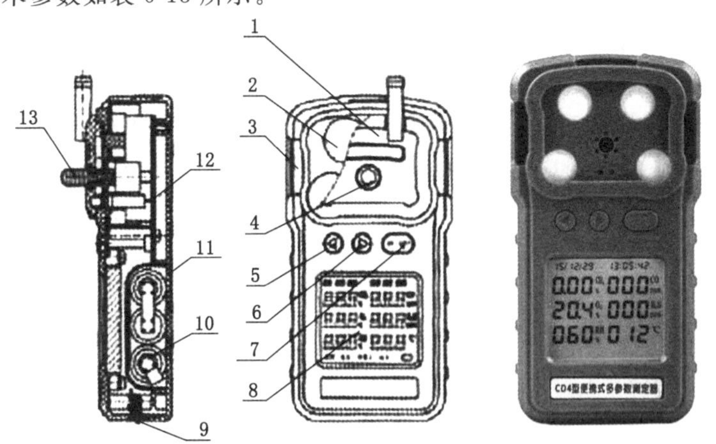

1—校验罩；2—传感器窗口；3—光报警窗口 4—声报警窗口；5—左移/减值键；6—右移/加值键；
7—开关/确认键；8—液晶显示屏；9—充电接口；10—电池组；11—壳体；
12—电路板；13—校验罩固定螺钉。

图 6-26　CD4 便携式多参数气体检测仪

表 6-13　CD4 多参数便携式气体检测仪主要参数

测量气体	测量范围	基本误差	报警误差及报警设置范围	响应时间/s
CH_4	(0.00～1.00)% CH_4	±0.10%CH_4	报警设置范围： 0.5%～4.00%CH_4 报警点：1.00% CH_4 报警误差：±0.05% CH_4	20
	(1.00～3.00)% CH_4	±10%真值		
	(3.00～4.00)% CH_4	±0.30%CH_4		
O_2	(0～30)% O_2	测量范围的±3.0%	报警设置范围： 16%～19.5% O_2 报警点：18% O_2 报警误差：±0.1% O_2	20
CO	(0～100)×10^{-6} CO	不大于±(1.5+2.0%真值)	报警设置范围： 25×10^{-6}～100×10^{-6}CO 报警点：24×10^{-6}CO 报警误差：±1×10^{-6} CO	60
	(100～500)×10^{-6} CO	不大于±4.0%真值		
	>500×10^{-6} CO	不大于 10.0%真值		
H_2S	(0～50)×10^{-6} H_2S	±3×10^{-6} H_2S	报警设置范围： 5×10^{-6}～15×$10^{-6}$$H_2S$ 报警点：10×10^{-6} H_2S 报警误差：±3×10^{-6} H_2S	45
	(50～100)×10^{-6} H_2S	±10%真值		

注：本表测量范围含高限数值。

检测仪由载体催化元件、电化学原理传感器、信号调理电路、微处理器、人机接口和声光报警灯电路组成。载体催化元件和电化学原理传感器将气体中 O_2、CH_4、CO、H_2S 浓度转化为与气体浓度成正比的电信号，电信号报警调理电路滤波放大、微处理器 A/D 转换、智能分析处理后，通过液晶屏显示出被测气体的浓度；当 O_2、CH_4、CO、H_2S 中任一参数达到或超过设置的报警点时，检测仪发出声光报警信号。

检测仪具有超程 CH_4 冲击保护措施，当 CH_4 浓度超过 4.00%时，检测仪在报警的同时自动切断黑白元件的供电。

计算机中央处理器(CPU)在正常检测状态时，同时监测电池电压、实时显示时间，报警状态以及键盘输入并做出相应的处理。充电时，采用三段式充电管理，整个充电过程由 CPU 监控并指示，充满自动停止。

第7章 粉尘检测

工业的发展带来对生产环境和空间大气的污染，其中粉尘污染就是严重的生产环境和大气污染。粉尘污染不仅严重影响人类健康，带来了诸如矽(硅)肺、尘肺等疾病，而且粉尘还危害机电设备，例如，对通风机、鼓风机、空气压缩机、内燃机气缸的磨损，甚至造成大规模集成电路失效等。此外，有些粉尘还可能产生燃烧爆炸，带来重大损失。所以，控制粉尘污染是确保职业卫生与安全的重要内容之一。为了有效地控制粉尘污染、研究新的除尘装置、正确地设计和评价除尘系统，保证生产安全，必须对粉尘的理化性质、粉尘的粒径及分布、粉尘浓度等进行检测。

7.1 生产性粉尘概述

通俗地说，"粉尘"是一种能较长时间悬浮于空气中的固体颗粒物的总称。粉尘是一种气溶胶，固体微小尘粒实际是分布于以空气作为胶体溶液里的固体分散介质。

7.1.1 生产性粉尘

在生产中，与生产过程有关而形成的粉尘叫作生产性粉尘，也称为工业粉尘。粉尘颗粒一般都比较小，很多粉尘颗粒是肉眼看不到的。肉眼能看到的粉尘颗粒直径在 10 μm 以上，叫作可见尘粒；而通过显微镜才能看到的粉尘叫作显微尘粒，直径在 0.1～10 μm；直径小于 0.1 μm，要用高倍显微镜或电子显微镜才能看到的尘粒，称为超显微粒。生产性粉尘常指粒径在 1 mm 以下的所有粉尘。包括各种粒径在内的粉尘总和叫作全尘，能够通过人的上呼吸道进入肺泡区的粉尘称为呼吸性粉尘。一般认为，粒径在 5 μm 以下的生产性粉尘就是呼吸性粉尘。生产性粉尘还可以从不同角度分类。

(1) 按粉尘产生的来源可分为尘、雾、烟等。尘是固态分散性气溶胶，固体物料经机械性撞击、研磨、碾轧而形成，粒径为 0.25～20 μm，其中大部分为 0.5～5 μm。雾是分散性气溶胶，为溶液经蒸发、冷凝或受到冲击形成的溶液粒子，粒径为 0.05～50 μm。烟是固态凝聚性气溶胶，包括金属熔炼过程中产生的氧化微粒或升华凝结产物、燃烧过程中产生的烟，粒径小于 1 μm，其中较多的粒径为 0.01～0.1 μm。

(2) 按形成粉尘的物质可分为无机粉尘、有机粉尘和混合性粉尘。无机粉尘包括矿物性粉尘、金属性粉尘、人工无机性粉尘等。有机性粉尘包括动物性粉尘、植物性粉尘、人工有机性粉尘等。混合性粉尘即上述各类或同类粉尘中的几种物质的混合物。

(3) 按粉尘物性有多种分法,例如,吸湿性粉尘、非吸湿性粉尘;不黏尘、微黏尘、中黏尘、强黏尘;可燃尘、不燃尘;爆炸性粉尘、非爆炸性粉尘;高比电阻尘、一般比电阻尘、导电性尘;可溶性粉尘、不溶性粉尘。

(4) 按粉尘对人体危害可分为矽尘、石棉尘、放射性粉尘、有毒粉尘、无毒粉尘。

7.1.2 生产性粉尘的职业危害

粉尘可随呼吸进入呼吸道。进入呼吸道的粉尘并不全部进入肺泡,可以沉积在从鼻腔到肺泡的呼吸道内。影响粉尘在呼吸道不同部位沉积的主要因素是尘粒的物理特性(例如尘粒的大小、形状和密度等),以及与呼吸有关的空气动力学条件(如流向、流速等),不同粒径的粉尘在呼吸道不同部位沉积的比例也不同。

粉尘的化学成分直接影响着对机体的危害性质,特别是粉尘中游离二氧化硅的含量。长期大量吸入含结晶型游离二氧化硅的粉尘可引起矽(硅)肺病。粉尘中游离二氧化硅的含量越高,引起病变的程度越严重,病变的发展速度越快。但是直接引起尘肺的粉尘是指那些可以吸入到肺泡内的粉尘,即呼吸性粉尘。

生产性粉尘主要引起呼吸系统疾病,如呼吸系统刺激、黏膜刺激、各种尘肺病。其他如有毒粉尘将引发相应的中毒症状;放射性粉尘引发放射病;以及已证实的长期吸入石棉尘引发的癌变。粉尘引起的职业危害主要有全身性中毒、局部刺激性、变态反应性、致癌性、尘肺。其中,尘肺的危害最为严重。《职业病危害因素分类目录(2015 年)》规定,粉尘为职业病危害因素 6 个大类中的第一大类,涵盖了矽尘、煤尘、石墨粉尘等 52 个子类。《中华人民共和国职业病防治法》规定,职业病是指企业、事业单位和个体经济组织等用人单位的劳动者在职业活动中,因接触粉尘、放射性物质和其他有毒、有害因素而引起的疾病,将粉尘的危害排在第一位,可见粉尘危害的严重性。

7.2 粉尘物性检测

粉尘物性包括粉尘密度、分散度、安息角、吸湿性、含湿量、浸润性、黏结性、比电阻等多种,《粉尘物性试验方法》(GB/T 16913—2008)对粉尘物性试验样品采集和物性试验方法进行了规定。本节主要介绍粉尘的密度、比电阻和爆炸特性的检测原理与方法。

7.2.1 粉尘密度检测

7.2.1.1 粉尘密度的概念

由于粉尘粒子间的空隙、颗粒的外开孔和内闭孔占据了比尘粒本身大得多的体积,这使得粉尘的密度(g/cm^3)有多种概念。

(1) 粉尘真密度:指单位体积无孔隙粉尘的质量。粉尘真密度在理论上应与形成这种粉尘的固体材料的密度一致。

(2) 粉尘假密度:包括尘粒内部闭孔体积在内的单位体积粉尘质量。

(3) 粉尘有效密度:粉尘的真密度和假密度通称粉尘有效密度。

(4) 粉尘堆积密度:也称为粉尘表观密度,包括粉尘内部孔隙和粉尘之间空隙在内的单位体积粉尘松散体的质量。

7.2.1.2 有效密度的测定

粉尘有效密度的测定可采用比重瓶法，其原理是浸液在真空条件下浸入粉尘空隙，测定同体积的粉尘和浸液的质量，根据浸液的密度计算粉尘的有效密度。采用比重瓶法测定粉尘有效密度的装置如图7-1所示。

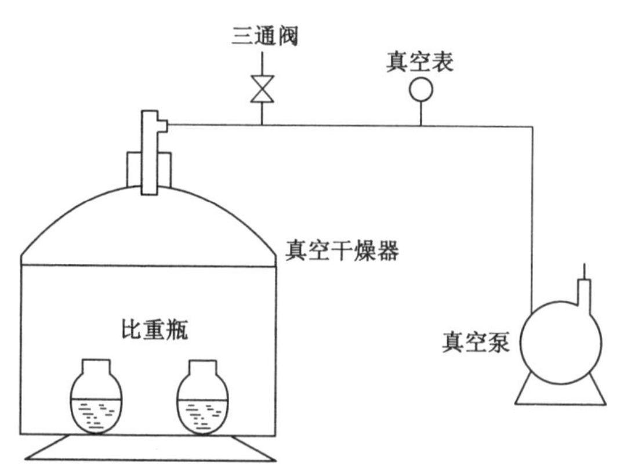

图7-1 粉尘有效密度测定原理

(1) 试样制备。尘样通过80目(180 μm)的标准筛除去杂物，再在105 ℃下干燥4 h后放置在干燥器内自然冷却。对于小于或略等于105 ℃时就会发生化学反应或熔化、升华的粉尘，干燥温度宜比发生化学反应或熔化、升华温度至少降低5 ℃，并适当延长干燥时间。

(2) 浸液选择。浸液要求浸润性好，能与粉尘粒子亲和，但不溶解粉尘、不与粉尘起化学作用、不使粉尘体积膨胀或收缩。

(3) 称量。称量洁净干燥的带盖比重瓶质量 m_0，然后装入粉尘(约至瓶容积的1/4)，称量比重瓶和粉尘质量 m_s。打开比重瓶盖，将浸液注入装有粉尘的比重瓶，浸润并浸没粉尘。将装有粉尘和浸液的比重瓶放入真空干燥器，用硬胶管按图7-1连接各部件，各连接处应严密不漏气。启动真空泵抽气至总表刻度大于或等于100 kPa，并观察瓶内基本无气泡逸出时停止抽气。注意：抽气开始时调节三通阀，使瓶内粉尘中的空气缓缓排除，避免由于抽气过急而将粉尘带出。取出比重瓶注满浸液并加盖，液面应与盖顶平齐，称量比重瓶、粉尘和浸液质量 m_c。洗净比重瓶，注满浸液并加盖，液面与盖顶平齐，称取比重瓶和浸液质量 m_1，并按式(7-1)计算粉尘真密度：

$$\rho_p = \frac{m_s - m_0}{m_s - m_0 + m_1 - m_c}\rho_t \tag{7-1}$$

式中，ρ_t 为浸液在测定温度下的密度，g/cm^3。

测定时，应取两平行样品测定值的平均值作为测定结果。两平行样品测定值的相对误差应小于或等于2%。

7.2.1.3 堆积密度的测定

堆积密度的测定可用自然堆积法测定，其测定原理是粉尘从漏斗口在一定高度自由下落充满量筒，测定松装状态下量筒内单位体积粉尘的质量。粉尘自然堆积密度计如图7-2所示。

(1) 试样制备。试样制备同比重瓶法。

(2) 称量。按图7-2将测定装置各部件组装于试验平台上，调整水平。漏斗锥度为60°±0.5°，漏斗流出口径为 ϕ12.7 mm，漏斗中心与下部圆形量筒中心一致，流出口底沿与量筒上沿的距离为115 mm±2 mm，量筒内径为 ϕ39 mm，容积为100 cm^3。盛样量筒容积为120 mL。用塞棒塞住漏斗流出口，将尘样装入盛样量筒，用刮片刮平后倒入漏斗中。然

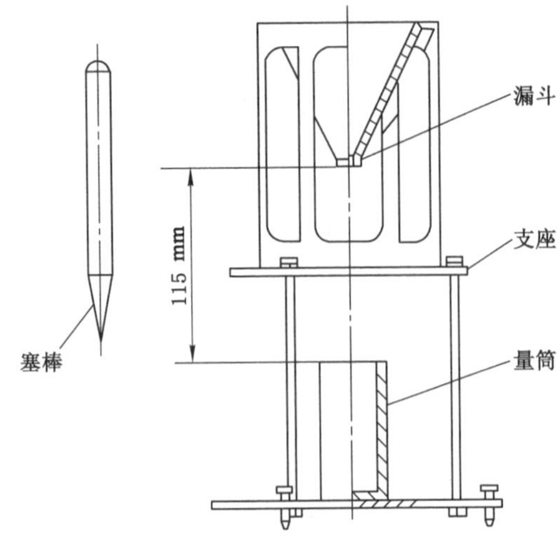

图 7-2 粉尘堆积密度测定原理

后拔出塞棒使粉尘自由落下至下部量筒中，待漏斗中粉尘全部流出后，用刮片将堆积于量筒上的粉尘刮去。最后把装有粉尘的量筒放到天平上称量，按式(7-2)计算粉尘堆积密度：

$$\rho_b = \frac{(m_1 + m_2 + m_3)/3}{V} \tag{7-2}$$

式中，ρ_b 为粉尘堆积密度，g/cm^3；m_1，m_2，m_3 分别为测量 3 次各次所称得的粉尘质量，g；V 为校正后的量筒容积，cm^3。

连续 3 次测定所得的粉尘质量最大值与最小值之差应小于 1 g，否则进行重复测定，直到最大值与最小值之差小于 1 g，取符合要求的 3 次测量平均值作为测定结果。

7.2.2 粉尘比电阻检测

7.2.2.1 粉尘比电阻

粉尘对导电的阻力特征通常用比电阻 $\rho(\Omega \cdot cm)$表示：

$$\rho = \frac{U}{j\delta} \tag{7-3}$$

式中，U 为施加于粉尘层的电压，V；j 为通过粉尘层的电流密度，A/cm^2；δ 为粉尘层的厚度，cm。

对同一粉尘，当采用不同方法和仪器测试比电阻时，结果相差也较大。采样方法有小旋风采样、静电采样、过滤采样、灰斗取样等。由于采样方法不同，影响了粉尘粒径分布的代表性及粉尘层的形成方式。粉尘沉积在测定盘中的方法有静电沉积、机械振实、人工刮平等，不同方法所形成的粉尘充填密度不同，带来测试的差异。某些方法中，取粉尘击穿前的电压；另一些方法中，则取击穿电压的 85%，或者采用固定的电压；而同心圆筒法所取电压更低。外加电压越高，比电阻就越低。由于电场强度不同，测试结果可相差一个数量级。粉尘测试环境与现场实际偏离程度直接影响到测试结果的真实性。因此，在给出粉尘比电阻数据时，要注明所用仪器和方法。

7.2.2.2 圆盘法测定粉尘比电阻

圆盘法测定粉尘电阻在试验环境模拟箱内进行，如图 7-3 所示。粉尘自然装入圆盘，载样圆盘置于试验环境模拟箱内，上电极自然地放在载样圆盘中心；待尘样与箱内气相状态平衡后，开启电源测量加于粉尘层上的电压和通过主电极的电流，根据粉尘层的厚度和主电极接触粉尘层的面积，计算粉尘在该状态下的比电阻。

如图 7-4 所示，圆盘测定器电极应导电性良好，加热后不变形，抗腐蚀，环境气相渗透平衡快，表面平整光滑无尖端放电现象；绝缘支架应耐腐蚀且绝缘性能好，由主电极和屏蔽电极组成的上电极对尘样的压力为 $10\ g/cm^2$。试验环境模拟箱温度调整范围从室温至 300 ℃，等温试验保持在±5 ℃以内，湿度调整范围从室内湿度至 15%(体积分数)，等湿试

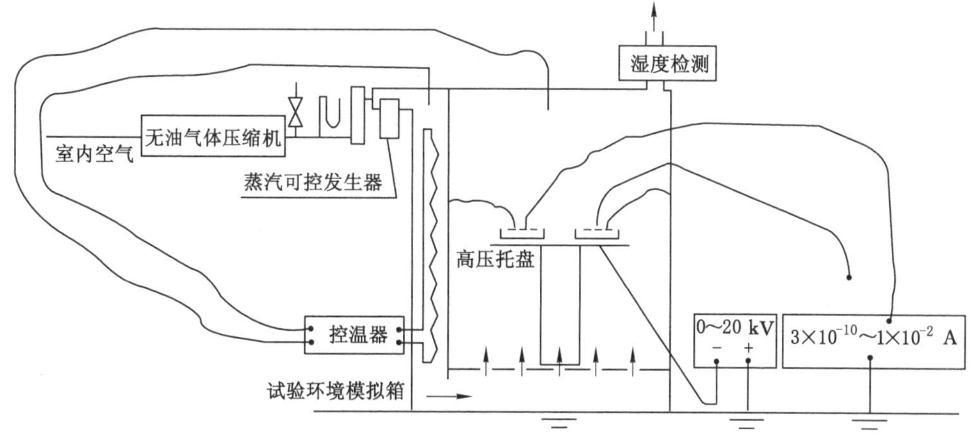

图 7-3 粉尘比电阻试验系统

验保持在±1.5%(体积分数)以内;箱体接地可靠,高压托盘对地距离不小于 4 cm。高压直流供给电压为 0~−20 kV,电流为 0~10 mA。

粉尘试样制备同粉尘密度测定制备要求。首先将试样装入圆盘测定器,粉尘应自然填充到圆盘内,并用刮片刮平。将载有试样的圆盘平稳放入试验环境模拟箱高压托盘上,然后将上电极轻轻、自然地放在载样圆盘中心。主电极接导向电流表的引线,屏蔽电极接地。关闭试验环境模拟箱与安全门联锁。调整试验环境模拟箱内的气态,待尘样与箱内气相状态平衡后(约 30 min)开启电源,以约 100 V/s 的速度平稳升至试验电压(一般粉尘的试验电场强度取 2 kV/cm),接通电流后 30~60 s 内读数。对于低比电阻粉尘,试验电流以 10 mA 为限;对于高比电阻粉尘,试验电压以粉尘层击穿电压的 95%为限。对于一般粉尘,试验电场强度以 2 kV/cm 为起点 2 kV/cm 为增量逐一递升测定直至粉尘层击穿。按式(7-4)计算比电阻 ρ(Ω·cm):

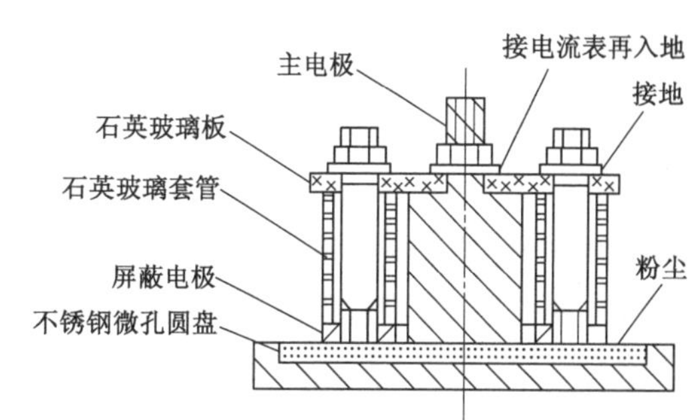

图 7-4 粉尘比电阻圆盘测定器结构

$$\rho = \frac{U}{I} \times \frac{S}{H} \tag{7-4}$$

式中,U 为试验电压,V;S 为主电极接触粉尘层面积,cm^2;I 为测定电流,A;H 为粉尘层厚度,cm。

7.2.2.3 过滤式同心圆环法测定工况粉尘比电阻

过滤式同心圆环型工况粉尘比电阻测定装置由带测盘电极的采样器、可控抽气泵、高阻表和连接附件组成,如图 7-5 所示。将和同心圆环测量电极构成一体的采样器置于含尘气流中,通过可控抽气泵用过滤法等速采样,采集的尘样在滤膜上呈同心圆环,同时用高阻表测量尘样电阻;尘样采足后,高阻表读数乘以采样器当量,即为工况粉尘比电阻测定值。

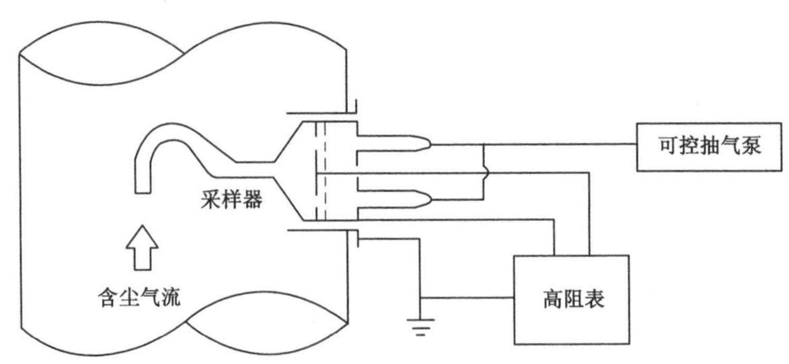

图 7-5　工况粉尘比电阻试验系统

采样器外壳为一电极，由前壳体、外电极和带接头的后壳体组成，其电极工作面是一个圆环，中心电极通过多孔导流绝缘极和绝缘内外环在采样器中定位，由引流杆用螺母固定，基电极工作面与外电极工作面同心对应。中心电极引流杆穿过环形滤膜，通过垫圈压紧滤膜。滤膜内侧由二个绝缘小片夹紧。采样管的长度视现场而定。气流引出管套有绝缘层，采样器通过接地罩屏蔽。带测量电极的采样器在工况下应不变形，不腐蚀；电极工作面呈同心圆环，导电性良好，本底电阻大于被测尘样电阻。可控抽气泵流量为 0～40 L/min，负压值为 0～35 kPa。高阻表量程为 10^3～10^{13} Ω，准确度等级为 10 级。

根据工况选择长度适合的采样管，与采样器前壳体拧紧。中心电极套上绝缘内环，用螺母配垫圈与多孔导流绝缘板一起固定，将环形滤膜装入外电极，用垫圈压紧。后壳体套上挡圈，首先将引流杆从绝缘套管中插入，并安装加强片和绝缘小片；然后将后壳体带着引流杆等与外电极拧紧；最后从外电极前方将另一绝缘小片安在引流杆上夹住滤膜。绝缘外环放入外电极，将导流板等固定在一起的中心电极与引流杆拧紧，固定在采样器中，使其工作面与外电极工作面同心对应，再将带采样管的前壳体与外电极拧紧。紧接着，将采样器置于采样点，可控抽气泵用带绝缘接头的橡皮管与采样器连通，高阻表电压输出和电流输入分别与采样器外电极接头和引流杆连接，电流输入线采用屏蔽线。高阻表接地端和采样器接地罩应可靠接地。接通可控抽气泵和高阻表的电源，读取装置本底电阻。开启可控抽气泵，等速采样。随着尘样的采制，负压表读数渐增，高阻表读数渐降。高阻表读数稳定时，尘样采足。将高阻表的读数乘以采样器当量，即为粉尘比电阻测定值。

根据工况连续测定粉尘比电阻 ρ_i，一般 n 取为 4～10 次，按式(7-5)计算算术平均值 ρ_{cp}，粉尘比电阻平均值为：

$$\rho_{cp}=\frac{1}{n}\sum\rho_i \tag{7-5}$$

测定时需要注意的是，采样器外壳为一电极，中心电极接头也是外露的，手握套有绝缘层的气流引出管时不得接触带电部分。在高温烟气流中测定，应戴耐高温的绝缘手套。在采样过程中，负压表指针如果突然降落，表示滤膜破漏，应该立即停止工作，重装滤膜。在测定过程中，高阻表读数如果始终接近装置本底电阻，说明装置本底电阻偏低，必须重新将装置处理干净，提高本底电阻。采样器的石英玻璃是易损件，操作应稳妥。

7.2.3 粉尘爆炸特性检测

粉尘爆炸特性有两层含义:一是与粉尘爆炸界限条件有关的特性,如粉尘云的爆炸上、下限、最低着火温度、最小着火能量等;二是粉尘充分爆炸时的特性,如最大爆炸压力及其上升速度等。

7.2.3.1 哈特曼爆炸测试仪

哈特曼爆炸测试仪是1939年由美国矿业局哈特曼研制的圆筒型爆炸测试装置,如图7-9所示。该装置长30.5 cm,内径为6.4 cm,容积为1.21 L,曾作为标准粉尘爆炸试验装置被各国广泛采用。

试验粉尘放置在分散杯内,压力为2.8×10^5 Pa的压缩空气由分散杯底部的导管进入容器并吹向伞状反射板,压缩空气因反射板阻挡而反吹分散杯使粉尘飞散成粉尘云,由上方的电极放电点燃尘云。该装置可以测定粉尘爆炸下限、最小着火能量等参数。

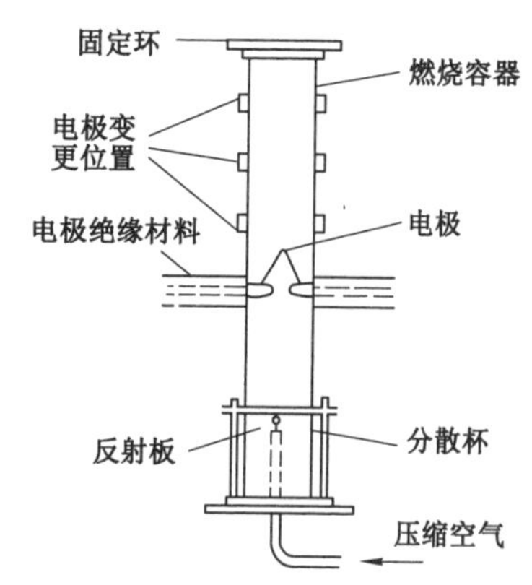

图7-9 哈特曼爆炸试验装置

为测定爆炸压力和压力上升速度,可将透明玻璃试验筒改为钢制圆筒,上端密闭形成封闭容器,由安装于顶端的压力传感器测定爆炸压力。

7.2.3.2 20 L爆炸试验装置

哈特曼装置存在着粉尘喷布不均匀、爆炸压力上升速度与大规模巷道试验数据不符等缺点。为此,美国矿业局又研制出20 L爆炸测试装置,如图7-10所示。

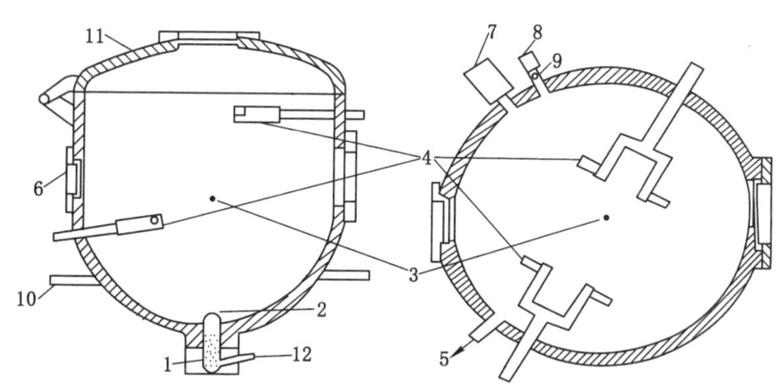

1—试验粉尘;2—喷嘴;3—点火源;4—粉尘浓度探头;5—至真空泵;6—观察窗;7—压力传感器;8—氧气传感器;9—阀;10—支架;11—盖;12—压缩空气。

图7-10 20 L爆炸测试装置

形成粉尘云的方法有两种:一种与哈特曼爆炸测试仪相同;另一种则用压缩空气通过喷嘴喷粉尘。后者的具体步骤是:先卸下喷嘴2,将试验粉尘1放入粉尘室内,安上喷嘴,盖紧上盖11,将爆炸罐抽气至0.04 MPa的压力,压缩空气罐内以2.1 MPa的压力喷出短促空气脉冲将粉尘从喷嘴喷出,使罐内压力上升至标准大气压。通过光学粉尘浓度探头4测定粉尘云浓度,用点火源3引燃尘云。通过观察窗6用爆温仪测量火焰温度,用压力传感器7

测量爆炸压力，用氧气传感器 8 测定氧气消耗量等参数。

7.2.3.3 煤尘爆炸鉴定仪

《煤矿安全规程》中规定，新矿井在建井前必须对所有煤层进行煤尘爆炸性鉴定工作；生产矿井每延伸一个新水平，都必须进行一次煤尘爆炸性鉴定工作。煤尘爆炸鉴定仪原理如图 7-11 所示。

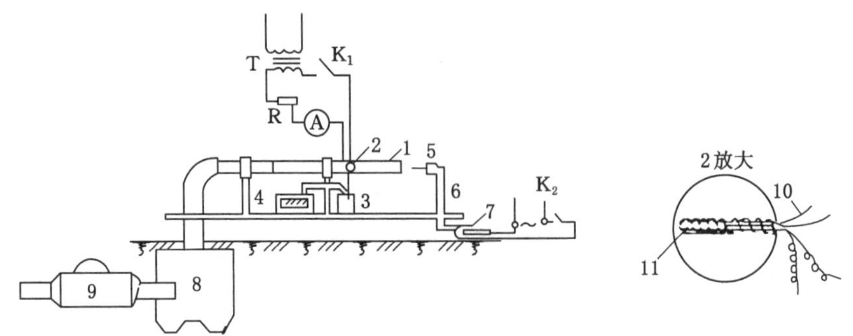

1—硬质玻璃管；2—加热器；3—冷藏瓶；4—高温计；5—试料管；6—导气管；7—打气筒；8—滤尘箱；9—吸尘器；10—铂—铑热电偶；11—铂丝；K_1—开关；K_2—电钮；T—变压器，A—电流表；R—调节电阻。

图 7-11 煤尘爆炸鉴定仪原理

供煤尘云燃烧的容器是内径为 75～88 mm、长 140 mm 的硬质玻璃管，在距管口 40 mm 处开有直径为 12～14 mm 的小孔，用铂金丝绕成的加热器由此孔放入管内。试验时，将加热器升温至 1 100 ℃±20 ℃，由管口 5 将 1 g 煤尘试样喷入管 1 内，判断煤尘云是否燃烧。

同一煤样做 5 次相同试验。如果 5 次均不产生火焰，则还要再做 5 次试验。10 次试验中均未出现火焰，该煤样即为无爆炸性危险煤尘；只要其中有 1 次出现火焰，该煤样为有爆炸性危险煤尘。

7.3 粉尘分散度测定

粉尘分散度是指粉尘中不同粒径颗粒的数量或质量分布的百分数，也称粉尘粒径分布。由于粉尘粒径范围很宽，并且各种粉尘又各具不同的物理、化学性质，致使粉尘粒径的测试方法繁多。《工作场所空气中粉尘测定 第 3 部分：粉尘分散度》(GBZ/T 192.3—2007)规定，采用数量分布百分数表示，并对滤膜溶解涂片法、自然沉降法的采样原理与仪器要求等做了具体规定。

7.3.1 粉尘分散度测定方法

7.3.1.1 滤膜溶解涂片法

(1) 测定原理。首先将采集有粉尘的过氯乙烯滤膜溶于有机溶剂中，形成粉尘颗粒的混悬液，制成标本；然后在显微镜下测量和计数粉尘的大小及数量，计算不同大小粉尘颗粒的百分数。

（2）测定仪器与试剂。检测的主要仪器有 25 mL 的瓷坩埚或烧杯、75 mm×25 mm×1 mm 的载物玻片、显微镜、目镜测微尺、物镜测微尺等。物镜测微尺是一标准尺度，其总长为 1 mm，分为 100 等份刻度，每一份刻度值为 0.01 mm，即 10 μm。使用的试剂为乙酸丁酯、化学纯。使用前，所用仪器必须擦洗干净。

（3）测定方法。首先将采集有粉尘的过氯乙烯滤膜放入瓷坩埚或烧杯中，用吸管加入 1～2 mL 乙酸丁酯，用玻璃棒充分搅拌，制成均匀的粉尘混悬液；然后立即用滴管吸取 1 滴，滴于载物玻片上，用另一载物玻片成 45°角推片，待自然挥发，制成粉尘（透明）标本，贴上标签，注明样品标识。

目镜测微尺的标定：首先将待标定目镜测微尺放入目镜筒内，物镜测微尺置于载物台上，在低倍镜下找到物镜测微尺的刻度线，移至视野中央，再换成 400～600 放大倍率，调至刻度线清晰，移动载物台，使物镜测微尺的任一刻度与目镜测微尺的任一刻度相重合；然后找出两种测微尺另外一条重合的刻度线，分别数出两种测微尺重合部分的刻度数，按式（7-6）计算出目镜测微尺刻度的间距。

$$D=\frac{a}{b}\times 10 \tag{7-6}$$

式中，D 为目镜测微尺刻度的间距，μm；a 为物镜测微尺刻度数；b 为目镜测微尺刻度数；10 为物镜测微尺每刻度间距，μm。

取下物镜测微尺，将粉尘标本放在载物台上，用低倍镜找到粉尘颗粒，再在标定目镜测微尺所用的放大倍率下观察，用目镜测微尺随机地依次测定每个粉尘颗粒的大小，遇长径量长径，遇短径量短径。至少测量 200 个尘粒。按表 7-1 分组记录，计算出百分数。

表 7-1 粉尘分散度测量记录表

粒径/μm	＜2	2（含 2）～5	5（含 5）～10	≥10
尘粒数/个				
百分数/%				

（4）测定注意事项。镜检时，如果发现涂片上粉尘密集而影响测量时，可向粉尘悬液中再加乙酸丁酯稀释，重新制备标本。制好的标本应放在玻璃培养皿中，避免外来粉尘的污染。该方法不能测定可溶于乙酸丁酯的粉尘和纤维状粉尘。

7.3.1.2 自然沉降法

（1）测定原理。将含尘空气采集在沉降器内，粉尘自然沉降在盖玻片上，在显微镜下测量和计数粉尘的大小及数量，计算不同大小粉尘颗粒的百分数。对于可溶于乙酸丁酯的粉尘选用本法。

（2）测定仪器。检测仪器主要有格林沉降器、18 mm×18 mm 盖玻片、75 mm×25 mm×1 mm 载物玻片、显微镜、目镜测微尺、物镜测微尺等。

（3）粉尘采样。采样前清洗沉降器，将盖玻片用洗涤液清洗，用水冲洗干净后，再用 95%乙醇擦洗干净，采样前将盖玻片放在沉降器底座的凹槽内，推动滑板至与底座平齐，盖上圆筒盖。采样时，首先将滑板向凹槽方向推动，直至圆筒位于底座之外，取下筒盖，上下移动几次，使含尘空气进入圆筒内；盖上圆筒盖，推动滑板至与底座平齐；然后将沉降器水平静止 3 h，使尘粒自然沉降在盖玻片上。

(4) 测定方法。将滑板推出底座外，取出盖玻片，采尘面向下贴在有标签的载物玻片上，标签上注明样品的采集地点和时间。在显微镜下测量和计算，与滤膜溶解涂片法一样。

(5) 注意事项。该方法适用于各种颗粒性粉尘，包括能溶于乙酸丁酯的粉尘；使用的盖玻片和载物玻片均应无尘粒；沉降时间不能小于 3 h。

7.3.1.3 安德逊移液管法

(1) 测定原理。均匀分散在液体介质中的粉尘在重力作用下按斯托克斯规律沉降，按给定时刻在悬浊液柱的规定深度依次取出定体积的样液，蒸发液体介质后测定其中粉尘质量；根据各时刻取出样液中的粉尘质量与同体积原始样液中粉尘质量之比，确定粉尘分散度。安德逊移液管法测定的是质量分数，d_p(μm)通常设定 6 个控径等级：5、10、15、25、35、50，按式(7-7)计算取样时间：

$$t=\frac{1}{\rho_p-\rho_w}\cdot\frac{18\mu_w}{g}\times10^8\cdot\frac{h}{d_p^2} \tag{7-7}$$

式中，t 为 d_p 粒径尘粒沉降高度 h 所需时间，s；ρ_p 为粉尘有效密度，g/cm^3；ρ_w 为液体介质密度，g/cm^3；$\frac{18\mu_w}{g}\times10^8$ 液体介质黏度修正系数；μ_w 为液体黏度介质系数，g/cm・s；g 为重力加速度，981cm/s^2；h 为沉降高度，cm；d_p 为粉尘粒径，μm。

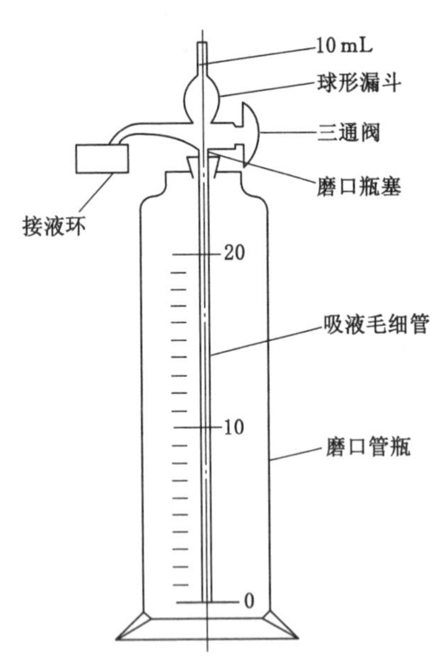

图 7-12 安德逊移液管瓶

(2) 测定仪器。安德逊移液管如图 7-12 所示，为直径 5 cm、容积 500 mL 的磨口管瓶，从下部基线至上部液面刻有 20 cm 的标线，刻线间距为 1 mm。瓶中吸液毛细管外径为 5 mm，内径为 1 mm，下端面与瓶下部基线平齐，上部有供吸液和排液用的三通阀及容积为 10 mL 的球形漏斗。ϕ40 mm×25 mm 称量杯 6～8 个，20 mL 注射器 1 支，长为 0.8 m 的 ϕ10 mm 软胶管 1 根。秒表。分析天平最大称量 200 g，感量 0.1 mg。一组直径为 200 mm 的标准筛：80 目(180 μm)筛、170 目(90 μm)筛、200 目(75 μm)筛、230 目(62 μm)筛等。

(3) 测定方法。洗净称量杯并编号，烘干后在干燥器内冷却，然后称重。记录称量杯初重。取 1～2 g 尘样在烧杯中与液体介质和定量分散剂搅拌均匀，确认液体介质浸润粉尘颗粒表面后，用液体介质将尘样和分散剂全部注入移液管瓶。用注射器将液体介质加入移液管瓶到 20 cm 标线，然后关闭三通阀，振荡盛样移液管 3 min，使其成为均匀的悬浊液。移液管就位，尘样开始沉降，用秒表计时。将移液管上部球形漏斗上方口用软胶管与注射器连接。用注射器通过吸液毛细管按时在 0 刻度液位取样，每次取样应提前 7 s，在 15 s 内抽取 10 mL。抽取量通过 10 mL 球形漏斗和三通阀控制，允差0.2 mL。样液依次注入各称量杯中。每次取样注入称量杯后，用5～10 mL液体介质从上方注入球形漏斗，冲洗残留样液注入称量杯。将盛有样液的称量杯在不高于样液沸点的温度下烘干后放入干燥器中冷却，然后称重。按式(7-8)计算悬浊液的含尘浓度：

$$c=\frac{m}{V} \tag{7-8}$$

式中，c 为悬浊液含尘浓度，g/mL；m 为尘样质量，g；V 为悬浊液体积，mL。

然后按式(7-9)计算各粒径的筛下累计百分数：

$$D_{\mathrm{i}}=\frac{m_{\mathrm{si}}-m_{1}-m_{\mathrm{i}}}{m_{\mathrm{c}}}\times 100 \tag{7-9}$$

式中，D_{i} 为 d_{p} 粒径的筛下累计百分数，%；m_{si} 为样液最大粒径 d_{p} 的称量杯最终质量，mg；m_1 为10 mL样液的分散剂含量，mg；m_{i} 为样液最大粒径为 d_{p} 的称量杯最初质量，mg；m_{c} 为10 mL原始样液的含尘量，mg。

7.3.1.4 惯性分级法

利用粉尘大小粒子在气体、液体介质中的惯性不同可以对其分级，这种分析方法称为惯性分级法。采用惯性分级的仪器有级联冲击器和巴柯分级器等。

(1) 级联冲击器。级连冲击器结构简单、紧凑，并可同时测定粉尘浓度和粒径分布，因而得到广泛应用。图7-13是级联冲击器工作原理图。

含尘气流从圆形或条缝形喷嘴高速喷出，形成射流，直接冲向设于前方的冲击板上。冲量较大的尘粒偏离气流撞击在冲击板上，由于黏聚力、静电力和范德华力的作用而黏附、沉积于冲击板上；而冲量较小的粉尘则随气流进入下一级。若将几个喷嘴依次串联，并逐渐减小喷嘴直径，从气流中分离出来的粉尘粒子也逐级减小。

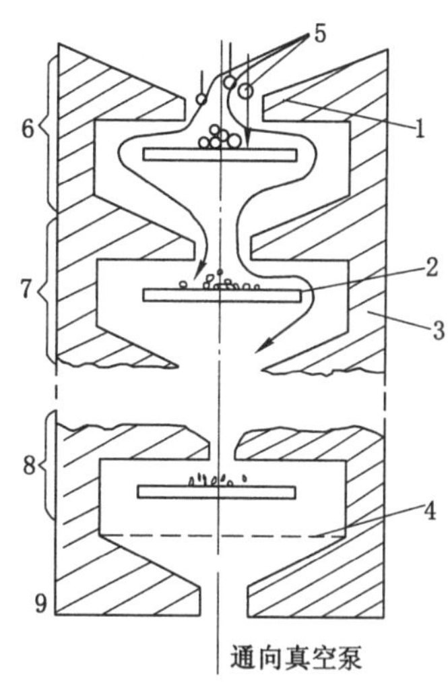

1—喷嘴；2—冲击板；3—外壳；4—滤网；5—粒子；6—第1段；7—第2段；8—第 n 段；9—终过滤段。

图7-13 级联冲击器工作原理

(2) 巴柯分级器。巴柯分级器利用惯性离心力使粉尘粒子分离而进行分级，如图7-14(a)所示。该仪器由试料容器、旋转圆盘和电动机等部分组成。尘粒在分级室内运动如图7-14(b)所示。

粉尘由带振动器的加料漏斗1通过中央小孔2进入旋盘上。电动机带动旋盘旋转，在离心力作用下，粉尘经环缝落入分级室3。电动机带动辐射叶片旋转，使气流从仪器下部环缝6吸入，经节流片8，整流器9，分级室3从上部边缘排出。分级室高度很小，粉尘在此处受到由中心向周围的惯性离心力，同时受到由周围向中心的气流阻力。因粉尘的大小、形状及密度不同，粉尘所受的作用力大小方向也不同。当粉尘的离心力大于空气阻力时，粉尘落到收尘室4中成为筛上物，而离心力小于空气阻力的尘粒则被吹出成为筛下物，其中部分粉尘沉降到外圈的旋转圆盘5上。环缝6的宽度由螺母7的位置决定。利用节流片8可调整螺母7的位置，从而调整进入仪器的空气量。该仪器配有一套节流片，由大到小逐级更换节流片，进入的空气量也由小到大逐级变化，从而逐级将粉尘吹去。

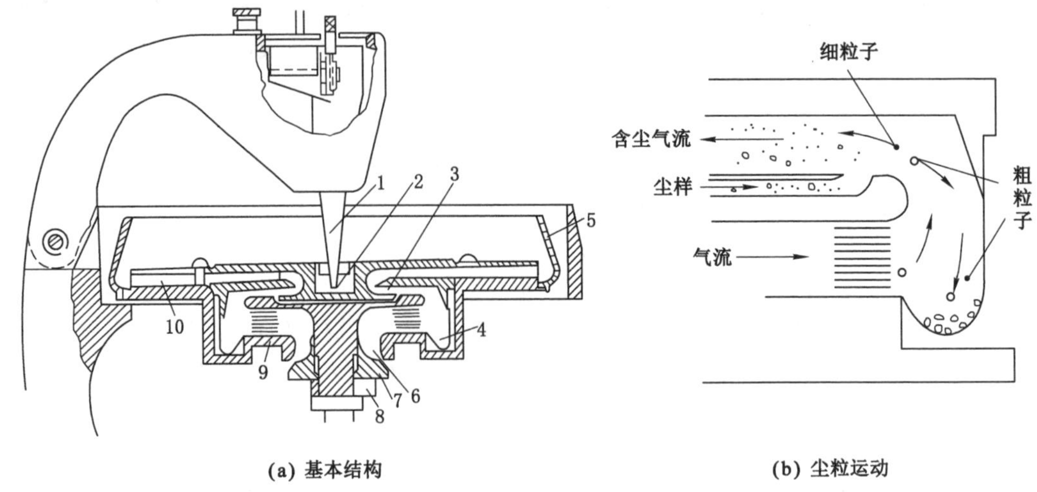

(a) 基本结构　　　(b) 尘粒运动

1—加尘漏斗；2—小孔；3—分级室；4—收尘室；5—外旋转圆盘；
6—环缝；7—螺母；8—节流片；9—整流器；10—风机叶片。

图 7-14　巴柯分级器工作原理

工作开始时采用最大节流片，环缝 6 减至最小，进入仪器风量最小。经加尘漏斗将一定量粉尘全部加完后，再将落于收尘室 4 中的粉尘仔细称量，并作为第二次测量的原始粉尘，更换节流片，重复上述步骤，直到分级完毕。

巴柯离心分级器操作方便，粉尘运动接近于旋风除尘器的工作状况，因而在工业中应用较广。其缺点在于对微细粉尘(8 μm 以下)测值偏低，对吸湿性强、黏性大的粉尘不易分散。

7.3.1.5　消光法

当光线通过含尘悬浊介质时，由于尘粒对光的吸收、散射等作用，光的强度会衰减。消光法粒径测定原理如图 7-15 所示。

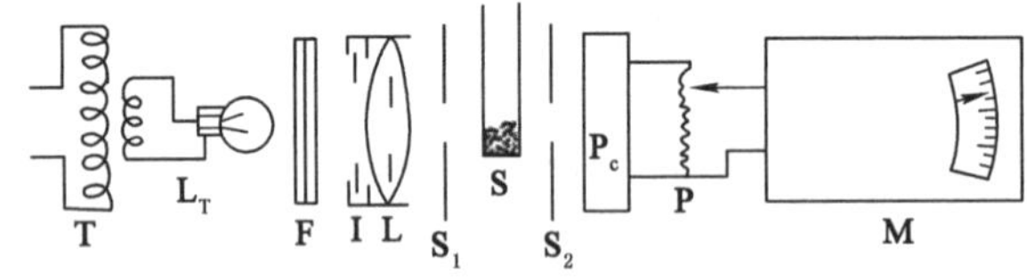

图 7-15　消光法粉尘粒径测定工作原理

灯 L_T 射出的光线经滤光器 F，通过可变光栅 I 和棱镜 L，形成近似于平行的光束。该光束通过狭缝 S_1，照射在被测的沉降槽 S 上。通过沉降槽的光线再经条缝 S_2 照射到光电管 P_c 上。光电管输出的电流通过 M 转换显示。

7.3.2　粉尘粒径表示与计数方法

7.3.2.1　粒径表示方法

显微镜法测量的是粒子的表观粒径，即投影尺寸。对球形粒子，可直接按长度计量；对于大多数形状不规则粒子，常采用如下几种方法表示粒径。

(1) 面积等分径：指将粉尘的最大投影面积分为大致相等两个部分的直线长度。

(2) 定向径：指尘粒的最大投影尺寸，由测微尺的垂线与尘粒投影轮廓线相切的两条平行线间的距离来表示。

(3) 投影面积径：指与粉尘的投影面积相同的同一圆面积的直径。

在实际测量时，多采用垂直投影法，使所测粉尘粒子在视场内向一个方向移动，顺序无选择地逐个测量粒径，如图 7-16 所示。

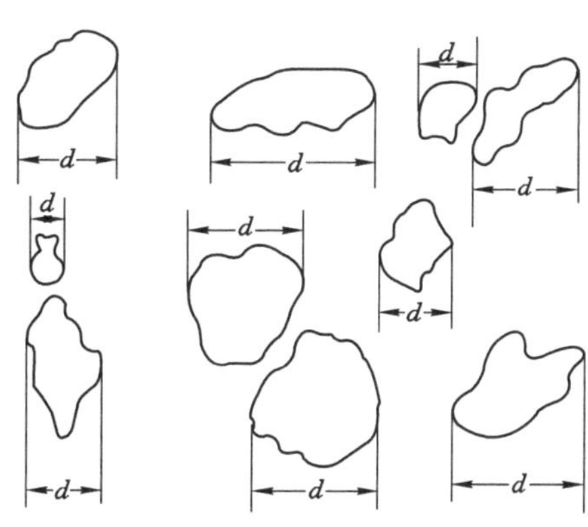

图 7-16 粉尘粒径垂直投影法

7.3.2.2 观测计数分析及换算方法

用显微镜法测定粒径分布时，如果要达到一定精度，则应计数大量粒子。为缩短观测过程，可采用统计学分层取样技术，即对数量较多的小粒子只测一个或两个定面积视野，而对出现比较少的大粒子则可以多测几个定面积视野，然后取其平均值。具体示例如表 7-2 所列。

表 7-2 显微镜法粒径分析示例

粒径区间/μm		≤0.40	0.45～0.62	0.63～0.88	0.89～1.25	1.26～1.76	1.77～2.50	2.51～3.53	3.54～5.00	5.01～7.07	7.08～10.0	总计
体积中间径/μm		0.35	0.55	0.78	1.10	1.55	2.20	3.10	4.39	6.21	8.78	
测量次数	1	57	87	54	36	21	24	6	12	0	3	300
	2							12	6	3	0	21
	3									3	0	3
	4									2	1	3
	5									2	1	3
	6									1	2	3
总计		57	87	54	36	21	24	18	18	11	7	333
平均每次计数 n		57	87	54	36	21	24	9	9	1.8	1.2	300
颗粒百分数/%		19	29	18	12	7	8	3	3	0.6	0.4	100.0
颗粒累计百分数/%		19	48	66	78	85	93	96	99	99.6	100.0	100.0
分割体积 V_i		2.44	14.47	25.63	47.92	78.20	255.55	268.12	761.44	431.07	812.20	2 697.04
质量分数/%		0.09	0.54	0.95	1.78	2.90	9.48	9.94	28.23	15.98	30.11	100.00
累计质量分数/%		0.09	0.63	1.58	3.36	6.26	15.74	25.68	53.91	69.89	100.00	100.00

从表 7-2 中可知，第一次测量视野中 300 颗粒子 2.5 μm 以下的各粒径区间计数均超过 10，于是后几次只计测大于 2.5 μm 的粒子，使所有的粒径区间都满足计数超过 10 的要求。用此方法计测 6 个视野 333 个粒子可得到满意的结果。如果用一般计测方法，则达到同样精度需要计数 300×6＝1 800 颗粒子。

显微镜法测得的是粉尘计数分布，要想变成计重分布，需通过体积换算，得到各粒径区间的粒子质量分数。方法是首先根据测定的粒径区间上、下限（d_{ui} 和 d_{li}）求出各区间粒径的算术平均值 $\overline{d_i}$：

$$\overline{d_i}=\frac{1}{2}(d_{li}+d_{ui}) \tag{7-10}$$

然后根据粒径区间的颗粒 n_i 求出各区间的分割体积 V_i：

$$V_i=n_i(\overline{d_i})^3 \tag{7-11}$$

粉尘总体积 V 为：

$$V=\sum_{i=1}^{n}V_i=n_1\overline{d_1^3}+n_2\overline{d_2^3}+\cdots+n_n\overline{d_n^3} \tag{7-12}$$

各粒径区间的质量分数 f_i 为：

$$f_i=\frac{V_i}{V}\times 100\% \tag{7-13}$$

7.4 作业场所粉尘浓度测定

粉尘是一种严重的职业性有害因素。可进入整个呼吸道（鼻、咽和喉、胸腔支气管、细支气管和肺泡）的粉尘称为总粉尘（简称总尘）。技术上，它是用总粉尘采样器按标准方法在呼吸带测得的所有粉尘。按呼吸性粉尘标准测定方法所采集的可进入肺泡的粉尘粒子，其空气动力学直径均在 7.07 μm 以下，空气动力学直径 5 μm 粉尘粒子的采样效率为 50%，称为呼吸性粉尘（简称呼尘）。工作场所必须进行粉尘浓度的检测，按照《工作场所有害因素职业接触限值 第 1 部分：化学有害因素》（GBZ 2.1—2019）中的有关规定和要求进行控制。

职业性有害因素的接触限制量值指劳动者在职业活动过程中长期反复接触，对绝大多数接触者的健康不引起有害作用的容许接触水平。化学有害因素的职业接触限值包括时间加权平均容许浓度、短时间接触容许浓度和最高容许浓度 3 类。时间加权平均容许浓度（permissible concentration-time weighted average，PC-TWA）以时间为权数规定的 8 h 工作日、40 h 工作周的平均容许接触浓度。短时间接触容许浓度（permissible concentration-short term exposure limit，PC-STEL）在遵守 PC-TWA 前提下容许短时间（15 min）接触的浓度。最高容许浓度（maximum allowable concentration，MAC）是指工作地点、在一个工作日内、任何时间有毒化学物质均不应超过的浓度。

7.4.1 总粉尘浓度测定

7.4.1.1 测定原理与仪器

空气中的总粉尘浓度测定原理是用已知质量的滤膜采集，由滤膜的增量和采气量，计算出空气中总粉尘的浓度。

测定空气中的总粉尘浓度的主要仪器包括：滤膜、粉尘采样器、分析天平、秒表、干燥器、除静电器等。典型的滤膜测尘系统如图 7-17 所示。

滤膜一般使用过氯乙烯滤膜或其他测尘滤膜。当空气中粉尘浓度不大于 50 mg/m³ 时，用直径 37 mm 或 40 mm 的滤膜；粉尘浓度大于 50 mg/m³ 时，用直径 75 mm 的滤膜。

粉尘采样器包括采样夹和采样器两部分。采样夹应满足总粉尘采样效率的要求和气密性要求。粉尘采样夹可安装直径 40 mm 和 75 mm 的滤膜,用于定点采样。小型采样夹可安装直径不小于 37 mm 的滤膜,用于个体采样。需要防爆的工作场所应使用防爆型粉尘采样器。用于个体采样时,流量范围为 1～5 L/min;用于定点采样时,流量范围为 5～80 L/min。用于长时间采样时,连续运转时间应不小于 8 h。分析天平的感量 0.1 mg 或 0.01 mg。采用秒表或其他计时器进行采样计时,采样后的滤膜应进行干燥和除静电。

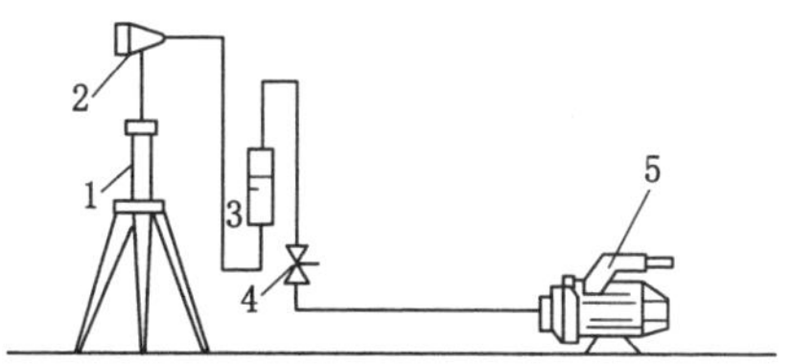

1—三脚支架;2—滤膜采样头;
3—转子流量计;4—调节流量螺旋夹;
5—抽气泵。

图 7-17 滤膜测尘系统

7.4.1.2 粉尘样品采集与浓度计算

(1) 准备滤膜。将滤膜置于干燥器内 2 h 以上,用镊子取下滤膜的衬纸,将滤膜通过除静电器,除去滤膜的静电,在分析天平上准确称量。在衬纸上和记录表上,分别记录滤膜的质量和编号。将滤膜和衬纸放入相应容器中备用,或者将滤膜直接安装在采样头上。滤膜毛面应朝进气方向,滤膜放置应平整,不能有裂隙或褶皱。用直径 75 mm 的滤膜时,做成漏斗状装入采样夹。

(2) 粉尘采样。定点采样时根据粉尘检测的目的和要求,可以采用短时间采样或长时间采样。短时间采样在采样点,将装好滤膜的粉尘采样夹,在呼吸带高度以 15～40 L/min 流量采集 15 min 空气样品。长时间采样时在采样点将装好滤膜的粉尘采样夹,在呼吸带高度以 1～5 L/min 流量采集 1～8 h 空气样品(由采样现场的粉尘浓度和采样器的性能等确定)。个体采样时将装好滤膜的小型塑料采样夹,佩戴在采样对象的前胸上部,进气口尽量接近呼吸带,以 1～5 L/min 流量采集 1～8 h 空气样品。

对于滤膜上总粉尘的增量(Δm)要求,无论定点采样或个体采样,要根据现场空气中粉尘的浓度、使用采样夹的大小和采样流量及采样时间,估算滤膜上总粉尘的增量。使用直径不大于 37 mm 的滤膜时,Δm 不得大于 5 mg;直径为 40 mm 的滤膜时,Δm 不得大于 10 mg;直径为 75 mm 的滤膜时,Δm 不限。

采样前,要通过调节使用的采样流量和采样时间,防止滤膜上粉尘增量超过上述要求(过载)。采样过程中,若有过载可能,应及时更换采样夹。

采样后,取出滤膜,将滤膜的接尘面朝里对折两次,置于清洁容器内;或者将滤膜或滤膜夹取下,放入原来的滤膜盒中;室温下运输和保存,并且携带运输过程中应防止粉尘脱落或二次污染。

(3) 粉尘浓度计算。滤膜称量前,将采样后的滤膜置于干燥器内 2 h 以上,除静电后,在分析天平上准确称量。滤膜增量(Δm)不小于 1 mg 时,可用感量为 0.1 mg 分析天平称量;滤膜增量(Δm)不大于 1 mg 时,应用感量为 0.01 mg 分析天平称量。称量后,按式(7-14)计算空气中总粉尘的浓度:

$$C=\frac{m_2-m_1}{Qt}\times 1\,000 \tag{7-14}$$

式中,C 为空气中总粉尘的质量浓度,mg/m^3;m_2 为采样后的滤膜质量,mg;m_1 为采样前的滤膜质量，mg；Q 为采样流量，L/min；t 为采样时间，min。

（4）注意事项。该方法为工作场所粉尘总浓度测定基本方法，如果用其他仪器或方法测定粉尘质量浓度时，必须以本法为基准。当过氯乙烯滤膜不适用时（如在高温情况下采样），可用超细玻璃纤维滤纸。长时间采样和个体采样主要用于 PC-TWA 评价时采样。短时间采样主要用于超限倍数评价时采样，而在以下情况用于 PC-TWA 评价时采样：① 工作日内，空气中粉尘浓度比较稳定，没有大的浓度波动，可用短时间采样方法采集 1 个或数个样品；② 工作日内，空气中粉尘浓度变化有一定规律，即有几个浓度不同但稳定的时段时，可在不同浓度时段内，用短时间采样，并记录劳动者在此浓度下接触的时间。采样前后，滤膜称量应使用同一台分析天平。测尘滤膜通常带有静电，影响称量的准确性，因此，应在每次称量前除去静电。

7.4.1.3 粉尘采样器材的参考技术指标

（1）用直径 0.3 μm 的油雾进行检测时，滤膜的阻留率不小于 99%；用 20 L/min 的流量采样，过滤面积为 8 cm^2 时，滤膜的阻力不大于 1 000 Pa；因大气中湿度变化而造成滤膜的质量变化，不大于 0.1%。

（2）总粉尘采样夹理想的入口流速为 1.25 m/s±10%。

（3）将滤膜夹上装有塑料薄膜的采样头放于盛水的烧杯中，向采样头内送气加压，当压差达到 1 000 Pa 时，水中应无气泡产生；或者用手指完全堵住采样头的进气口，转子应迅速下降到流量计底部，自动控制流量的采样器则进入停止运转状态。

（4）流量计精度为±2.5%。

（5）个体采样泵能连续运转 480 min 以上。定点大流量采样泵能连续运转 100 min 以上，采气流量（带滤膜）大于 15 L/min，负压应大于 1 500 Pa。

（6）用感量为 0.01 mg 天平称量、个体采样法测定粉尘 8 h 的 TWA 浓度时，以 3.5 L/min 采样，适用的空气中粉尘浓度范围为 0.1～3 mg/m^3；以 2 L/min 采样，适用粉尘浓度范围为 0.2～5.2 mg/m^3。用感量为 0.1 mg 天平称量、个体采样法测定粉尘 8 h 的 TWA 浓度时，以 3.5 L/min 采样，适用的空气中粉尘浓度范围为 0.6～3 mg/m^3；以 2 L/min 采样，适用粉尘浓度范围为 1.2～5.2 mg/m^3。若粉尘浓度过高，应缩短采样时间，或更换滤膜后继续采样。

7.4.1.4 粉尘 TWA 浓度计算

（1）个体采样法示例。

【例 7-1】 某锅炉房选择 2 名采样对象（接尘浓度最高和接尘时间最长者）佩戴粉尘个体采样器，连续采样一个工作班（8 h），采样流量 3.5 L/min，滤膜增重分别为 2.2 mg 和 2.3 mg。

解 按式(7-14)计算：

$C_{TWA1}=2.2/(3.5\times80\times60)\times1\,000=1.31\ (mg/m^3)$

$C_{TWA2}=2.3/(3.5\times80\times60)\times1\,000=1.37\ (mg/m^3)$

（2）定点采样法示例。分别按接尘时间 8h、接尘时间不足 8h、接尘时间超过 8h 计算。

【例 7-2】 某锅炉车间在工人 8 h 经常停留的作业地点选 5 个采样点，5 个采样点的粉尘浓度及工人在该处的接尘时间，测定结果如表 7-3 所列。

表 7-3 车间采样点粉尘浓度及工人接尘时间测定结果

作业区域	工作点平均浓度/(mg·m^{-3})	接尘时间/h
煤场	0.34	2
进煤口	4.02	0.8
电控室	0.69	4.5
出渣口	2.65	0.3
清扫处	7.74	0.4

解 计算 8 h 的 TWA 浓度为：

$$C_{TWA}=(0.34\times2.0+4.02\times0.8+0.69\times4.5+2.65\times0.3+7.74\times0.4)/8$$
$$=1.36\ (mg/m^3)$$

【例 7-3】 某工厂工人间断接触粉尘，总的接触粉尘时间不足 8 h，工作地点的粉尘浓度及接尘时间测定结果如表 7-4 所列。

表 7-4 车间采样点粉尘浓度及工人接尘时间测定结果

工作时间	工作点平均浓度/(mg·m^{-3})	接尘时间/h
08:30～10:30	2.5	2
10:30～12:30	5.3	2
13:30～15:30	1.8	2

解 计算 8 h 的 TWA 浓度为：

$$C_{TWA}=(2.5\times2+5.3\times2+1.8\times2)/8=2.4\ (mg/m^3)$$

【例 7-4】 某工厂工人在一个工作班内接尘工作 6 h，加班工作中接尘 3 h，总接尘时间为 9 h，接尘时间和工作点粉尘浓度如表 7-5 所列。

表 7-5 车间采样点粉尘浓度及工人接尘时间测定结果

时间	工作任务	工作点平均浓度/(mg·m^{-3})	接尘时间/h
08:15—10:30	任务 1	5.3	2.25
11:00—13:00	任务 2	4.7	2
14:00—15:45	整理	1.6	1.75
16:00—19:00	加班	5.7	3

解 计算 TWA 浓度为：

$$C_{TWA}=(5.3\times2.25+4.7\times2+1.6\times1.75+5.7\times3)/8=5.2\ (mg/m^3)$$

7.4.2 呼吸性粉尘浓度测定

7.4.2.1 测定原理与仪器

空气中粉尘通过采样器上的预分离器，分离出的呼吸性粉尘颗粒采集在已知质量的滤膜上，由采样后的滤膜增量和采气量，计算出空气中呼吸性粉尘的浓度。根据呼吸性粉尘的定义，预分离器对粉尘粒子的分离性能应符合呼吸性粉尘采样器的要求，即采集的粉尘的空气动力学直径应在 7.07 μm 以下且直径为 5 μm 的粉尘粒子的采集率应为 50%。

7.4.2.2 粉尘样品采集

(1) 采样准备。滤膜称量前，将滤膜置于干燥器内 2 h 以上。用镊子取下滤膜的衬纸，除去滤膜的静电；在分析天平上准确称量。在衬纸上和记录表上记录滤膜的质量 m_1 和编号；将滤膜和衬纸放入相应容器中备用，或者将滤膜直接安装在预分离器内。在安装滤膜时，滤膜毛面应朝进气方向，滤膜放置应平整，不能有裂隙或褶皱。按照所使用的预分离器的要求，做好准备和安装。

(2) 粉尘采样。根据粉尘检测的目的和要求，可以采用短时间采样或长时间采样。短时间采样时在采样点将连接好的呼吸性粉尘采样器，在呼吸带高度以预分离器要求的流量采集 15 min 空气样品。长时间采样时在采样点将装好滤膜的呼吸性粉尘采样器，在呼吸带高度以预分离器要求的流量采集 1～8 h 空气样品(由采样现场的粉尘浓度和采样器的性能等确定)。个体采样时将连接好的呼吸性粉尘采样器佩戴在采样对象的前胸上部，进气口尽量接近呼吸带，以预分离器要求的流量采集 1～8 h 空气样品(由采样现场的粉尘浓度和采样器的性能等确定)。

无论定点采样或个体采样，要根据现场空气中粉尘的浓度、使用采样夹的大小和采样流量及采样时间，估算滤膜上 Δm。采样时要通过调节采样时间，控制滤膜粉尘 Δm 值在 0.1～5 mg 的要求。采样前，要通过调节采样时间，防止滤膜上粉尘增量超过上述要求。采样过程中，若有过载可能，应及时更换预分离器。

采样后，从预分离器中取出滤膜，将滤膜的接尘面朝里对折两次，置于清洁容器内，或者将滤膜、滤膜夹取下放入原来的滤膜盒中，在室温条件下运输和保存。运输和保存过程中，应防止粉尘脱落或二次污染。

7.4.2.3 粉尘浓度计算

将采样后的滤膜置于干燥器内 2 h 以上，除静电后，在分析天平上准确称量，分别记录滤膜和粉尘的质量 m_2。空气中呼吸性粉尘的质量浓度按式(7-14)进行计算。

其中，C 为空气中呼吸性粉尘的质量浓度，mg/m^3；m_2 为采样后的滤膜质量，mg；m_1 为采样前的滤膜质量，mg；Q 为采样流量，L/min；t 为采样时间，min。

7.4.2.4 注意事项

采样前后，滤膜称量应使用同一台分析天平。测尘滤膜通常带有静电，影响称量的准确性，因此，应在每次称量前除去静电。要按照所使用的呼吸性粉尘采样器的要求，正确应用滤膜和采样流量及粉尘增量，不能任意改变采样流量。长时间采样和个体采样主要用于 PC-TWA 评价时采样。短时间采样主要用于超限倍数评价时采样，也可在以下情况用于 PC-TWA 评价时采样：工作日内，空气中粉尘浓度比较稳定，没有大的浓度波动，可用短时间采样方法采集 1 个或数个样品；工作日内，空气中粉尘浓度变化有一定规律，即有几个浓度不同但稳定的时段时，可在不同浓度时段内，用短时间采样，并记录劳动者在此浓度下接触的时间。

7.4.3 游离二氧化硅含量测定

游离二氧化硅(Free silica)是指岩石或矿物中没有与金属或金属化合物结合而呈游离状态的二氧化硅。《工作场所空气中粉尘测定 第 4 部分：游离二氧化硅含量》

(GBZ/T 192.4—2007)中对游离二氧化硅定义为结晶型的二氧化硅,即石英。空气中的游离二氧化硅对人体的伤害极大,矿山粉尘中的游离二氧化硅是引起尘肺的主要病因,是评价粉尘危害性质的主要指标。游离二氧化硅含量测定方法主要有焦磷酸法、红外分光光度法、X线衍射法等。

7.4.3.1 焦磷酸法

焦磷酸法测定游离二氧化硅的原理是,粉尘中的硅酸盐及金属氧化物能溶于加热到245～250 ℃的焦磷酸中,游离二氧化硅几乎不溶,从而实现分离;然后称量分离出的游离二氧化硅,计算其在粉尘中的百分含量。测定步骤如下。

(1) 将采集的粉尘样品放在105 ℃±3 ℃的烘箱内干燥2 h,稍冷,贮于干燥器备用。如果粉尘粒子较大,需用玛瑙研钵研磨至手捻有滑感为止。

(2) 准确称取0.100 0～0.200 0 g粉尘样品于25 mL锥形瓶中,加入15 mL焦磷酸及数毫克硝酸铵,搅拌,使样品全部湿润。将锥形瓶放在可调电炉上,迅速加热到245～250 ℃,同时用带有温度计的玻璃棒不断搅拌,保持15 min。

(3) 若粉尘样品含有煤、其他碳素及有机物,应放在瓷坩埚或铂坩埚中,在800～900 ℃下灰化30 min以上,使碳及有机物完全灰化。取出冷却后,将残渣用焦磷酸洗入锥形瓶中。若含有硫化矿物(如黄铁矿、黄铜矿、辉铜矿等),应加数毫克结晶硝酸铵于锥形瓶中。再按照步骤(2)加焦磷酸及数毫克硝酸铵加热处理。

(4) 取下锥形瓶,在室温下冷却至40～50 ℃,加50～80 ℃的蒸馏水至40～45 mL,一边加蒸馏水,一边搅拌均匀。将锥形瓶中内的溶物小心地移入烧杯,并用热蒸馏水冲洗温度计、玻璃棒和锥形瓶,洗液倒入烧杯中,加蒸馏水至150～200 mL。取慢速定量滤纸折叠成漏斗状,放于漏斗并用蒸馏水湿润。将烧杯放在电炉上煮沸内溶物,稍静置,待混悬物略沉降,趁热过滤,滤液不超过滤纸的2/3处。过滤后,用0.1 mol盐酸洗涤烧杯,并移入漏斗中,将滤纸上的沉渣冲洗3～5次,再用热蒸馏水洗至无酸性反应为止(用pH值试纸试验)。如果用铂坩埚时,要洗至无磷酸根反应后再洗3次。上述过程应在当天完成。

(5) 首先将有沉渣的滤纸折叠数次,放入已称至恒量(m_1)的瓷坩埚中,在电炉上干燥、炭化;炭化时要加盖并留一小缝。然后放入高温电炉内,在800～900 ℃灰化30 min,再在室温下稍冷后,放入干燥器中冷却1 h,在分析天平上称至恒量(m_2)。

(6) 按式(7-15)计算粉尘中游离二氧化硅的含量:

$$C=\frac{m_2-m_1}{G}\times 100\% \tag{7-15}$$

式中,C为游离二氧化硅含量;m_1为坩埚质量,g;m_2为坩埚加沉渣质量,g;G为粉尘样品质量,g。

测定时需注意的是,焦磷酸溶解硅酸盐时温度不得超过250 ℃,否则容易形成胶状物;酸与水混合时应缓慢并充分搅拌,避免形成胶状物;样品中含有碳酸盐时,遇酸产生气泡,宜缓慢加热,以免样品溅失;用氢氟酸处理时,必须在通风柜内操作,注意防止污染皮肤和吸入氢氟酸蒸气;用铂坩埚处理样品时,过滤沉渣必须洗至无磷酸根反应,否则会损坏铂坩埚。

7.4.3.2 红外分光光度法

红外分光光度法测定游离二氧化硅的原理是,α-石英在红外光谱中于12.5 μm(800 cm^{-1})、12.8 μm(780 cm^{-1})及14.4 μm(694 cm^{-1})处出现特异性强的吸收带,在一定范围内，其吸光度值与 α-石英质量呈线性关系，通过测量吸光度，进行游离二氧化硅的定量测定。测定步骤如下：

(1) 准确称量采有粉尘的滤膜上粉尘的质量 G。然后将受尘面向内对折 3 次，放在瓷坩埚内，置于低温灰化炉或电阻炉(小于 600 ℃)内灰化，冷却后，放入干燥器内待用。称取 250 mg 溴化钾和灰化后的粉尘样品一起放入玛瑙乳钵中研磨混匀后，连同压片模具一起放入干燥箱(110 ℃±5 ℃)中 10 min。将干燥后的混合样品置于压片模具中，加压 25 MPa，持续 3 min，制备出的锭片作为测定样品。同时，取空白滤膜一张，同样处理，作为空白对照样品。

(2) 石英标准曲线的绘制。精确称取不同质量的标准 α-石英尘(0.01～1.00 mg)，分别加入 250 mg 溴化钾，置于玛瑙乳钵中充分研磨均匀，按上述样品制备方法做出透明的锭片。将不同质量的标准石英锭片置于样品室光路中进行扫描，以 800 cm^{-1}、780 cm^{-1} 及 694 cm^{-1} 等 3 处的吸光度值为纵坐标，以石英质量为横坐标，绘制 3 条不同波长的 α-石英标准曲线，并求出标准曲线的回归方程式。在无干扰的情况下，一般选用 800 cm^{-1} 标准曲线进行定量分析。

(3) 样品测定。分别将样品锭片与空白对照样品锭片置于样品室光路中进行扫描，记录 800 cm^{-1}(694 cm^{-1})处的吸光度值，重复扫描测定 3 次，测定样品的吸光度均值减去空白对照样品的吸光度均值后，由 α-石英标准曲线得样品中游离二氧化硅的质量。

(4) 按式(7-16)计算粉尘中游离二氧化硅的含量：

$$C=\frac{m}{G}\times 100\% \tag{7-16}$$

式中，C 为粉尘中游离二氧化硅(α-石英)的含量；m 为测得的粉尘样品中游离二氧化硅的质量，mg；G 为粉尘样品质量，mg。

测定时，粉尘粒度大小对测定结果有一定影响，因此样品和制作标准曲线的石英尘应充分研磨，使其粒度小于 5 μm 者占 95%以上，方可进行分析测定。灰化温度对煤矿尘样品定量结果有一定影响，若煤尘样品中含有大量高岭土成分，在高于 600 ℃灰化时发生分解，于 800 cm^{-1} 附近产生干扰。例如，灰化温度小于 600 ℃时，可消除此干扰带。在粉尘中若含有黏土、云母、闪石、长石等成分时，可在 800 cm^{-1} 附近产生干扰，则可用 694 cm^{-1} 的标准曲线进行定量分析。为降低测量的随机误差，实验室温度应控制在 18～24 ℃，相对湿度小于 50%为宜。制备石英标准曲线样品的分析条件应与被测样品的条件完全一致，以减小误差。

7.4.3.3 X 线衍射法

X 线衍射法测定游离二氧化硅的原理是：当 X 线照射游离二氧化硅结晶时，将产生 X 线衍射；在一定的条件下，衍射线的强度与被照射的游离二氧化硅的质量成正比；利用测量衍射线强度，对粉尘中游离二氧化硅进行定性和定量测定。测定步骤如下：

(1) 准确称量采有粉尘的滤膜上粉尘的质量。按旋转样架尺度将滤膜剪成待测样品 4～6 个。

(2) 标准 α-石英粉尘制备。将高纯度的 α-石英晶体粉碎后，首先用盐酸溶液浸泡 2 h，除去铁等杂质，再用水洗净烘干。然后用玛瑙乳钵或玛瑙球磨机研磨，磨至粒度小于 10 μm 后，于氢氧化钠溶液中浸泡 4 h，以除去石英表面的非晶形物质，用水充分冲洗，直到洗液呈中性(pH=7),干燥备用。或用符合本条要求的市售标准 α-石英粉尘制备。

(3) 标准曲线的制作。将标准 α-石英粉尘在发尘室中发尘,用与工作环境采样相同的方法,将标准石英粉尘采集在已知质量的滤膜上,采集量控制在 0.5~4.0 mg,在此范围内分别采集 5~6 个不同质量点,采尘后的滤膜称量后记下增量值,然后从每张滤膜上取 5 个标样,标样大小与旋转样台尺寸一致。在测定 α-石英粉尘标样前,首先测定标准硅在面网上的衍射强度(CPS)。然后分别测定每个标样的衍射强度(CPS)。每点采 5 个 α-石英粉尘样,计算其算术平均值,以衍射强度(CPS)均值对石英质量绘制标准曲线。

(4) 定性分析。在进行物相定量分析之前,首先对采集的样品进行定性分析,以确认样品中是否有 α-石英存在。

(5) 物相鉴定。将待测样品置于 X 线衍射仪的样架上进行测定,将其衍射图谱与《粉末衍射标准联合委员会(JCPDS)》卡片中的 α-石英图谱相比较,当其衍射图谱与 α-石英图谱相一致时,表明粉尘中有石英存在。

(6) 首先测定样品面网的衍射强度,再测定标准硅面网的衍射强度;测定结果按式(7-17)计算:

$$I_B = I_i \cdot \frac{I_s}{I} \tag{7-17}$$

式中,I_B 为粉尘中石英的衍射强度,CPS;I_i 为采尘滤膜上石英的衍射强度,CPS;I_s 为在制定石英标准曲线时,标准硅面网的衍射强度,CPS;I 为在测定采尘滤膜上石英的衍射强度时,测得的标准硅面网衍射强度,CPS。

由计算得到的 I_B 值(CPS),从标准曲线查出滤膜上粉尘中石英的质量。

(7) 粉尘中游离二氧化硅(α-石英)含量按式(7-16)计算。其中,C 为粉尘中游离二氧化硅(α-石英)含量;m 为滤膜上粉尘中游离二氧化硅(α-石英)的质量,mg;G 为粉尘样品质量,mg。

测定时,粉尘粒径大小影响衍射线的强度,粒径在 10 μm 以上时,衍射强度减弱;因此制作标准曲线的粉尘粒径应与被测粉尘的粒径相一致。单位面积上粉尘质量不同,石英的 X 线衍射强度有很大差异。因此滤膜上采尘量一般控制在 2~5 mg 范围内为宜。当有与 α-石英衍射线相干扰的物质或影响 α-石英衍射强度的物质存在时,应根据实际情况进行校正。

7.5 管道粉尘浓度检测

管道测尘通常是指一般含尘管道和烟道两种类型粉尘浓度和排放量的测定。车间一般含尘管道排出的尘粒,大多是由机械破碎、筛选、包装和物料输送等生产过程中产生的,气体介质成分稳定,气体的温度也不高。从烟道排放的尘粒,大都是由燃烧、锻造、冶炼、烘干等热过程产生的,这种含尘气体不但温度高,含湿量大,而且气体成分也发生变化,并伴有 SO_2、氮氧化物、氟化物等有害物质,有较强的腐蚀性。因此在选定测定方法和测试装置时,应考虑这些因素。

7.5.1 管道粉尘浓度检测原理

7.5.1.1 采样位置

在测定烟气的流量和采集粉尘样品时，为了取得有代表性的样品，应尽可能将采样位置选在气流平稳的直管段中，距弯头、阀门及变径管段下游方向大于 6 倍直径和在其上游方向大于 3 倍直径处。最少也不能少于 1.5 倍直径，此时应适当增加采样点数。要求取样断面气体流速最好在 5 m/s 以上。此外，应当注意在水平管道中，由于尘粒的重力沉降作用，较大尘粒有偏离流线向下运动的趋势，管道内粉尘浓度分布不如垂直管道内均匀，因此在选择采样位置时应优先考虑垂直管道。

一般采样孔结构如图 7-18 所示。为了适应各种形式采样管插入，孔径应不小于 75 mm。当管道内有有毒或高温气体，且采样点管道处于正压状态时，为保护操作人员安全，采样孔应设置防喷装置，如图 7-19 所示。

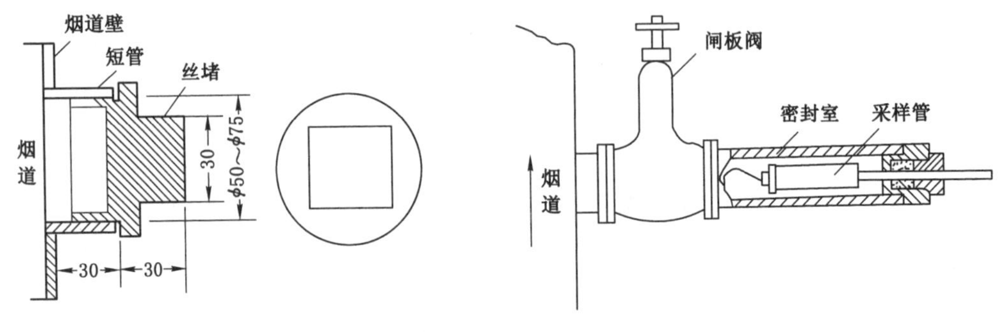

图 7-18　采样孔结构

图 7-19　采样孔防喷装置

测尘采样时，采样嘴必须对准气流的方向，否则采样浓度将低于实际浓度，而且随着偏差角度和粒径的增大而增大。一般要求采样嘴和气流方向的偏差角度不得超过±5°。

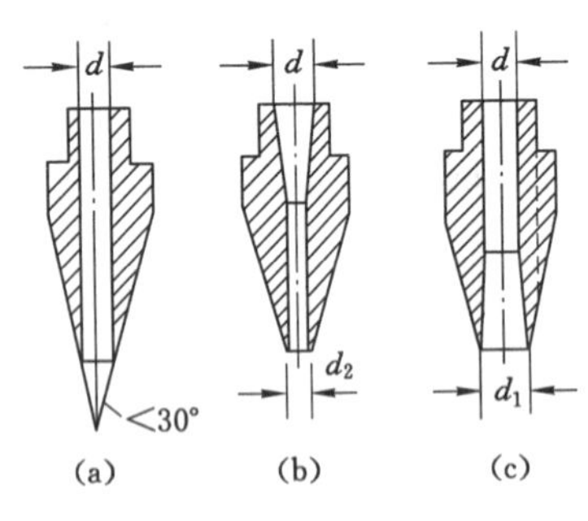

图 7-20　采样嘴

采样嘴形状和结构原则上以不扰动吸气口内外气流为准，其尖端应做成小于 30°的锐角，如图 7-20 所示，嘴边缘的壁厚不能超过 0.2 mm，太厚易使其前方形成堤坝效应使颗粒偏离。连接采样管一端的内径与采样管内径要吻合。采样嘴内径不宜小于 5 mm，否则大的尘粒易被排斥在外，引起误差。为了适应等速采样的需要，采样嘴通常做成内径为 6 mm、8 mm、10 mm、12 mm 数种，供采样时选用。

采样方法分为移动采样和定点采样。为了较快地测得管道断面的粉尘平均浓度，可用一个捕尘装置，在已定的各采样点上移动采样，各点的采样时间相等。同时，为了了解管道内粉尘浓度分布情况及计算平均浓度，分别在已定的各采样点上采样，每点采集一个样品，即定点采样。

7.5.1.2 等速采样

为了取得有代表性的样品，尘粒进入采样嘴的速度必须和管道内该点气流的速度相等，这一条件称为等速采样。非等速采样都将使采样结果不能真实地反映实际尘粒分布情况。

当采样速度大于采样点的气流速度时，处于采样嘴边缘以外的部分气流进入采样嘴，而其中较大的尘粒则由于惯性作用不能随气流进入采样嘴，继续沿原来的方向前进，使采集的样品浓度低于实际浓度。当采样速度小于采样点的气流速度时，情况恰好相反，样品浓度高于实际浓度。只有采样速度等于采样点的气流速度，采集的粉尘浓度才与实际情况相符。

(1) 采样嘴口径的选择。采样嘴的选择原则是使采样嘴进口断面的空气速度与烟道测点速度相等，同时为防止与采样嘴相连的采样管内积尘，一般要求采样管内的气流速度大于等于 25 m/s。根据流体的连续性方程式，采样管内的空气流量应等于采样头进口断面的空气流量。如果按采样管内气体流速为 25 m/s，则采样管流量等于采样嘴的流量：

$$\frac{\pi}{4}d_0^2 \times 25 = \frac{\pi}{4}d^2 v \tag{7-18}$$

式中，d_0 为采样管内径，mm；d 为采样嘴进口内径，mm；v 为采样嘴进口断面气流速度，m/s。

等速采样时，v 就是烟道内的流速。采样管内径常取 $d_0=6$ mm，采样嘴内径 d 可由式(7-19)求出：

$$d = 30/\sqrt{v} \tag{7-19}$$

(2) 常温管道等速采样计算。在此情况下可以不考虑温度、压力、湿度对采样体积的影响，因为一般气流的绝对压力变化不大。这样，抽气量 q_{vs} 可按式(7-20)计算：

$$q_{vs} = \frac{\pi}{4}d^2 v \times 60 \times 10^{-3} = 0.047\ d^2 v \tag{7-20}$$

(3) 高温、大湿度管道等速采样计算。为使计算简化，假定在整个采样系统内的变化规律符合理想气体状态方程，且整个系统无漏气。进入采样嘴的气体流量 q_{vs} 仍可按式(7-20)计算；若流量计前装有干燥器，则当气体流量 q_{vs} 经干燥器除去其水分 X_{sw} 后，到达流量计前的气体流量 q_{vf} 为：

$$q_{vf} = q_{vs}(1 - X_{sw})\frac{p_s T_f}{T_s p_f} \tag{7-21}$$

式中，T_f，p_f 分别为流量计前的气体绝对温度和压力；T_s，p_s 分别为管道内的气体绝对温度和压力。

由于流量计是气体状态为温度 T_c、压力 p_c、密度 ρ_c 下标定的，因此在流量计上的读数 q_{vf}' 与进入流量计的气体流量 q_{vf} 和密度 ρ_f 之间的关系为：

$$q_{vf}' = q_{vf}\sqrt{\frac{\rho_f}{\rho_c}} \tag{7-22}$$

在标准状态(T_0、p_0)下，气体密度为 ρ_0，则：

$$\rho_f = \rho_0 \frac{T_0 p_f}{T_f p_0} \tag{7-23}$$

将式(7-20)、式(7-21)和式(7-23)代入式(7-22)，得：

$$q_{vf}' = 0.047 d^2 v \frac{T_f p_s}{T_s p_f}\sqrt{\frac{\rho_f}{\rho_c}}(1 - X_{sw}) \tag{7-24}$$

当 $T_c=293\ K$，$p_c=101\ 325$ Pa 时，取 $\rho_c=1.206\ \text{kg/m}^3$，又 $\rho_f=p_f/T_f R_f$(R_f 为通过流量计气体的气体常数)，将 ρ_c 及 ρ_f 代入式(7-24)，得：

$$q_{vf}'=0.43d^2 v\frac{p_s}{T_s}\sqrt{\frac{T_f}{R_f p_f}}(1-X_{sw}) \tag{7-25}$$

式(7-22)为高温烟气等速采样基本方程。若已知管道内气体流速 v、将测得的参数 p_s、T_s、p_f、T_f、ρ_0、ρ_c、X_{sw} 代入式(7-25)中，就可以求出为保持等速采样时流量计读数 q_{vf}' 和采样嘴内径 d 之间的关系。流量计读数 q_{vf}' 一般控制在 15～40 L/min，由此可在已知流速 v 时选择相应采样嘴内径 d，或根据采用的采样嘴内径 d，计算出流量计的读数。

7.5.1.3 粉尘浓度计算

对于常温管道，粉尘浓度的计算按式(7-26)进行：

$$C=\frac{m}{q_{vs}t}\times 100 \tag{7-26}$$

式中，m 为采集的粉尘质量，g；q_{vs} 为常温管道的气体流量；t 为采样时间，min。

高温、高湿管道，在采样同时须测定气体速度及其状态参数，粉尘浓度的计算按式(7-27)进行：

$$C=\frac{m}{q_{vs}'t}\times 100 \tag{7-27}$$

式中，m 为采集的粉尘质量，g；q_{vs}' 为高温、高湿管道的气体流量；t 为采样时间，min。

7.5.1.4 粉尘排放量计算

管道粉尘每小时的排放量按式(7-28)计算：

$$m_t=\frac{mA}{tA'}\times 60\times 10^{-3} \tag{7-28}$$

式中，m_t 为每小时的粉尘排放量，kg；m 为采取的粉尘质量，g；t 为采样时间，min；A 为采样点处管道断面积，m^2；A' 为采样嘴面积，m^2。

7.5.2 管道粉尘浓度检测装置

7.5.2.1 普通型采样管测尘装置

这种测尘装置用预测流速法进行采样，即在采样前预先测出各采样点的气体温度、压力、含湿量、气体成分和流速，根据测得的各点流速、气体状态参数和选用的采样嘴直径计算出各采样点的等速采样流量，然后按此流量采样。整个仪器由采样管、捕尘滤筒、流量计量箱和抽气泵等组成，如图 7-21 所示。

捕尘滤筒是一种捕集效率高、阻力小，并便于制成管道内部采样的捕集装置，根据采样点温度不同，采用玻璃纤维滤筒采样管或钢玉滤筒采样管两种，如图 7-22 所示。

玻璃纤维滤筒用无碱超细玻璃纤维制成，对油雾的捕集效率达 99.98%以上，适用于 400 ℃以下的气体采样。由于滤筒在使用中有失重，所以使用前应放在 400 ℃高温炉内烧灼 1 h，将其中的有机物去掉，以减少失重。由于 SO_2 能同玻璃纤维发生化学反应生成硫酸盐使滤筒增重，影响测试精度，所以玻璃纤维滤筒不宜用于含 SO_2 的气体采样。

钢玉滤筒由氧化铝粉加有机填料烧结而成，对 0.5 μm 尘粒的捕集效率为 99.5%。钢玉滤筒可用在 850 ℃以下气体采样。钢玉滤筒失重较小，在 400 ℃高温下烧灼 1 h 后，再在 800 ℃以下采样 1 h 失重在 2 mg 以下。钢玉滤筒阻力较大，对接口气密性要求较高。

流量计量箱由冷凝水收集器、干燥器、温度计、压力计和流量计组成，冷凝水收集器用来收集可能冷凝于采样管中的冷凝水。干燥器内装硅胶用以干燥采气样体，以保证流量计正

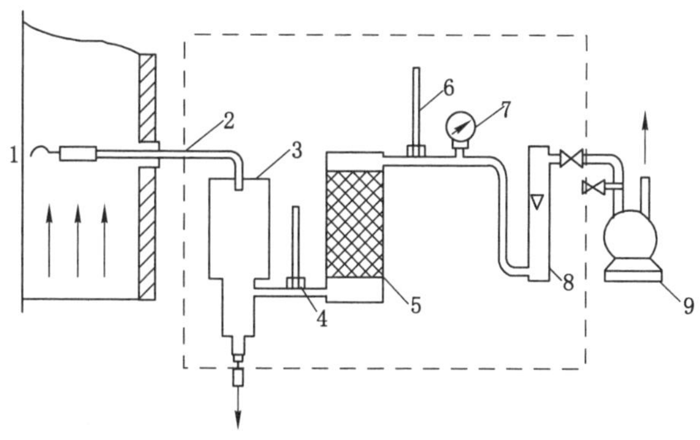

1—烟道;2—采样管;3—冷凝管;4—温度计;5—干燥器;
6—温度计;7—压力计;8—转子流量计;9—抽气泵。

图 7-21 普通型采样管测尘系统

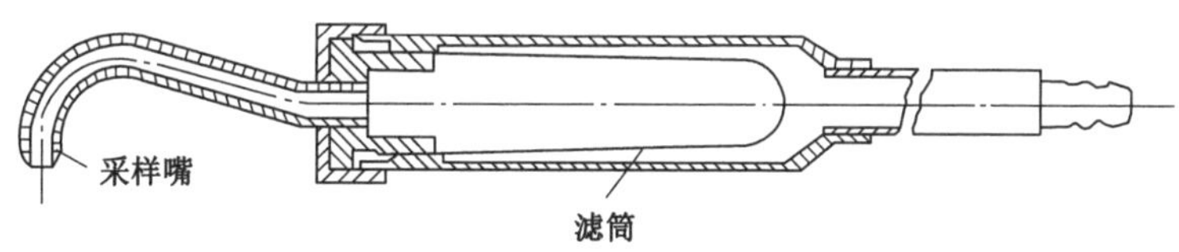

图 7-22 滤筒采样管

常工作和使进入流量计气体呈干燥状态。温度计和压力计则用来测量转子流量计前的温度和压力,以便将测量状态下的采气体积换算到标准状态下的采气体积。

抽气泵应具有克服管道负压和测量管线各部分阻力的能力,并应有足够的抽气量。流量在 60 L/min 以上的旋片式抽气泵,比较适合现场应用。

7.5.2.2 动压平衡型采样装置

动压平衡型采样装置是根据毕托管平行采样法而来,方法是将 S 形毕托管与采样管平行固定在一起,当已知毕托管指示的动压及管道和流量计处温度、压力时,利用预先绘制成的在等速条件下 S 形毕托管的动压和流量计读数关系的线算图或快速标尺,即可查出应取的流量计读数,立即调整流量进行采样。这种方法弥补了预测流速法测速与采样不同时的缺点,使等速更接近于实际情况。

动压平衡型采样装置利用采样管上的孔板差压与采样管平行放置的毕托管指示的气体动压相平衡实现等速。图 7-23 所示为动压平衡型等速采样系统。

等速采样管由带有孔板的滤筒采样管和与之平行的 S 形毕托管组成。它使用一台双联倾斜微压计指示毕托管的动压和孔板的差压,用以测定管道内气体速度及控制等速采样流量。采样流量由累积流量计测出,转子流量计只用作监控流量大小。

7.5.2.3 静压平衡型采样装置

静压平衡法使用特制的平衡型等速采样管采样,无须预先测量气体的流速、状态参数和计算等速采样流量等过程。将采样管置于采样点处,调节采样流量,使采样嘴内外静压相等或使采样管孔板的差压与采样点处皮托管测得的气体动压相等来达到等速,操作简单,并且能够跟踪气体速度变化而随时保持等速条件。采样嘴结构如图 7-24 所示。

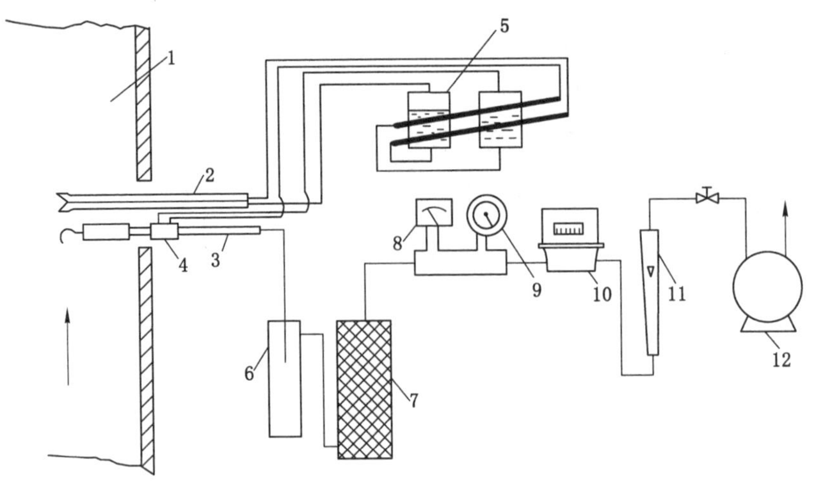

1—烟道；2—S形毕托管；3—采样管；4—孔板；5—双联微压计；6—冷凝器；7—干燥器；8—温度计；9—压力计；10—累积流量计；11—转子流量计；12—抽气泵。

图 7-23　动压平衡型等速采样系统

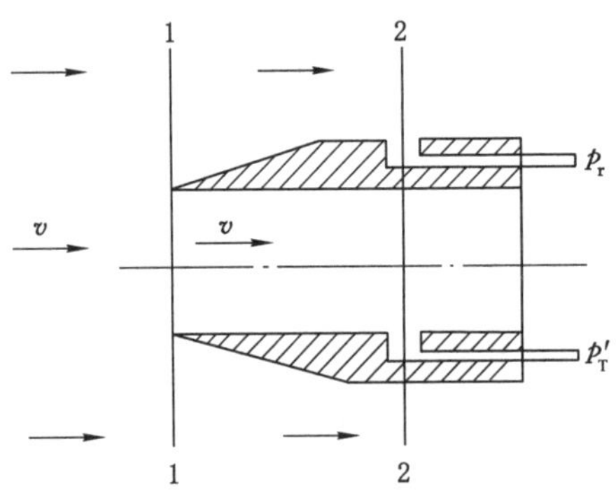

图 7-24　静压平衡型采样嘴

根据流体力学原理，如能使断面 1—1 至断面 2—2 管道和采样嘴的气流压力损失相等，即达到等速。实际上，当气体进入采样嘴后，由于入口局部压力损失和采样嘴内管道摩擦压力损失总大于管道压力损失，因此静压相等时流速并不相等。为此，大都通过改进采样嘴结构的办法来补偿这一压力损失。有的改变管嘴外形结构，在采样嘴外部静压孔前设阻流圈，来提高管道气流的压力损失；有的则改变管嘴内部结构，将管嘴内静压孔部位的管嘴内径扩大，使该部位的气流速度降低，以达到静压相等时速度相等。

7.5.2.4　自动等速采样装置

随着计算机技术和各种压力传感器的开发应用，各种形式的自动等速粉尘采样装置也已广泛应用。例如，有的根据压力平衡原理制成的平衡型自动粉尘等速采样器，有的根据平行采样法制成自动等速粉尘采样器。这类仪器的工作原理是将气体温度、动压等信号自动输入到微型计算机，经过运算处理，及时发出指令性信号，自动控制等速采样流量，并将运算结果和有关数值显示出来，使粉尘采样实现自动化，如图 7-25 所示。

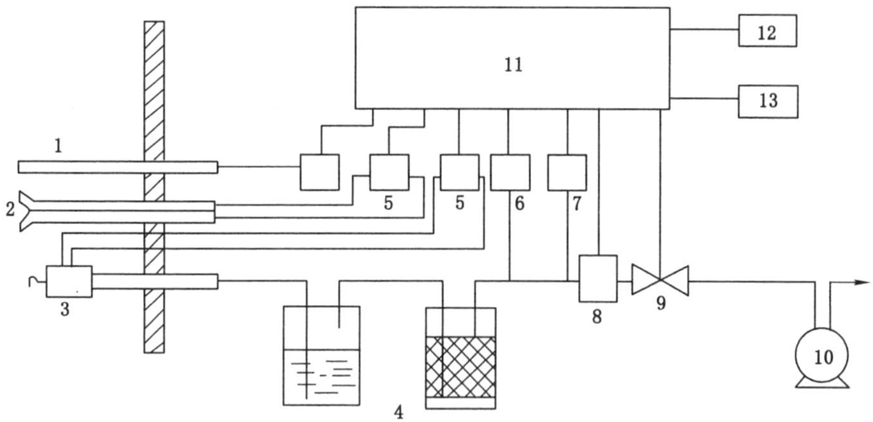

1—热电偶;2—毕托管;3—采样管;4—除硫干燥器;5—微压计;6—压力传感器;7—温度传感器;8—流量传感器;9—流量调节装置;10—抽气泵;11—微处理系统;12—打印机;13—显示器。

图 7-25 自动等速采样装置原理

第8章 噪声测量

声音作为信息，传递着人们的思维和感情，并进行工作和社会活动。声音在生产生活中起着非常重要的作用，但有些声音却干扰人们的工作、学习、休息，影响人们的身心健康。例如，各种车辆嘈杂的交通声音、压缩机的进排气声音等，这些声音人们是不需要的，甚至是厌恶的，影响人们生产和生活的消极的声音均可视为噪声。

8.1 噪声物理量度

从物理学上看，无规律、不协调的声音，即频率和声强都不相同的声波无规律的杂乱组合就称其为噪声。噪声不单纯根据声音的客观物理性质来定义，还应根据人们的主观感觉、当时的心理状态和生活环境等因素来决定。从声理学上讲，凡是使人烦恼、讨厌、刺激的声音，即人们不需要的声音就称其为噪声。按照这一定义，噪声的范围更为广泛，除机器和街道上的吵闹声属于当然的噪声外，凡是我们所不想听的声音或对我们的生活和工作有干扰的声音，不论是语言声，还是音乐声都称为噪声。例如，音乐对正在欣赏音乐的人来说，是一种美的享受，是需要的声音；而对正在思考或睡眠的人来说，则是不需要的声音，即噪声。《工业企业设计卫生标准》(GBZ 1—2010)定义噪声为“一切有损听力、有害健康和有其他危害的声响”。

噪声对人体的危害是全身性的，既可以引起听觉系统的变化，也可以对非听觉系统产生影响。这些影响的早期主要是生理性改变，长期接触比较强烈的噪声，可以引起病理性改变。短时间暴露在强噪声环境中，会出现耳鸣、听力下降等不适感；长时间停留在强烈噪声环境后，听力明显下降，甚至达到脱离噪声环境听力也不能恢复；在听觉疲劳的基础上，继续接触强噪声，则造成内耳感音器官发生器质性退行性病变，表现为永久性听阈位移，进展到噪声性耳聋。噪声通过听觉器官传入大脑皮质和自主神经中枢，引起头痛、头晕、心悸、睡眠障碍等神经衰弱症状。在强噪声作用下，表现为心率加快、血压不稳、心电图呈缺血型改变。在噪声的影响下，会引起胃功能紊乱、胃液分泌减少、胃蠕动减慢、食欲不振、消瘦，肾上腺皮质功能减弱等现象。此外，作业场所中的噪声还干扰语言交流，影响工作效率，甚至引起意外事故。

8.1.1 噪声量度参数

噪声是一种声波，可以用声波的物理特性就来描述它。为便于评价和控制噪声，人们还特地引入一些专用量来表示它。声音和噪声都采用声压、声强和声功率来描述其强弱,用频率或频谱来描述其高低。

8.1.1.1 声压、声强和声功率

(1) 声压。由于噪声能引起空气质点的振动,使周围空气质点发生疏密交替变化而产生的压强变化称为声压,即噪声场中单位面积上由声波引起的压力增量为声压,用 p 表示,单位为 Pa。通常生活的环境压强是一个大气压 p_0,当噪声这个疏密波传来时,环境压强就会发生改变,疏部的压强稍稍低于 p_0,密部的压强稍稍高于 p_0,这种在大气压上起伏的部分就是声压。压强的波动情况如图 8-1 所示,亦即声压的变化。

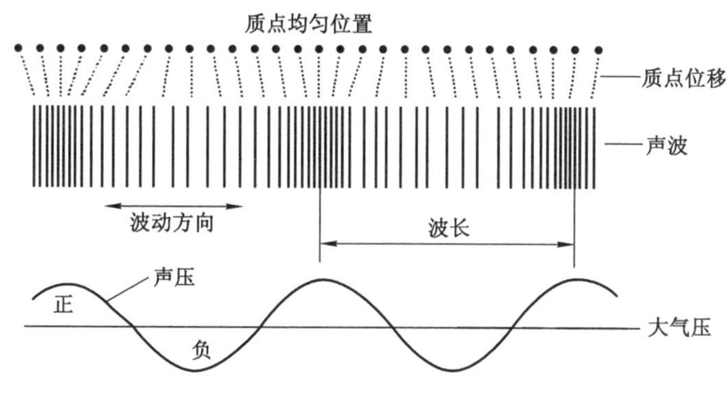

图 8-1 声压的波动情况

以敲锣为例,锣面敲的越重,锣面上下振动越剧烈声压就越大,听起来噪声就越响。反之振动小,声压小,听起来噪声就弱。这就是说,声压的大小反映了噪声的强弱,人们通常用声压来衡量噪声的强弱。

声压分为瞬时声压和有效声压。声波在空气中传播时形成压缩和疏密交替变化,所以压力的增减都是正负交替的。噪声场中某一瞬时的声压值称为瞬时声压。瞬时声压随时间而变化,而人耳感觉到的是瞬时声压在某一时间的平均结果,叫作有效声压。有效声压是瞬时声压对时间取的均方根值,故实际上总是正值。声压是常用噪声测量仪器测量的一个基础物理量度,一般仪器测得的往往就是有效声压量,在没有注明的情况下,声压均指的是有效声压。正常人耳刚能听到的最微弱的声音的声压是 2×10^{-5} Pa,称为人耳听阈声压,如人耳刚刚听到的蚊子飞过的声音的声压;使人耳产生疼痛感觉的声压是 20 Pa,称为人耳痛阈声压,如飞机发动机噪声的声压。

(2) 声强。声波作为一种波动形式,将噪声源的能量向空间辐射,人们可用能量来表示它的强弱。在单位时间内,通过垂直声波传播方向的单位面积上的声能,叫作声强,单位为 W/m^2,用 I 表示:

$$I = p^2/(\rho \cdot c) \tag{8-1}$$

式中,p 为声压,Pa;ρ 为空气的密度,kg/m^3;c 为声速,m/s。

声强的大小与离噪声源的距离远近有关,离噪声源的距离越远,噪声能量分布的面积就越宽,通过单位面积的噪声能量就越小,声强就越小。

(3) 声功率。噪声源在单位时间内向外辐射的总声能叫作声功率,通常用 W 表示,单位是 W,1 W=1 N·m/s。在自由声场中,若有一个向四周均匀辐射噪声的点噪声源,则在

r 处的声功率与声强有如下关系：

$$I=W/(4\pi r^2) \tag{8-2}$$

式中，I 为离噪声源 r 处的声强，W/m^2；W 为声源辐射的声功率，W；r 为离声源的距离，m。

声压、声强和声功率中，声强和声功率是不容易直接测定的，所以在噪声监测中一般都是测定声压，只要测出声压，就可算出声强，并进而算得声功率。

8.1.1.2 声压级、声强级、声功率级及分贝

(1) 声压级。能够引起人们听觉的声音有一定的声压范围（2×10^{-5}～20 Pa）。声压太小，不能引起听觉；声压太大，只能引起痛觉，而不能引起听觉。从听阈声压 2×10^{-5} Pa 到痛阈声压 20 Pa，声压的绝对值数量级相差 100 万倍，声强之比则达 1 万亿倍。因此，在实践中使用声压的绝对值描述噪声的强弱是很不方便的。另外，人的听觉对噪声信号强弱的刺激反应不是线性的，而是与噪声的强度成对数比例关系的。为了准确而又方便地反映人对噪声听觉的感受，人们引用了声压比或声能量比的对数成倍关系——“级”来表示噪声强度的大小，当用“级”来衡量声压大小时，就称为是声压级。这与人们常用“级”来表示风力大小、地震强度的意义是一样的。

声压级的单位是分贝（dB），分贝是一个相对单位。声压级实际上是声压分贝标度的一种形式，其数学表示式为：

$$L_p=20\lg(p/p_0) \tag{8-3}$$

式中，L_p 为声压级，dB；p 为声压，Pa；p_0 为基准声压，$p_0=2\times10^{-5}$ Pa。

显然，采用分贝标度的声压级后，把动态范围 2×10^{-5}～20 Pa 声压转变为动态范围为 0～120 dB 的声压级，因而使用方便，也符合人的听觉的实际情况。表 8-1 给出几种常见噪声源的声压和声压级。

表 8-1 常见噪声源的声压和声压级

声压/Pa	声压级/dB	噪声源及环境	声压/Pa	声压级/dB	噪声源及环境
2×10^{-5}	0	刚刚能听到的声音	2×10^{-1}	80	公共汽车内
6.3×10^{-5}	10	寂静的夜晚	6.3×10^{-1}	90	水泵房
2×10^{-4}	20	微风轻轻吹动树叶	2	100	轧钢机附近
6.3×10^{-4}	30	轻声耳语	6.3	110	织布机旁
2×10^{-3}	40	疗养院房间	2×10	120	大型球磨机附近
6.3×10^{-3}	50	机关办公室	6.3×10	130	锻锤工人操作附近
2×10^{-2}	60	普通讲话	2×10^{2}	140	飞机强力发动机旁
6.3×10^{-2}	70	繁华街道			

分贝标度法不仅用于声压，同样也能用于声强和声功率的标度，当用分贝标度声强或声功率的大小时，就是声强级或声功率级。

(2) 声强级。声强级按式(8-4)计算：

$$L_I=10\lg(I/I_0) \tag{8-4}$$

式中，L_I 为声强级，dB；I 为声强，W/m^2；I_0 为基准声强，$I_0=10^{-12}$ W/m^2。

(3) 声功率级。声功率级按式(8-5)计算：

$$L_w = 10\ lg(W/W_0) \tag{8-5}$$

式中，L_w 为声功率级，dB；W 为声功率，W；W_0 为基准声功率，$W_0 = 10^{-12}$ W。

利用以上公式，我们就可以把人耳能听到的各种噪声的声压、声强和声功率转化为声压级、声强级和声功率级，从而很方便地判断其危害程度。为了直观，将声压、声强和声功率与它对应的级的换算列出，如图 8-2 所示。

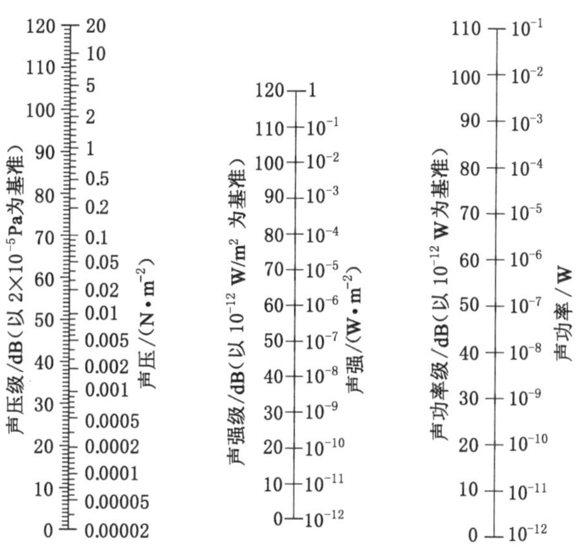

图 8-2 声压、声强和声功率对应级的换算

8.1.1.3 噪声的频谱

声音的高低主要与频率有关，例如音乐中的音调，分为 C、D、E、F、G、A、B，其中 C 调最低，频率为 250 Hz，B 调最高，其频率为 480 Hz。而噪声的频率成分比这些单一频率的乐音的频率成分要复杂得多。因声音有不同的频率，所以有低沉的声音和高亢的声音，频率低的声音音调低，频率高的声音音调高。研究噪声时，必须研究它的频率。人耳可以听到的声音频率为 20～20 000 Hz，达 1 000 倍的变化范围，如果逐一进行分析是不现实的，也是不需要的。为方便起见将这么大的频率范围划分为若干个小段，每一小段就叫作频程或频带。频程上限频率用 f_U 表示，下限频率用 f_L 表示，当频程上限频率与下限频率之比为 2 时的频程就叫倍频程；上限频率与下限频率之比为 $2^{1/3}$ 的频程叫作 1/3 倍频程。在实际应用时每个频程都是用它的中心频率（f_M）来表示的，中心频率与上、下限频率的关系如下：

$$f_M = \sqrt{f_U \cdot f_L} \tag{8-6}$$

在测量和研究噪声时，常常采用的是倍频程，其频率范围如表 8-2 所列。

表 8-2 倍频程中心及频率范围 单位：Hz

f_L	22	44	88	177	355	710	1 240	2 840	5 680	11 360
f_M	31.5	63	125	250	500	1 000	2 000	4 000	8 000	16 000
f_U	44	88	177	355	710	1 240	2 840	5 640	11 360	22 720

8.1.1.4 噪声危害量度指标

《声环境质量标准》(GB 3096—2008)规定了声环境功能区的环境噪声限值及测量方法。《噪声职业病危害风险管理指南》(WS/T 754—2016)定义生产性噪声为在生产过程中产生的噪声。按噪声的时间分布分为连续声和间断声;声级波动小于 3 dB(A)的噪声为稳态噪声,声级波动大于等于 3 dB(A)的噪声为非稳态噪声;持续时间小于或等于 0.5 s,间隔时间大于 1 s,声压有效值变化大于等于 40 dB(A)的噪声为脉冲噪声。存在有损听力、有害健康或有其他危害的声音,且 8 h/d 或 40 h/w 噪声暴露等效声级大于或等于 80 dB(A)的作业,称为噪声作业。

(1) 等效声级。用 A 计权网络测得的声压级,用 L_A 表示,单位为 dB(A)。等效连续 A 声级简称等效声级,指在规定测量时间 T 内 A 声级的能量平均值,用 $L_{Aeq,T}$ 表示(简写为 L_{eq}),单位为 dB(A)。

(2) 等效连续 A 计权声压级(等效声级)。在规定的时间内,某一连续稳态噪声的 A 计权声压,具有与时变的噪声相同的均方 A 计权声压,则这一连续稳态声的声级就是该时变噪声的等效声级,单位用 dB(A)表示。

(3) 按额定 8 h 工作日规格化的等效连续 A 计权声压级(8 h 等效声级)。将一天实际工作时间内暴露的噪声强度等效为工作 8 h 的等效声级。

(4) 按额定每周工作 40h 规格化的等效连续 A 计权声压级(每周 40 h 等效声级)。非每周 5 d 工作制的特殊工作场所暴露的噪声声级等效为每周工作 40 h 的等效声级。

(5) 昼间等效声级与夜间等效声级。在昼间时段内测得的等效连续 A 声级称为昼间等效声级,用 L_d 表示;在夜间时段内测得的等效连续 A 声级称为夜间等效声级,用 L_n 表示,单位 dB(A)。根据《环境噪声污染防治法》,“昼间”是指 6:00 至 22:00 的时段;“夜间”是指 22:00 至次日 6:00 的时段。县级以上人民政府为环境噪声污染防治的需要(如考虑时差、作息习惯差异等)而对昼间、夜间的划分另有规定的,应按其规定执行。

(6) 最大声级。在规定的测量时间段内或对某一独立噪声事件,测得的 A 声级最大值,用 L_{max} 表示,单位为 dB(A)。

(7) 累积百分声级。用于评价测量时间段内噪声强度时间统计分布特征的指标,指占测量时间段一定比例的累积时间内 A 声级的最小值,用 L_N 表示,单位为 dB(A)。最常用的是 L_{10}、L_{50} 和 L_{90},其含义如下:

L_{10}——在测量时间内有 10%的时间 A 声级超过的值,相当于噪声的平均峰值;

L_{50}——在测量时间内有 50%的时间 A 声级超过的值,相当于噪声的平均中值;

L_{90}——在测量时间内有 90%的时间 A 声级超过的值,相当于噪声的平均本底值。

如果数据采集是按等间隔时间进行的,则 L_N 也表示有百分数为 N 的数据超过的噪声级。

8.1.2 噪声叠加

前述的声压级、声强级、声功率级都是单一噪声源的表示式。在实际工作中,常遇到某些场所有几个噪声源同时存在,人们可以单独测量每一个噪声源的声压级。那么,当多个噪声源同时向外辐射噪声时,则区域内总噪声对应的物理量度又是多少呢?在说明总噪声物理量度前,必须明确以下两点:第一,声能量是可以进行代数相加的物理量度,设两个声源的

声功率分别是 W_1 和 W_2，那么总声功率 $W_{总}=W_1+W_2$，同样两个声源在同一点的声强为 I_1 和 I_2，则它的总声强 $I_{总}=I_1+I_2$；第二，声压是不能直接进行代数相加的物理量度。根据声压与声强的关系式(8-1)，则：

$$I_1={p_1}^2/(\rho \cdot c) \tag{8-7}$$

$$I_2={p_2}^2/(\rho \cdot c) \tag{8-8}$$

$$I_{总}={p_{总}}^2/(\rho \cdot c) \tag{8-9}$$

总声压：

$$p_{总}^{\ 2}={p_1}^2+{p_2}^2 \tag{8-10}$$

8.1.2.1 相同噪声级的叠加

噪声级是噪声物理量度的统称，它可代表的是噪声的声压级、声强级或声功率级。如果某场所有 N 个噪声级相同的噪声源叠加到一起，则它们所产生的总的噪声级可用式(8-11)表示：

$$L_C=L+10\lg N \tag{8-11}$$

式中，L_C 为总噪声级；L 为一个噪声源的噪声级；N 为噪声源的数目。

有时人们将 $10\lg N$ 叫作噪声级增值，若 L 分别用 L_p、L_I、L_W 表示时，则 L_C 分别代表的是总声压级、总声强级、总声功率级。由于每个噪声源的噪声级多数以该噪声源的声压级来表示，因此，在噪声合成中总噪声级多以总声压级来表示。

8.1.2.2 不同噪声级的叠加

如果有两个噪声级不同的噪声源(如 L_l 和 L_2，且 $L_1>L_2$)叠加在一起，则它们产生的总噪声级可按式(8-12)计算：

$$L_C=L_1+\Delta L \tag{8-12}$$

式中，L_C 为总噪声级；L_1 为噪声级中较大的一个；ΔL 为增加值，见表 8-3。

表 8-3 分贝和的增加值表

声压级差	0	1	2	3	4	5	6	7	8	9	10	11	12	13	14	15
增值	3	2.5	2.1	1.8	1.5	1.2	1	0.8	0.6	0.5	0.4	0.3	0.3	0.2	0.2	0.1

由表 8-3 可以看出，当噪声级相同时，叠加后总噪声级增加 3 dB，当噪声级相差 15 dB 时，叠加后的总噪声级增加 0.1 dB。因此，两个噪声级叠加，若二者相差 15 dB 以上，其中较小的噪声级对总噪声级的影响可以忽略。同样，当 L_1 分别用声压级、声强级、声功率级表示时，则 L_C 分别代表的是总声压级、总声强级、总声功率级。

对于多个不同声压级的噪声源，依然仿照上述方法，依次计算出差值，再两两叠加，最后求出总的噪声级。多个噪声源的叠加与叠加次序无关. 叠加时，一般选择两个噪声级相近的依次进行，因为两个噪声级数值相差较大，则增加值 ΔL 很小(有时忽略)，影响准确性。

8.1.2.3 噪声的相减

在某些实际工作中，常遇到从总的被测噪声级中减去背景或环境噪声级来确定由单独噪声源产生的噪声级。例如，某加工车间内的一台机床在开动时，其辐射的噪声级是不能单独测量的，但机床未开动前的背景或环境噪声是可以测量的，机床开动后的机床噪声与背景或环境噪声的总噪声级也是可以测量的。因此，计算机床本身的噪声级就必须采用噪声级的减法，其推导与前文叠加计算一样，可用式(8-13)表示：

$$L_1 = L_C - \Delta L \tag{8-13}$$

式中，L_1 为机器本身的噪声级；L_C 为总噪声级；ΔL 为增加值，其数值可由表 8-3 查出。

8.2 噪声测量仪表

为了测量噪声的强度、大小是否超过标准，了解噪声对人体健康的危害，研究或降低噪声等，都需要噪声测量仪器。随着现代电子技术的飞速发展，噪声测量仪器发展也很快。在噪声测量中，人们可根据不同的测量与分析目的，选用不同的仪器，采用相应的测量方法。常用的测量仪器有声级计、声级频谱议等。

8.2.1 噪声测量原理

如图 8-3 所示，声压大小经传声器后转换成电压信号，此信号经前置放大器放大后，最后从显示仪表指示出声压级的分贝数值，主要由传声器、放大器、衰减器、计权网络、电表电路及电源等部分组成。

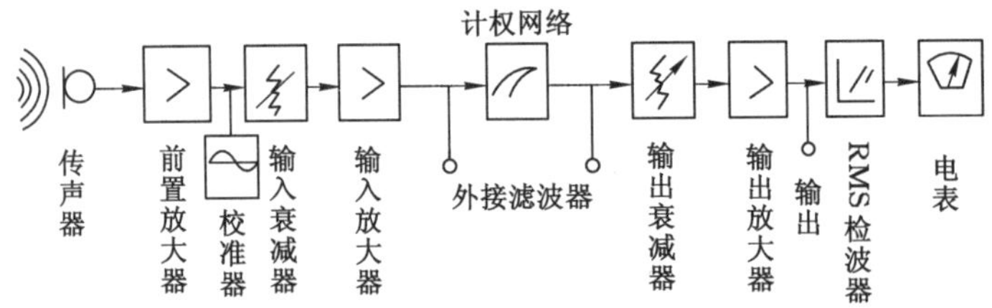

图 8-3 声级计工作原理

传声器也称话筒或麦克风，它是将声能转换成电能的元件。声压由传声器接受后，将声压信号转换成电信号。传声器的质量是影响声级计性能和测量准确度的关键部位。优质的传声器应满足以下要求：灵敏度高、工作稳定；频率范围宽、频率响应特性平直、失真小；受外界环境(如温度、湿度、振动、电磁波等)影响小；动态范围大。在噪声测量中，根据能量转换原理和结构的不同，常用的传声器分为晶体传声器、电动式传声器、电容传声器和驻极体传声器。

放大器和衰减器是声级计和频谱分析仪内部放大和衰减电信号的电子线路。因为传声器把声音信号变成电信号，此电信号一般很微弱，既达不到计权网络分离信号所需的能量，也不能在电表上直接显示，所以需要将信号加以放大，这个工作有前置放大器来完成；当输入信号较强时，为避免表头过载，需对信号加以衰减，这就需要用输入衰减器进行衰减。经过前边处理后的信号必须再由输入放大器进行定量的放大才能进入计权网络。用于声级测量的放大器和衰减器应有足够大的增益而且稳定，频率响应特性要平直，在声频范围(20～20 000 Hz)内要有足够的动态范围，放大器和衰减器的固有噪声要低。

计权网络是由电阻和电容组成的、具有特定频率响应的滤波器，它能使欲测定的频带顺利地通过，而把其他频率的波尽可能地除去。为了使声级计测出的声压级的大小接近人耳对声音的响应，有时间计权 F、S 和频率计权 A、C、Z 等计权网络。常用的是 A 频率计权，用于评价除高能脉动声和低频成分丰富的声音之外的所有声音。

经过计权网络后的信号由输出衰减器衰减到额定值，随即送到输出放大器放大，使信号达到相应的功率输出，输出的信号经有效值检波（RMS 检波），送出有效电压，推动电表，显示所测得声压级分贝值。

8.2.2 声级计

声级计也称为噪声计，是用来测量噪声的声乐级和计权声级的最基本的测量仪器，适用于环境噪声和各种机器噪声的测量，也可用于建筑声学、电声学的测量。

声级计按其用途可分为一般声级计、车辆声级计、脉冲声级计、积分声级计和噪声剂量计等。按其精度可分为四种类型：0 型声级计，是试验用的标准声级计；Ⅰ型声级计，相当于精密声级计；Ⅱ型声级计和Ⅲ型声级计作为一般用途的普通声级计。按其体积大小可分便携式声级计和袖珍式声级计。

8.2.3 积分平均声级计和积分声级计(噪声暴露计)

积分平均声级计是一种直接显示某一测量时间内被测噪声等效连续声级（L_{eq}）的仪器，通常由声级计及内置的单片计算机组成。积分平均声级计不仅能测量出噪声随时间的平均值，即等效连续声级，而且可以测出噪声在空间分布不均匀的平均值。只要在需要测量的空间移动积分平均声级计，就可测量出随地点变动的噪声的空间平均值。

积分平均声级计通常具有自动量程衰减器，使量程的动态范围扩大到 80～100 dB，在测量过程中无须设置人工调节量程衰减器。积分平均声级计可以预置时间，可设为 10 s、1 min、5 min、10 min、1 h、4 h、8 h 等，当到达预置时间时，测量会自动中断。积分平均声级计除显示 L_{eq} 外，还能显示声暴露级 L_{AE} 和测量经历时间，当然它还可显示瞬时声级。

声暴露级 L_{AE} 是在 1 s 期间保持恒定的声级，它与实际变化的噪声在此期间内具有相同的能量。声暴露级用来评价单发噪声事件，例如飞机飞越以及轿车和卡车开过时的噪声。通过测量经历时间和此时间内的等效连续声级，就可以计算出声暴露级。

积分平均声级计主要用于环境噪声的测量和工厂噪声测量。它们还具有测量噪声暴露量或噪声剂量的功能，并可外接滤波器进行频谱分析。

作为个人使用的测量噪声暴露量的仪器叫作个人声暴露计，另一种测量并指示噪声剂量的仪器叫作噪声剂量计。噪声剂量以规定的允许噪声暴露量作为 100%，如规定每天工作 8 h，噪声标准为 85 dB，则以此为 100%。对于其他噪声暴露量，可以计算相应的噪声剂量值。个人声暴露计主要用在劳动卫生、职业病防治所和工厂、企业对职工作业场所的噪声进行监测。个人声暴露计的体积可以仅为一支钢笔大小，插在上衣口袋内进行测量，能直接显示声暴露量、噪声剂量以及瞬时声级、等效声级和暴露时间等。

8.2.4 噪声统计分析仪

噪声统计分析仪是用来测量噪声级的统计分布，并直接指示累计百分声级 L_N 的一种噪声测量仪器，它还能测量并用数字显示 A 声级、等效连续声级以及用数字或百分数显示声级的概率分布和累计分布。它由声级测量及计算处理两大部分构成，计算处理由单片机完成。随着科学技术的进步，尤其是大规模集成电路的发展，噪声统计分析仪的功能越来越强，使用也越来越方便，能满足环境噪声自动监测的多种需要。

噪声统计分析仪是一种内装单片机的智能化仪器，其最大优点是既可显示数据也可显示图表，既有数字显示又有动态条图显示瞬时声级；而且可以同时显示多组数据。可以直接

显示 L_p、L_{eq}、L_{max}、L_{min}、L_5、L_{10}、L_{50}、L_{90} 等各个测量值以及组号，可以设定多种测量时间，从手动、10 s～24 h，既可进行常规单次测量，也可进行 24 h 自动监测，每小时测量一次，每次测量时间可以设定。仪器内部有日历、时钟。同时，它还具有存储测量数据的功能。所储存的数据还可以通过调阅开关调阅任意一组，并将其单独打印出来。如果发现该组数据不正常，也可通过删除键将其删除，补测一组数据替代。可生成统计分布图、累计分布图或 24 h 分布图。

8.2.5 声级频谱仪

频谱仪是测量噪声频谱的仪器，它的基本组成大致与声级计相似。但是频谱分析仪中，设置了完整的计权网络。借助于计权网络的作用，可以将声频范围内的频率分成不同的频带进行测量。例如作倍频程划分时，计权网络置于中心频率 500 Hz，通过频谱分析仪的则是 355～710 Hz 的噪声，其他频率就不能通过，因此在频谱分析仪上所显示的就是频率为 355～710 Hz 噪声的声压级，其他类推。由于频谱分析仪能分别测量噪声中所包含的各种频带的声压级，所以它是进行噪声频谱分析不可缺少的仪器。一般情况下，进行频谱分析时，都采用倍频程划分频带。如果对噪声要进行更详细的频谱分析，就要用窄频带分析仪，例如用 1/3 频程划分频带。

8.3 噪声监测

人类的听觉是很复杂的，具有多种属性，其中包括区分声音的高低和强弱两种属性。听觉区分声音的高低，用音调表示，它主要依赖于声音的频率，但也与声压和波形有关；听觉判别声音的强弱用响度表示，它主要靠声压区别，但也和频率及波形有关。在噪声测量中多采用声级，特别是用 A 声级来表示噪声的强弱。这种测量方法在比较具有相似频谱的噪声时颇为有效。在考察噪声对人们的危害程度时，除了要分析噪声的强度和频率外，还要注意噪声的作用时间，因为噪声对人的危害程度与上述 3 个因素均有关。

8.3.1 声环境功能区噪声监测

8.3.1.1 声环境功能区划分与噪声限值

声环境功能区监测是为评价不同声环境功能区昼间、夜间的声环境质量，了解功能区环境噪声时空分布特征。《声环境功能区划分技术规范》(GB/T 15190—2014)和《声环境质量标准》(GB 3096—2008)均规定了按区域的使用功能特点和环境质量要求。声环境功能区分为以下 5 种类型：

(1) 0 类声环境功能区：指康复疗养区等特别需要安静的区域。

(2) 1 类声环境功能区：指以居民住宅、医疗卫生、文化教育、科研设计、行政办公为主要功能，需要保持安静的区域。

(3) 2 类声环境功能区：指以商业金融、集市贸易为主要功能，或者居住、商业、工业混杂，需要维护住宅安静的区域。

(4) 3 类声环境功能区：指以工业生产、仓储物流为主要功能，需要防止工业噪声对周围环境产生严重影响的区域。

(5) 4类声环境功能区：指交通干线两侧一定距离之内，需要防止交通噪声对周围环境产生严重影响的区域，包括4a类和4b类两种类型。4a类为高速公路、一级公路、二级公路、城市快速路、城市主干路、城市次干路、城市轨道交通(地面段)、内河航道两侧区域；4b类为铁路干线两侧区域。

各类声环境功能区适用表8-4规定的环境噪声等效声级限值，并要求各类声环境功能区夜间突发噪声，其最大声级超过环境噪声限值的幅度不得高于15 dB(A)。

表8-4　环境噪声限值

声环境功能区类别		时段	
		昼间/dB(A)	夜间/dB(A)
0类		50	40
1类		55	45
2类		60	50
3类		65	55
4类	4a类	70	55
	4b类	70	60

8.3.1.2　测点选择的一般要求

根据监测对象和目的，可选择以下3种测点条件(指传声器所置位置)进行环境噪声的测量：

(1) 一般户外。距离任何反射物(地面除外)至少3.5 m外测量，距地面高度1.2 m以上。必要时可置于高层建筑上，以扩大监测受声范围。使用监测车辆测量，传声器应固定在车顶部1.2 m高度处。

(2) 噪声敏感建筑物户外。噪声敏感建筑物指医院、学校、机关、科研单位、住宅等需要保持安静的建筑物。在噪声敏感建筑物外，距墙壁或窗户1 m处，距地面高度1.2 m以上。

(3) 噪声敏感建筑物室内。距离墙面和其他反射面至少1 m，距窗约1.5 m处，距地面1.2～1.5 m高。

8.3.1.3　声环境功能区监测

(1) 定点监测法。选择能反映各类功能区声环境质量特征的监测点1至若干个，进行长期定点监测，每次测量的位置、高度应保持不变。对于0类、1类、2类、3类声环境功能区，该监测点应为户外长期稳定、距地面高度为声场空间垂直分布的可能最大值处，其位置应能避开反射面和附近的固定噪声源；4类声环境功能区监测点设于4类区内第一排噪声敏感建筑物户外交通噪声空间垂直分布的可能最大值处。声环境功能区监测每次至少进行一昼夜24小时的连续监测，得出每小时及昼间、夜间的等效声级 L_{eq}、L_d、L_n 和最大声级 L_{max}。用于噪声分析目的，可适当增加监测项目，如累积百分声级 L_{10}、L_{50}、L_{90} 等。监测应避开节假日和非正常工作日。

各监测点位测量结果独立评价，以昼间等效声级 L_d 和夜间等效声级 L_n 作为评价各监测点位声环境质量是否达标的基本依据。一个功能区设有多个测点的，应按点次分别统计昼间、夜间的达标率。

全国重点环保城市以及其他有条件的城市和地区宜设置环境噪声自动监测系统，进行不同声环境功能区监测点的连续自动监测。环境噪声自动监测系统主要由自动监测子站和中心站及通信系统组成，其中自动监测子站由全天候户外传声器、智能噪声自动监测仪器、数据传输设备等构成。

(2) 0类至3类声环境功能区普查监测。将要普查监测的某一声环境功能区划分成多个等大的正方格，网格要完全覆盖住被普查的区域，且有效网格总数应多于100个。测点应设在每个网格的中心，测点条件为一般户外条件。监测分别在昼间工作时间和夜间22:00—24:00(时间不足可顺延)进行。在前述测量时间内，每次每个测点测量10 min的等效声级 L_{eq}，同时记录噪声主要来源。监测应避开节假日和非正常工作日。

将全部网格中心测点测得的10 min的等效声级 L_{eq} 做算术平均运算，所得到的平均值代表某一声环境功能区的总体环境噪声水平，并计算标准偏差。根据每个网格中心的噪声值及对应的网格面积，统计不同噪声影响水平下的面积百分比，以及昼间、夜间的达标面积比例。有条件可估算受影响人口。

(3) 4类声环境功能区普查监测。以自然路段、站场、河段等为基础，考虑交通运行特征和两侧噪声敏感建筑物分布情况，划分典型路段(河段)。在每个典型路段对应的4类区边界上(指4类区内无噪声敏感建筑物存在时)或第一排噪声敏感建筑物户外(指4类区内有噪声敏感建筑物存在时)选择1个测点进行噪声监测。这些测点应与站、场、码头、岔路口、河流汇入口等相隔一定的距离，避开这些地点的噪声干扰。监测分昼、夜两个时段进行。分别测量规定时间内的等效声级 L_{eq} 和交通流量，对铁路、城市轨道交通线路(地面段)，应同时测量最大声级 L_{max}，对道路交通噪声应同时测量累积百分声级 L_{10}、L_{50}、L_{90}。

根据交通类型的差异，规定的测量时间为：铁路、城市轨道交通(地面段)、内河航道两侧，昼、夜各测量不低于平均运行密度的1小时值，若城市轨道交通(地面段)的运行车次密集，测量时间可缩短至20 min；高速公路、一级公路、二级公路、城市快速路、城市主干路、城市次干路两侧，昼、夜各测量不低于平均运行密度的20 min值。监测应避开节假日和非正常工作日。

将某条交通干线各典型路段测得的噪声值，按路段长度进行加权算术平均，以此得出某条交通干线两侧4类声环境功能区的环境噪声平均值。也可对某一区域内的所有铁路、确定为交通干线的道路、城市轨道交通(地面段)、内河航道按前述方法进行长度加权统计，得出针对某一区域某一交通类型的环境噪声平均值。根据每个典型路段的噪声值及对应的路段长度，统计不同噪声影响水平下的路段百分比以及昼间、夜间的达标路段比例。有条件可估算受影响人口。对某条交通干线或某一区域某一交通类型采取抽样测量的，应统计抽样路段比例。

8.3.1.4 噪声敏感建筑物监测

噪声敏感建筑物监测的目的是了解噪声敏感建筑物户外(室内)的环境噪声水平，评价是否符合所处声环境功能区的环境质量要求。

监测点一般设于噪声敏感建筑物户外。不得不在噪声敏感建筑物室内监测时，应在门窗全打开状况下进行室内噪声测量，并采用较该噪声敏感建筑物所在声环境功能区对应环境噪声限值低10 dB(A)的值作为评价依据。

对敏感建筑物的环境噪声监测应在周围环境噪声源正常工作条件下测量，视噪声源的运行工况，分昼、夜两个时段连续进行。根据环境噪声源的特征，可优化测量时间。受固定噪声源的噪声影响时,对稳态噪声测量 1 min 的等效声级 L_{eq},对非稳态噪声测量整个正常工作时间(代表性时段)的等效声级 L_{eq}。受交通噪声源的噪声影响,对于铁路、城市轨道交通(地面段)、内河航道,昼、夜各测量不低于平均运行密度的 1 小时等效声级 L_{eq},若城市轨道交通(地面段)的运行车次密集,测量时间可缩短至 20 min;对于道路交通,昼、夜各测量不低于平均运行密度的 20 min 等效声级 L_{eq}。以上监测对象夜间存在突发噪声的,应同时监测测量时段内的最大声级 L_{max}。

以昼间、夜间环境噪声源正常工作时段的 L_{eq} 和夜间突发噪声 L_{max} 作为评价噪声敏感建筑物户外(室内)环境噪声水平,是否符合所处声环境功能区的环境质量要求的依据。

8.3.1.5 其他注意事项

测量应在无雨雪、无雷电天气,风速 5 m/s 以下时进行。

测量记录应包括以下事项:日期、时间、地点及测定人员;使用仪器型号、编号及其校准记录;测定时间内的气象条件(风向、风速、雨雪等天气状况);测量项目及测定结果;测量依据的标准;测点示意图;声源及运行工况说明(如交通噪声测量的交通流量等);其他应记录的事项。

8.3.2 工业企业厂界环境噪声测量

8.3.2.1 工业企业厂界噪声排放限值

工业企业厂界环境噪声指在工业生产活动中使用固定设备等产生的、在厂界处进行测量和控制的干扰周围生活环境的声音。《工业企业设计卫生标准》(GBZ 1—2010)要求工业企业噪声控制设计时,对生产工艺、操作维修、降噪效果进行综合分析,采用行之有效的新技术、新材料、新工艺、新方法,对生产过程和设备产生的噪声,应首先从声源上进行控制。《工业企业厂界环境噪声排放标准》(GB 12348—2008)规定了工业企业厂界环境噪声不得超过表 8-5 规定的排放限值。

表 8-5 工业企业厂界环境噪声排放限值

厂界外声环境功能区类别	昼间/dB(A)	夜间/dB(A)	厂界外声环境功能区类别	昼间/dB(A)	夜间/dB(A)
0	50	40	3	65	55
1	55	45	4	70	55
2	60	50			

夜间频发噪声的最大声级超过限值的幅度不得高于 10 dB(A)。夜间偶发噪声的最大声级超过限值的幅度不得高于 15 dB(A)。工业企业若位于未划分声环境功能区的区域,当厂界外有噪声敏感建筑物时,由当地县级以上人民政府参照《声环境质量标准》(GB 3096—2008)和《声环境功能区划分技术规范》(GB/T 15190—2014)的规定确定厂界外区域的声环境质量要求,并执行相应的厂界环境噪声排放限值。当厂界与噪声敏感建筑物距离小于 1 m 时,厂界环境噪声应在噪声敏感建筑物的室内测量,并将表 8-5 中相应的限值减 10 dB(A)作为评价依据。

8.3.2.2 测量的一般要求

测量仪器为积分平均声级计或环境噪声自动监测仪,测量 35 dB 以下的噪声应使用

1 型声级计，且测量范围应满足所测量噪声的需要。当需要进行噪声的频谱分析时，仪器性能应符合《电声学 倍频程和分数倍频程滤波器》(GB/T 3241—2010)中对滤波器的要求。

测量仪器和校准仪器应定期检定合格，并在有效使用期限内使用；每次测量前、后必须在测量现场进行声学校准，其前、后校准示值偏差不得大于 0.5 dB，否则测量结果无效。测量时，传声器应加防风罩。测量仪器时间计权特性设为“F”挡，采样时间间隔不大于 1 s。

测量应在无雨雪、无雷电天气，风速为 5 m/s 以下时进行。不得不在特殊气象条件下测量时，应采取必要措施保证测量准确性，同时注明当时所采取的措施及气象情况。测量应在被测声源正常工作时间进行，同时注明当时的工况。

8.3.2.3 测点位置要求

根据工业企业声源、周围噪声敏感建筑物的布局以及毗邻的区域类别，在工业企业厂界布设多个测点，其中包括距噪声敏感建筑物较近以及受被测声源影响大的位置。

一般情况下，测点选在工业企业厂界外 1 m、高度 1.2 m 以上。当厂界有围墙且周围有受影响的噪声敏感建筑物时，测点应选在厂界外 1 m、高于围墙 0.5 m 以上的位置。当厂界无法测量到声源的实际排放状况时(如声源位于高空、厂界设有声屏障等)，在受影响的噪声敏感建筑物户外 1 m 处增设测点。室内噪声测量时，室内测量点位设在距任一反射面至少 0.5 m 以上、距地面 1.2 m 高度处，在受噪声影响方向的窗户开启状态下测量。固定设备结构传声至噪声敏感建筑物室内，在噪声敏感建筑物室内测量时，测点应距任一反射面至少 0.5 m 以上、距地面 1.2 m、距外窗 1 m 以上，窗户关闭状态下测量。被测房间内的其他可能干扰测量的声源(如电视机、空调、排气扇等)应关闭。

8.3.2.4 测量时段

分别在昼间、夜间两个时段测量。夜间有频发、偶发噪声影响时同时测量最大声级。被测声源是稳态噪声，采用 1 min 的等效声级。被测声源是非稳态噪声，测量被测声源有代表性时段的等效声级，必要时测量被测声源整个正常工作时段的等效声级。

8.3.2.5 测量记录

噪声测量时需做测量记录。记录内容应主要包括：被测量单位名称、地址、厂界所处声环境功能区类别、测量时气象条件、测量仪器、校准仪器、测点位置、测量时间、测量时段、仪器校准值(测量前、测量后)、主要声源、测量工况、示意图(厂界、声源、噪声敏感建筑物、测点等位置)、噪声测量值、背景值、测量人员、校对人、审核人等相关信息。

噪声测量值与背景噪声值相差大于 10 dB(A)时，噪声测量值不做修正。噪声测量值与背景噪声值相差在 3～10 dB(A)时，噪声测量值与背景噪声值的差值取整后，按表 8-6 进行修正。

表 8-6 测量结果修正表

差值/dB(A)	3	4～5	6～10
修正值/dB(A)	−3	−2	−1

噪声测量值与背景噪声值相差小于 3 dB(A)时，应采取措施降低背景噪声后，视情况执行；仍无法满足前两款要求的，应按《环境噪声监测技术规范 噪声测量值修正》(HJ 706—2014)的有关规定执行。

各个测点的测量结果应单独评价。同一测点每天的测量结果按昼间、夜间进行评价。

取最大声级 L_{max} 直接评价。

8.3.3 工作场所噪声测量

工业企业生产所产生的噪声不仅对生活环境造成危害，更直接严重危害工作场所的劳动者。工作场所的噪声测量、分析和评价对于评估噪声对工作者健康、舒适、安全和工作效率的潜在影响十分重要。工作场所噪声是物理性危害因素，《工作场所有害因素职业接触限值 第2部分：物理因素》(GBZ 2.2—2007)、《工作场所物理因素测量 第8部分：噪声》(GBZ/T 189.8—2007)、《工作场所职业病危害作业分级 第4部分：噪声》(GBZ/T 229.4—2012)、《工业企业噪声控制设计规范》(GB/T 50087—2013)、《声学 职业噪声暴露的测定 工程法》(GB/T 21230—2014)等国家标准对工作场所的噪声测量与控制均提出了相关规定。《噪声职业病危害风险管理指南》(WS/T 754—2016)规定劳动者职业暴露的噪声强度等效声级大于等于80 dB(A)且小于90 dB(A)的岗位，用人单位应每年对该岗位工作场所噪声及劳动者噪声暴露情况至少进行一次测量，劳动者职业暴露的噪声强度等效声级大于或等于90 dB(A)的岗位，用人单位应每半年对该岗位工作场所噪声及劳动者噪声暴露情况进行一次测量；如果设备、生产工艺、岗位人员或者维护程序发生变化影响了噪声暴露水平时，测量应在发生变化的3个月内重复进行。

8.3.3.1 工业企业噪声控制设计限值

生产车间的噪声限值为噪声职业接触限值，噪声职业接触限值指劳动者在职业活动过程中长期反复接触，对绝大多数接触者的健康不引起有害作用的噪声容许接触水平。工业企业内各类工作场所噪声限值应符合表8-7的规定。

表8-7 各类工作场所噪声限值

工作场所	噪声限值/dB(A)
生产车间	85
车间内值班室、观察室、休息室、办公室、实验室、设计室室内背景噪声级	70
正常工作状态、精密装配线、精密加工车间、计算机房	70
主控室、集中控制室、通信室、电话总机室、消防值班室，一般办公室、会议室、设计室、实验室室内背景噪声级	60
医务室、教室、值班宿舍室内背景噪声级	55

生产车间噪声限值为每周工作5 d，每天工作8 h等效声级；对于每周工作5 d，每天工作时间不是8 h，需计算8 h等效声级；对于每周工作日不是5 d，需计算40 h等效声级。表8-7中的室内背景噪声级指的是室外传入室内的噪声级。

实际工作中，对于每天接触噪声不足8 h时的工作场所，也可根据实际接触噪声的时间和测量(计算)的等效声级，按照接触时间减半噪声接触限值增加3 dB(A)的原则，根据表8-8确定噪声接触限值。

表8-8 工作场所噪声等效声级接触限值

日接触时间/h	8	4	2	1	0.5
接触限值/dB(A)	85	88	91	94	97

8.3.3.2 工作场所噪声测量

工作场所的噪声测量须依照《工作场所物理因素测量 第8部分：噪声》(GBZ/T 189.8—2007)、《工作场所职业病危害作业分级 第4部分：噪声》(GBZ/T 229.4—2012)、《工作场所有害因素职业接触限值 第2部分：物理因素》(GBZ 2.2—2007)等标准进行。

为正确选择测量点、测量方法和测量时间等，必须在测量前对工作场所进行现场调查。调查内容主要包括：工作场所的面积、空间、工艺区划、噪声设备布局等，绘制略图；工作流程的划分、各生产程序的噪声特征、噪声变化规律等；预测量，判定噪声是否稳态、分布是否均匀；工作人员的数量、工作路线、工作方式、停留时间等。

测量仪器可用声级计、积分声级计或个人噪声剂量计。固定的工作岗位选用声级计；流动的工作岗位优先选用个体噪声剂量计，或对不同的工作地点使用声级计分别测量，并计算等效声级。测量前应根据仪器校正要求对测量仪器校正。

工作场所声场分布均匀，即测量范围内A声级差别小于3 dB(A)，选择3个测点，取平均值。工作场所声场分布不均匀时，应将其划分若干声级区，同一声级区内声级差小于3 dB(A)。每个区域内，选择2个测点，取平均值。劳动者工作是流动的，在流动范围内对工作地点分别进行测量，计算等效声级。

传声器应放置在劳动者工作时耳部的高度，一般是站姿为1.50 m，坐姿为1.10 m。传声器的指向为声源的方向。测量仪器固定在三脚架上，置于测点；若现场不适于放置三脚架，可手持声级计，但应保持测试者与传声器的间距大于0.5 m。稳态噪声的工作场所，每个测点测量3次，取平均值。非稳态噪声的工作场所，根据声级变化（声级波动不小于3 dB)确定时间段，测量各时间段的等效声级，并记录各时间段的持续时间。脉冲噪声测量时，应测量脉冲噪声的峰值和工作日内脉冲次数。

测量应在正常生产情况下进行。工作场所风速超过3 m/s时，传声器应戴风罩。应尽量避免电磁场干扰。在进行现场测量时，测量人员应注意个体防护。

测量记录应包括测量日期、测量时间、气象条件（温度、相对湿度）、测量地点（单位、厂矿名称、车间和具体测量位置）、被测仪器设备型号和参数、测量仪器型号、测量数据、测量人员及工时记录等。

8.3.3.3 使用个人噪声剂量计的抽样方法

使用个人噪声剂量计的抽样原则是在现场调查的基础上，根据检测的目的和要求，选择抽样调查对象。在工作过程中，凡接触噪声危害的劳动者都列为抽样对象范围。抽样对象中应包括不同工作岗位的、接触噪声危害最高和接触时间最长的劳动者，其余的抽样对象随机选择。每种工作岗位劳动者人数不足3名时，全部选为抽样对象，劳动者人数大于3名时，按表8-9选择，测量结果取平均值。

表8-9 抽样对象及数量

劳动者人数/名	3～5(含5)	6～10(含10)	>10
采样对象数	2	3	4

8.3.3.4 测量声级的计算

(1) 非稳态噪声的工作场所，按声级相近的原则将一天的工作时间分为 n 个时段，用积分声级计测量每个时间段的等效声级 L_{Aeq,T_i}，按照式(8-13)计算全天的等效声级 $L_{\mathrm{Aeq},T}$：

$$L_{\mathrm{Aeq},T}=10\ \lg\left(\frac{1}{T}\sum_{i=1}^{n}T_i10^{0.1L_{\mathrm{Aeq},T_i}}\right)\tag{8-13}$$

式中，L_{Aeq,T_i} 为时间段 T_i 内的等效声级；T 为这些时间段的总时间；T_i 为 i 时间段的时间；n 为总的时间段的个数。

(2) 8 h 等效声级($L_{\mathrm{EX,8h}}$)的计算。根据等能量原理将一天实际工作时间内接触噪声强度规格化到工作 8 h 的等效声级，按式(8-14)计算：

$$L_{\mathrm{EX,8h}}=L_{\mathrm{Aeq},T_e}+10\ \lg\frac{T_e}{T_0}\tag{8-14}$$

式中，$L_{\mathrm{EX,8h}}$ 为一天实际工作时间内接触噪声强度规格化到工作 8 h 的等效声级；T_e 为实际工作日的工作时间；L_{Aeq,T_e} 为实际工作日的等效声级；T_0 为标准工作日时间，8 h。

(3) 每周 40 h 的等效声级。通过 $L_{\mathrm{EX,8h}}$ 计算规格化每周工作 5 d(40 h)接触的噪声强度的等效连续 A 计权声级用式(8-15)：

$$L_{\mathrm{EX,w}}=10\ \lg\left[\frac{1}{5}\sum_{i=1}^{n}10^{0.1(L_{\mathrm{EX,8h}})_i}\right]\tag{8-15}$$

式中，$L_{\mathrm{EX,w}}$ 为每周平均接触值；$L_{\mathrm{EX,8h}}$ 为一天实际工作时间内接触噪声强度规格化到工作 8 h 的等效声级；n 为每周实际工作天数。

(4) 脉冲噪声。使用积分声级计，“peak(峰值)”排，可直接读声级峰值 L_{peak}。

8.3.3.5 噪声作业分级

噪声作业分级是对噪声暴露危害程度的评价，也是为控制噪声及进行量化管理、风险评估提供重要依据。噪声分级以国家职业卫生标准接触限值及测量方法为基础分级。应通过现场巡查，识别工作场所生产性噪声的来源、分布范围、工人接触噪声及采取的控制措施，收集既往的听力损伤资料，确定需要分级的作业。

按照职业病危害因素评价监测的要求对工作场所噪声进行定期监测，监测接触噪声强度有变化，提示可能与原分级结果不一致或因生产工艺、原材料、设备等发生变化时，应重新进行分级，并提出新的预防控制措施和建议。

分级完成后应编制工作场所噪声分级报告书，报告书的内容包括分级的依据、方法、结果以及分级管理建议和应告知的对象。分级结果应告知用人单位的相关管理者、劳动者和政府相关部门。分级过程的全部资料应归档保存。

对稳态和非稳态连续噪声，按照《工作场所物理因素测量 第 8 部分：噪声》(GBZ/T 189.8—2007)的要求进行噪声作业测量，依据噪声暴露情况计算按额定 8 h 工作日规格化的等效连续 A 声级 $L_{\mathrm{Ex,8h}}$ 或按额定周工作 40 h 规格化的等效连续 A 声级 $L_{\mathrm{Ex,w}}$ 后，根据表 8-10 确定噪声作业级别。

表 8-10 噪声作业分级

分级	等效声级/dB	危害程度	分级	等效声级/dB	危害程度
Ⅰ级	$85\leqslant L_{\mathrm{EX}}<90$	轻度危害	Ⅲ级	$95\leqslant L_{\mathrm{EX}}<100$	重度危害
Ⅱ级	$90\leqslant L_{\mathrm{EX}}<94$	中度危害	Ⅳ级	$L_{\mathrm{EX}}\geqslant 100$	极重危害

对于脉冲噪声，测量脉冲噪声声压级峰值和工作日内脉冲次数 n，根据表 8-11 确定脉

冲噪声作业分级。

表 8-11 脉冲噪声作业分级

分级	声压峰值/dB			危害程度
	$n\leqslant100$	$100<n\leqslant1\,000$	$1\,000<n\leqslant10\,000$	
Ⅰ级	$140.0\leqslant n<142.5$	$130.0\leqslant n<132.5$	$120.0\leqslant n<122.5$	轻度危害
Ⅱ级	$142.5\leqslant n<145.0$	$132.5\leqslant n<135.0$	$122.5\leqslant n<125.0$	中度危害
Ⅲ级	$145.0\leqslant n<147.5$	$135.0\leqslant n<137.5$	$125.0\leqslant n<127.5$	重度危害
Ⅳ级	$n\geqslant147.5$	$n\geqslant137.5$	$n\geqslant127.5$	极重危害

注：n 为每日脉冲次数。

对于 8 h/d 或 40 h/周噪声暴露等效声级≥80 dB 且<85 dB 的作业人员，在目前的作业方式和防护措施不变的情况下，应进行健康监护，一旦作业方式或控制效果发生变化，应重新分级。

轻度危害是在目前作业条件下，可能对劳动者的听力产生不良影响。应改善工作环境，降低劳动者实际接触水平，设置噪声危害及防护标识，佩戴噪声防护用品，对劳动者进行职业卫生培训，采取职业健康监护、定期作业场所监测等措施。

中度危害是在目前作业条件下，很可能对劳动者的听力产生不良影响。针对企业特点，在采取上述措施的同时，采取纠正和管理行动，降低劳动者实际接触水平。

重度危害是在目前作业条件下，会对劳动者的健康产生不良影响。除了上述措施外，应尽可能采取工程技术措施，进行相应的整改，整改完成后，重新对作业场所进行职业卫生评价及噪声分级。

极重危害是在目前作业条件下，会对劳动者的健康产生不良影响。除了上述措施外，及时采取相应的工程技术措施，进行相应的整改。整改完成后，重新对作业场所进行职业卫生评价及噪声分级。

8.3.3.6 工业企业噪声控制一般规定

随着我国经济、科技的发展，工业企业数量越来越多，噪声源不断增多，这使得工业、企业引起的噪声问题日益突出，要求降低噪声、改善工业企业内外声环境的呼声日益强烈。《工业企业噪声控制设计规范》(GB/T 50087—2013)从防止工业企业噪声的危害、保障职工的身体健康、保证安全生产与正常工作、保护环境等角度出发，对工业企业的新建、改建、扩建与技术改造工程提出了噪声控制设计的若干规定，涵盖工业企业噪声控制设计限值、工业企业总体设计中的噪声控制、隔声设计、消声设计、吸声设计、隔振降噪设计等内容。

(1) 工业企业的新建、改建和扩建工程的噪声控制设计应与工程设计同时进行。

(2) 工业企业噪声控制设计，应对生产工艺、操作维修、降噪效果、技术经济性进行综合分析。

(3) 对于生产过程和设备产生的噪声，应首先从声源上进行控制，以低噪声的工艺和设备代替高噪声的工艺和设备；如果仍达不到要求，则应采用隔声、消声、吸声、隔振以及综合控制等噪声控制措施。

(4) 对于采取相应噪声控制措施后其噪声级仍不能达到噪声控制设计限值的车间及作业场所，应采取个人防护措施。

第9章　入侵报警系统

入侵报警系统是根据各类建筑中的公共安全防范管理的要求和防范区域及部位的具体现状条件，安装设置红外或微波等各种类型的报警探测器和系统报警控制设备，对设防区域的非法入侵异常情况实现及时、准确、可靠的探测、报警、指示与记录等。入侵报警系统代表了“探测-反应”主动防范的思想，本质上它是通过提高人防能力或弥补人防的不足来增强安全防范的效果。

9.1　入侵报警系统组成

9.1.1　安全防范概述

安全防范通过综合运用人力防范、实体防范、电子防范等多种手段，预防、延迟、阻止入侵、盗窃、抢劫、破坏、爆炸、暴力袭击等事件的发生。具有相应素质的人员有组织的防范、处置等安全管理行为称为人力防范，简称人防。利用建(构)筑物、屏障；、器具、设备或其组合，延迟或阻止风险事件发生的实体防护手段称为实体防范，又称为物防。利用传感、通信、计算机、信息处理、生物特征识别等技术，提高探测、延迟、反应能力的防护手段称为电子防范，又称为技防。

安全防范系统就是以安全为目的，综合运用实体防护、电子防护等技术构成的防范系统。电子防护系统是以安全防范为目的，利用各种电子设备构成的系统，通常包括入侵和紧急报警、视频监控、出入口控制、停车库(场)安全管理、防爆安全检查、电子巡查、楼寓对讲等子系统，如图 9-1 所示。

入侵和紧急报警系统是利用传感器技术和电子信息技术探测非法进入或试图非法进入设防区域的行为，和由用户主动触发紧急报警装置发出报警信息、处理报警信息的电子系统。入侵报警系统是安全防范系统的重要组成部分。

安全技术防范系统的结构模式经历了一个由简单到复杂、由分散到组合再到集成的发展变化过程。从早期单一分散的电子防盗报警器或者是由多个报警器组成的防盗报警系统，到后来的报警联网系统、报警-监控系统，发展到防盗报警-视频监控-出入口控制等综合防范系统。在智能建筑和社区安全防范中，又形成了融防盗报警、视频监控、出入口控制、访客查询、保安巡更、汽车库(场)管理等系统综合监控与管理的系统结构模式。

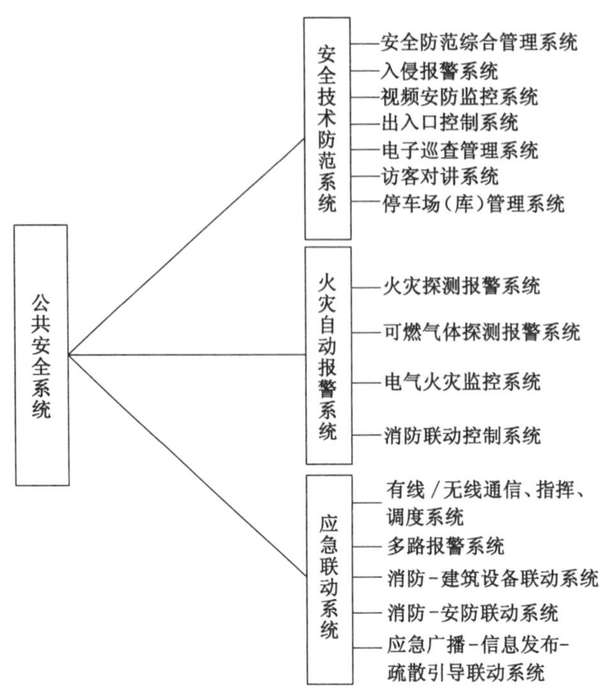

图 9-1　公共安全系统的组成

9.1.2　入侵报警系统基本组成

入侵报警系统(intruder alarm system,IAS)利用传感器技术和电子信息技术探测并指示非法进入或试图非法进入设防区域(包括主观判断面临被劫持或遭抢劫或其他紧急情况时,故意触发紧急报警装置)的行为、处理报警信息、发出报警信息的电子网络系统。

入侵报警系统通过及时探测和明确的反应指示,提高了保卫力量的快速反应能力,可及时发现警情,迅速有力地制止侵害。入侵报警系统协助人防担任警戒和报警任务,提高报警探测的能力和效率。入侵报警系统还具有威慑作用,犯罪分子不敢轻易作案。

入侵报警系统通常由前端设备(包括探测器和紧急报警装置)、传输设备、处理/控制/管理设备和显示/记录设备 4 个部分构成,如图 9-2 所示。当系统运行时,只要有非法入侵行为的出现,就能发出报警信号。

9.1.2.1　入侵探测器

现场探测器和执行设备为底层设备,负责探测非法入侵人员,有异常情况时发出声光报警,同时向区域控制器发送信息。《入侵探测器 第 1 部分:通用要求》(GB 10408.1—2000)定义入侵探测器为“对入侵或企图入侵或用户的故意操作作出响应以产生报警状态的装置”。探测器是用来探测非法入侵者移动或其他动作的电子和机械部件所组成的装置。探测器通常由传感器和信号处理器组成。在入侵探测器中,传感器通常将压力、振动、声响、光强等物理量,转换成易于处理的电量(如电压、电流、电阻等)。信号处理器的作用是将传感器转化成的电量进行放大、滤波、整形处理,使它成为一种合适的信号,能在系统的传输信道

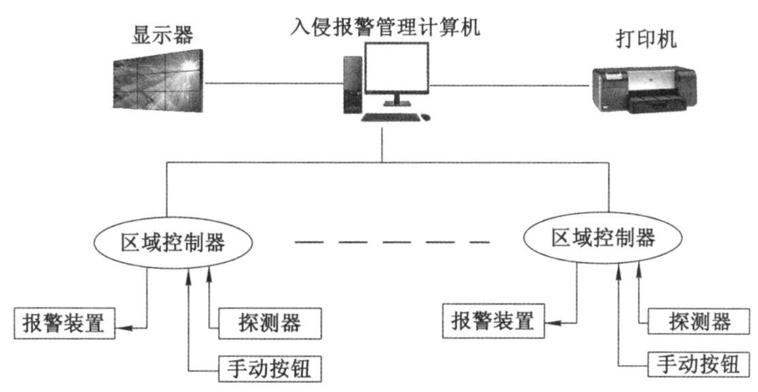

图 9-2 入侵报警系统组成

中顺利地传送，通常我们把这种信号称为探测电信号。

探测器可以是一个单独的集成单元，也可以由一个或多个传感器与信号处理单元相连而组成。探测器应有防拆、防破坏等保护功能。当入侵者企图拆开外壳或使信号传输线断路、短路或接其他负载时，探测器应能发出报警信号。探测器还要有较强的抗干扰能力。在探测范围内，如有长度为 150 mm、直径为 30mm 的具有与小动物类似的红外辐射特性的圆筒大小物体都不应使探测器产生报警；探测器对于与射束轴线呈 15°或更大一点的任何外界光源的辐射干扰信号应不产生误报和漏报。探测器应能承受常温气流和电铃的干扰，不产生误报。探测器还应能承受电火花的干扰。

9.1.2.2 信道

信道是探测电信号传送的通道。信道的种类较多，通常分有线信道和无线信道。

有线信道是指探测电信号通过双绞线、电话线、电缆或光缆向控制器或控制中心传输。

无线信道则是对探测电信号先调制到专用的无线电频道由发送天线发出，控制器或控制中心的无线接收机将空中的无线电波接收下来后，解调还原出控制报警信号。

9.1.2.3 控制器

区域控制器负责对下层探测设备的管理，同时向控制中心传送区域报警情况。控制器由信号处理器和报警装置组成。报警信号处理器是对信道中传来的探测电信号进行处理，判断出探测电信号中“有”或“无”情况，并输出相应的判断信号。若探测电信号中含有入侵者入侵信号时，则信号处理器发出报警信号，报警装置发出声光报警，引起防范工作人员的警觉。反之，若探测电信号中无入侵者的入侵信号，则信号处理器送出“无情况”的信号，报警器不发出声光报警信号。控制器还应能判断系统出现的故障，如系统短路、开路、探测器故障等并能及时报告故障性质、位置等。

9.1.2.4 控制中心(报警中心)

监控中心是安全防范系统的中央控制室。安全管理系统在此接收、处理各子系统发来的报警信息、状态信息等，并将处理后的报警信息、监控指令分别发往报警接收中心和相关子系统。

为了实现区域性防范的要求，可将几个需要防范的区域，联网到一个警戒中心，一旦出现危险情况，可以集中力量及时应对。同时，将各个区域的报警控制器的输出电信号，通过电话线、电缆、光缆或用无线电波传送到控制中心，而控制中心的命令或指令也能回送到各区域的报警值班室，以加强防范的力度。控制中心通常设在大型社区、企业、大型楼宇、高等院校的保卫部门或区、市的公安保卫部门。

9.2 入侵探测器

根据不同的防范场所，应选用不同的信号传感器，例如气压、温度、振动、幅度传感器等，以此来探测和预报各种危险情况。例如，红外探测器中的红外传感器能探测出被测物体表面的热变化率，从而判断被测物体的运动情况而引起报警；振动电磁传感器能探测出物体的振动，将它固定在地面上，保险柜上，就能探测出入侵者走动或撬挖保险柜的动作。

9.2.1 入侵探测器分类

用于安全防范技术的产品多种多样，各种不同类型传感器组成的探测器，应用在不同的地点、场合，取得了良好的效果。入侵探测器材名目繁多，对探测器材进行分类，有利于掌握它的工作原理、构造和适用的场合。通常按其传感器种类、工作方式、警戒范围等来区分。

9.2.1.1 按传感器种类分类

入侵探测器的分类可按其所用传感器的特点分为开关型入侵探测器、振动型入侵探测器、声音探测器、超声波入侵探测器、次声入侵探测器、主动与被动红外入侵探测器、微波入侵探测器、激光入侵探测器、视频运动入侵探测器和多种技术复合入侵探测器。

9.2.1.2 按工作方式来分类

按工作方式可分为主动和被动探测报警器。被动探测报警器，在工作时不需向探测现场发出信号，而对被测物体自身存在的能量进行检测。平时在接收传感器上输出一个稳定的信号，当出现情况时，稳定信号被破坏，经处理发出报警信号。主动探测报警器工作时，探测器要向探测现场发出某种形式的能量，经反射或直射在传感器上形成一个稳定信号，当出现异常情况时，稳定信号被破坏，信号处理后，立即发出报警信号。

9.2.1.3 按警戒范围分类

按防范警戒区域可分为点型入侵探测器、直线型入侵探测器、面型入侵探测器和空间型入侵探测器。

点型入侵探测器警戒的仅是某一点，如门窗、柜台、保险柜，当这一监控点出现危险情况时，立即发出报警信号，通常由微动开关方式或磁控开关方式报警控制。

直线型入侵探测器警戒的是一条线，当这条警戒线上出现危险情况时，立即发出报警信号。例如，光电报警器或激光报警器，先由光源或激光器发出一束光或激光，被接收器接收，当光或激光被遮断时，立即发出报警信号。

面型入侵探测器警戒范围为一个面，当警戒面上出现危害时，立即发出报警信号。例如，振动报警器装在一面墙上，当墙面上任何一点受到振动时，立即发出报警信号。

空间型入侵探测器是一个空间的任意处出现入侵危害时，立即发出报警信号。例如，在微波多普勒报警器所警戒的空间内，入侵者从门窗、天花板或地板的任何一处进入都会产生报警信号。

9.2.1.4 按报警信号传输方式分类

按报警信号传输方式可分为有线型和无线型。探测器在检测到非法入侵者后,以有线或无线两种方式将报警信号传输给报警控制主机。有线型与无线型的选取由报警系统或应用环境决定。所有无线探测器无任何外接连线,内置电池均可正常连续工作 2～4 年。

9.2.1.5 按使用环境分类

按使用环境分类可分为室内型和室外型。室外型产品主要防范露天空间或平面周界,室内型产品主要防范室内空间区域或平面周界。

9.2.1.6 按探测模式分类

按探测模式外为空间型和幕帘型。空间型防范整个立体空间,幕帘型防范一个如同幕帘的平面周界。幕帘型分为单幕帘、双幕帘和四幕帘 3 种。单幕帘探测器只是在透镜片上与空间型探测器有所区别,单幕帘探测器所防范的幕帘周界不能识别入侵方向且较容易误报,在以往安装单幕帘或空间型探测器的情况下,居住者的活动范围是受到限制的,因为他们不得不避开受保护的区域,以避免触发报警。而双幕帘探测器使用了全新的方向识别技术,可以准确辨别出被保护区域内人体的运动方向,从而区分出是居住者,还是入侵者。因此,居住者在布防情况下可以在防范区域内自由活动,不会触发警报,入侵者一旦从门窗、阳台进入,双幕帘探测器会立即报警。四幕帘探测器则比双幕帘探测器有更精确的识别功能和更强的抗误报能力。

还有一些其他的分类方法,市场销售上、工程应用上的分类方法也很多,不再赘述。下面主要以按警戒范围分类的方式对入侵探测器进行介绍。

9.2.2 点型入侵探测器

点型入侵探测器是指警戒范围仅是一个点的探测器,如门、窗、柜台、保险柜等这些警戒的范围仅是某一特定部位,当这些警戒部位的状态被破坏,即能发出报警信号。点型入侵探测器通常有开关型和振动型。

9.2.2.1 开关入侵探测器

开关入侵探测器是由开关型传感器与相关的电路组成的,可以是微动开关、干簧继电器、易断金属导线或压力垫等。不论是常开型或是常闭型,当其状态改变时均可直接向报警控制器发出报警信号,由报警控制器发出声光警报信号。开关入侵探测器通常安装在门柜和窗框上,就能探测出入侵者的入侵行为。

磁开关由开关盒和磁铁盒构成,当磁铁盒相对于开关盒移开或移近至一定距离时,能引起开关状态变化。磁开关按触点形式可分为动合型触点(H 型)、动断型触点(D 型)和转换型触点(Z 型)等。动合型是指磁铁盒移离开关盒,触点闭合;动断型触点是指磁铁盒移离开关盒,触点开路;转换型触点是指磁铁盒移离开关盒时,触点状态发生变化。干簧继电器是一种典型的磁开关,是门、窗等点型入侵探测器用得最多的控制元件。干簧继电器由干簧管和磁铁组成,干簧管外壳由玻璃制成,容易碎,一般将它安装在固定不动的门框或窗框上,磁铁则可安装在活动的门扇和窗扇上。在实际安装中要注意磁铁和干簧管之间的距离,一般二者之间的距离在 8～10 mm 范围内就能可靠释放和吸合。二者之间的距离越近,释放和吸合的可靠性越高,因此应尽可能地调整好二者之间的距离。通常选择释放、吸合可靠,而控制距离又较大的开关组件。

《磁开关入侵探测器》(GB 15209—2006)对磁开关入侵探测器的技术要求、试验方法、检验规则、标志、包装和储存要求做了规定，是设计、制造和检验磁开关入侵探测器的基本依据。

9.2.2.2 振动入侵探测器

当入侵者进入设防区域，引起地面、门窗的振动，或入侵者撞击门、窗、保险柜引起振动，发出报警信号的探测器称为振动入侵探测器。按其探测对象可分为地音振动入侵探测器、建筑物振动入侵探测器、保险柜振动入侵探测器和ATM机振动入侵探测器等。按工作原理可分为压电式振动入侵探测器和电动式振动入侵探测器等。《振动入侵探测器》(GB/T 10408.8—2000)规定了振动入侵探测器的分类、技术要求、检验方法等，是振动入侵探测器设计、制造和验收的技术依据。

(1) 压电式振动入侵探测器。压电式传感器是利用压电材料的压电效应制成的，当压电材料受到某方向的压力时，在特定方向两个相对电极上分别感应出电荷，电荷量的大小与压力成正比。使用压电式传感器组成的压电式振动入侵探测器可以利用非法入侵引起的振动，来探测入侵者的行为与入侵地点。

半导体压力传感器利用硅晶体的压电电阻效应，当半导体材料硅受外力作用时，晶体处于扭曲状态，载流子的迁移率随之发生变化；迁移率的改变致使结晶电阻阻抗发生变化，而硅膜片上结晶电阻变化使得输出电压随之变化。此输出电压加到烧结在一片硅膜片上的三极管的输入极上，经放大、整形、输出，送到信号处理电路，随之发出报警信号。因此，用半导体压力传感器制作的振动入侵探测器能将干扰信号控制在最小限度内。例如，用硅晶体压电材料制成的玻璃破碎振动探测器，将压电材料贴在玻璃或玻璃附近的地方，当入侵者要打碎玻璃进入现场或进入玻璃厨柜，玻璃破碎前，玻璃振动的振幅增大，压电材料相应的两电极上感应出电荷，形成一微弱的电位差，将此信号放大处理后，推动声光报警器。又如，入侵者用玻璃刀刻划玻璃，玻璃振动振幅小，但刻划时频率高，而且固定，通常将此高频声音信号经高通放大器放大后送到信号处理电路，经处理后也能发出报警信号。

(2) 电动式振动入侵探测器。电动式振动入侵探测器是利用电磁感应的原理，将振动转换成线圈两端的感应电动势输出。例如，将电动传感器和保险柜、贵重物体固定在一起，当入侵者去搬动或触动保险柜时，柜体发生振动，电动传感器也随之振动。线圈与电动传感器是固定在一起的，而磁铁是通过弹簧与壳体软接在一起的，壳体振动后，磁铁随之运动，在线圈上感应出电动势。感应电动势经放大、整形、输出，送到信号处理电路，随之发出报警信号。电动传感器具有较高的灵敏度，输出电动势较高，不需要高增益放大器，而且电动传感器输出阻抗低，噪声干扰小，工作稳定可靠。

9.2.3 直线型入侵探测器

直线型入侵探测器是指警戒范围是一条线束的探测器，当在这条警戒线上的警戒状态被破坏时，能发出报警信号。最常见的直线型报警探测器为红外入侵探测器、激光入侵探测器。

9.2.3.1 红外入侵探测器

红外入侵探测器分为被动红外探测器和主动红外探测器两种形式。《入侵探测器 第4部分：主动红外入侵探测器》(GB 10408.4—2000)、《入侵探测器 第5部分：室内用被动红外探测器》(GB 10408.5—2000)等对红外入侵探测器的特殊要求和试验方法等均做出了相应规定。

(1) 被动红外探测器。被动红外探测器本身不发射能量，它是依靠接受安全防范现场的能量变化来进行探测工作的，是由于人在探测器覆盖区域内移动引起接收到的红外辐射电平变化而产生报警状态的一种探测器。

在正常情况下，安全防范现场的所有物体都会产生一个相对恒定的能量辐射。被动红外探测器会在现场接收到一个相对稳定的辐射信号。当被防范范围内有目标入侵并移动时，将引起该区域内红外辐射的变化，而红外探测器能探测出这种红外辐射的变化并发出报警信号。实际上，除入侵物体发出红外辐射外，被探测范围内的其他物体，如室外的建筑物、地形、树木、山和室内的墙壁、课桌、家具等都会发生热辐射，但因这些物体是固定不变的，其热辐射也是稳定的。当入侵物体进入被监控区域后，稳定不变的热辐射被破坏，产生了一个变化的热辐射，而红外探测器中的红外传感器就能收到这个变化的辐射，经放大处理后报警。在使用中，将探测器放置在所要防范的区域里，那些固定的景物就成为不动的背景，背景辐射的微小信号变化为噪声信号，由于探测器的抗噪能力较强，噪声信号不会引起误报，红外探测器一般均在背景不动或防范区域内无活动物体的场合。

实际应用的被动红外探测器多数将几个红外接收单元集成在一个探测器中，称为多元被动红外探测器。这样，由于探测器具有几个接收单元，不仅能检测出其防范区域有入侵者时的红外变化，还可以因各个单元安装方向的不同而接收大小不同的信号，检测出入侵者走动时产生的单元信号差值的变化，从而达到双重检测的目的，大大提高了报警精度，减少了误报率。

(2) 主动红外探测器。主动红外探测器由主动红外光发射器和接收器两个部件构成。主动红外发射器发出一束经调制的红外光束，投向红外接收器，形成一条警戒线。当目标侵入该警戒线时，红外光束被部分或全部遮挡，接收机接收信号发生变化而报警。主动红外探测器的原理如图 9-3 所示。

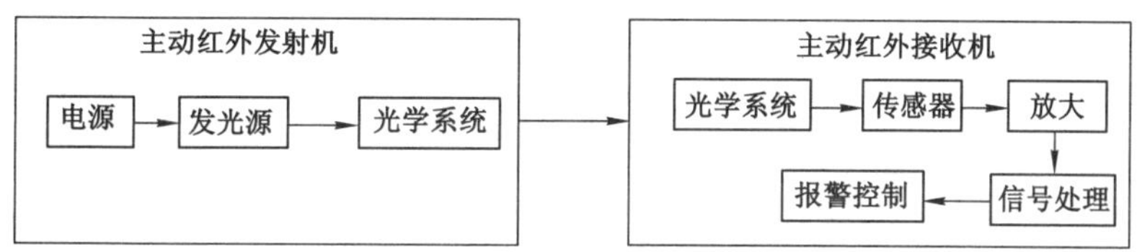

图 9-3　主动红外探测原理

主动红外探测器的发射光源通常为红外发光二极管。其特点是体积小、重量轻、寿命长、功耗小，交直流供电都能工作，晶体管、集成电路都能直接驱动。主动红外探测器的光源通常为脉冲调制的脉冲波形，发射机采用自激多谐振荡器作为调制电源，产生脉冲波形去调制红外发光二极管发光，发射出红外脉冲调制光谱。这样大大降低了电源的功耗，又增加了系统抗杂散光干扰的能力。

对光束遮挡型的探测器，要适当选取有效的报警最短遮光时间。遮光时间选得太短，会引起不必要的噪声干扰，如小鸟飞过、小动物穿过都会引起报警；而遮光时间太长，则可能导致漏报，通常以 10 m/s 速度通过镜头的遮光时间来定最短遮光时间。若人的宽度为 20 cm，则最短遮光时间为 20 cm/(10 m/s)＝20 ms。最短遮光时间大于 20 ms，系统报警；最短遮光时间小于 20 ms，则不报警。

主动红外探测器体积小、重量轻、便于隐蔽，采用双光路，甚至四光路的主动红外探测器可大大提高其抗噪防误报的能力以及加大防范的垂直面，另外主动红外探测器价格低、易调整，因此被广泛使用在安全防范工程中。

9.2.3.2 激光入侵探测器

激光入侵探测器同样分发射端和接收端。当被探测目标侵入所防范的警戒线时，遮挡了激光发射端和接收端之间的激光光束，能响应被遮挡激光光束，接收机接收到光信号发生变化，变化的信号经放大、处理后进入报警状态的电子装置称为主动激光探测器。其工作原理与主动红外探测器的工作原理相似。

激光与一般光源相比，其方向性好，亮度高。一束激光的发散角可能很小，即使在几千米以外激光光束的直径也仅扩展到几毫米或几厘米。由于激光光束发散角小，几乎是一束平行光束，光束能聚集在一个很小的平面上，产生很大的光功率密度，其亮度很高，而且激光的单色性和相干性好。激光探测器与主动红外探测器有些相似，也是由发射器与接收器两部分构成。发射器发射激光束照射在接收器上，当有入侵目标出现在警戒线上时，激光束被遮挡，接收机接收状态发生变化，从而产生报警信号。

由于激光具有高亮度、高方向性，所以激光探测器十分适合于远距离的线控报警装置。由于能量集中，可以在光路上加反射镜反射激光，围成光墙。因此，用一套激光探测器可以封锁一个场地的四周或封锁几个主要通道路口。

激光探测器采用半导体激光器的波长在红外线波段，处于不可见范围，便于隐蔽，不易被入侵者发现。激光探测器采用脉冲调制，抗干扰能力较强，其稳定性能好，一般不会有因机器本身产生的误报警。如果采用双光路、四光路系统，则可靠性更会大大提高。

9.2.4 面型入侵探测器

面型报警探测器警戒范围为一个面。当警戒面上出现入侵行为时，可产生报警信号。振动式或感应式的报警探测器常被用作面型报警探测器。例如，把用作点报警探测器的振动探测器安装在墙面、玻璃、或安装在某一要求保护的铁丝网或隔离网上，当入侵者触及墙面、玻璃、铁丝网或隔离网发生振动，探测器即能发出报警信号。

主动红外入侵探测器、激光入侵探测器也能用作面报警探测器。用几组红外或激光收、发装置相对安装，一对收、发装置之间形成一道警戒线，几对收、发装置相隔安装，形成多道警戒线，适当调整收、发装置的间距，就能保护整个平面。激光光线具有高能量、直射而不散射的特点，所以经常可以采用反射镜的反射组成面入侵报警系统，如图 9-4 所示。玻璃破碎探测器保护的也是整个窗户、橱窗、柜台的平面，入侵者无论从平面的任何地方入侵，探测器均能报警。另外用光纤传感器、振动电缆传感器、电场感应传感器都能组成面入侵报警系统。下面选择有代表性的几种探测器进行介绍。

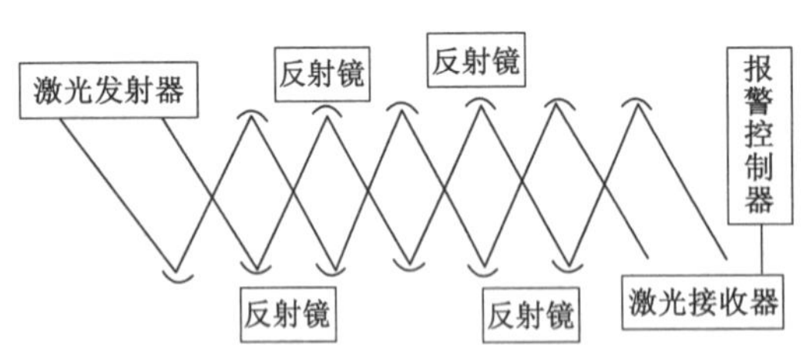

图 9-4 激光探测器组成面入侵报警系统原理

9.2.4.1 光纤平面探测器

光纤平面探测器对平面保护的原理很简单，用单模或多模光纤敷设在要保护的墙面、墙纸、墙面的装饰层或门板内。光线的两端分别连接光发射器和光接收器。红外发射器内的发光二极管发射脉冲调制的红外光，此红外光沿光纤向前传播，最后到达光接收器，如图 9-5 所示。光纤极细，可以很方便地进行隐蔽安装。当入侵者凿墙打洞、破门而入时，会破坏光纤，使其断裂，这时就会因光信号的中断而触发报警。

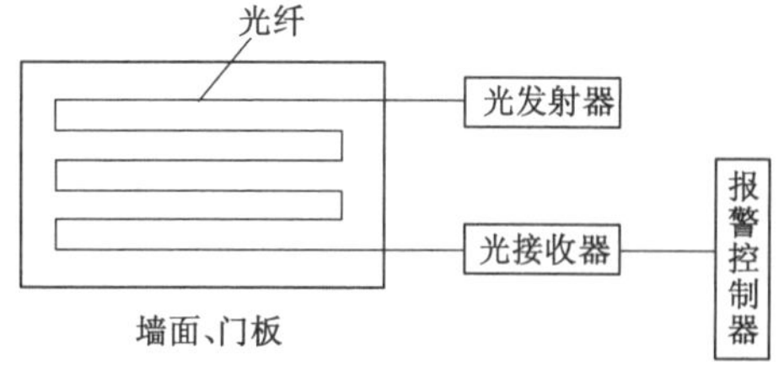

图 9-5 光纤平面探测原理

9.2.4.2 电场畸变入侵探测器

电场畸变入侵探测器是一种电磁感应探测器，当目标侵入防范区域时，引起传感器线路周围电磁场分布的变化，将能响应这畸变并进入报警状态的装置称为电场畸变入侵探测器。这种电场畸变入侵探测器有平行线电场畸变入侵探测器、泄漏电缆电场畸变入侵探测器等。

(1) 平行线电场畸变入侵探测器。平行线电场畸变入侵探测器是由传感器线、支撑杆、跨接件和传感器电场信号发生接收装置构成，如图 9-6 所示。传感器由一组平行线(2～10 条)构成，在这些导线中一部分是场线，它们与振荡频率为 1～40 kHz 的信号发生器相连接，工作时场线向周围空间辐射电磁场能量。另一部分线为感应线，场线辐射的电磁场在感应线上产生感应电流。当入侵者靠近或穿越平行导线时，就会改变周围电磁场的分布状态，使感应线中的感应电流发生变化，由接收信号处理器分析后发出报警信号。

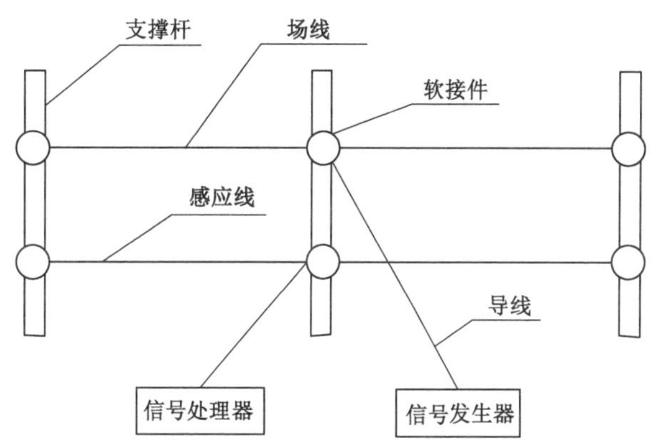

图 9-6 平行线电场畸变入侵探测原理

平行线电场畸变入侵探测器主要用于户外周界报警。通常沿防范周界安装数套电场探测器，组成周界防范系统。信号分析处理器通常采用微处理器，信号分析处理程序可以分析出入侵者和小动物引起的场变化的不同，从而将误报率降到最低。

(2) 泄漏电缆电场畸变入侵探测器。泄漏电缆通常又简称为泄漏感应电缆，是一种室外周界入侵探测系统，主要适用于银行、金库、高级住宅、监狱、仓库、博物馆、电站(包括核电站)、军事机关及设施、基地、油田、文物保护和其他需要室外周边防护的报警场所，也可作为室内各种防护报警使用。如图 9-7 所示，系统中核心装置是一种电缆地表浅埋式入侵探测器，不仅适用地表安装，也适用在墙体平行安装方式。在野外地形较为复杂的地方(如高低不平的山区及周界转角等)，通过对活动金属物体或人以及动物探测报警，达到有效安全防范的目的。

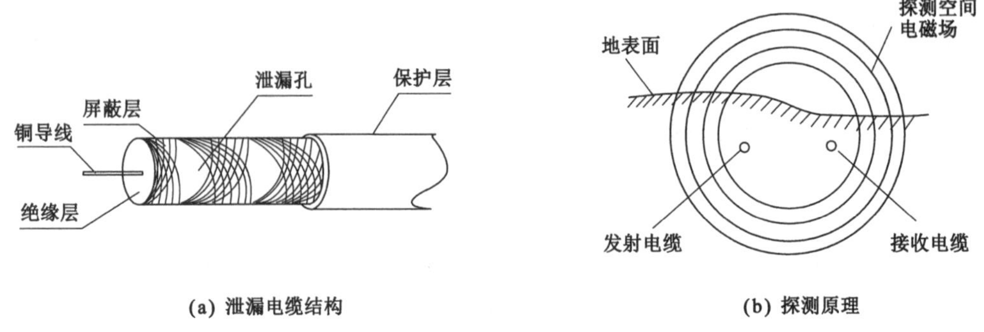

图 9-7　泄漏电缆电场畸变入侵探测原理

9.2.4.3　振动传感电缆型入侵探测器

振动传感电缆型入侵探测器是在一根塑料护套内装有三芯导线的电缆两端，分别接上发送装置与接收装置，并将电缆做成波浪状或呈其他曲折形状固定在网状的围墙上，如图 9-8 所示。

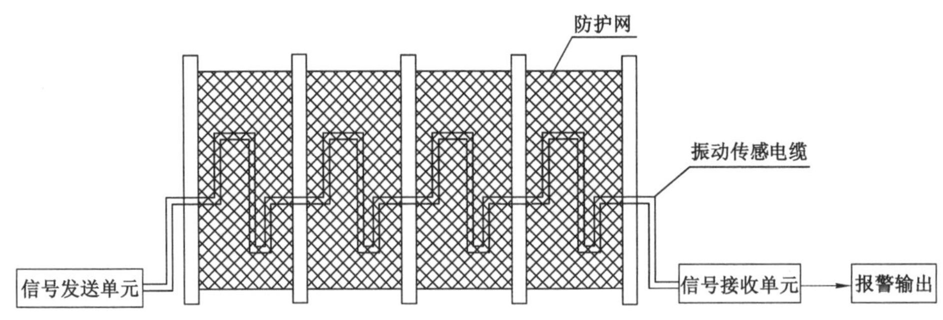

图 9-8　振动传感电缆型入侵探测原理

一定长度的电缆构成一个防区，每 2 个、4 个或 6 个防区共用一个控制器(称为多通道控制器)，由控制器将各防区的报警信号传送至控制中心。当入侵者有触动网状或破坏网状围墙等行为使其振动并达到一定强度时(安装时强度可调，以确定其报警灵敏度)，就会产生报警信号。这种入侵探测器精度极高，漏报率为零，误报率几乎为零，且可全天候使用(不受气候的影响)，特别适合围网状的周界围墙(采用铁网构成的围墙)使用。

9.2.4.4　电子围栏式入侵探测器

电子围栏式入侵探测器也是一种用于周界防范的探测器。它由三大部分组成：脉冲电压发生器、报警信号检测器以及前端的电围栏，如图 9-9 所示。

当入侵者入侵时触碰到前端的电子围栏或试图剪断前端的电子围栏，都会发出报警信号。这种探测器的电子围栏上的裸露导线，接通由脉冲电压发生器发出的高达 1×10^4 V 的脉冲电压(但能量很小，一般在 4 J 以下，对人体不会构成生命危害)时，即使入侵者戴上绝

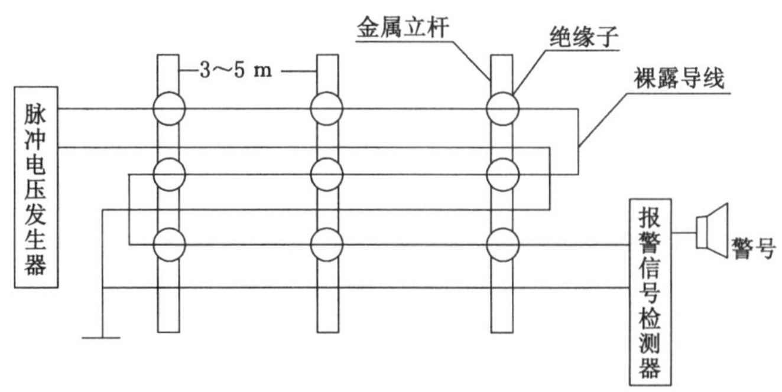

图 9-9　电子围栏式入侵探测原理

缘手套，也会产生脉冲感应信号，使其报警。这种电子围栏如果使用在市区或来往人群多的场合时，安装前应事先征得当地公安等部门的同意。

9.2.5　空间入侵探测器

空间报警探测器是指警戒范围是一个空间的报警器。当这个警戒空间任意处的警戒状态被破坏，即发生报警信号。声入侵探测器和微波入侵探测器等都属于空间入侵探测器。

9.2.5.1　声入侵探测器

声入侵探测器是常用作空间防范探测器。通常将探测说话、走路等声响的装置称为声控入侵探测器。当探测物体被破坏(如打碎玻璃、凿墙、锯钢筋)时，发生固有声响的装置称为声发射入侵探测器。

(1) 声控入侵探测器。声控入侵探测器是用声传感器把声响信号变换成电信号，经前置音频放大，送到报警控制器，经功放、处理后发出报警信号。也可将报警控制器输出的报警信号经放大推动喇叭和录音机，以便监听和录音。在声控探测器中使用的驻极体送话器具有频带宽、体积小、质量轻、寿命长的优点。

(2) 声发射入侵探测器。声发射入侵探测器是监控某一频带的声音发出报警信号，而对其他频带的声音信号不予响应。主要监控玻璃破碎声、凿墙、锯钢筋声等入侵时的破坏行为所发出的声音，通常也用驻极体送话器作声电传感器。声发射探测器的声电传感器将声响信号变换成电信号，经带通放大器，使要探测的某一频带的声音信号获得更大的增益，然后再经过处理，控制发出报警信号。例如，当玻璃敲碎时，发出的破碎声由多种频率和声响组成。据测定，主要频率为 10～15 kHz 高频声响信号。因此，玻璃破碎声发射探测器选用 10～15 kHz 的高通放大器，即对 10 kHz 以下的声音信号(如说话、走路声)有较强的抑制作用，且将破碎声音放大，经处理后去控制报警。又如，当锤子打击墙壁、天花板的砖、混凝土或锯钢筋时，都会产生声音。凿墙时产生一个衰减的正弦信号，频率为 1 000 Hz 左右，持续时间约 5 ms；锯钢筋产生声音信号的频率约为 3 500 Hz，持续时间约 15 ms。在这类声发射探测器中常用 1 000 Hz 或 3 500 Hz 的带通滤波器，滤去高于或低于被测信号的干扰信号，通过的被探测信号经放大后去控制报警信号。《入侵探测器 第 9 部分：室内用被动式玻璃破碎探测器》(GB 10408.9—2001)规定了用于建筑物内入侵报警系统中使用压电传感器的被动式玻璃破碎探测器的特殊要求和试验方法。

9.2.5.2 次声入侵探测器

探测器的工作原理与声发射入侵探测器相同，不同的是，次声是频率很低的音频。声电传感器接收到的低频次声，变换成低频电信号，而低通滤波器滤去高频、中频音频信号后，仅放大低频，即由次声转化而来的电信号，再经处理后，控制发出报警信号。

次声探测器通常只用来作为室内的空间防范。房屋通常由墙、天花板、门、窗、地板同外界隔离。由于房屋里外环境不同，强度、气压等均有一定差异，一个人想闯入就要破坏这空间屏障，例如打开门窗、打碎玻璃、凿墙开洞等由于室内外的气压差，在缺口处产生气流扰动，发出一个次声；另外，由于开门、碎窗、破墙产生加速度，则内表面空气被压缩产生另一次声，而这一次声频率大约为 1 Hz。两种次声波在室内向四周扩散，先后传入次声探测器，只有当这二次声强度达到一定阈值后才能报警，所以只要外部屏障不被破坏，在覆盖区域内部开关门窗、移动家具、人员走动，都低于阈值不会报警。但是这种特定环境下如果采用其他超声、微波或红外探测器都会导致误报。

9.2.5.3 超声波入侵探测器

超声波是指频率在 20 kHz 以上的信号，这种信号人的耳朵听不到。超声波入侵探测器是利用超声波技术构造的探测器，通常分为多普勒式超声波探测器和超声波声场型探测器两种。《入侵探测器 第 2 部分：室内用超声波多普勒探测器》(GB 10408.2—2000)规定了入侵报警系统中安装于室内的超声波多普勒探测器的特殊要求和试验方法。

(1) 多普勒式超声波探测器。多普勒超声波探测器是利用超声对运动目标产生的多普勒效应构成的报警装置。当被测目标侵入，并在防范区域空间移动时，移动人体反射的超声波将引起探测器报警，称此探测器为多普勒式超声波探测器。

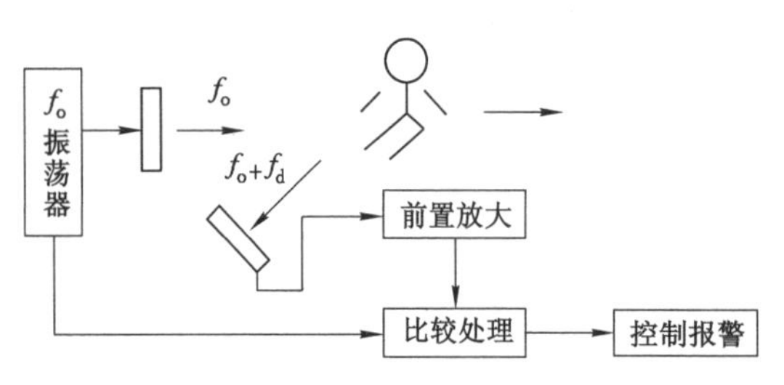

图 9-10 超声波探测原理

当某一频率的波以一定速度向前传播，遇到固定物体产生反射，反射波频率仍为原频率；若反射物体是运动的，反射频率就会发生变化，变化频率称为多普勒频移。多普勒频移的大小与传播速度、反射物体径向速度、发射频率有关。超声波探测器的原理如图 9-10 所示。

振荡频率为 f_o 的电子振荡器发出振荡信号，经超声换能器变换成频率为 f_o 的超声波，向防范区域的空间发射。当防范区内没有移动目标时，接收传感器输出电压频率仍为 f_o。当有移动目标时，移动人体反射超声波，产生多普勒频移，比较这两种频率，放大 f_d，处理后，控制报警信号。

通常多普勒式超声波探测器是将超声波发射器与接收器装在一个装置内。如果在辐射源(超声波发生器)与探测目标之间有相对运动时，接收的回波信号频率会发生变化，即产生多普勒效应。例如，超声波发射器发射 25～40 kHz 的超声波充满室内空间，超声波接收器接收从墙壁、天花板、地板及室内其他物体反射回来的超声能量，并不断地与发射波的频率加以比较。当室内没有移动物体时，反射波与发射波的频率相同，不报警；当入侵者在探测区内移动时，超声反射波会产生大约±100 Hz 多普勒频移，接收机检测出发射波与反射波之间的频率差异后，即发出报警信号。

(2) 超声波声场型探测器。超声波声场型探测器是将接收、发射的超声换能器安装在一个机壳内,以控制较小空间;也可以将发射、接收单元分别安装在适当的位置。在密闭的房间内,超声波经固定物体(如墙、地板、天花板家具)多次反射,布满各个角落。由于多次反射,室内的超声波形成复杂的驻波状态,有许多波腹点和波节点。波腹点能量密度大,波节点能量密度低,造成室内超声能量分布不均匀。当没有移动物体时,超声波能量处于一种稳定状态;当改变室内固定物体分布时,超声能量的分布将发生改变。而当室内有一移动物体时,室内超声能量发生连续的变化,而超声接收机接收到这连续变化的信号后,就能探测出移动物体的存在,变化信号的幅度与超声频率和物体移动的速度成正比。

9.2.5.4 微波入侵探测器

微波是一种频率很高的无线电波,波长一般在1～1 000 mm,由于微波的波长与一般物体的几何尺寸相当,所以很容易被物体所反射。利用这一原理,根据入射波和反射波的频率漂移,就可以探测出入侵物体的运动。按工作原理,微波入侵探测器可分为移动型微波探测器和阻挡型微波探测器。

(1) 移动型微波探测器。在一个充满微波场的防范空间里,当入侵物体进入这一防范区域并发生移动时,移动的入侵目标反射微波,产生多普勒频率偏移。能够对此频率偏移产生反应,并进入报警状态的装置,又称多普勒式微波入侵探测器。其工作原理与多普勒式超声波探测器相同,只不过探测器发射和接收的是微波而不是超声波。《入侵探测器 第3部分:室内用微波多普勒探测器》(GB 10408.3—2000)规定了室内用入侵报警系统的微波多普勒探测器的特殊要求和试验方法。

(2) 阻挡型微波探测器。多普勒式微波入侵探测器一般用于室内,而室外微波探测器通常采用微波发射机和接收机分置两处的形式,在它们之间形成稳定的微波场来警戒所要防范的场所,又称为阻挡型微波探测器,由发射器、接收器和信号处理器组成。使用时将发射天线和接收天线相对放置在监控场地的两端,发射天线发射的微波束直接送达接收天线。当没有运动目标遮断微波束时,微波能量被接收天线接收,发出正常工作信号;当有运动目标阻挡微波束时,天线接收到的微波能量减弱或消失,此时产生报警信号。天线接收到的微波信号强度的变化直接与移动物体的体积、密度有关。《遮挡式微波入侵探测器技术要求》(GB 15407—2010)规定了遮挡式微波入侵探测器的技术要求、试验方法、检测项目和检验规则等。

9.2.5.5 双鉴探测器

上述的各类探测器均为单技术的报警器,即用单一技术制成的探测器。由于其结构简单、价格低廉,通常用在一些防范要求较低的地方。单技术入侵探测器由于采用单一技术制成,所以在不同的环境、不同的干扰源干扰的情况下,会增加探测器的误报率。

在一些防范要求较高的地方,为了降低误报率,一是合理地选用各种类型入侵探测器,严格按照工艺要求安装各种类型入侵探测器;二是提高产品的稳定性和可靠性,因此采用多技术复合入侵探测器是解决误报率较好的办法。例如,《微波和被动红外复合入侵探测器》(GB 10408.6—2009)规定了入侵报警系统中微波和被动红外复合入侵探测器的技术要求和试验方法等。

采用两种技术复合的探测器称为双鉴探测器。它将两种探测技术结合在一起,只有两种技术同时或者在短暂的时间间隔内探测到入侵电信号时,探测器才发出报警信号。而只有一种探测器探测到入侵电信号时，探测器不报警。例如采用红外、微波技术的微波-被动红外双鉴探测器，采用超声、红外技术的超声-被动红外双鉴探测器，采用超声、微波技术的超声-微波双鉴探测器等。对几种不同的探测技术进行多种不同组合方式的试验，发现以微波-被动红外双鉴器的误报率为最低，如果单技术的探测器误报率为1，微波-被动红外双鉴器的误报率可降低到0.002。其他类型的双鉴探测器误报率为1，微波-被动红外双鉴器的误报率可降低到0.004。因此微波-被动红外双鉴器得到了广泛的应用。智能型微波-红外双鉴探测器采用被动红外加微波移动探测，内置微处理器。只有同时感应到入侵者的体温(红外热辐射)及移动时，才可发出报警。

智能型双鉴探测器采用了移动识别微处理器，它能根据现场温度、噪声、移动目标的轮廓、移动速度、信号强度等通过一个模糊逻辑系统，评估所有这些参数之间存在的关联。所以智能型双鉴探测器不再以报警阈值为唯一依据，它能区分误报和真实入侵。智能型的双鉴探测器中，采用了温度自动补偿电路、抗射频干扰电路，大大提高了探测器的稳定性和可靠性，同时降低了普通双技术探测器漏报的可能性。

随着一些采用多种技术的三鉴探测器、四鉴探测器相继推出，探测器的性能得到了更大的提高。多种技术的探测器虽然价格比单技术的探测器要高，但其高性能、高稳定性换来了系统的可靠性。

9.2.5.6 视频运动探测器

用摄像机作为探测器，监视所防范的空间，在摄像机监视防范的空间内如果有物体运动，被监视空间视频信号的亮度将发生改变，亮度的变化被转换成变化的电信号，经放大、处理后发出报警信号，称之为视频运动探测器。

视频运动探测器以事发前的图像作为标准，与随后一段时间的图像进行分析对比，并对图像的变化做出迅速反应，系统图像即使只有0.01%改变，系统仍可判断出来，而且测量速度快，能在100 ms内做出反应。视频运动探测器可选择测量时间段(40 ms～10 s)，有效地区分缓慢运动和快速运动的入侵物体。视频运动探测器可以设定多个独立的探测区域，可以调整每个探测区的大小、形状位置和灵敏度，还可定义目标与背景之间的亮度差，以满足不同区域、环境的防范要求。视频运动探测器的每个探测区域可单独地做“布防”或“撤防”设置，以适应各出入口、大厅、停车场等检测区域特殊时间段的作业要求。视频运动探测器对探测到的运动物体能自动记录、存储，并可在探测到运动信号后40 ms内，启动相应的联动设备，例如现场的灯光、声光报警器等。视频运动探测器有多种触发报警方式。

(1) 运动触发报警。防范区域内任何图像的变化均可触发报警。例如，探测区域内探测图像发生移动，探测器报警。

(2) 运动区域报警。防范区域内有两个或几个形状、大小相同或不同的防范区，运动物体在任何一个区域内移动，探测器不报警。只有当运动物体运动在两个不同的防范区时，探测器才报警。

(3) 运动方向报警。防范区域内运动物体从A区域进入B区域，探测器报警。从B区域进入A区域，探测器不报警。

(4) 运动速度报警。防范区域内两个相邻的防范区，当运动物体从一个防范区在设定时间内进入另一个防范区，探测器不报警。超过设定时间还未进入另一个防范区，探测器报警。

(5) 运动方向、速度报警。防范区域内运动物体在规定移动方向、移动速度从A区域进入B区域，探测器不报警，否则探测器报警。

9.2.6 入侵探测器的选择

入侵探测器的选型和布设是入侵报警系统设计的关键，要根据报警设备的原理、特点、适用范围、局限性、现场环境状况、气候情况、电磁场强度及光线照射变化等来选择合适的探测器，设计合适的安装位置、安装角度以及系统布线。还要根据使用的具体情况来选型，例如用途或使用场所不同、探测的原理不同、探测器的工作方式不同、探测器输出的开关信号不同、探测器与报警控制设备各防区的连接方式不同等。

入侵报警系统中使用的设备必须符合国家法律法规和现行相关标准的要求，并经法定机构检验或认证合格。应根据防护要求和设防特点选择不同探测原理、不同技术性能的探测器。多技术复合探测器应视为一种技术的探测器。所选用的探测器应能避免各种可能的干扰，减少误报，杜绝漏报。探测器的灵敏度、作用距离、覆盖面积应能满足使用要求。

(1) 对于周界入侵探测，规则的外周界可选用主动式红外入侵探测器、遮挡式微波入侵探测器、振动入侵探测器、激光式探测器、光纤式周界探测器、振动电缆探测器、泄漏电缆探测器、电场感应式探测器、高压电子脉冲式探测器等。不规则的外周界可选用振动入侵探测器、室外用被动红外探测器、室外用双技术探测器、光纤式周界探测器、振动电缆探测器、泄漏电缆探测器、电场感应式探测器、高压电子脉冲式探测器等。无围墙/栏的外周界可选用主动式红外入侵探测器、遮挡式微波入侵探测器、激光式探测器、泄漏电缆探测器、电场感应式探测器、高压电子脉冲式探测器等。内周界可选用室内用超声波多普勒探测器、被动红外探测器、振动入侵探测器、室内用被动式玻璃破碎探测器、声控振动双技术玻璃破碎探测器等。

(2) 出入口部位用入侵探测器的选型应符合下列规定：外周界出入口可选用主动式红外入侵探测器、遮挡式微波入侵探测器、激光式探测器、泄漏电缆探测器等。建筑物内对人员、车辆等有通行时间界定的正常出入口（如大厅、车库出入口等）可选用室内用多普勒微波探测器、室内用被动红外探测器、微波和被动红外复合入侵探测器、磁开关入侵探测器等。建筑物内非正常出入口（如窗户、天窗等）可选用室内用多普勒微波探测器、室内用被动红外探测器、室内用超声波多普勒探测器、微波和被动红外复合入侵探测器、磁开关入侵探测器、室内用被动式玻璃破碎探测器、振动入侵探测器等。

(3) 室内用入侵探测器的选型应符合下列规定：室内通道可选用室内用多普勒微波探测器、室内用被动红外探测器、室内用超声波多普勒探测器、微波和被动红外复合入侵探测器等；室内公共区域可选用室内用多普勒微波探测器、室内用被动红外探测器、室内用超声波多普勒探测器、微波和被动红外复合入侵探测器、室内用被动式玻璃破碎探测器、振动入侵探测器、紧急报警装置等，宜设置两种以上不同探测原理的探测器；室内重要部位可选用室内用多普勒微波探测器、室内用被动红外探测器、室内用超声波多普勒探测器、微波和被动红外复合入侵探测器、磁开关入侵探测器、室内用被动式玻璃破碎探测器、振动入侵探测器、紧急报警装置等，宜设置两种以上不同探测原理的探测器。

(4) 探测器的设置应符合下列规定：每个/对探测器应设为一个独立防区；周界的每一个独立防区长度不宜大于200 m；需设置紧急报警装置的部位宜不少于2个独立防区，每一个独立防区的紧急、报警装置数量不应大于4个，且不同单元空间不得作为一个独立防区；

防护对象应在入侵探测器的有效探测范围内,入侵探测器覆盖范围内应无盲区,覆盖范围边缘与防护对象间的距离宜大于 5 m;当多个探测器的探测范围有交叉覆盖时,应避免相互干扰。

9.3 入侵报警控制器

《入侵和紧急报警系统控制指示设备》(GB 12663—2019)定义防盗报警控制器为:在入侵和紧急报警系统中具有信号接收、处理、控制、指示、记录等功能的设备。入侵探测报警控制器置于用户端的值班中心,是报警系统的主控部分,可向报警探测器提供电源,接收报警探测器送出的报警电信号,并对此电信号进行进一步的处理。报警控制器通常又称为报警控制/通信主机,是入侵报警控制系统的核心。入侵报警控制器性能的稳定、可靠确定了系统性能的优劣。

9.3.1 入侵报警控制器的基本功能

入侵报警控制器直接或间接接收来自入侵探测器发出的报警信号,经分析判断,确定报警电信号的性质,能及时发出性质不同的声光信号。入侵报警控制器应有防破坏功能,当连接入侵探测器和控制器的传输线发生断路、短路、缺电等系统故障,应能发出显示系统故障的声、光报警信号,告知系统管理人员进行检查、维护。若确定是报警电信号,应能指示入侵发生的地点、时间,及时通知保卫人员采取相应措施,避免产生更大的损失。声光报警信号应能保持到手动复位,复位后,如果再有入侵报警信号输入时,应能重新发出声光报警信号。报警信号应能保持到引起报警的原因排除后,才能实现复位;而在该报警信号存在期间,如果有其他入侵信号输入,仍能发出相应的报警信号。

将探测器与报警控制器相连并接通电源,就组成了报警系统。在用户已完成对报警控制器编程的情况下,操作人员即可在键盘上按规定的操作码进行操作。只要输入不同的操作码,就可通过报警控制器对探测器的工作状态进行控制。系统主要有布防、撤防、旁路、24小时监控、系统自检、测试等工作状态。布防状态又称为设防状态,是指操作人员执行了布防指令后,该系统的探测器开始工作(开机),并进入正常警戒状态。撤防状态是指操作人员执行了撤防指令后,该系统的探测器不能进入正常警戒工作状态,或从警戒状态下退出,使探测器无效。旁路是某个或部分探测器撤防后一直保持到手动复位,也称为隔离。

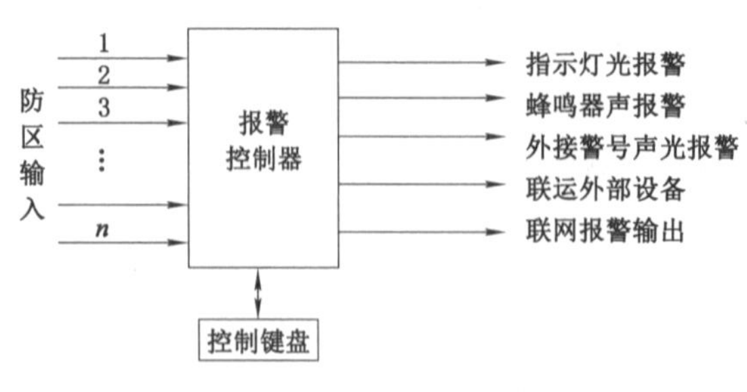

图 9-11 报警控制器的主要功能

入侵报警控制器的功能包括可驱动外围设备、系统自检功能、故障报警功能、对系统的编程等,主要功能如图 9-11 所示。

入侵报警控制器能接受的报警输入有瞬时入侵、紧急报警、防拆报警、延时报警等。

(1) 瞬时入侵:为入侵探测器提供瞬时入侵报警。

(2) 紧急报警:接入按钮可提供24小时的紧急呼救,不受电源开关影响,能保证昼夜工作。

(3) 防拆报警:提供24小时防拆保护,不受电源开关影响,能保证昼夜工作。

(4) 延时报警:实现0～40 s可调进入延迟和100 s固定外出延迟。

凡4路以上的入侵报警器必须有以上(1)(2)(3)条款的报警输入。由于入侵探测器有时会产生误报,通常控制器对某些重要部位的监控,采用声控和电视监控复核。

小型的控制器一般功能包括:能提供4～8路报警信号、4～8路声控复核信号,扩展后能接收无线传输的报警信号;能在任何一路信号报警时,发出声光报警信号,并能显示报警部位、时间;有自动/手动声音复核和电视、录像复核;对系统有自查能力;正常供电时能对备用电源充电,断电时能自动切换到备用电源上,保证系统正常工作;具有5～10 min延迟报警功能;能向区域报警中心发出报警信号;能存入多个紧急报警电话号码,发生情况时,能自动依次向紧急报警电话发出报警。

对于一些相对较大的工程系统,要求防范的区域较大,防范的点也较多,此时可选用区域性的入侵报警控制器。区域报警控制器具有小型控制器的所有功能,而且有更多的输入端,例如有16路、24路及32路的报警输入、24路的声控复核输入、8～16路电视摄像复核输入,并具有良好的并网能力。区域报警控制器的输入信号使用总线制,探测器根据安置的地点,统一编码,探测器的地址码、信号及供电由总线完成,每路输入总线上可挂接探测器,总线上有短路保护,当某路电路发生故障时,控制中心能自动判断故障部位,而不影响其他各路的工作状态。当任何部位发出报警信号后,能直接送到控制中心,在报警显示板上,发光二极管显示报警部位;同时驱动声光报警电路,及时把报警信号送到外设通信接口,按原先存储的报警电话,向更高一级的集中报警控制器、报警中心或有关主管单位报警。在接收信号的同时,控制器可以向声音复查电路和电视复核电路发出选通信号,通过声音和图像进行核查。

在大型和特大型的报警系统中,由集中报警控制器把多个区域报警控制器联系在一起。集中报警控制器能接收各个区域报警控制器送来的信息,同时也能向各区域报警控制器送去控制指令,直接监控各区域报警控制器监控的防范区域。集中报警控制器又能直接切换出任何一个区域报警控制器送来的声音和图像复核信号,并根据需要,用录像记录下来。集中报警控制器能和多个区域报警控制器联网,具有更大的存储容量和联网功能。

9.3.2 入侵报警控制器的选用

根据用户的管理机制以及对报警的要求,警戒可组成独立的小系统、区域互联(防)的区域报警系统和大规模的集中报警系统。入侵报警控制设备应根据系统规模、系统功能、信号传输方式及安全管理要求等选择报警控制设备的类型,宜具有可编程和联网功能。接入公共网络的报警控制设备应满足相应网络的入网接口要求。应具有与其他系统联动或集成的输入、输出接口。

现场报警控制设备和传输设备应采取防拆、防破坏措施,并应设置在安全可靠的场所。不需要人员操作的现场报警控制设备和传输设备宜采取电子/实体防护措施。壁挂式报警控制设备在墙上的安装位置,其底边距地面的高度不应小于1.5 m,如果靠门安装时,宜安装在门轴的另一侧;如果靠近门轴安装时,靠近其门轴的侧面距离不应小于0.5 m。台式报警控制设备的操作、显示面板和管理计算机的显示器屏幕应避开阳光直射。

第10章　火灾自动报警系统

火灾自动报警系统是探测火灾早期特征、发出火灾报警信号，为人员疏散、防止火灾蔓延和启动自动灭火设备提供控制与指示的消防系统。火灾自动报警系统能在火灾初期，将燃烧产生的烟雾、热量、火焰等物理量，通过火灾探测器变成电信号，传输到火灾报警控制器，并同时显示出火灾发生的部位、时间等，使人们能够及时采取有效措施扑灭初期火灾，最大限度地减少因火灾造成的生命和财产的损失。

10.1　火灾自动报警概述

10.1.1　物质的燃烧现象

物质燃烧是一种物质能量转化的化学和物理过程，伴随着这个转化过程，同时产生燃烧气体、烟雾、热(温度)和光(火焰)等现象。其中燃烧气体和烟雾具有很大的流动性，能潜入建筑物的任何空间。这些气体和烟雾往往具有毒性，因而对人的生命有特别大的危险。据统计，在火灾中约有70%的死亡是由于燃烧气体或烟雾造成的。

对于普通可燃物质燃烧的表现形式，首先是产生燃烧气体，然后是烟雾，在氧气供应充分的条件下，才能达到全部燃烧，产生火焰，并散发出大量的热量，使环境温度急剧升高。物质燃烧起火过程曲线如图10-1所示。

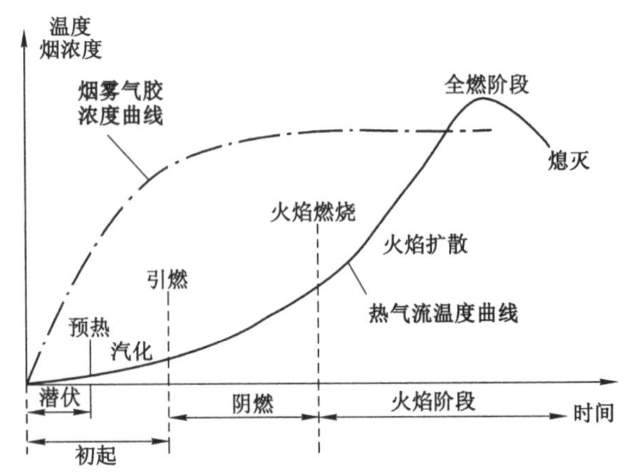

图10-1　普通可燃物质典型起火过程

普通可燃物在火灾初起和阴燃阶段产生了烟雾可燃气体混合物，但环境温度不高，火势尚未达到蔓延发展的程度。如果在此阶段能将重要的火灾信息——烟雾浓度有效的测量出来，就可以将火灾损失控制在最低限度。在火焰燃烧阶段火势开始蔓延，环境温度不断升高，燃烧不断扩大，形成火灾，此时通过探测环境温度来判断火情，能较及时地控制火灾。物质全燃烧阶段会产生各种波长的火焰光，使火焰热辐射含有大量的红外线和紫外线，因此对火灾形成的红外和紫外光辐射进行有效探测也是实现火灾探测的基本方法。

(1) 燃烧气体。物质燃烧的开始阶段，首先释放出来的是燃烧气体，一般包括：一氧化碳(CO)、二氧化碳(CO_2)、氢气(H_2)、碳氢化合物(C_xH_y)、水蒸气(H_2O)及烃类、氰化物类、盐酸蒸汽或其他特殊材料产生的分子化合物。悬浮在空气中的较大的分子团、灰烬和未燃烧的物质颗粒等不可见的悬浮物，称为气溶胶粒子，其粒径在 0.001～0.05 μm。

(2) 烟雾。由于燃烧和热解作用，所产生的人肉眼可见和不可见的液体或固体微小颗粒，称为烟粒子或烟雾气溶胶粒子，其中主要包括：焦油粒子、高沸点物质的凝缩液滴、炭黑固体粒子等，其粒径在 0.01～10 μm。

(3) 热(温度)。在物质燃烧过程中，由于物质内能的转化，必然有热量的释放，使环境温度升高。但在燃烧速度非常缓慢的情况下，这种热(温)度不容易鉴别出来。

(4) 光(火焰)。火焰是物质着火时产生的灼热发光的气体部分，火焰的光辐射除了可见光部分外，还有大量的红外辐射和紫外辐射。

10.1.2　火灾自动报警系统的发展

20 世纪 40 年代，瑞士 Cerberus 公司研制出世界上第一台离子感烟探测器，实现了火灾的早期报警，火灾自动报警技术才开始真正有意义的推广和发展。随着计算机技术和通信技术的不断发展，火灾自动报警和联动控制技术也相应得到飞速发展，智能探测器的推出，大大提高了系统的可靠性，降低了误报率，高性能、大容量的控制系统满足了现代建筑的需要。

自瑞士 Cerberus 公司的世界上第一只离子感烟探测器的出现，以简单的机电式为主体的传统火灾自动报警系统对于火灾的探测和报警发挥了积极的作用，极大地降低了因火灾事故所带来的损失。但随着社会的进步，城市、工业等领域的复杂化程度越来越高，对火灾自动报警的要求也越来越高。随着微处理技术的日益成熟，具有智能化的现代火灾自动报警系统得到了极大的发展。

传统火灾自动报警系统的优点是不要很复杂的火灾信号探测装置便可完成一定的火情探测；能对火灾进行早期探测和报警；系统性能简单便于了解；成本费用低廉；系统可靠性令人满意。其缺点是传统开关量火灾探测器报警判断方式缺乏综合性，它仅仅依据探测的某个火灾现象参数是否超过其自身设定值(阈值)，从而确定是否报警，所以无法排除环境和其他的干扰因素。也就是说，以一个不变的灵敏度来面对不同使用场所、不同使用环境的变化，显然是不科学的。传统火灾自动报警系统的功能少、性能差，不能满足发展的需要。例如，多线制报警系统费线、费工，电源功耗大，缺乏故障自诊断、自排除能力；不能自动探测系统重要组件的真实状态；不能自动补偿探测器灵敏度的漂移；当线路短路或开路时，系统不能采用隔离器切断有故障的部分等。

随着火灾自动探测报警技术的不断发展，从简单的机电式发展到用微处理技术的智能化系统，而且智能化系统也由初级向高级发展。现代火灾自动报警系统有以下几种主要形式，即“可寻址开关量报警系统”、“模拟量探测报警系统”和“多功能火灾智能报警系统”等。

10.1.2.1　可寻址开关量报警系统

可寻址开关量报警系统是智能型火灾报警系统的一种。它的每一个探测器有单独的地址码，并采用总线制，在控制器上能读出每个探测器的输出状态。目前的可寻址系统在一条回路上可连接 1～256 个探测器，能在几秒内查询一次所有探测器的状态。可寻址开关量报警系统比传统火灾自动报警系统更准确地确定火情部位，增强了火灾探测或判断火灾发生的能力，比传统的多线制系统省线、省工。这类系统在控制技术上有了较大的改进，在系统总线上，可连接报警探头、手动报警按钮、水流指示器及其他输出中继器等；增设了可现场编程的键盘，完善了系统自检和复位功能、火警发生地址和时间的记忆与显示功能、系统故障显示功能、总线短路时隔离功能、探测点开路时隔离功能等。其缺点是对探测器的工作状况几乎没有改变，对火灾的判断和发送仍由探测器决定。

10.1.2.2 模拟量探测报警系统

模拟量探测报警系统不仅可以查询每个探测器的地址，而且可以报告传感器的输出量值，并逐一进行监视和分级报警，明显地改进了系统性能。模拟量探测报警系统是一种较先进的火灾报警系统，通常包括可寻址模拟量火灾探测器、系统软件和算法。其最主要的特点是在探测信号处理方法上做了彻底改进，将探测器中的模拟信号不断地送到控制器去评估或判断，控制器用适当的算法辨别虚假或真实火灾及其发展程度，或者探测器受污染的状态。可以将模拟量探测器看作一个传感器，通过一个串联通信装置，不仅能提供装置的位置信号，同时还以将火灾敏感现象参数(如烟浓度、温度等)用一个真实的模拟信号或者等效的数字编码信号进行模拟，将火灾敏感现象参数以模拟值传送给控制器，由控制器完成对火警情况的判断。报警决定有分级报警、响应阈值自动浮动和多火灾参数复合等多种方式。采用模拟量探测(报警)技术可降低误报率，提高系统的可靠性。

10.1.2.3 智能火灾报警系统

智能火灾报警系统是现代火灾自动报警系统中较高级的报警系统，探测、控制装置多由微处理器组成。系统采用集散控制技术，将集中的控制技术分解为分散的控制子系统。各种控制子系统完成其设定的工作，主站进行数据交换和协调工作。智能火灾报警系统的系统规模大，有的火灾报警控制装量的最大地址数(回路数)达到上万个；探测对象多样化，除了火灾报警功能外，还能防盗报警、燃气泄漏报警等；功能模块化，系统设置采用不同的功能模块，对制造、设计、维修有很大方便，便于系统功能设置与扩展；系统集散化，一旦某一部分发生故障，不会对其他部分造成影响；并且联网功能强，应用网络技术，不但火灾自动报警控制装置可以相互连接，而且可以和其他自动控制系统联网，增强了综合防灾能力；功能智能化，系统装置中采用模拟火灾探测器，具有灵敏度和累积时间设定功能，探测器内置有微处理器，具有信号处理能力，可形成分布式智能系统，降低了误报的可能性。智能火灾报警系统中采用了人工智能、火灾数据库、知识发现技术、模糊逻辑理论、人工神经网络等技术。

10.1.3 火灾自动报警系统的组成

10.1.3.1 火灾自动报警系统的基本组成

火灾自动报警系统的组成设施多种多样，具体组成部分的名称也有所不同。但是无论怎么划分，火灾自动报警系统至少有触发器件、火灾报警装置、火灾警报装置和电源等。对于复杂火灾报警系统包括火灾探测报警、消防联动控制、消火栓、自动灭火、防烟排烟、通风空调、防火门及防火卷帘、消防应急照明和疏散指示、消防应急广播、消防设备电源、消防电话、电梯、可燃气体探测报警、电气火灾监控等系统或设备(设施)，如图 10-2 所示。

火灾探测部分主要由探测器组成，是火灾自动报警系统的检测元件，它将火灾发生初期所产生的烟、热、光转变成电信号，然后送入报警系统。火灾探测器根据对不同火灾参量的响应及不同的响应方法，可分为感烟式、感温式、感光式、复合式和可燃气体探测器。不同类

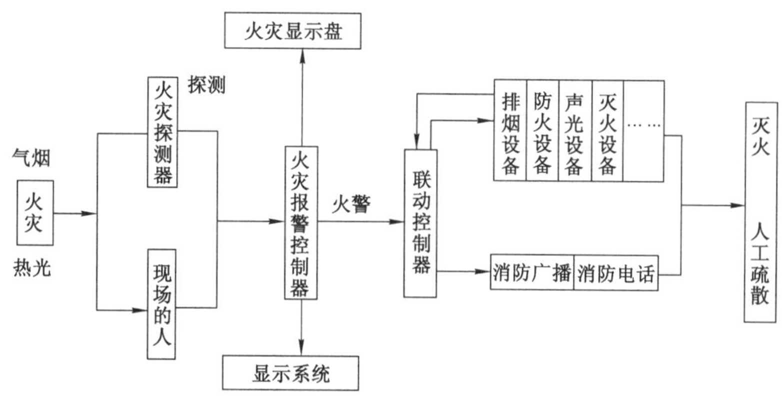

图 10-2　火灾自动报警系统基本组成

型的探测器适用于不同的场合和不同的环境条件。火灾探测器通过对火灾现场发出燃烧气体、烟雾粒子、温升、火焰的探测，将探测到的火情信号转化为火警电信号。在现场的人员若发现火情后，也可立即按动手动报警按钮，发出火警电信号。

报警控制有各种类型报警器组成，它主要将收到的报警电信号加以显示和传递，并对自动消防装置发出控制信号。火灾报警控制器接收到火警电信号，经确认后：一方面，发出预警-火警声光警报信号，同时显示并记录火警地址和时间，告诉消防控制室（中心）的值班人员；另一方面，将火警电信号传送至各楼层（防火分区）所设置的火灾显示盘，火灾显示盘经信号处理，发出预警-火警声光警报信号，并显示火警发生的地址，通知楼层（防火分区）值班人员，立即查看火情并采取相应的扑灭措施。在消防控制室（中心）还可能通过火灾报警控制器的通信接口，将火警信号在显示屏上直观地显示出来。

联动控制器则从火灾报警控制器读取火警数据，经预先编程设置好的控制逻辑（“或”“与”“片”“总报”等控制逻辑）处理后，向相应的控制点发出联动控制信号，并发出提示声光信号，经过执行器去控制相应的外控消防设备，如排烟阀、排烟风机等防烟排烟设备；防火阀、防火卷帘门等防火设备；警钟、警笛、声光报警器等警报设备；关闭空调、非消防电源；将电梯迫降；打开人员疏散指示灯等；启动消防泵、喷淋泵等消防灭火设备等。外控消防设备的启/停状态应反馈给联动控制器主机并以光信号形式显示出来，使消防控制室（中心）值班人员了解外控设备的实际运行情况，消防内部电话、消防内部广播起到通信、联络和对人员疏散、防火灭火的调度指挥作用。

10.1.3.2　火灾自动报警控制系统结构

火灾自动报警控制系统一般由火灾探测报警系统、消防联动控制系统、可燃气体探测系统与电气火灾监控系统等构成，如图 10-3 所示。

(1) 火灾探测报警系统。系统主要由火灾报警控制器、火灾探测器、手动火灾报警按钮、火灾显示盘、消防控制室图形显示装置、火灾声和（或）光警报器等构成，主要功能是火灾自动报警。

(2) 可燃气体探测报警系统。系统主要由可燃气体报警控制器、可燃气体探测器和火灾声光警报器等组成，主要功能是探测可燃气体火灾。可燃气体探测报警系统保护区域内有联动和警报要求时，应由可燃气体报警控制器或消防联动控制器联动实现。

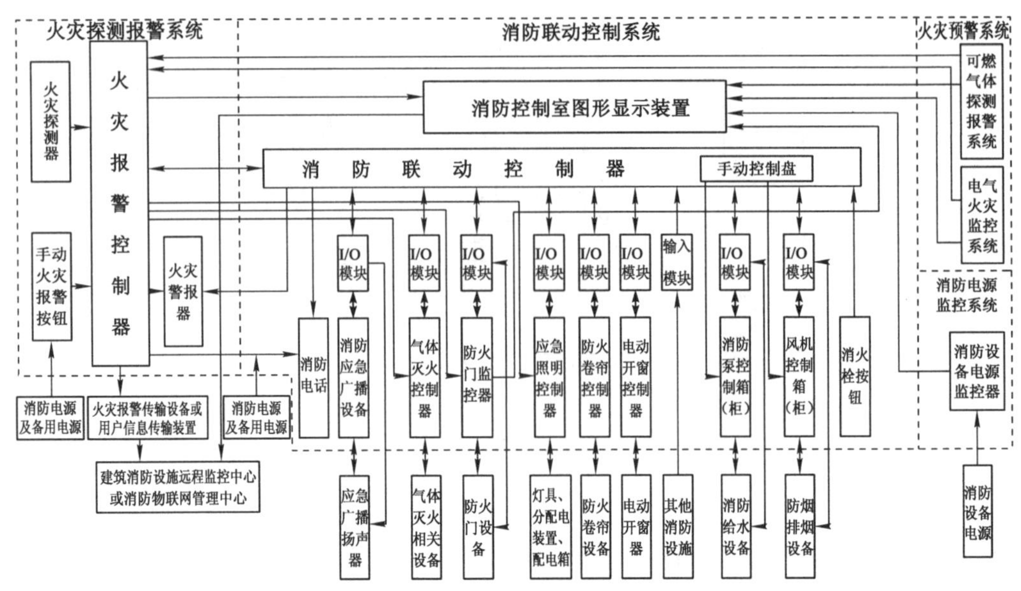

图 10-3　火灾自动报警控制系统结构

(3) 电气火灾监控系统。系统主要由电气火灾监控器、剩余电流式电气火灾监控探测器、测温式电气火灾监控探测器等构成，主要监测电气线路火情。

(4) 消防联动控制系统。系统主要由消防联动控制器、模块、消防电气控制装置、消防电动装置等消防设备构成，主要功能是消防联动控制。消防联动控制主要有自动喷水灭火系统的联动控制、消火栓系统的联动控制、气体灭火系统的联动控制、泡沫灭火系统的联动控制、防烟排烟系统的联动控制、防火门及防火卷帘系统的联动控制、电梯的联动控制、火灾警报和消防应急广播系统的联动控制、消防应急照明和疏散指示系统的联动控制以及其他相关联动控制等。

10.1.3.3　火灾自动报警系统基本形式

火灾自动报警系统的形式和设计要求与保护对象及消防安全目标的设立直接相关。火灾自动报警系统的组成形式多种多样，科研、设计单位与制造厂家联合开发了一些新型的火灾自动报警系统，例如智能型、全总线型等。但在工程应用中，主要采用以下 3 种基本形式：

(1) 区域报警系统。系统由火灾探测器、手动火灾报警按钮、火灾声光警报器及火灾报警控制器等组成，系统中可包括消防控制室图形显示装置和指示楼层的区域显示器，是功能简单的火灾自动报警系统，如图 10-4 所示。

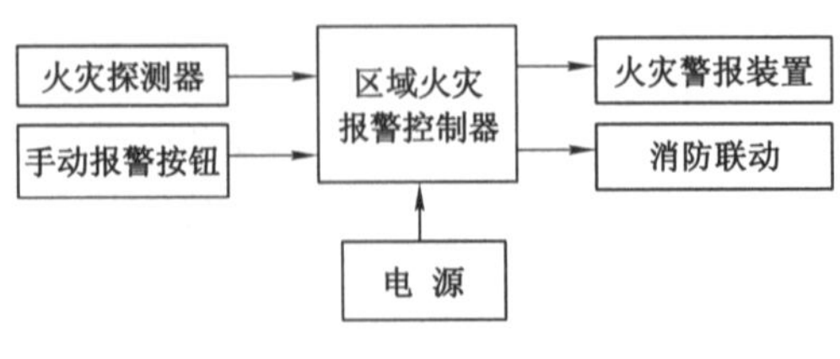

图 10-4　区域火灾报警系统组成

(2) 集中报警系统。系统应由火灾探测器、手动火灾报警按钮、火灾声光警报器、消防应急广播、消防专用电话、消防控制室图形显示装置、火灾报警控制器、消防联动控制器等组成，是功能较复杂的火灾自动报警系统。集中报警系统宜用于一级和二级保护对象，如图 10-5 所示。

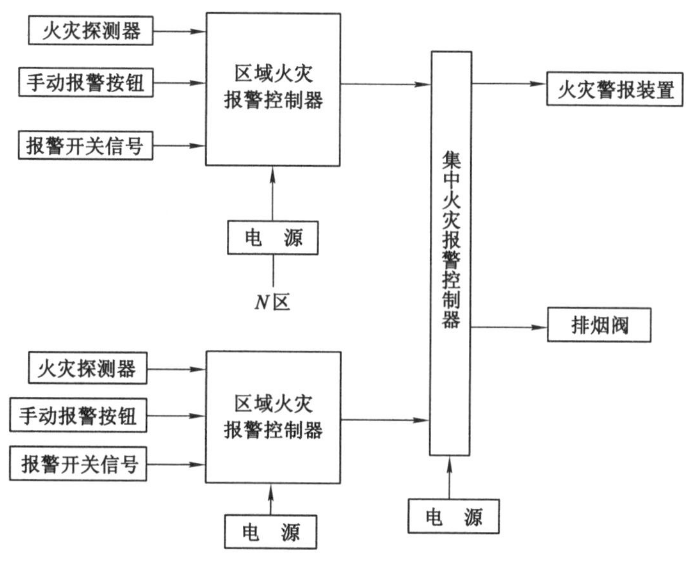

图 10-5　集中报警系统组成

(3) 控制中心报警系统。由消防控制室的消防控制设备、集中火灾报警控制器、区域火灾报警控制器和火灾探测器等组成，或由消防控制室的消防控制设备、火灾报警控制器、区域显示器和火灾探测器等组成，功能复杂的火灾自动报警系统。工程建筑规模大、保护对象重要、设有消防控制设备和专用消防控制室时，采用控制中心报警系统，该系统宜用于特级和一级保护对象，如图 10-6 所示。

设定的安全目标直接关系到火灾自动报警系统形式的选择。区域报警系统，适用于仅需要报警，不需要联动自动消防设备的保护对象；集中报警系统适用于具有联动要求的保护对象；控制中心报警系统一般适用于建筑群或体量很大的保护对象，这些保护对象中可能设置几个消防控制室，也可能由于分期建设而采用了不同企业的产品或同一企业不同系列的产品，或由于系统容量限制而设置了多个起集中作用的火灾报警控制器等情况，这些情况下均应选择控制中心报警系统。

10.1.4　火灾探测器概述

在火灾自动报警系统中，火灾探测器是火灾自动报警和自动灭火系统最基本和最关键的部件之一，它犹如系统的"感觉器官"，能不断地监视和探测被保护区域火灾的早期信号，是整个火灾报警控制系统警惕火灾的"眼睛"。火灾自动报警系统设计的最基本和最关键工作之一就是正确地选择火灾探测器的类型和布置火灾探测器的位置，以及确定火灾探测器数量等。

10.1.4.1　火灾探测器的构造

火灾探测器本质上是感知其装置区域范围内火灾形成过程中的物理和化学现象的部件。原则上讲，火灾探测器既可以是人工的，也可以是自动的。由于人工很难做到 24 小时看守，因此一般讲火灾探测器均是指自动火灾探测器。

无论何种火灾探测器，其基本功能要求如下：信号传感要及时，具有相当精度；传感器本

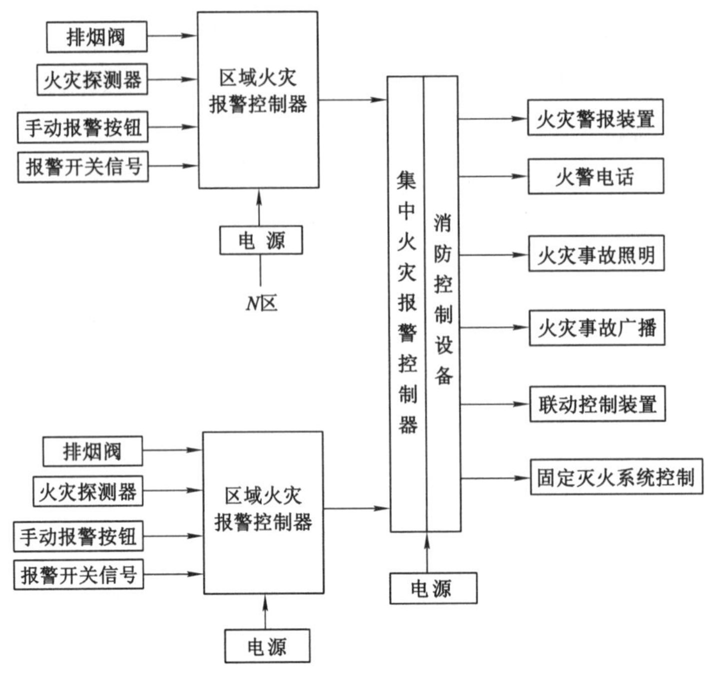

图 10-6 控制中心报警系统组成

身应能给出信号指示;通过报警控制器,能分辨火灾发生具体位置或区域;探测器应具有相当稳定性,应尽可能地防止干扰。因此,火灾探测器通常由敏感元件、电路、固定部件和外壳等组成。

(1) 敏感元件。它的作用是感知火灾形成过程中的物理或化学量,如烟雾、温度、辐射光、气体浓度等,并将其转换成电信号。凡是对烟雾、温度、辐射光和气体浓度等敏感的传感元件都可以使用,它是探测器的核心部分。

(2) 电路。它的作用是将敏感元件转换成的模拟电信号进行放大并处理成火灾报警控制器所需的信号。通常由转换电路、保护电路、抗干扰电路、指示电路和接口电路等组成,如图 10-7 所示。

转换电路的作用是将敏感元件输出的电信号进行放大和处理,使之满足火灾报警系统所需的模拟载频信号或数码信号。它通常由匹配电路、放大电路和阈值电路(有的安全报警系统产品其探测器的阈值比较电路被取消,其功能由报警控制器取代)等部分组成。保护电路用于监视探测器和传输线路故障的电路,它由监视电路和检查电路两部分组成。为了提高火灾探测器信号感知的可靠性,防止或减少误报,探测器必须具有一定的抗干扰功能,例如采用滤波、延时、补偿和积分电路等。指示电路显示探测器是否动作,给出动作信号,一般在探测器上都设置动作信号灯。接口电路用以实现火灾探测器之间、火灾探测器和火灾报警器之间的信号连接。

(3) 固定部件和外壳。它是探测器的机械结构。其作用是将传感元件、印刷电路板、接插件、确认灯和紧固件等部件有机地连成一体,保证一定的机械强度,达到规定的电气性能,以防止其所处环境(如光源、灰尘、气流、高频电磁波等)干扰和机械力的破坏。

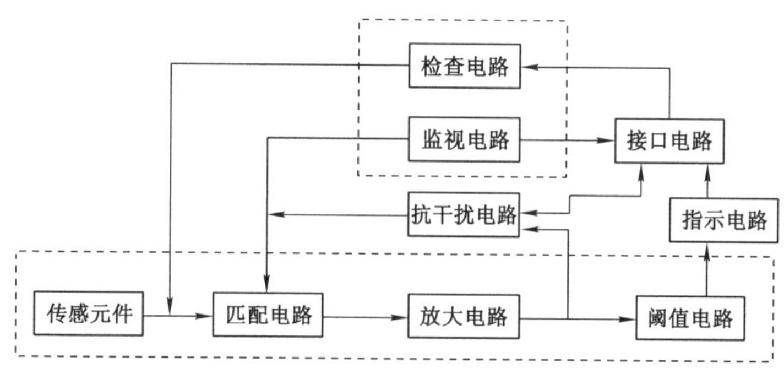

图 10-7　火灾探测器电路结构

10.1.4.2　火灾探测器的分类

常用的方法是按探测器的结构造型、探测的火灾参数、输出信号的形式和使用环境等进行分类。

(1) 按火灾探测器的结构造型分类，可分成点型和线型两大类。点型探测器是探测元件集中在一个特定点上，响应该点周围空间的火灾参数的火灾探测器。民用建筑中几乎均使用点型探测器。线型火灾探测器是一种响应某一连续线路周围的火灾参数的火灾探测器。线型探测器多用于工业设备及民用建筑中一些特定场合。

(2) 按照安装场所的环境条件分类，主要有陆用型(主要用于陆地、无腐蚀性气体、温度范围为－10～＋50 ℃、相对湿度在 85％以下的场合中)、船用型(其特点是耐温和耐湿，也可用于其他高温、高湿的场所)、耐酸型、耐碱型、防爆型等。

(3) 按探测到火灾信号后的动作是否延时向火灾报警控制器送出火警信号，可分为延时型和非延时型两种。按输出信号的形式分类，可分为模拟型探测器和开关型探测器。按安装方式分类，可分为露出型和埋入型。

(4) 根据探测火灾参数的不同，可以划分为感烟、感温、感光、可燃气体和复合式等几大类。

10.2　感烟式火灾探测器

除了易燃易爆品遇火立即爆炸起火外，一般物质的火灾发展过程通常都要经过初始、发展和熄灭 3 个阶段。在火灾的初期，特点是温度低，产生大量烟雾，即物质的阴燃阶段，很少或者没有火焰辐射，基本上未造成很大的物质损失。如果此时能感知火灾信号，将给及时灭火创造极为有利的条件，火灾造成的损失也最小。感烟式火灾探测器是对警戒范围中火灾烟雾浓度参量作出响应，并自动向火灾报警控制器发出报警信号的一种探测器。感烟式火灾探测器主要用于探测火灾过程的早期和阴燃阶段的烟雾，是实现早期报警的主要手段。而根据感烟式火灾探测器不同的警戒范围，感烟式火灾探测器又分为几种类型，如表 10-1 所列。

表 10-1　感烟式火灾探测器类型

警戒范围	名称	技术		
点型	离子感烟火灾探测器	双源	单源	
	光电感烟火灾探测器	遮光型	闪光型	
	电容感烟火灾探测器	电量技术		
线型	红外光束型	红外光线发射、接收		
	激光光束型	激光光线发射、接收		
区域	空气管吸气型	光散射	云室	颗粒计算

10.2.1　点型感烟火灾探测器

《点型感烟火灾探测器》(GB 4715—2005)、《独立式感烟火灾探测报警器》(GB 20517—2006)等对于一般工业与民用建筑中安装的使用散射光、透射光工作原理的点型光电感烟火灾探测器和电离原理的点型离子感烟火灾探测器的要求和试验方法、检验规则和标志均做出了具体规定。

10.2.1.1　离子感烟式火灾探测器

离子感烟火灾探测器是利用内装有放射源镅(^{241}Am)的电离室作为传感器件，双源双室结构，再配上相应的电子电路所构成的探测器。电离产生的正、负离子在电场的作用下分别向正负电极移动。在正常的情况下，内外电离室的电流、电压都是稳定的。一旦有烟雾进入至电离室，干扰了带电粒子的正常运动，使电流、电压有所改变，破坏了内外电离室之间的平衡，探测器就发出警报信号。可对火灾早期阶段和阴燃阶段所产生的烟雾(包括气溶胶粒子)做出有效的响应。

(1) 放射源。^{241}Am 离子式感烟探测器是利用放射源 ^{241}Am 原子核的自发衰变产生的。射线粒子是带正电的氦离子(氦原子核) $^{4}_{2}He$，^{241}Am 的衰变过程如下：

$$^{241}Am \longrightarrow {}^{237}Np + {}^{4}_{2}He$$

由于 α 粒子比电子重得多，且带两个单位正电量，其穿透能力很弱。能量为 5 MeV 的 α 粒子在空气中的射程为 3.5 cm，在金属铝中射程仅为 2.06×10^{-3} cm，所以屏蔽 α 射线非常容易。但是另一方面 α 粒子的电离能力很强，当它穿过物质时，每次与物质分子或原子碰撞打出一个电子，约损失 33 eV 能量。一个能量为 5 MeV 的 α 粒子，在它完全静止前，大约可以电离 15 万多个分子或原子。采用 ^{241}Am 放射源的优点，除了电离能力强、射程短以外，^{241}Am 半衰期长(433 年)且成本低。

(2) 电离室。在电离室有一对相对的电极间，放置有 α 射线放射源 ^{241}Am，放射源持续不断地放射出 α 粒子，α 粒子不断撞击空气分子，引起电离，产生大量带正、负电荷的离子，从而使极间空气具有导电性。

当在电离室两电极间施加一电压时，使原来作无序运动的正负离子在电场作用下作有规则的定向运动。正离子向负极运动，负离子向正极运动，从而形成电离电流。电离电流的大小与电离室的几何尺寸，放射源的性质，施加电压的大小，以及空气的密度、温度、湿度和气流等因素有关。施加的电压 V 越高，电离电流越大，电离强度和所加的电压成正比，遵循欧姆定律，称为“欧姆定律区”。在离子感烟探测器中，主要利用电离室的“欧姆定律区”。但当电离电流达到一定值时，施加电压再高，电离电流也不再会增加，此电流称为饱和电流。

如图 10-8 所示，当火灾发生，烟雾粒子进入电离室时，部分正、负离子会被吸附到比离子重的烟雾粒子上。一方面使离子在电场中的运动速度降低了，另一方面增加了正、负离子互相复合的概率，其结果是使电离电流减小了，相当于电离室内的空气等效阻抗增加了。

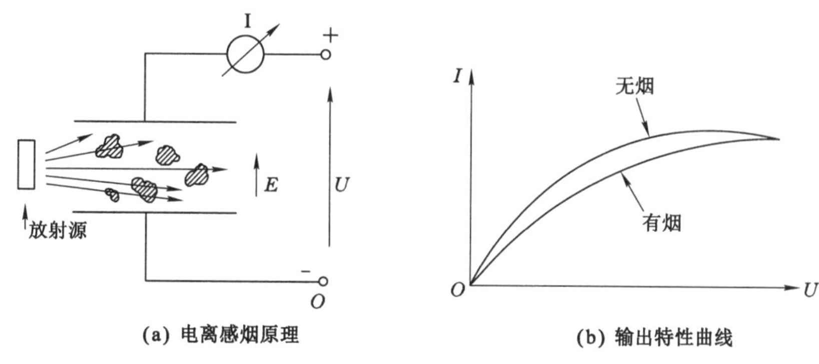

图 10-8 电离感烟探测原理与特性

(3) 双源双室结构。双源双室由开室结构的检测电离室和闭室结构的补偿电离室反向串联组成，如图 10-9 所示。无烟雾时，两个电离室电压分压 U_1、U_2 都等于 12 V，$U_1+U_2=$ 24 V。当火灾烟雾进入检测电离室，使检测电离室的电离电流减小时，相当于该室电极等效阻抗加大，而补偿电离室的电极间等效阻抗不变，则施加在两电离室上的电压分压 U_1 和 U_2 发生变化。U_1 减小为 U_1'，U_2 增加为 U_2'，但 $U_1'+U_2'=24$ V 不变。电路检测 U_1' 或 U_2' 电压，当 U_1' 或 U_2' 电压变化到某一定值时，控制电路动作，发出报警电信号，此信号传输给报警器，实现了火灾自动报警。因为两个电离室各有一个 α 离子发射源，所以称为双源双室式离子感烟探测器。

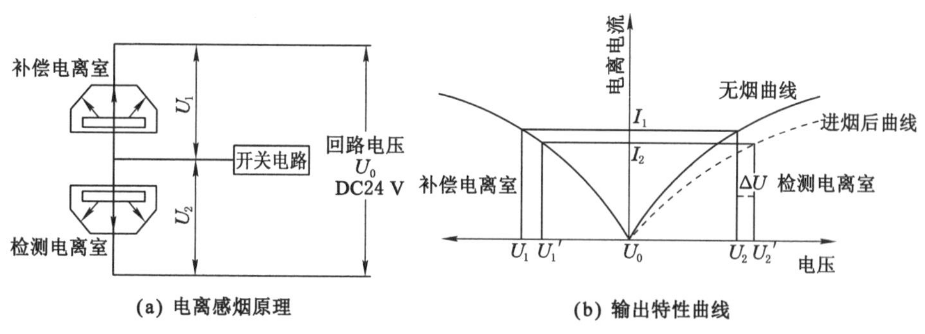

图 10-9 双源双室式离子感烟探测器电路原理和工作特性

(4) 单源双室结构。一种单源双室式离子感烟探测器正在逐渐取代双源双室式感烟探测器。单源式离子感烟探测器的工作原理与双源式基本相同，但结构形式不同。图 10-10 为单源双室离子感烟探测器结构示意和工作特性图。单源双室感烟探测器的检测电离室与参考电离室比例相差较大，参考电离室小，检测电离室大。两室基本是敞开的，气流互通。检测室与大气相通，而补偿室则通过检测室间接与大气相通，两室共用一个放射源。

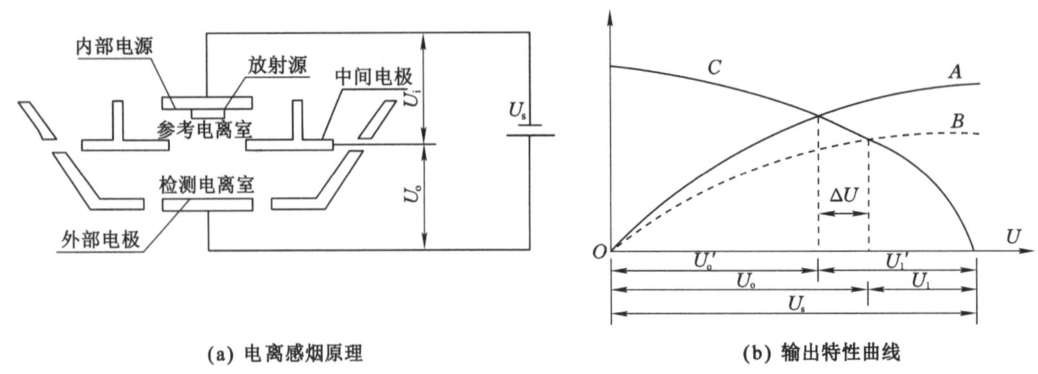

A—无烟时检测电离室特性；B—有烟时检测电离室特性；C—参考电室特性。

图 10-10　单源双室离子感烟探测器电路原理与工作特性

单源双室结构由于两个电离室同处在一个相通的空间，只要两者的比例设计合理，既能保证在火灾发生时烟雾顺利进入检测室迅速报警，又能保证在环境变化时两室同时变化而避免参数的不一致。它的工作稳定性好，环境适应能力强，不仅对环境因素（温度、湿度、气压和气流）的缓慢变化有较好的适应性，对变化快的适应性则更好，提高了抗湿、抗温性能。当灰尘轻微地沉积在放射源的有效发射面上，导致放射源发射的 α 粒子的能量强度明显变化时，会引起工作电流变化，补偿室和检测室的电流均会变化，从而检测室的分压变化不明显。一般双源双室离子感烟探测器是通过调整电阻的方式实现灵敏度调节的，而单源双室离子感烟探测器则是通过改变放射源的位置来改变电离室的空间电荷分布，即源电极和中间电极的距离连续可调，这就可以比较方便地改变检测室的静态分压，实现灵敏度调节。这种灵敏度调节连续而且简单，有利于探测器响应阈值的一致性。单源双室只需一个更弱的放射源，比双源双室的电离室放射源强度减少 50%，而且也克服了双源双室两个放射源难以匹配的缺点。

10.2.1.2　光电感烟式火灾探测器

光电感烟探测器是利用火灾时产生的烟雾粒子对光线产生遮挡、散射或吸收的原理并通过光电效应而制成的一种火灾探测器，主要由检测室、电路、固定支架和外壳等组成，其中检测室是其关键部件。

(1) 遮光型光电感烟探测器。如图 10-11 所示，遮光型光电感烟探测器的检测室由光束发射器、光电接收器和暗室等组成，光束发射器由光源和透镜组成。

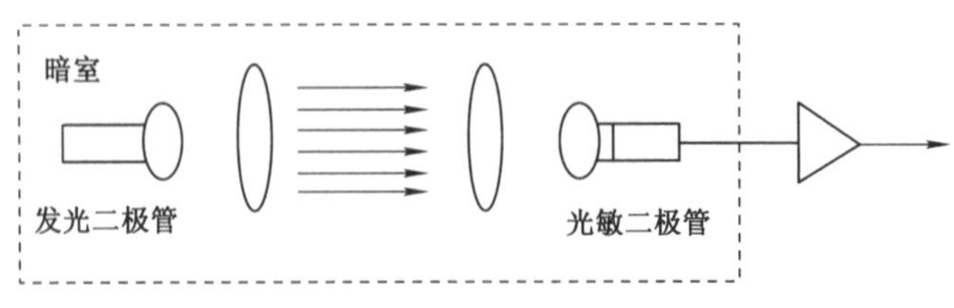

图 10-11　遮光型光电感烟探测原理

通常用红外发光二极管作为光源，它具有可靠性高、功耗低、寿命长的特点，光源受脉冲发生器产生的电流调制，用球面式凸透镜将光源发出的光线变成平行光束。光电接收器由光敏二极管和透镜组成，光敏二极管将接收到的光能转换成电信号，光敏二极管的选择原则是红外发光二极管发射光的峰值波长通常应与光敏二极管的相适应。透镜的作用是将被烟粒子散射的光线聚焦后，准确、集中地被光敏二极管接收，并转换成相应的电信号。暗室的功能在于既要使烟雾粒子能畅通进入，又不能使外部光线射入，通常制成多孔形状，内壁涂黑。

当火灾发生，有烟雾进入检测室时，烟粒子将光源发出的光遮挡(吸收)，到达光敏元件的光能将减弱，其减弱程度与进入检测室的烟雾含量有关。当烟雾达到一定浓度，光敏元件接受的光强度下降到预定值时，通过光敏元件启动开关电路并经电路鉴别确认，探测器即动作，向火灾报警控制器送出报警信号。

(2) 散射型光电感烟探测器。散射型光电感烟探测器是应用烟雾粒子对光的散射作用并通过光电效应而制作的一种火灾探测器，如图 10-12 所示。

它和遮光型光电感烟探测器的主要区别在暗室结构上，而电路组成、抗干扰方法等基本相同。实现散射型的暗室各有不同，由于是利用烟雾对光线的散射作用，因此，暗室的结构就要求光源(红外发光二极管)发出的红外光线在无烟时不能直接射到光敏元件(光敏二极管)上。

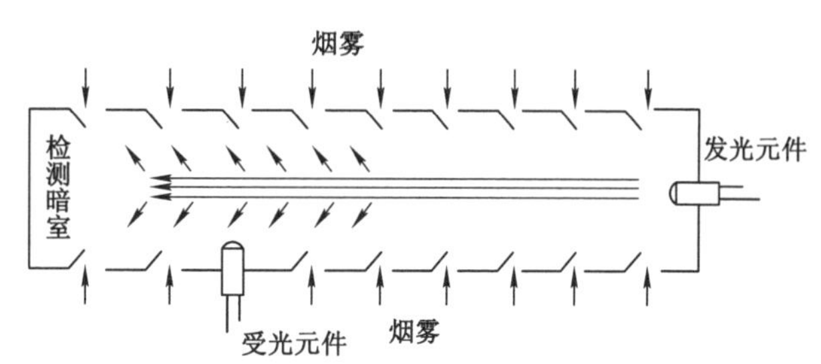

图 10-12　散射型光电感烟探测器原理

无烟雾时，红外光无散射作用，也无光线射在光敏二极管上，二极管不导通，无信号输出，探测器不动作。当烟雾粒子进入暗室时，由于烟粒子对光的散射作用，光敏二极管会接收到一定数量的散射光，接收散射光的数量与烟雾浓度有关，当烟的浓度达到一定程度时，光敏二极管导通，电路开始工作。由抗干扰电路确认是有两次及以上超过规定水平的信号时，探测器动作，向报警器发出报警信号。

散射型光电感烟探测器与遮光型感烟探测器其电路组成、抗干扰方法基本相同，光源均为脉冲光源，由脉冲发光电路驱动，每隔 3～4 s 发光一次，每次发光时间约 100 μs，以提高探测器抗干扰能力。

光电式感烟探测器在一定程度上可克服离子感烟探测器的缺点，除了可在建筑物内部使用，更适用于电气火灾危险较大的场所，例如，计算机房、电缆沟等处，但它的光敏元件寿命不如离子器件长。使用中应注意，当附近有过强的红外光源时，可导致探测器工作不稳定。

10.2.2　线型感烟火灾探测器

线型感烟探测器是一种能探测到被保护范围中某一线路周围烟雾的火灾探测器。探测器由光束发射器和光电接收器两部分组成。它们分别安装在被保护区域的两端，中间用光束连接(软连接)，其间不能有任何可能遮断光束的障碍物存在，否则探测器将不能工作。常用的有红外光束型、紫外光束型和激光型感烟探测器 3 种，故又称为线型感烟探测器为光电式分离型感烟探测器。《线型光束感烟火灾探测器》(GB 14003—2005)对于一般工业与民用建筑中安装使用的利用减光原理探测烟雾的相对部件间光路长度为1～100 m，且最小光路长度不大于10 m的线型光束感烟火灾探测器及带有探测热扰动功能的线型光束感烟火灾探测器，规定了其术语和定义、要求、试验方法、检验规则和标志。

线型感烟探测器与光电感烟探测器原理相似，都是利用烟雾粒子对光线传播发生遮挡的原理制成的。不同的是光电式感烟探测器的光源与光电接收器放在同一装置内，而线型感烟探测器的发射光源与光电接收器是安装在保护区的相应位置，如图10-13所示。

在无烟情况下，光束发射器发出的光束射到光电接收器上，转换成电信号，经电路鉴别后，报警器不报警。当火灾发生并有烟雾进入被保护空间时，部分光线束将被烟雾遮挡（吸收），则光电接收器接收到的光能将减弱，当减弱到预定值时，通过其电路鉴定，光电接收器便向报警器送出报警信号。

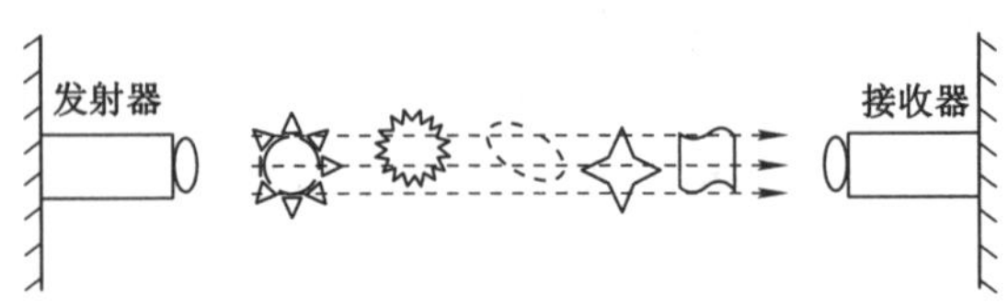

图10-13　线型感烟火灾探测原理

为降低功耗，提高探测器抗干扰能力，发射器同样采用脉冲方式工作，脉冲周期为ms级，脉宽为100 μs，接收器同样装有抗干扰电路，当光束被动物或人为遮挡时，报警器能发出故障信号，同样如果因发射器损坏或丢失、安装位置变动而接收器不能接收到光束等原因时，故障报警电路要锁住火警信号通道，向报警器送出故障报警信号。接收器一旦发出火警信号便自保持确认灯亮。

激光感烟火灾探测器的激光是由单一波长组成的光束，这类探测器的光源有多种，由于半导体激光器激发电压低、脉冲功率大、效率高、体积小、寿命长、方向性强、亮度高、单色性和相干性能好，尽管它问世不久，但在各领域得到了广泛重视和应用。在无烟情况下，脉冲激光束射到光电接收器上，转换成电信号，报警器不发出报警。一旦激光束在发射过程中有烟雾遮挡而减小到一定程度，使光电接收器信号显著减弱，报警器便自动发出报警信号。

红外光和紫外光感烟探测器是利用烟雾能吸收或散射红外光束或紫外光束原理制成的感烟探测器，具有技术成熟、性能稳定可靠、探测方位准确、灵敏度高等优点。

线型感烟探测器具有监视范围广、保护面积大、使用环境条件要求不高等特点，通常适用于初始火灾有烟雾形成的大空间、大范围的防范，例如大仓库、电缆沟、易燃货垛的防范。

10.2.3　区域型感烟火灾探测器

吸气式感烟探测器是区域型感烟火灾探测器的类型，它是利用吸气扇通过空气取样管道和取样孔从保护区域提取空气样品，空气样品通过高灵敏度的精确感烟探测器对其进行分析，当烟雾值超过阈值时，发出报警信号。吸气式感烟探测器与安装在保护现场的空气取样管道、取样孔和“毛细”管组成了空气取样探测系统。吸气式感烟探测器通常使用以下3种类型的技术：

（1）光散射技术。采样的空气持续流入一个装有高能光源的探测室，这一光源会被样品中的任何烟雾颗粒散射，散射光由一个固态光接收器进行分析。散射光的量与烟浓度成正比。光散射系统对阴燃火和电线过载造成的烟雾颗粒很敏感，对于要求早期报警的地方非常有效。但这种探测器会受灰尘干扰，故多数探测器会安装复杂的过滤网或电子除尘装置。此技术对空气采样均匀性和流速稳定要求低。

(2) 云室技术。采样的空气持续地流入装有水蒸气的探测室。任何很小的颗粒都会使水蒸气在其周围凝结形成相同大小的水滴。这些水滴的数量由一个脉冲 LED 均匀地测量。由于云室使用水,因此需要定期维护。云室探测器可抗灰尘,对火焰燃烧产生的颗粒响应良好,但对阴燃火产生的颗粒响应效果不好,因此对其在需要早期报警的应用场合应有所限制。

(3) 颗粒计算技术。采样的空气持续地通过聚焦的激光光束,测量每一个颗粒的光散射。这就提供了相对于穿过激光光束的颗粒数量的输出颗粒计数,系统对阴燃火电线过载敏感,但需要空气主动地均匀通过,因为输出与流速成正比。颗粒计算系统可抗灰尘,但正对激光光束的纤维或灰尘可能会导致误报警。

空气取样管道内径应取 20～22 mm,采用缓和拐弯,以使空气流动尽量顺畅。从管道端部到探测器限制传输时间为 120 s,为保证采样空气在规定时间到达探测器,采样管最大长度为 100 m。远离取样管的采样点,可用外径为 10 mm 的软"毛细"管连接取样主管,"毛细"管距主管路距离最长为 6 m。

吸气式探测器吸气式系统采用人工智能(AI)技术,通过改变探测器的灵敏度来适应现场条件的改变,以保持一个已知的报警可能性。系统还能自动补偿部件漂移或探测器污染,以便保持最佳性能。吸气式感烟探测器与普通点式烟感探测器的比较见表 10-2。

表 10-2　吸气式感烟探测器与普通点式烟感探测器比较

序号	项目	吸气式感烟探测器	普通点式烟感探测器	
			离子	光电
1	感烟方式	主动抽取保护区内的空气进行采样分析	被动地等待烟雾自然扩散到探头处	
2	探测原理	激光散射	电离方式	红外散射方式
3	探测范围	各种材料产生的各种大小的烟雾,探测范围很宽,粒子直径 0.003～10 μm	天然物质产生的烟雾,粒子直径 0.01～0.1 μm	合成材料产生的烟雾,粒子直径 1～10 μm
4	灵敏度	0.001 5%～25% obs/m(每米遮光率),连续可调	5%～9% obs/m,不可调	6%～12% obs/m,不可调
5	探测部件	高稳定、高强度激光源;2 个光接收器,三维立体图像分析	镅$^{-241}$α 粒子放射源,1 个收集极	红外发光管,1 个光接收管
6	测量方式	绝对测量,即对环境烟雾量的实时测量	相对测量	
7	显示单元	20 段光栅图及 2 位数码管,实时显示环境状况,即环境监测	只显示达到阈值的报警信息,不显示未达报警阈值的状态	
8	报警方式	可设定 4 级报警阈值	一般只设定 1 个报警阈值,个别设有预警	
9	报警时间	火灾形成前 4～11 h,早期报警	火灾形成前几分钟,无预警	
10	事件记录	18 000 个事件,时间、地点、报警、故障原因等内容详细	没有记录,火警、故障信息由控制器存储	
11	安装方式	标准、回风口、毛细管等多种采样方式,可横向、纵向布管	仅能顶棚下安装,水平安装不超过 45°,没有回风口和毛细管采样方式,不能靠近回风口、送风口安装	

表10-2(续)

序号	项目	吸气式感烟探测器	普通点式烟感探测器	
			离子	光电
12	维护	一次工厂校准,10年免维护	每两年要清洗、校准1次	
13	适用场所	电信机房、电脑室、医院、变电站、厂房、仓库、冷藏室、演播厅、室内运动场、剧院、洁净室、矿山、隧道、海上石油平台、生产车间、古典建筑、教堂、博物馆、美术馆	办公室、客房	
14	应用环境	各种环境:高大空间;强气流;潮湿、粉尘、多变化;电磁干扰;外观要求高;不可带电运行的场所等	不适合潮湿、粉尘、多变化及长期有烟雾滞留的环境	
			不适合风速大于5 m/s的场所	不适合黑烟及存在高频电磁干扰的场所
15	其他功能	自学功能,可根据环境状况自动设置灵敏度、报警阈值,具备激光灰尘鉴别技术(LDD)等	无	
		可形成专网,还可与传统火灾自动报警系统联网	一般独立网结构	

10.3 感温式火灾探测器

感温式火灾探测器是对警戒范围中火灾热量(温度),即环境气流的异常高温或升温速率作出响应的探测器。它是一种动作于阴燃阶段后期的“早中期发现”型探测器。感温火灾探测器的特点:结构简单,电路少,与感烟探测器相比可靠性高、误报率低,且可以做成密封结构,防潮防水防腐蚀性好,可在恶劣环境(风速大、多灰尘、潮湿等)中使用。但是感温式火灾探测器灵敏度较低,报警时间迟。感温火灾探测器也是工程上常见的火灾探测器种类之一,它主要作用于不适合或不完全适合感烟火灾探测器的一些场合;并与感烟探测器联合使用组成与逻辑关系,为火灾报警控制器提供复合报警信号。由于感温探测器有很多优点,它是使用范围仅次于感烟探测器的一种早中期报警探测器。《点型感温火灾探测器》(GB 4716—2005)对于一般工业与民用建筑中安装使用的点型感温火灾探测器的一般要求与试验方法、检验规则和标志等做出了相关规定。

感温火灾探测器的种类极多,主要是根据其敏感元件的不同而产生各种形式的感温火灾探测器。常用的热敏元件有双金属片、易熔合金、低熔点塑料、水银、酒精、热敏绝缘材料、半导体热敏电阻、膜盒机构等。根据监测温度参数的不同,感温火灾探测器有定温、差温和差定温3种类别。定温火灾探测器用于响应的温度达到或超过某一预定值的场合,差温探测器是检测“温升”为目的,而差定温火灾探测器则兼顾“温度”和“温升”两种功能。

10.3.1　定温式感温火灾探测器

定温火灾探测器是指在规定时间内，火灾温度参量达到或超过其动作温度值时，探测器动作向报警控制器送出报警信号。定温探测器的动作温度应按其所在的环境温度进行选择。

10.3.1.1　双金属型定温火灾探测器

双金属型定温火灾探测器是利用不同热膨胀系数的金属受热膨胀变化的原理制成的探测器，是一种点型定温探测器，对警戒范围中某一点周围温度达到或超过规定值时响应的火灾探测器。其主要有双金属定温火灾探测器、翻转式蝶形双金属定温火灾探测器和圆筒形双金属定温火灾探测器 3 大类。

双金属片受热时，膨胀系数大的金属就要向膨胀系数小的金属弯曲，如图 10-14 中虚线所示，使接点闭合，将信号输出。

图 10-15 采用翻转式蝶形双金属片结构，凹面选用膨胀系数大的材料制成，凸面选用膨胀系数小的材料制成，随着环境温度升高，蝶形双金属片逐渐展平，当达到临界点（即定温值时）蝶形双金属片突然翻转，凸形向上，通过顶杆推动触点，造成电气触点闭合，再通过后续电子电路发出火灾报警电信号。当环境温度逐渐恢复至原来温度时，蝶形双金属片的变化过程恰好与升温时相反，恢复到凹面向上，电气触点脱开，使探测器恢复到正常监控状态。

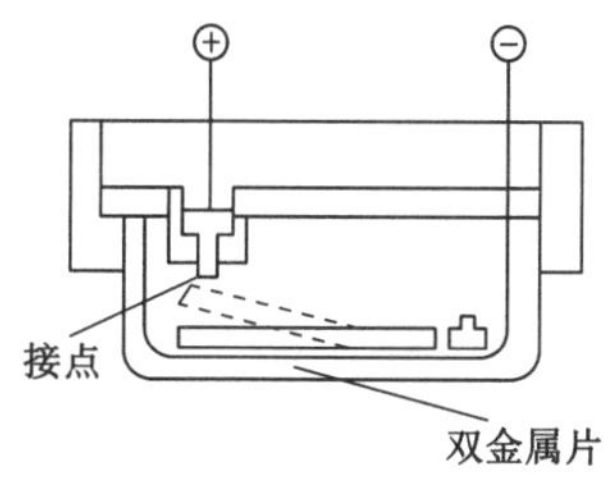

图 10-14　普通双金属片式

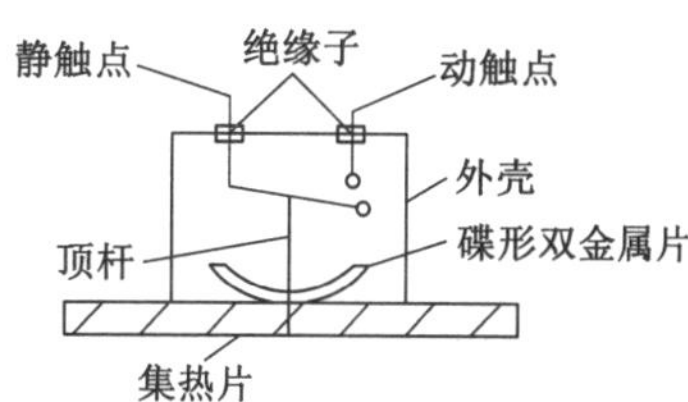

图 10-15　蝶形双金属片翻转式

图 10-16 为圆筒形双金属定温火灾探测器。它是将两块磷铜合金片通过固定块固定在一个不锈钢的圆筒形外壳内，在铜合金片的中段部位各安装一个金属触头作为电接点。由于不锈钢的热膨胀系数大于磷铜合金的热膨胀系数，当探测器检测到的温度升高时，不锈钢外筒的伸长大于磷铜合金片，两块合金片被拉伸而使两个触头靠拢。当温度上升到规定值时，触头闭合，探测器即动作，送出一个开关信号使报警器报警。当探测器检测到的温度低于规定值时，经过一段时间，两触头又分开，探测器又重新自动回复到监视状态。

10.3.1.2　易熔金属型定温火灾探测器

易熔金属型定温火灾探测器是一种能在规定温度值时迅速熔化的易熔合金作为热敏元件的定温火灾探测器是一种点型定温探测器。易熔合金定温火灾探测器的结构如图 10-17 所示。

探测器下方吸热片的中心处和顶杆的端面用低熔点合金焊接，弹簧处于压紧状态，在顶杆的上方有一对电接点。无火灾时，电接点处于断开状态，使探测器处于监视状态。火灾发生后，只要它探测到的温度升到动作温度值，低熔点合金就会迅速熔化，释放顶杆，顶杆借助弹簧弹力立即被弹起，使电接点闭合，探测器动作。

10.3.1.3　缆式线型定温火灾探测器

《线型感温火灾探测器》（GB 16280—2014）对于工业与民用建筑中安装使用的缆式线

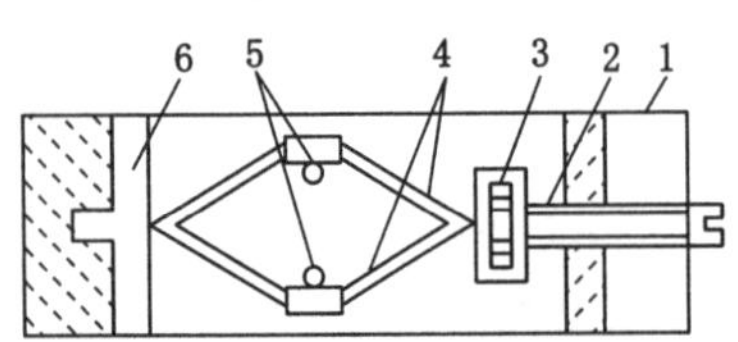

1—不锈钢臂；2—调节螺栓；3、6—固定块；
4—铜合金片；5—电接点。

图 10-16　圆筒形双金属片式

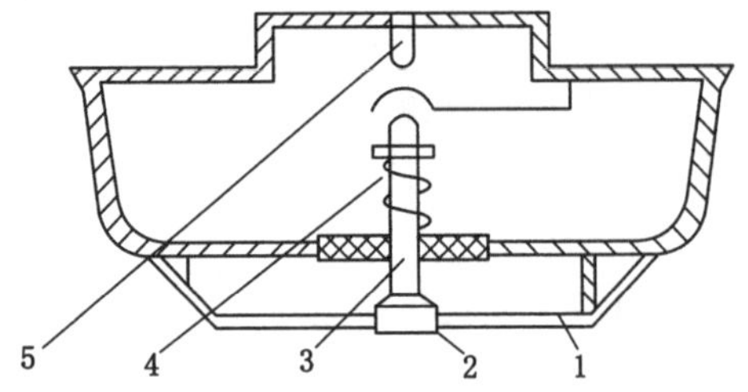

1—吸热片；2—易熔合金；3、6—原杆；
4—弹簧；5—电接点。

图 10-17　易熔合金定温火灾探测器结构

型感温火灾探测器、空气管式结型感温火灾探测器、分布式光纤线型感温火灾探测器、光纤光栅线型感温火灾探测器、线式多点型感温火灾探测器等的技术要求、试验方法、检验规则和标志均做了相应规定。

缆式线型定温火灾探测器通常将定温电缆截成 20～30 m 一小段，每段配接输入模块一只，作为火灾报警控制器输入回路中的一个探测点，所以又可称为缆式线型定温电缆，能对保护区中某一线路周围温度升高敏感响应，其工作原理与点型相同。其中，热敏电缆是感热元件，可对额定的动作温度值作出有效响应。由于其特有的柔韧性和防振动、耐污染的性能，在电线电缆隧道、高架仓库、野外原材料堆垛、重要设施的隐蔽处等环境较恶劣的场所，进行早期火灾报警非常有用。热敏定温电缆由两根弹性钢线、热敏绝缘材料、塑料包带及塑料外护套组成，其结构如图 10-18 所示。

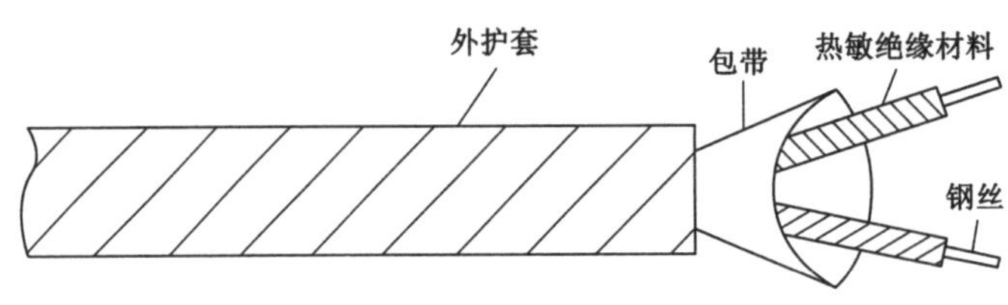

图 10-18　线型热敏定温电缆结构

外护套两根弹性钢线上包热敏绝缘材料，然后绞对成型。当热敏电缆某一部位温度上升，达到额定动作值时，受热部位热敏绝缘材料熔化，绝缘性能被破坏，两根钢丝互相接触发生短路，以指示火警的发生。该开关量信号经输入模块转换成串行码火警电信号(带报警编码地址)，传到火灾报警控制器。这种热敏电缆动作温度值稳定，响应时间适当，一致性好。

10.3.2　差温式感温火灾探测器

差温式感温火灾探测器是指在规定时间内，环境温度升温速率达到或超过预定值时响应的探测器。根据工作原理不同，可分为电子差温火灾探测器、膜盒差温探测器等。

10.3.2.1　电子差温火灾探测器

图 10-19 所示的是一种电子差温火灾探测器的原理图，利用两个热时间常数不等的热敏电阻 R_{11} 和 R_{12}，R_{11} 的热时间常数小于 R_{12} 的热时间常数，在相同温升环境下，R_{11} 下降比 R_{12} 快，当 $U_a>U_b$ 时，比较器输入 U_c 为高电平，点亮报警灯，并且输出报警信号。

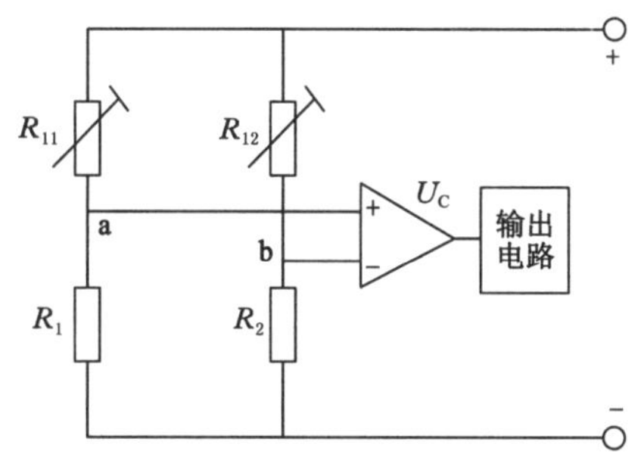

图 10-19　电子差温火灾探测原理

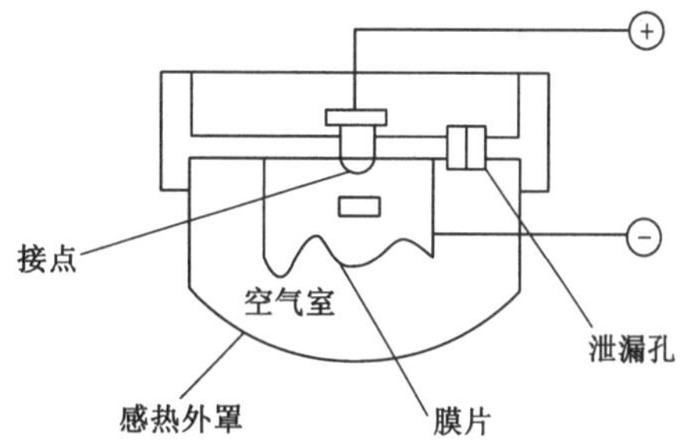

图 10-20　膜盒型差温火灾探测器原理

10.3.2.2　膜盒差温火灾探测器

膜盒型差温探测器是一种常见的差温火灾探测器。探测器用装有金属波纹膜片的膜盒作感热元件，再配上相应的后续电子电路所构成的探测器，可对火灾引起的异常升温速率作出有效响应。其结构简单、可靠、稳定性好，密封性好，可用于离子感烟火灾探测器不宜使用的场所。膜盒型差温火灾探测器内部结构如图 10-20 所示。

用金属膜盒作感热元件，气室内的空气只能通过呼吸机构气塞螺钉的小孔与大气相连。一般情况下(环境升温速率≤3 ℃/min)，感热室受热时，室内膨胀的气体可以通过气塞小孔泄漏到大气中去。当发生火灾时，环境升温速率急剧增加，探头周围的热气流使气室内的空气受热迅速膨胀，气压增大，使波纹膜片向上鼓起，造成电气触点闭合，通过后续电子电路发出火灾报警电信号。

当探测器设计成型后，气室内气体体积即为常数，气室内的气压只与环境温度有关。因此，探测器的形状和大小均可根据需要进行设计而不影响其基本工作原理。当环境温度缓慢变化时，气室内空气虽然也受热膨胀，但均由呼吸机构(泄漏孔)排出进入大气，敏感元件膜片不会产生位移，故不会发生误报警。

10.3.2.3　空气管线型差温火灾探测器

线型感温火灾探测器也可用空气管作为敏感元件制成差温工作方式，称为空气管线型差温火灾探测器。利用点型膜盒差温火灾探测器气室的工作特点，将一根用铜或不锈钢制成的细管(空气管)与膜盒相连接构成气室。当环境温度上升较慢时，空气管内受热膨胀的空气可从泄漏孔排出，不会推动膜片，电接点不闭合；火灾时，若环境温度上升很快，空气管内急剧膨胀的空气来不及从泄漏孔排出，空气室中压强增大到足以推动膜片位移，使电接点闭合，即探测器动作，报警器发出报警信号。

线型感温火灾探测器通常用于在电缆托架、电缆隧道、电缆夹层、电缆沟、电缆竖井等一些特定场合。

10.3.3　差定温式感温火灾探测器

差定温火灾探测器兼有差温、定温两种功能，既能响应预定温度报警，又能响应预定温升速率报警的火灾探测器，因而扩大了它的使用范围。

10.3.3.1　膜盒型差定温火灾探测器

膜盒型差定温火灾探测器是指在一个壳体内兼有差温、定温两种功能，图 10-18 中只要另用一个弹簧片，并用易熔合金将此弹簧片的一端焊在吸热外罩上，就使膜盒差温火灾探测器改成了差定温火灾探测器。在上述探测器中气室为差温敏感元件，环境温度迅速变化时，差温部分启动；易熔元件是定温敏感元件，当环境温度升高到易熔合金的熔化温度(70 ℃±5 ℃)时，定温部分作用，易熔合金片熔化，弹簧片上弹，推动波纹膜片造成电气触点闭合，这时发出一个不可复位的火灾报警信号，可避免漏报警产生。此时探测器也就为膜盒-易熔合金型差定温复合式火灾探测器。

10.3.3.2 电子式差定温火灾探测器

电子式差定温火灾探测器的电气原理如图 10-21 所示，有 3 个热敏电阻和 2 个电压比较器。当探测器警戒范围的环境温度缓慢变化、温度上升到预定报警温度时，由于热敏电阻 R_{t3} 下降较大，使 $U_a'>U_b'$，比较器 C′翻转，$U_c>0$，使 VT_2 导通，K_1 动作，输出报警信号为高电平，点亮报警灯 HB，这是定温报警。当环境温度上升速率较大时，热敏电阻 R_{t1} 比 R_{t2} 下降得多，使 $U_a>U_b$ 时，比较器 C 翻转，$U_c>0$，使 VT_2 导通，K_1 动作，输出报警信号为高电平，点亮报警灯 HB，这是差温报警。

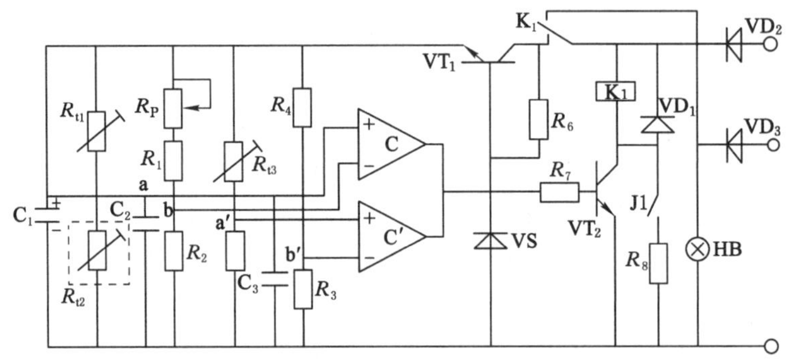

图 10-21 电子式差定温火灾探测器电气原理

10.4 感光式火灾探测器

感光探测器又称火焰探测器，是一种能对物质燃烧的光谱特性、光强度和火焰的闪烁频率敏感响应的火灾探测器。它是点型火灾探测器，工程中常用的有紫外火焰探测器、红外火焰探测器。

由于光辐射的传播速度快，和感烟、感温等火灾探测器相比，感光探测器的优点表现在响应速度快，响应时间几毫秒甚至几微秒内就能发出报警信号，特别适用于快速发生的火灾(特别是可燃液体火灾)或爆炸引起火灾的场合。它不受环境气流影响，是唯一能用在室外的火灾探测器，适用于突然起火而又无烟雾的易爆易燃场所，且性能稳定、可靠。

10.4.1 紫外感光火灾探测器

紫外感光火灾探测器是一种对火焰辐射的紫外线敏感响应的火灾探测器，又称紫外火焰探测器，通常探测光波 0.2～0.3 μm 的火灾引起的紫外辐射。紫外感光火灾探测器由于使用了紫外光敏管为敏感元件，而紫外光敏管同时也具有光电管和充气闸流管的特性，所以它使紫外感光火灾探测器具有响应速度快，灵敏度高的特点，可以对易燃物火灾进行有效报警。

由于紫外光主要是由高温火焰发出的，温度较低的火焰产生的紫外光很少，而且紫外光的波长也较短，对烟雾穿透能力弱，所以它特别适用于有机化合物燃烧的场合(如油井、输油站、飞机库、可燃气罐、液化气罐、易燃易爆品仓库等)，特别适用于火灾初期不产生烟雾的场所(如生产储存酒精、石油等场所)。火焰温度越高，火焰强度越大，紫外光辐射强度也越高。图 10-22 为紫外感光火灾探测器结构示意图。

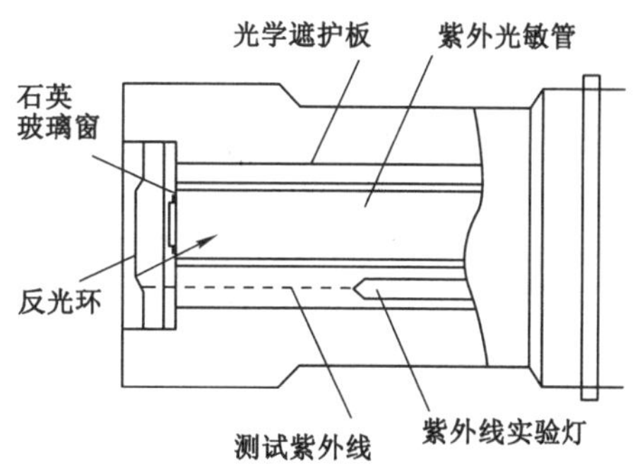

图 10-22　紫外感光火灾探测器结构示意图

火焰产生的紫外光辐射，从反光环和石英玻璃窗进入，被紫外光敏管接收，变成电信号(电离子)。石英玻璃窗有阻挡波长小于 185 nm 的紫外线通过的能力，而紫外光敏管接收紫外线上限波长的能力，取决于光敏管电极材质、温度、管内充气的成分、配比和压力等因素。紫外线试验灯发出紫外线，经反光环反射给紫外光敏管，用来进行探测器光学功能的自检。

紫外感光火灾探测器对强烈的紫外光辐射响应时间极短，25 ms 即可动作。它不受风、雨、高气温等影响，室内外均可使用。

10.4.2　红外感光火灾探测器

红外感光火灾探测器又称为红外火焰探测器，是一种对火焰辐射的红外敏感响应的火灾探测器。红外线波长较长，烟粒对其吸收和衰减能力较弱，即使有大量烟雾存在的火场，在距火焰一定距离内，仍可使红外线敏感元件感应，发出报警信号。因此这种探测器误报少，响应时间快，抗干扰能力强，工作可靠。红外感光火灾探测器结构如图 10-23 所示。它主要由外壳、红外滤光片、硫化铅红外敏感元件及相应电路组成。

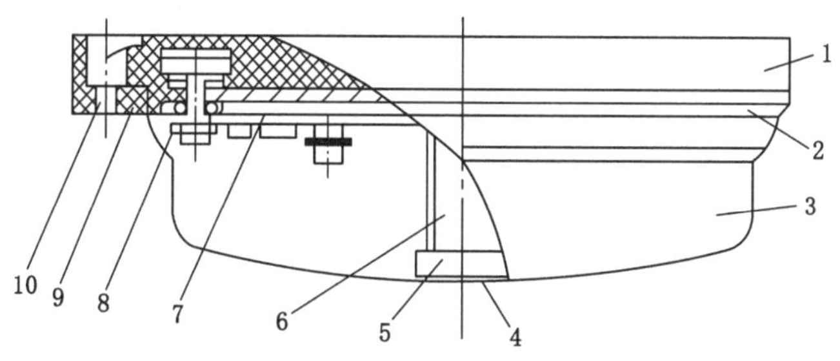

1—底座；2—上盖；3—罩壳；4—红外线滤光片；5—硫化铅红外光敏元件；6—支架；7—印刷电路板；8—柱脚；9—弹性接触片；10—确认灯。

图 10-23　红外火焰探测器结构

滤光片兼作为敏感元件的保护层。由硫化铅组成的敏感元件前装有透镜，将通过红外滤光片分散的红外光聚集到敏感元件上，以增强敏感元件接收红外光辐射的强度，硫化铅经红外光照射后，析出正负离子，其在外电路作用下产生感应电势，其大小与光照强度成正比。硅光电池、硅光电管也经常用来作为红外光敏感元件。火焰燃烧时会发出 5～30 Hz 的闪烁红外信号，能鉴别此闪烁信号是火焰燃烧探测器的主要特点。因此，它能对一些无变化的、恒定红外辐射进行鉴别，以免误报。

红外感光火灾探测器对恒定的红外辐射，如白炽灯、太阳光及瞬时的闪烁现象均不反应，能在有烟雾场所和户外工作的优点，其抗干扰能力强，响应快，通常用在电缆沟、地下隧道、库房，特别适用于无阴燃阶段的燃料火灾(如醇类、汽油等易燃液体)的早期报警。红外感光火灾探测器主要用来探测低温产生的红外辐射，光波范围大于 0.76 μm。

10.5 火灾探测器的选择与设置

10.5.1 报警区域与探测区域

为了加强自动报警控制系统的管理，确诊报警火灾部位，有序进行人员疏散，安全报警控制系统设计时应将建筑物(防火报警区域)划分为若干报警区域和探测区域。报警区域是将火灾自动报警系统的警戒范围按防火分区或楼层等划分的单元。探测区域是将报警区域按探测火灾的部位划分的单元。一个报警区域可以划分为一个或数个探测区域。

报警区域应根据防火分区或楼层划分；可将一个防火分区或一个楼层划分为一个报警区域，也可将发生火灾时需要同时联动消防设备的相邻几个防火分区或楼层划分为一个报警区域。电缆隧道的一个报警区域宜由一个封闭长度区间组成，一个报警区域不应超过相连的 3 个封闭长度区间；道路隧道的报警区域应根据排烟系统或灭火系统的联动需要确定，且不宜超过 150 m。甲、乙、丙类液体储罐区的报警区域应由一个储罐区组成，每个 50 000 m^3 及以上的外浮顶储罐应单独划分为一个报警区域。列车的报警区域应按车厢划分，每节车厢应划分为一个报警区域。

探测区域应按独立房(套)间划分。一个探测区域的面积不宜超过 500 m^2；从主要入口能看清其内部，且面积不超过 1 000 m^2 的房间，也可划为一个探测区域。红外光束感烟火灾探测器和缆式线型感温火灾探测器的探测区域的长度，不宜超过 100 m；空气管差温火灾探测器的探测区域长度宜为 20～100 m。下列场所应单独划分探测区域：敞开或封闭楼梯间、防烟楼梯间；防烟楼梯间前室、消防电梯前室、消防电梯与防烟楼梯间合用的前室、走道、坡道；电气管道井、通信管道井、电缆隧道；建筑物闷顶、夹层。

10.5.2 火灾探测器的选择

火灾探测器的选择显然首先应根据探测区域内可能发生的火灾及其形成过程来考虑，原则是正确地给出早期预报。当然在选择火灾探测器时，还应结合环境条件、房间高度以及可能引起误报的因素综合进行考虑。

10.5.2.1 一般规定

(1) 对火灾初期有阴燃阶段，产生大量的烟和少量的热，很少或没有火焰辐射的场所，应选择感烟火灾探测器。

(2) 对火灾发展迅速，可产生大量热、烟和火焰辐射的场所，可选择感温火灾探测器、感烟火灾探测器、火焰探测器或其组合。

(3) 对火灾发展迅速，有强烈的火焰辐射和少量烟、热的场所，应选择火焰探测器。

(4) 对火灾初期有阴燃阶段，且需要早期探测的场所，宜增设一氧化碳火灾探测器。

(5) 对使用、生产可燃气体或可燃蒸气的场所,应选择可燃气体探测器。

(6) 应根据保护场所可能发生火灾的部位和燃烧材料的分析,以及火灾探测器的类型、灵敏度和响应时间等选择相应的火灾探测器,对火灾形成特征不可预料的场所,可根据模拟试验的结果选择火灾探测器。

(7) 同一探测区域内设置多个火灾探测器时,可选择具有复合判断火灾功能的火灾探测器和火灾报警控制器。

10.5.2.2　点型火灾探测器的选择

(1) 对不同高度的房间,可按表 10-3 所列选择点型火灾探测器。点型感温火灾探测器的分类如表 10-4 所列。

表 10-3　对不同高度的房间点型火灾探测器的选择

房间高度 h/m	点型感烟火灾探测器	点型感温火灾探测器			火焰探测器
		A1、A2	B	C、D、E、F、G	
$12<h\leqslant 20$	不适合	不适合	不适合	不适合	适合
$8<h\leqslant 12$	适合	不适合	不适合	不适合	适合
$6<h\leqslant 8$	适合	适合	不适合	不适合	适合
$4<h\leqslant 6$	适合	适合	适合	不适合	适合
$h\leqslant 4$	适合	适合	适合	适合	适合

表 10-4　点型感温火灾探测器的分类

探测器类别	典型应用温度/℃	最高应用温度/℃	动作温度下限值/℃	动作温度上限值/℃
A1	25	50	54	65
A2	25	50	54	70
B	40	65	69	85
C	55	80	84	100
D	70	95	99	115
E	85	110	114	130
F	100	125	129	145
G	115	140	144	160

(2) 下列场所宜选择点型感烟火灾探测器:饭店、藏馆、教学楼、办公楼的厅堂、卧室、办公室、商场、列车载客车厢等;计算机房、通信机房、电影或电视放映室等;楼梯、走道、电梯机房、车库等;书库、档案库等。

(3) 符合下列条件之一的场所,不宜选择点型离子感烟火灾探测器:相对湿度度经常大于 95%;气流速度大于 5 m/s,有大量粉尘、水雾滞留;可能产生腐蚀性气体;在正常情况下有烟滞留;产生醇类、醚类、酮类等有机物质。

(4) 符合下列条件之一的场所,不宜选择点型光电感烟火灾探器:有大量粉尘、水雾滞留;可能产生蒸气和油雾;高海拔地区;在正常情况下有烟滞留。

(5) 符合下列条件之一的场所,宜选择点型感温火灾探测器;且应根据使用场所的典型应用温度和最高应用温度选择适当类别的感温火灾探测器:相对湿度经常大于95%;可能发生无烟火灾;有大量粉尘;吸烟室等在正常情况下有烟或蒸气滞留的场所;厨房、锅炉房、发电机房、烘干车间等不宜安装感烟火灾探测器的场所;需要联动熄灭"安全出口"标志灯的安全出口内侧;其他无人滞留且不适合安装感烟火灾探测器,但发生火灾时需要及时报警的场所。

(6) 可能产生阴燃火或发生火灾不及时报警将造成重大损失的场所,不宜选择点型感温火灾探测器;温度在0 ℃以下的场所,不宜选择定温探测器;温度变化较大的场所,不宜选择具有差温特性的探测器。

(7) 符合下列条件之一的场所,宜选择点型火焰探测器或图像型火焰探测器:火灾时有强烈的火焰辐射;可能发生液体燃烧等无阴燃阶段的火灾;需要对火焰做出快速反应。

(8) 符合下列条件之一的场所,不宜选择点型火焰探测器和图像型火焰探测器:在火焰出现前有浓烟扩散;探测器的镜头易被污染;探测器的"视线"易被油雾、烟雾、水雾和冰雪遮挡;探测区域内的可燃物是金属和无机物;探测器易受阳光、白炽灯等光源直接或间接照射。

(9) 探测区域内正常情况下有高温物体的场所,不宜选择单波段红外火焰探测器。

(10) 正常情况下有明火作业,探测器易受X射线、弧光和闪电等影响的场所,不宜选择紫外火焰探测器。

(11) 下列场所立选择可燃气体探测器:使用可燃气体的场所;燃气站和燃气表房以及存储液化石油气罐的场所;其他散发可燃气体和可燃蒸气的场所。

(12) 在火灾初期产生一氧化碳的下列场所可选择点型一氧化碳火灾探测器:烟不容易对流或顶棚下方有热屏障的场所;在棚顶上无法安装其他点型火灾探测器的场所;需要多信号复合报警的场所。

(13) 污物较多且必须安装感烟火灾探测器的场所,应选择间断吸气的点型采样吸气式感烟火灾探测器或具有过滤网和管路自清洗功能的管路采样吸气式感烟火灾探测器。

10.5.2.3 线型火灾探测器的选择

(1) 无遮挡的大空间或有特殊要求的房间,宜选择线型光束感烟火灾探测器。

(2) 符合下列条件之一的场所,不宜选择线型光束感烟火灾探测器:有大量粉尘、水雾滞留;可能产生蒸气和油雾;在正常情况下有烟滞留;固定探测器的建筑结构由于振动等原因会产生较大位移的场所。

(3) 下列场所或部位,宜选择缆式线型感温火灾探测器:电缆隧道、电缆竖井、电缆夹层、电缆桥架;不易安装点型探测器的夹层、闷顶;各种皮带输送装置;其他环境恶劣不适合点型探测器安装的场所。

(4) 下列场所或部位,宜选择线型光纤感温火灾探测器:除液化石油气外的石油储罐;需要设置线型感温火灾探测器的易燃易爆场所;需要监测环境温度的地下空间等场所宜设置具有实时温度监测功能的线型光纤感温火灾探则器;公路隧道、敷设动力电缆的铁路隧道和城市地铁隧道等。

(5) 线型定温火灾探测器的选择,应保证其不动作温度符合设置场所的最高环境温度的要求。

10.5.2.4 吸气式感烟火灾探测器的选择

(1) 下列场所宜选择吸气式感烟火灾探测器:具有高速气流的场所;点型感烟、感温火灾探测器不适宜的大空间、舞台上方、建筑高度超过 12 m 或有特殊要求的场所;低温场所;需要进行隐蔽探测的场所;需要进行火灾早期探测的重要场所;人员不宜进入的场所。

(2) 灰尘比较大的场所,不应选择没有过滤网和管路自清洗功能的管路采样式吸气感烟火灾探测器。

10.5.3 火灾探测器的设置

一只火灾探测器能有效探测的面积称为保护面积(monitoring area)。一只火灾探测器能有效探测的单向最大水平距离称为保护半径。两只相邻火灾探测器之间的水平距离称为安装间距。由于一般情况下根据建筑物平面形状很难做到探测器呈正方形布置,于是将探测器的安装间距又分为横向安装间距 a 和纵向安装间距 b,如图 10-24 所示。

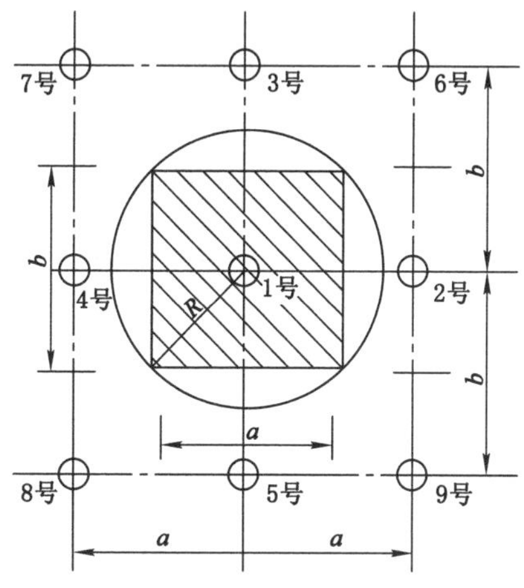

图 10-24 探测器的安装间距

感烟火灾探测器、感温火灾探测器的安装间距,应根据探测器的保护面积和保护半径确定,并符合《火灾自动报警系统设计规范》(GB 50116—2013)的有关规定。

按规定,一个探测器的保护面积 A 是以它的保护半径 R 为半径的圆内接正四边形的面积表示,因此

$$A = 2R^2 \tag{10-1}$$

$$R = \sqrt{\left(\frac{a}{2}\right)^2 + \left(\frac{b}{2}\right)^2} \tag{10-2}$$

当探测器属矩形平面布置时,由于一般情况下,a 与 b 差异不大。所以可以近似认为一个探测器的保护面积 $A = ab$。

工程设计中,为了既能保证每个探测器的保护范围能够得到充分利用,又能减少探测器布置的工作量,确定安装间距 a、b 的极限曲线,如图 10-25 所示。

该曲线以正方形布置为基准以探测器的保护面积 A 和保护直径 $D = 2R$ 为参数,曲线标示出最佳 a、b 关联选值。根据此种关联选值,探测器的保护范围能得到充分利用。图 10-25 中,极限曲线 $D_1 \sim D_4$ 和 D_6 适用于感温探测器;极限曲线 D_5 和 $D_7 \sim D_{11}$ 适用于

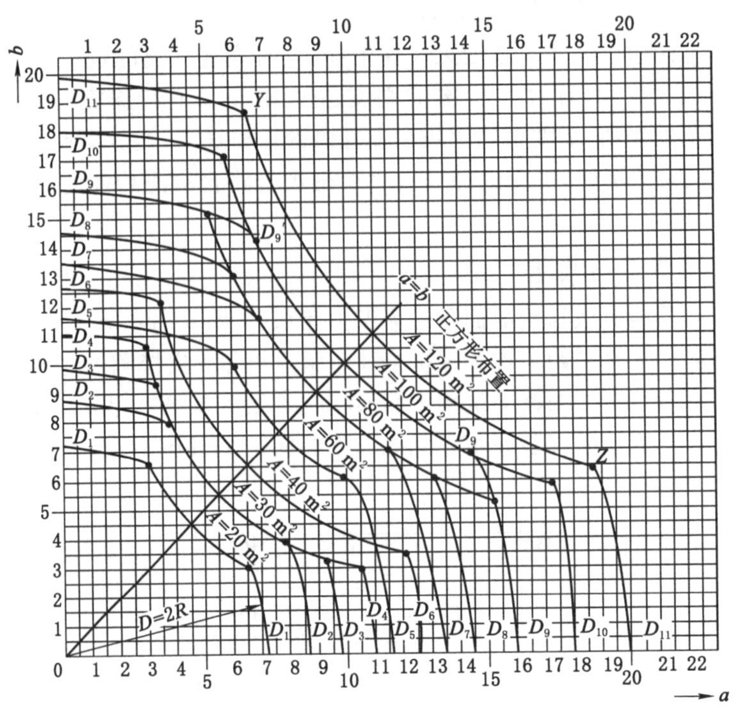

A—探测器的保护面积，m^2；a，b—探测器的安装间距，m；

$D_1 \sim D_{11}$（含 D_9'）—在不同保护面积 A 和保护半径下确定探测器安装间距 a、b 的极限曲线；

Y、Z—极限曲线的端点（在 Y 和 Z 两点间的曲线范围内，保护面积可得到充分利用）

图 10-25　探测器安装间距的极限曲线

感烟探测器。图中 A 为探测器的保护面积，m^2；a、b 为探测器的安装间距，m；在 Y 和 Z 两点间的曲线范围内，保护面积可得到充分利用。

探测区域内所需的探测器数量，按式(10-3)计算：

$$N \geqslant \frac{S}{KA} \tag{10-3}$$

式中，N 为一个探测区域内所需设置的探测器数量，N 为整数；S 为一个探测区域的面积，m^2；A 为探测器的保护面积，m^2；K 为校正系数，容纳人数超过 10 000 人的公共场所宜取 0.7～0.8；容纳人数为 2 000～10 000 人的公共场所宜取 0.8～0.9；容纳人数为 500～2 000 人的公共场所宜取 0.9～1.0，其他场所可取 1.0。

《火灾自动报警系统设计规范》(GB 50116—2013)对于火灾探测器的选用和设置均做出了较详细的规定，工程设计时必须严格遵循。值得指出的是，探测器的布置仍是一个值得重视的问题，不少工程设计过分偏重于美观、对称，而忽视了客观环境对探测器所需的信号收集浓度造成的影响。事实上，即使像房间的轻质隔断、大型家具、书架、档案架、柜式设备等也会对烟雾、热气流造成影响，是影响探测器布置的不可忽视的因素。

第11章 安全监测数据管理

安全监测监控系统或安全监测行动均会收集大量监测数据，涵盖了安全生产历史的和当前的安全状态信息，由数据的变化可以分析系统安全状态的发展趋势。不同监测点、不同时间的安全监测数据中既包含了安全状态的好坏，又包括了地点、时间等因素，还包括了监测过程中不可避免的误差在内。通过本章的学习，认识和掌握误差产生的原因及其规律，排除误差的影响，找出安全状态的真实水平和变化规律，以便采取有效措施实现对安全状态的正确管理与控制。

11.1 安全监测数据误差分析

11.1.1 测量误差

在安全监测实践中常会碰到这样的情况，当我们取同一个测试试样进行多次重复测定时，所得结果并不完全一致。另外，当对已知含量的试样进行测定时，测定结果也不能恰好与已知值相吻合，这种彼此之间的差异或者与已知值的差异是经常存在的，称为误差。可以说，误差存在于一切测量的全过程中。误差按其性质和产生的原因可分为系统误差、随机误差和过失误差等。

11.1.1.1 系统误差

系统误差又称可测误差或恒定误差，是指在一定试验条件下由某个或某些因素按一定的规律起作用而造成的误差。当测量条件一定时，系统误差会重复出现，即系统误差的大小及符号在同一试验中是相同的，重复多次测定并不能发现和减小系统误差，只有利用不同条件的测定才能发现系统误差，一旦发现系统误差产生的原因则可设法避免和校正。系统误差可分为仪器误差、试剂误差、方法误差、个人误差、环境误差等。

(1) 仪器误差。仪器在设计、制造、装配、安装和校准过程中产生的误差。例如，设计时采用近似原理，仪器元件制造和装配不准确，仪器未经校正，安装不正确，等等。

(2) 试剂误差。当所用的试剂(包括水)如含有杂质时会引起恒定的正或负的误差，但当更换一批试剂时，其误差值亦随之改变。

(3) 方法误差。当所采用的分析方法尚不够完善，如沉淀不完全、蒸馏吸收不完全或反应不完全等引起的误差。

(4) 个人误差。当操作人员操作不当也会引起误差，如沉淀条件的控制、灼烧温度的掌握、滴定终点的观察等，往往与每个人的判断能力和习惯有关。这类误差往往是物理的而不是化学的，其数值大小因人而异，但对同一操作者则基本上是恒定的。

(5) 环境误差。当操作条件有固定的而且是明显的差异时产生的误差，如冬季室温与夏季不同、北方的湿度与南方湿度不相同等因素的影响等。

11.1.1.2 随机误差

随机误差又称为偶然误差或不可测误差。由于在测定过程中有许多影响因素，这些大大小小的正负随机波动就会产生相应的误差。这种误差决定了测定的精密度，也就是测定结果的离散度。由于这种误差在一次测定中其大小和方向是无法预言的，具有随机性，故称为随机误差。但在多次测定中，从总的来看误差具有统计规律性。实际上，随机误差遵从正态分布，具有如下特点：

(1) 单峰性：小误差出现的机会多，大误差出现的机会少，不论正负方向均如此。

(2) 对称性：当测定次数足够多时，绝对值相等的正负误差出现的机会是同样的。

(3) 有界性：在一定条件下的有限次测定中，误差的绝对值不会超过某一界限。

(4) 抵偿性：由于在多次测定中绝对值相等的正负误差出现的机会相等，因此，随机误差的算术平均值将随测定次数的增加而趋于零。

如前所述，影响随机误差有众多的因素，这些因素往往是不可控制或未加控制的，因此，应对未加控制的因素加以严格控制，这样可以使随机误差的绝对值减小，而对一些不可控制的因素则可增加测定次数，利用抵偿性来减小随机误差。

11.1.1.3 过失误差

过失误差是由于测定中犯了不应有的错误造成的，如器皿不清洁、砝码数值读错、样品取错、记录错误、计算错误等，这一类误差往往没有规律性，通常只要提高工作责任心，培养严格、细致的工作作风，加强科学管理，这类错误是完全可以避免的。一旦发现产生过失误差必须立即纠正，并将错误的测定数据一律舍去。但是，对于仅属怀疑又不能肯定是错误的数据，不能随意作为错误数据舍弃。

11.1.2 误差分析

11.1.2.1 随机误差的数字特征

(1) 绝对误差。测量的目的是希望通过测量获取被测量的真实值。但由于种种原因，例如，传感器本身性能不十分优良，测量方法不十分完善，外界干扰的影响等，造成被测量的测得值与真实值不一致，因而测量中总是存在误差。绝对误差 Δ 就是测得值 x 减去被测量的真值 L：

$$\Delta = x - L \tag{11-1}$$

绝对误差有正、负之分，并且有量纲。

(2) 相对误差。采用绝对误差表示测量误差，不能很好地说明测量质量的好坏。例如，在温度测量时，绝对误差 $\Delta = 1$ ℃，对人体体温测量来说是不允许的，而对钢水温度测量来说是极好的测量结果。因此，用相对误差可以比较客观地反映测量的准确性。相对误差 δ 是绝对误差 Δ 与真值 L 的比值：

$$\delta = \frac{\Delta}{L} \times 100\% \tag{11-2}$$

由于被测量的真值无法知道，实际测量时用测量值 x 代替真值进行计算，这个相对误差称为标称相对误差。

(3) 引用误差。引用误差是仪表中通用的一种误差表示方法。它是相对于仪表满量程的一种误差，又称为满量程相对误差，一般也用百分数表示：

$$\gamma = \frac{\Delta}{Y_{max} - Y_{min}} \times 100\% \tag{11-3}$$

式中，γ 为引用误差；Y_{max} 为仪表量程上限；Y_{min} 为仪表量程下限。

我国工业仪表通常有 7 种等级：0.1、0.2、0.5、1.0、1.5、2.5、5.0。仪表精度等级是根据最大引用误差来确定的。例如，0.5 级仪表的引用误差的最大值不超过±0.5%；1.0 级仪表的引用误差的最大值不超过±1.0%。等级数值越小，仪表的精确度就越高。

(4) 算术平均值。由于测量过程中不可避免地存在随机误差，因此我们无法求得测量的真值。但如果随机误差服从正态分布，则算术平均值处的随机误差的概率密度最大，即算术平均值与被测量的真值最为接近。测量次数越多，算术平均值越趋近于真值。如果对某一量进行无限多次测量，这样就可以得到不受随机误差影响的值，或者影响甚微(可以忽略)。由于实际上是有限次测量，因而有限次测量中算术平均值是测量中最可信赖的，可将它作为多次测量的结果，即被测量的最佳估计值。

对被测量进行等精度 n 次测量，得到 n 个测量值 $x_1, x_2, \cdots, x_n$，它们的算术平均值 $\bar{x}$ 为：

$$\bar{x} = \frac{1}{n}(x_1 + x_2 + \cdots + x_n) = \frac{1}{n}\sum_{i=1}^{n} x_i \tag{11-4}$$

(5) 残差。由于被测量的真值未知，用算术平均值代替被测量的真值计算残余误差(简称残差)δ：

$$\delta_i = x_i - \bar{x} \tag{11-5}$$

(6) 标准偏差。标准偏差简称标准差，又称均方根误差 σ：

$$\sigma = \sqrt{\frac{\sum_{i=1}^{n}(x_i - \bar{x})^2}{n}} = \sqrt{\frac{\sum_{i=1}^{n}\delta_i^2}{n}} \tag{11-6}$$

标准差 σ 刻画总体的分散程度，是在测量次数趋于无穷时得到的，称为理论标准差或总体标准差。在实际测量中不可能得到，因为被测量是在重复性条件下进行的有限次测量。对于有限容量的样本，当 $n<30$ 时，标准差用 S 表示：

$$S = \sqrt{\frac{\sum_{i=1}^{n}(x_i - \bar{x})^2}{n-1}} = \sqrt{\frac{\sum_{i=1}^{n}\delta_i^2}{n-1}} \tag{11-7}$$

标准差 S 又称为样本标准差，是总体标准差 σ 的估计值。

11.1.2.2　粗大误差

超出在规定条件下预期的误差称为粗大误差。粗大误差的绝对值与测量列中其他测量值的误差相比明显偏大，存在明显的扭曲，含有粗大误差的测量值称为异常值或坏值。粗大误差造成的原因是多方面的，可能是测量环境条件重大变化的影响，在测量时受到机械的冲击振动、温度升降波动和外界电磁干扰等，也可能是人为因素。例如，测量者的疏忽、错误地读取、记录和计算测量数据等，这些都会使测量结果出现粗大误差的异常值，所造成的异常值必须给予剔除。

在等精度的多次重复测量过程中，有时会发现一两个偏离算术平均值较大的数值，对于这样的可疑测量值，究竟是由于随机因素影响产生的测量值分散性而出现的，还是偏离正常测量条件下出现的异常值呢？这需要测量人员做出正确的判断，以决定该数值的取舍。对这样的可疑值，既不能为得到较好的测量结果无根据地随便舍去，也不能无原则地作为正常测量值对待处理。发现可疑值时可按下列原则处理：

(1) 直观判断，及时剔除。经分析，若可疑值确认是由于人为疏忽读错、记错和算错以及意外突发事件影响下而得到的测量值，则可以将该可疑值剔除并对产生的原因进行记录，以备查找。

(2) 增加测量次数，观察结果。若发现了可疑值又找不出原因确定它为异常值，可以在维持等精度测量条件的前提下增加测量次数，如果是由于随机因素的影响产生的测量值分散性，在增加的测量值中可能会产生与上述可疑值绝对值相近而符号相反的现象，这时原先可疑值的影响会被抵消。

(3) 用统计学形成的判据进行判别。由于测量中出现的随机误差是服从正态分布的，大误差出现的概率很小。因此，可根据测量准确度的要求，给定一个置信概率(如 99%)，确定其随机误差的分布范围，凡超出这个范围的数据则观为粗大误差，应予以剔除。

当发现可疑测量值个数占测量列总的测量个数的比例较大时，说明这次测量数据不具有代表性，整个测量结果应放弃。

11.1.2.3 3σ 准则

通常将等于 3σ 的误差称为极限误差。对于正态分布的随机误差，落在 $\pm 3\sigma$ 以外的概率只有 0.27%，它在有限次测量中发生的可能性很小。3σ 准则又称为拉依达准则。在一般情况下，当误差具有正态分布规律，并且测定次数较多时可应用该法。其检验步骤为：先求出整个数据组的平均值 $\bar{x}$ 和标准差 σ，然后再求出数据组平均值 $\bar{x}$ 与可疑值 x_d 之间的差，当平均值与可疑值之差的绝对值大于 3 倍标准差，即

$$|x_d - \bar{x}| > 3\sigma \tag{11-8}$$

则可认为 x_d 为异常值，应将该值舍弃。

【例 11-1】 某被测量 14 次测定值分别为 2.60、2.47、2.61、2.62、2.60、2.59、2.61、2.60、2.58、2.59、2.57、2.60、2.58、2.59，其中测定值 2.47 偏小，试用 3σ 准则检验 2.47 这一测定值是否可舍去。

解 根据式(11-4)计算算术平均值：

$$\bar{x} = \frac{1}{n}\sum_{i=1}^{n} x = 2.586$$

由于样本数为 14，因此可根据式(11-7)计算标准差：

$$S = \sqrt{\frac{\sum_{i=1}^{n}(x_i - \bar{x})^2}{n-1}} = 0.036$$

根据式(11-8)计算，得：

$$|x_d - \bar{x}| = |2.47 - 2.588| = 0.116 > 0.108 = 3\sigma$$

因此，测定值 2.47 应予以去除。

3σ 准则不用查表，计算也比较简便，在测定数据较多或要求不高时可以应用。

11.1.2.4　Dixon 检验法

Dixon 检验法按不同的测定次数采用不同的统计量，比较严密，其步骤为：

① 将测定数据从小到大排列为 $x_1, x_2, \cdots, x_{n-1}, x_n$，其中 x_1 或 x_n 为可疑值。

② 根据数据的数目 n，按表 11-1 中所列计算式计算统计量 γ。

表 11-1　Dixon 检验舍弃商 Q 值表

<table>
<tr><th rowspan="2">n</th><th rowspan="2">统计量 γ</th><th colspan="2">显著性水平 x</th><th rowspan="2">n</th><th rowspan="2">统计量 γ</th><th colspan="2">显著性水平 x</th></tr>
<tr><th>0.01</th><th>0.05</th><th>0.01</th><th>0.05</th></tr>
<tr><td>3</td><td rowspan="5">$\gamma_{10} = \frac{x_n - x_{n-1}}{x_n - x_1}$
(检验 x_n)
$\gamma_{10} = \frac{x_2 - x_1}{x_n - x_1}$
(检验 x_1)</td><td>0.988</td><td>0.941</td><td>14</td><td rowspan="11">$\gamma_{22} = \frac{x_n - x_{n-2}}{x_n - x_3}$
(检验 x_n)
$\gamma_{22} = \frac{x_3 - x_1}{x_{n-2} - x_1}$
(检验 x_1)</td><td>0.641</td><td>0.546</td></tr>
<tr><td>4</td><td>0.889</td><td>0.765</td><td>15</td><td>0.616</td><td>0.525</td></tr>
<tr><td>5</td><td>0.780</td><td>0.642</td><td>16</td><td>0.595</td><td>0.507</td></tr>
<tr><td>6</td><td>0.698</td><td>0.560</td><td>17</td><td>0.577</td><td>0.490</td></tr>
<tr><td>7</td><td>0.637</td><td>0.507</td><td>18</td><td>0.561</td><td>0.475</td></tr>
<tr><td>8</td><td rowspan="3">$\gamma_{11} = \frac{x_n - x_{n-1}}{x_n - x_2}$
(检验 x_n)
$\gamma_{11} = \frac{x_2 - x_1}{x_{n-1} - x_1}$
(检验 x_1)</td><td>0.683</td><td>0.554</td><td>19</td><td>0.547</td><td>0.462</td></tr>
<tr><td>9</td><td>0.635</td><td>0.512</td><td>20</td><td>0.535</td><td>0.450</td></tr>
<tr><td>10</td><td>0.597</td><td>0.477</td><td>21</td><td>0.524</td><td>0.440</td></tr>
<tr><td>11</td><td rowspan="3">$\gamma_{21} = \frac{x_n - x_{n-2}}{x_n - x_2}$
(检验 x_n)
$\gamma_{21} = \frac{x_3 - x_1}{x_{n-3} - x_1}$
(检验 x_1)</td><td>0.679</td><td>0.576</td><td>22</td><td>0.514</td><td>0.430</td></tr>
<tr><td>12</td><td>0.642</td><td>0.546</td><td>23</td><td>0.505</td><td>0.421</td></tr>
<tr><td>13</td><td>0.615</td><td>0.521</td><td>24</td><td>0.497</td><td>0.413</td></tr>
</table>

③ 选定显著性水平 α，由表 11-1 查出该数据数及选定显著性水平下的临界舍弃商 Q。

④ 比较统计量 γ 与查出的临界 Q 值，若 $\gamma > Q$，则 x_1 或 x_n 判断为异常，可舍弃；若 $\gamma \leqslant Q$，则 x_1 或 x_n 不能舍弃。

【例 11-2】　某被测量共测定 6 个数值，其值为 20.06、20.09、20.10、20.00、20.08、20.09，试用 Dixon 法检验离群值 20.00。

解　对 6 个测量数据从小到大排列为 20.00、20.06、20.08、20.09、20.09、20.10，根据表 11-1 可知，由于 $n=6$，故统计量计算式为：

$$\gamma = \frac{x_2 - x_1}{x_n - x_1} = \frac{20.06 - 20.00}{20.10 - 20.00} = 0.6$$

查表 11-1，$Q_{0.05,6} = 0.560$，可见 $\gamma > Q_{0.05,6}$。当显著性水平为 0.05 时，可以将 20.00 这个数据舍弃。但在显著性水平为 0.01 时，20.00 则不能舍弃。

应该注意的是，Dixon 法计算比较简单，但舍弃了一个可疑值后，如果再连续检验，则可能接连几次舍弃掉几个测定值。Dixon 检验原则上只运用于仅有一个可疑值的情况。

11.1.2.5 Grubbs 检验法

在实际工作中，往往还会遇到可疑数据不止一个而有两个及以上时，上面的几种方法都不能适用，而 Grubbs 检验法就有比较广泛的适用性。应用 Grubbs 法来检验可疑数据时，可分 3 种不同情况分别处理：

(1) 可疑数据只有一个。现有几个测定数据，从小到大排列为 $x_1, x_2, \cdots, x_{n-1}, x_n$。当 x_1 或 x_n 为可疑数据时，统计量计算式分别为：

$$G_1 = \frac{\bar{x} - x_1}{S} \tag{11-9}$$

或

$$G_n = \frac{x_n - \bar{x}}{S} \tag{11-10}$$

式中，S 为包括可疑数据在内的数据组的标准偏差。

如果 G 值大于表 11-2 所给出的舍弃临界值 T_a，则 x_1 或 x_n 可在显著性水平 α 下被舍弃。

表 11-2　Grubbs 检验临界值 T_a 表

n	显著性水平 α				n	显著性水平 α				n	显著性水平 α			
	0.05	0.025	0.01	0.005		0.05	0.025	0.01	0.005		0.05	0.025	0.01	0.005
3	1.153	1.155	1.155	1.155	21	2.580	2.733	2.912	3.031	39	2.857	3.025	3.228	3.369
4	1.463	1.481	1.492	1.495	22	2.803	2.758	2.939	3.060	40	2.866	3.036	3.240	3.381
5	1.672	1.715	1.749	1.764	23	2.624	2.781	2.963	3.087	41	2.877	3.046	3.251	3.393
6	1.822	1.887	1.944	1.973	24	2.644	2.802	2.987	3.112	42	2.887	3.057	3.261	3.404
7	1.938	2.020	2.097	2.139	25	2.663	2.822	3.009	3.135	43	2.896	3.067	3.271	3.415
8	2.032	2.126	2.221	2.274	26	2.681	2.841	3.029	3.157	44	2.905	3.075	3.282	3.425
9	2.110	2.215	2.323	2.387	27	2.698	2.859	3.049	3.178	45	2.914	3.085	3.292	3.435
10	2.176	2.290	2.410	2.482	28	2.714	2.876	3.068	3.199	46	2.923	3.094	3.302	3.445
11	2.234	2.355	2.485	2.564	29	2.730	2.893	3.085	3.218	47	2.931	3.103	3.310	3.455
12	2.285	2.412	2.550	2.536	30	2.745	2.908	3.103	3.236	48	2.940	3.111	3.319	3.464
13	2.331	2.462	2.607	2.699	31	2.769	2.924	3.119	3.253	49	2.948	3.120	3.329	3.474
14	2.371	2.507	2.659	2.755	32	2.773	2.938	3.135	3.270	50	2.956	3.128	3.338	3.483
15	2.409	2.549	2.706	2.806	33	2.785	2.952	3.150	3.286	60	3.025	3.199	3.411	3.560
16	2.445	2.585	2.747	2.852	34	2.799	2.965	3.164	3.301	70	3.082	3.257	3.471	3.622
17	2.475	2.620	2.785	2.894	35	2.811	2.979	3.178	3.316	80	3.130	3.306	3.521	3.673
18	2.504	2.651	2.821	2.932	36	2.823	2.991	3.191	3.330	90	3.171	3.347	3.563	3.716
19	2.532	2.681	2.854	2.968	37	2.836	3.003	3.204	3.343	100	3.207	3.383	3.600	3.754
20	2.557	2.709	2.884	3.001	38	2.845	3.014	3.216	3.356					

【例 11-3】 某被测量共测定 6 个数值，其值为 20.06、20.09、20.10、20.00、20.08、20.09，试用 Grubbs 法检验数据 20.00。

解　先计算 $\bar{x}=20.07$，$S=0.0322$，由于 20.00 为最小值，故统计量计算式应为：

$$G_1=\frac{20.07-20.00}{0.0322}=2.17$$

查表 11-2，得 $T_{0.05,6}=1.822$，$G_1>T_{0.05,6}$，则 20.00 可在置信水平为 5% 的情况下被舍弃，这一结论与 Dixon 检验法检验结果一致。

（2）可疑数据有两个或两个以上，并且均分布在同一侧。如果 x_1、x_2 均为可疑数据，那么首先检验最靠近平均值的一个数据，即通过计算 G_2 来检验 x_2 是否应舍弃；如果 x_2 可舍，则 x_1 当然可舍弃。但需注意，在检验 x_2 时，测定次数应为 $n-1$。

（3）可疑数据有两个及以上而又分布在平均值的两侧，应先检验离开平均值较远的一个。如果该数据应被舍去，那么再检验较近的另一个，但测定次数应少做一次，即做 $n-1$，此时应选择显著性水平 $\alpha=0.01$。

【例 11-4】 某被测量 15 次测量值为 51.20、53.12、53.40、53.52、53.56、53.74、53.90、54.12、54.20、54.36、54.40、54.78、54.96、55.26、56.02。其中，51.20 和 56.02 相对于其他值为可疑数据，是否可舍弃这两个数据？

解　先求出数据组的平均值 $\bar{x}=54.04$ 和标准偏差 $S=1.10$。在 51.20 和 56.02 两个数据中，前者离开平均值较远，因此先检验 51.20，即：

$$G=\frac{54.04-51.20}{1.10}=2.6$$

查表 11-2，得 $T_{0.05,n}=2.409$，因 $G>T_{0.05,n}$，所以 51.20 可在置信水平为 0.05 的情况下舍弃。

对剩下的 14 个数进行第二轮检验，此时 $x_n=56.02$，$\bar{x}=\frac{\sum_{i=1}^{n}x_i}{n-1}=54.24$，$S=0.80$，所以 $G_{14}=\frac{56.02-54.24}{0.80}=2.22$。查表 11-3，得 $T_{0.01,14}=2.659>G_{14}$。因此，56.02 这个数据不能舍弃。

11.1.2.6　*t* 检验法

若对某物理量等精度重复测量 n 次，得到的一组测量值（或称测量列）应不含有系统误差，随机误差应服从正态分布，测量值为 $x_1,x_2,\cdots,x_d,\cdots,x_n$。其中，$x_d$ 表示测量值中被怀疑是异常值。要判断 x_d 是否是异常值，首先要计算不含 x_d 的算术平均值 $\bar{x}$，即：

$$\bar{x}=\frac{1}{n-1}\sum_{n}x_i \tag{11-11}$$

再求出不含 x_d 的标准偏差 S，即：

$$S=\sqrt{\frac{1}{n-2}\sum_{n}(x_i-\bar{x})^2} \tag{11-12}$$

然后根据所要求的显著性水平 α 及测量次数 n 查表 11-3 得到 t 检验系数 $K(n,\alpha)$ 值，若

$$|x_d-\bar{x}|>S\cdot K(n,\alpha) \tag{11-13}$$

则该 x_d 可被认为是粗大误差的异常值，应剔除。

表 11-3　t 检验系数 K(n,α) 数值表

α	n								
	4	5	6	7	8	9	10	11	12
0.01	11.46	6.53	5.04	4.36	3.96	3.71	2.54	3.41	3.31
0.05	4.97	3.56	3.04	2.78	2.62	2.51	2.43	2.37	2.33
α	n								
	13	14	15	16	17	18	19	20	21
0.01	3.23	3.17	3.12	3.08	3.04	3.01	3.00	2.95	2.93
0.05	2.29	2.26	2.24	2.22	2.20	2.18	2.17	2.16	2.15
α	n								
	22	23	24	25	26	27	28	29	30
0.01	2.91	2.90	2.88	2.86	2.85	2.84	2.83	2.82	2.81
0.05	2.14	2.13	2.12	2.11	2.10	2.10	2.09	2.09	2.08

在较为准确的测量中，可以选用两三种准则同时加以判断，当几种判断结果一致时，再做剔除或保留。若当几种准则的判断不一致时，则应慎重地加以考察，一般以不剔除为妥，可增加测量次数，做进一步的观察。

11.2　安全监测数据分析图表

11.2.1　样本特征

由安全监测中随机抽取的样本数据，可以代入一些函数式中，通过计算而得到一些计算值来描述该样本的某些重要特性，这些计算值称为统计量，又称为样本特征数。这些统计量中一些是表明分布的集中位置，如样本平均值、中位数、众数等；另一些则表明分布的离散程度的，如极差、方差、标准偏差等；还有的用以表明分布的形状，如偏度、峰度等。

(1) 算术均数。算术均数是最常用于表明数据集中位置的数，但算术均数易受数据中特大值或特小值的影响，因此仅对于对称分布的数据算术均数才能反映其平均水平，对于偏态分布则不能适用。算术均数根据式(11-4)计算。

(2) 中位数。将变量值按大小顺序排列后，位居中间的变量值称为中位数 M_e。

当样本容量 n 为奇数时，样本为$(x_1,x_2,\cdots,x_{\frac{n-1}{2}},x_{\frac{n+1}{2}},x_{\frac{n+3}{2}},\cdots,x_n)$，则：

$$M_e = x_{\frac{n+1}{2}} \tag{11-14}$$

而当 n 为偶数时，样本为$(x_1,x_2,\cdots,x_{\frac{n-2}{2}},x_{\frac{n}{2}},x_{\frac{n+2}{2}},\cdots,x_n)$，则：

$$M_e = \frac{1}{2}(x_{\frac{n}{2}} + x_{\frac{n+2}{2}}) \tag{11-15}$$

由于中位数位于整批数据的中间，大于中位数的变量数与小于中位数的变量数相等，不受特大值或特小值的影响，在偏态分布中比算术均数更能代表数据的水平。

(3) 众数。众数是数据中出现频数最多的变量值，是一组数据中的原数据，而不是相应的次数。例如，在数组{1,2,3,3,4}中，众数是3。

但是，如果有两个及以上个数出现次数都是最多的，那么这几个数都是这组数据的众数。例如，数组{1,2,2,3,3,4}中，众数是2和3。

还有，如果所有数据出现的次数都一样，那么这组数据没有众数。例如，数组{1,2,3,4,5}中，没有众数。

(4) 标准差和方差。常用标准偏差来表示样本数据的离散程度。在真值已知或对于大容量样本 $n \geqslant 30$ 时，标准差用 σ 代表，根据式(11-7)计算。方差用 σ^2 代表。

对于有限容量样本 $n < 30$ 时，标准差用 S 代表，根据式(11-8)计算。样本方差用 S^2 代表。

(5) 极差。极差 R 是数据中最大值 $x_{\max}$ 与最小值 $x_{\min}$ 之差，极差又称为全距，表明数据的伸展情况，即：

$$R = x_{\max} - x_{\min} \tag{11-16}$$

在统计中，常用极差来刻画一组数据的离散程度，反映的是变量分布的变异范围和离散程度，在总体中任何两个单位的标准值之差都不能超过极差。同时，它能体现一组数据波动的范围，极差越大，离散程度越大，反之离散程度越小。

(6) 变异系数。变异系数也称离散系数。当需要比较两组数据离散程度大小时，如果两组数据的测量尺度相差太大，或者数据量纲的不同，直接使用标准差来进行比较不合适，此时就应当消除测量尺度和量纲的影响，而变异系数 V 可以做到这一点。其原始数据标准差与原始数据平均数的比：

$$V = \frac{S}{\bar{x}} \times 100\% \tag{11-17}$$

变异系数没有量纲，这样就可以进行客观比较了。事实上，可以认为变异系数和极差、标准差和方差一样，都是反映数据离散程度的绝对值。其数据大小不仅受变量值离散程度的影响，而且还受变量值平均水平大小的影响。

11.2.2 分析图表

通过一项监测计划的执行，往往会得到一大批原始数据。要找出这些看上去似乎杂乱无章的数据的规律，就必须对原始数据进行必要的整理。为了弄清这些变化规律，可以从以下几个方面来整理数据。首先可按时间的顺序或距离的远近，将监测数据依次排列成表进行分析；其次可用后面将要介绍的各种统计图，以利于更形象化地分析数据；最后按测定数值的大小以分组或不分组的形式来排列画图，以了解数据的分布。上述数据整理的方法就是数据统计图表法。

11.2.2.1 数据统计表

安全监测数据经必要的加工，计算后可用特定的表格列出，用统计表的形式可以将各个数据之间的差异或相似性比较突出地表示出来，尤其是在数据量比较大，而又需要从两三个方面甚至更多方面来比较数据时，往往不可能用冗长的文字来叙述出数据之间的特点。利用统计表格不仅可以省去烦琐的篇幅，而且还具有清楚明了、重点突出主次分明的优点。

统计表主要由表头、行标题、列标题和数字资料4部分组成。表头即统计表的名称，主要包括表号、总标题、计量单位等，应放在统计表的上方。行标题和列标题通常安排在统计表的第一列和第一行，主要包括所研究问题的类别名称和指标名称；如果是时间序列数据，行标题和列标题也可以是时间。横行和纵列交叉的位置，填写具体的数字资料。必要时，可以在统计表的下方加上表额外附加，主要包括资料来源、指标注释和必要的说明等内容。

统计表的形式多种多样，可根据使用者的目的和统计数据的特点，绘制合适的统计表。统计表设计的基本原则是“科学、实用、简练、美观”。具体来说，统计表设计时应注意如下事项：

(1) 总标题的表述。总标题应简明扼要地概括出统计表的内容，一般包括统计数据的时间(when)、地点(where)和数据含义(what)，即满足3W要求。

(2) 行、列标题的排列。行标题和列标题的排列应科学实用、符合逻辑性。若栏数较多，应按顺序编号。必要时，行标题和列标题的位置可以互换，以强调不同的问题。

(3) 计量单位的安排。如果表中全部数据的计量单位相同，可将计量单位置于表的右上角；否则，可将计量单位放在相应的各类别名称或指标名称之后，或者单列出一列标明。

(4) 合计栏的安排。统计表各纵列若需要合计时，一般应将合计列在最后一行；各横行若需要合计时，可将合计列在最前一栏或最后一栏。

(5) 指标数值的填写。表中数字应填写整齐，对准位数；当数字很小可略而不计时，可写上“0”；当缺某项数字时，可用“…”表示；不应有数字时，用“—”表示。

(6) 表外附加的设置。为保证统计资料的严肃性或尊重他人的劳动成果，应在统计表的下方注明资料来源，以备查考；对一些分组类别或统计指标的必要解释，也应在统计表的下方列示出来。

11.2.2.2 数据统计图

将监测结果利用图形将其显示出来，成为安全资料统计图。统计图具有直观性强的特点，能形象地反映出数值的对比关系和变化特征，一些曲线图还可以较清晰地表明参数间的函数关系。统计图可以使人一目了然地了解数据的分布情况，因而统计图是一种研究、分析监测资料的重要方法。统计图的制作原则是简单明了，主题突出。统计图的标题应简明扼要，一般均写在图的下方。对于直接反映安全监测结果的图，时间和地点是不可缺乏的。

(1) 线图。线图是表示安全因子或其他指标随时间或空间而变化的最常用图形。一般纵轴表示指标值，横轴表示时间或空间的变化。图上点出各点的位置后，连接这些点成为线图。同时，要列出几种指标时，用不同形状的线条连接点或用不同的符号，如圆圈、三角、正方等表示点，并以文字或图例说明。同一图中不宜同时绘制过多的线条，以免混淆。

(2) 条图。条图是利用相同宽度的直条或横条的长度来表示某项指标值大小的一种图形，对于内容独立的少数几类指标的比较，常用条图。离散型变量的频数或频率分布也可用条图表示。个别数值特大而无法在图中表示时，可将长条用折断记号“≈”折断并加以注明。当比较几种指标时，可画复式条图，各个指标用不同的阴影线或不同的颜色区别，并附图例说明。简单条图只能用来表示单一指标的量，在安全监测中经常会遇到多组分的数据，要求表示出其中各组分的相对含量时可用百分条图，即将每个长条的长度作为100%，按各组成部分的百分比构成将长条划分成几段，每一段表示一个组成，各段用不同的阴影或颜色区分，并以文字或图例加以说明。

(3) 圆图。圆图是将总体数据显示为一个圆，每组数据显示为圆中的一个扇形。圆图主要用于表示某些多组成的事物中，各组成所占总量的百分数构成，各扇形用不同阴影或颜色加以区分，在各扇形面上注明相应的百分数，并写上文字说明或标以相应的图例。

11.3 安全监测数据回归分析

在安全监测中经常会遇到处理变量之间关系的问题。但由于安全监测过程比较复杂，影响测定结果的因素很多，再加上分析测试误差的影响，使得变量与变量之间的关系不可能像数学上的函数关系那样严格地按照确定的规律变化，只能表现为相关关系，即当自变量 x 变化时，因变量 y 大体上按照某种规律变化。由一个确定的 x_i 并不能精确地求出 y_i，而只能求出 y_i 的估计值 $\hat{y}_i$。

研究变量之间关系的统计方法称为回归分析和相关分析。回归分析就是研究变量间的相关关系，相关分析则用于度量变量间关系的密切程度。回归分析主要是确定变量之间是否存在相关关系，以及怎样的相关关系，评价变量之间的意义，并通过一个变量值去预测另一个变量值，估计预测值的精度，评价检验回归方程参数。

11.3.1 一元线性回归分析

在安全监测数据分析中，应用最广的是一元线性回归分析。它可以用于建立某种方法的工作曲线，研究不同安全评价指标之间的相互关系，比较不同方法之间的差别等。

11.3.1.1 回归方程的建立

在实际工作中当自变量 x 取一系列值 $x_1, x_2, \cdots, x_n$ 时，测得因变量 y 的对应值为 y_1，$y_2, \cdots, y_n$，如果 x 与 y 之间具有直线趋势，则可用一直线方程来描述二者的关系：

$$\hat{y} = a + bx \tag{11-18}$$

式中，a 和 b 分别为待定系数。

由一系列的 x_i，通过计算求出 y 的估计值 $\hat{y}_i$，即：

$$\begin{cases} \hat{y}_1 = a + bx_1 \\ \hat{y}_2 = a + bx_2 \\ \quad\vdots \\ \hat{y}_n = a + bx_n \end{cases} \tag{11-19}$$

但是，y 的估计值 $\hat{y}_i$ 与实测值 y_i 之间总有差异，称为离差：

$$\delta_i = y_i - \hat{y}_i = y_i - (a + bx_i) \tag{11-20}$$

为了便于处理和提高灵敏度，任一实测点与回归直线方程的差异均用离差的平方 $\delta_i^2 = [y_i - (a + bx_i)]^2$ 来表征。当有 n 个实测点时，所有点与回归直线的符合程度可用离差平方和 $Q(a,b)$ 来描述：

$$Q(a,b) = \sum_{i=1}^{n} [y_i - (a + bx_i)]^2 \tag{11-21}$$

$Q(a,b)$ 随不同的直线，即不同的 a、b 值而变化。要使确立的回归方程最能反映实测点的分布就是使作出的方程与实测点的偏离最小，符合最好。可以根据最小二乘法的原则，即求出 $Q(a,b)$ 为最小值时的 a、b 值。

取 Q 关于 a、b 的偏导数，并令其等于零：

$$\begin{cases} \dfrac{\partial Q}{\partial a} = -2\sum_{i=1}^{n}[y_i - (a + bx_i)] = 0 \\ \dfrac{\partial Q}{\partial b} = 2\sum_{i=1}^{n}[y_i - (a + bx_i)]x_i = 0 \end{cases} \tag{11-22}$$

得正规方程组：

$$\begin{cases} na + n\bar{x}b = n\bar{y} \\ n\bar{x}a + \sum_{i=1}^{n}x_i^2 b = \sum_{i=1}^{n}x_i y_i \end{cases} \tag{11-23}$$

式中，$\bar{x} = \frac{1}{n}\sum_{i=1}^{n}x_i$，$\bar{y} = \frac{1}{n}\sum_{i=1}^{n}y_i$

由此可得：

$$\begin{cases} b = \dfrac{\sum_{i=1}^{n}(x_i - \bar{x})(y_i - \bar{y})}{\sum_{i=1}^{n}(x_i - \bar{x})^2} = \dfrac{S_{xy}}{S_{xx}} \\ a = \bar{y} - b\bar{x} \end{cases} \tag{11-24}$$

式中，$S_{xx} = \sum_{i=1}^{n}(x_i - \bar{x})^2$ 为变量 x 的方差；$S_{xy} = \sum_{i=1}^{n}(x_i - \bar{x})(y_i - \bar{y})$ 为变量 x、y 的协方差。

在一元线性回归方程中，b 称为回归系数，a 称为截距。

有了回归直线方程，就可以由一个变量去估计另一个变量。需要注意的是，因变量的取值应在求取回归方程的点群范围之内，如果无充分的依据，则不可随意外推。

11.3.1.2 回归方程的检验

对于无论多么没有规律的一组 $(x_i, y_i)(i=1,2,\cdots,n)$ 数据，都可以根据最小二乘法的原则求出"回归方程"，配成唯一的一条直线。如何判定所配出的直线方程是否具有实际意义，在统计中有多种检验方法，相关系数检验法是常用的一种方法。

回到式(11-21)中，y 的实测值 y_i 与估计值 $\hat{y}_i$ 的离差平方和为 $Q(a,b)$，其大小反映了实测值与估计值的总的偏离程度，前面叙述了为求得最小的 $Q(a,b)$ 而求取 a、b 的方法。当求出的 $Q(a,b)$ 比较小时，说明 y 与 x 之间的线性相关关系比较明显；相反，尽管已通过数学上的选择求出了最小的 $Q(a,b)$，但是 $Q(a,b)$ 仍比较大，则 y 与 x 之间的线性相关关系就不明显，如果用线性方程表示 y 与 x 的关系就不准确，甚至是完全错误的。

将 $a = \bar{y} - b\bar{x}$ 代入式(11-21)，可得：

$$\begin{aligned} Q(a,b) &= \sum_{i=1}^{n}[y_i - (\bar{y} - b\bar{x}) - bx_i]^2 = \sum_{i=1}^{n}[(y_i - \bar{y}) \cdot b(x_i - \bar{x})]^2 \\ &= \sum_{i=1}^{n}(y_i - \bar{y})^2 - 2b\sum_{i=1}^{n}(y_i - \bar{y})(x_i - \bar{x}) + b^2\sum_{i=1}^{n}(x_i - \bar{x})^2 \\ &= S_{yy} - 2\frac{S_{xy}}{S_{xx}} \cdot S_{xy} + \left(\frac{S_{xy}}{S_{xx}}\right)^2 S_{xx} \\ &= S_{yy} - \frac{S_{xy}^2}{S_{xx}} \end{aligned}$$

$$=S_{yy}(1-\frac{S_{xy}^2}{S_{yy}S_{xx}}) \tag{11-25}$$

式中，$S_{yy}=\sum_{i=1}^{n}(y_i-\bar{y})^2$ 为变量 y 的方差。

令 $\gamma=\frac{S_{xy}}{\sqrt{S_{yy}S_{xx}}}$，则：

$$Q(a,b)=S_{yy}(1-\gamma^2) \tag{11-26}$$

在式(11-26)中，由于 Q 和 S_{yy} 恒为正数，得 $0\leqslant|\gamma|\leqslant1$。可以看出，当 $|\gamma|$ 趋近于 1 时，则 Q 趋近于 0；相反，当 $|\gamma|$ 趋近于 0 时，Q 则趋近于 S_{yy}，即 $|\gamma|$ 越大，Q 越小，y 与 x 之间的线性相关关系越明显，$|\gamma|$ 越小，Q 越大，y 与 x 之间线性相关关系就越不明显。由于 $|\gamma|$ 的大小可以反映 y 与 x 之间线性相关好坏的程度，因此可以用 $|\gamma|$ 作为判别线性相关的统计量，称 $|\gamma|$ 为相关系数。γ 的取值有下列 3 种情况，如图 11-1 所示。

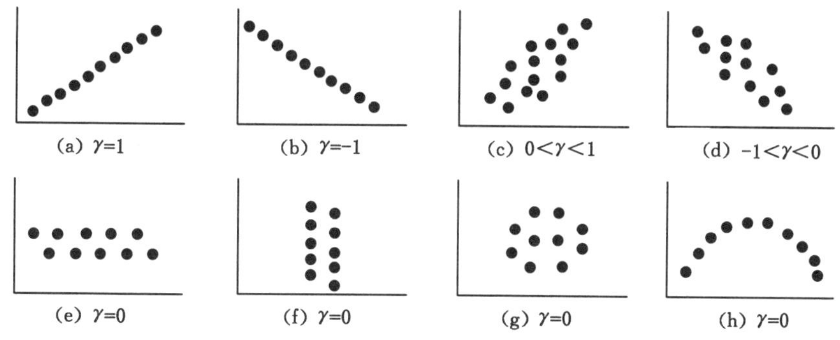

图 11-1　不同散点的相关系数

(1) $|\gamma|=1$，y 与 x 为完全线性相关。如图 11-1(a)和图 11-1(b)所示，当 $\gamma=+1$ 时，发为完全正相关，$\gamma=-1$ 为完全负相关。

(2) $0<|\gamma|<1$，y 与 x 之间存在着一定的线性相关关系。$\gamma>0$，称为相关，如图 11-1(c)；$\gamma<0$，称为负相关，如图 11-1(d)。

(3) $\gamma=0$，y 与 x 毫无线性关系。① y 与 x 之间没有关系，如图 11-1(e)和图 11-1(f)所示；② y 与 x 之间为非线性关系，如图 11-1(g)和图 11-1(h)所示。

表 11-4 给出了不同显著性水平 α 下的相关系数的显著性检验表，表中数值是相关系数临界值 $\gamma_{\alpha(n-2)}$。其值与测定次数 n 和给定的显著性水平 α 有关。

表 11-4　相关系数临界值表

$n-2$	显著水平 α		$n-2$	显著水平 α		$n-2$	显著水平 α	
	0.05	0.01		0.05	0.01		0.05	0.01
1	0.997	1.000	11	0.553	0.684	21	0.413	0.526
2	0.950	0.990	12	0.532	0.661	22	0.404	0.515
3	0.878	0.959	13	0.517	0.641	23	0.398	0.505
4	0.811	0.917	14	0.497	0.623	24	0.388	0.496

表11-4(续)

$n-2$	显著水平 α		$n-2$	显著水平 α		$n-2$	显著水平 α	
	0.05	0.01		0.05	0.01		0.05	0.01
5	0.754	0.874	15	0.482	0.608	25	0.381	0.487
6	0.707	0.834	16	0.468	0.590	26	0.374	0.478
7	0.668	0.798	17	0.456	0.575	27	0.367	0.470
8	0.632	0.765	18	0.444	0.561	28	0.361	0.463
9	0.602	0.735	19	0.433	0.549	29	0.355	0.456
10	0.576	0.708	20	0.423	0.537	30	0.349	0.449

由实测值($x_i,y_i,i=1,2,\cdots,n$)可算出相关系数 γ。当 $|\gamma|\leqslant\gamma_{0.05(n-2)}$ 时,表明 y 与 x 之间的线性相关关系不显著;当 $\gamma_{0.05(n-2)}<|\gamma|\leqslant\gamma_{0.01(n-2)}$ 时,表明 y 与 x 之间线性相关关系显著;当 $|\gamma|>\gamma_{0.01(n-2)}$ 时,表明 y 与 x 之间的线性相关关系高度显著。

上面定义的 S_{xx}、S_{xy}、S_{yy} 形式不便于计算,下面列出这几个量的另一种计算形式:

$$\begin{cases} S_{xx}=\sum\limits_{i=1}^{n}x_i^2-\dfrac{1}{n}\left(\sum\limits_{i=1}^{n}x_i\right)^2 \\ S_{yy}=\sum\limits_{i=1}^{n}y_i^2-\dfrac{1}{n}\left(\sum\limits_{i=1}^{n}y_i\right)^2 \\ S_{xy}=\sum\limits_{i=1}^{n}x_iy_i-\dfrac{1}{n}\left(\sum\limits_{i=1}^{n}x_i\right)\left(\sum\limits_{i=1}^{n}y_i\right) \end{cases} \tag{11-27}$$

【例 11-5】 通过实测得到变量 x 和 y 的数据如表 11-5 所列,试求其一元线性回归方程,并检验其相关性。

表 11-5 观测数据

y	25	81	36	33	70	54	20	44	10	41	75
x	110	184	145	122	165	143	78	129	62	130	168

解 根据前述计算公式,将数据计算结果汇总至表 11-6 中。

表 11-6 观测数据计算表

	y_i	x_i	y_i^2	x_i^2	x_iy_i
	25	110	625	12 100	2 750
	81	184	6 561	33 856	14 904
	36	145	1 296	21 025	5 220
	33	122	1 089	14 884	4 026
	70	165	4 900	27 225	11 550
	54	143	2 916	20 449	7 722
	20	78	400	6 084	1 560

表11-6(续)

	y_i	x_i	y_i^2	x_i^2	x_iy_i
	44	129	1 936	16 641	5 676
	10	62	100	3 844	6 200
	41	130	1 681	16 900	5 330
	75	168	5 625	28 224	12 600
合计	489	1 436	27 129	201 958	71 400

$$\bar{x}=\frac{\sum x_i}{11}=\frac{1436}{11}=130.545\ 5$$

$$\bar{y}=\frac{\sum y_i}{11}=\frac{489}{11}=44.454\ 5$$

$$S_{xx}=\sum x_i^2-\frac{1}{n}(\sum x_i)^2=13\ 768.727\ 3$$

$$S_{yy}=\sum y_i^2-\frac{1}{n}(\sum y_i)^2=5\ 390.727\ 3$$

$$S_{xy}=\sum x_iy_i-\frac{1}{n}(\sum x_i)(\sum y_i)=8\ 121.272\ 7$$

$$b=\frac{S_{xy}}{S_{xx}}=\frac{8\ 121.272\ 7}{13\ 768.727\ 3}=0.589\ 8$$

$$a=\bar{y}-b\bar{x}=44.454\ 5-0.589\ 8\times 130.545\ 5=-32.545\ 7$$

因此，回归方程为：$y=-32.545\ 7+0.589\ 8x$

相关系数：$\gamma=\frac{S_{xy}^2}{\sqrt{S_{yy}S_{xx}}}=0.942\ 7$

由相关系数临界值表查得：$\gamma_{0.01(9)}=0.735<0.942\ 7$

表明 y 与 x 之间的线性相关关系非常显著，如图 11-2 所示。

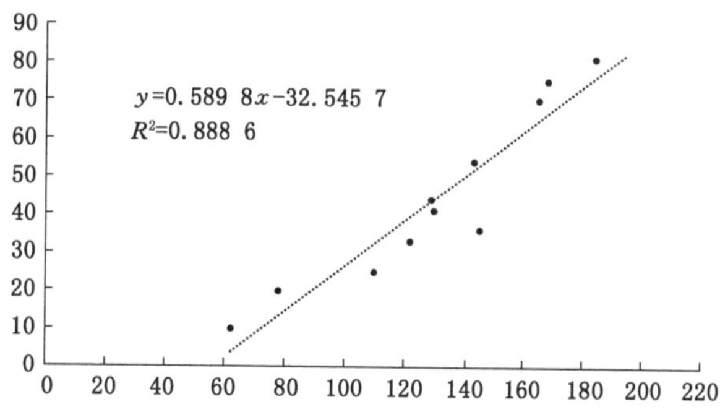

图 11-2　观测数据回归直线与回归方程

11.3.1.3　回归方程的置信区间

前面已经讨论过回归方程的建立，在已知自变量 x_i 时，可以通过回归方程估计因变量

$\hat{y}_i$，但并不能准确地知道 y_i 的真实值，实测值 y_i 与估计值 $\hat{y}_i$ 的差别反映了实验点围绕回归直线的离散程度。这种离散性是由 x 对 y 的非线性影响，实验误差等等而引起的，它可以用剩余标准差 S_E 来描述。

$$S_E = \sqrt{\frac{\sum_{i=1}^{n}(y_i - \hat{y}_i)^2}{n-2}} \tag{11-28}$$

或

$$S_E = \sqrt{\frac{S_{(yy)} - bS_{(xy)}}{n-2}} = \sqrt{\frac{(1-\gamma^2)S_{(yy)}}{n-2}} \tag{11-29}$$

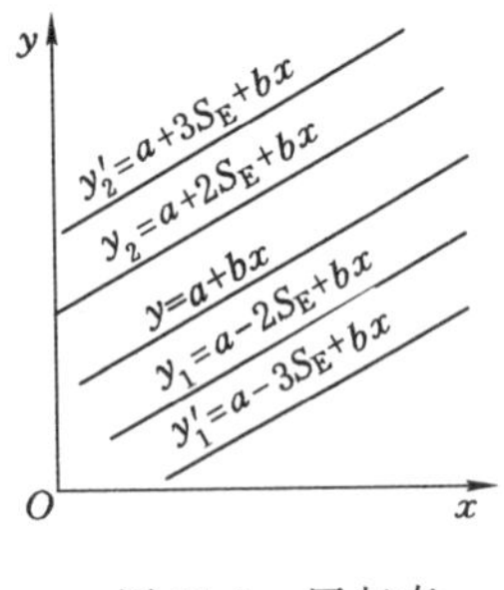

图 11-3　回归直线的置信区间

对于给定的 x_i 值，y_i 值落在按回归方程式计算的 $\hat{y}_i$ 值为中心的 $\pm 2S_E$ 区间的概率为 95.4%。也就是说，在全部测定值中，大约有 95.4%的实验点落在两条直线：

$$\begin{cases} y_1 = a - 2S_E + bx \\ y_2 = a + 2S_E + bx \end{cases} \tag{11-30}$$

所夹的区间内，这个区间称为回归直线的置信度为 95.4%的置信区间，如图 11-3 所示。同样，置信度为 99.7%的置信区间为：

$$\begin{cases} y_1' = a - 3S_E + bx \\ y_2' = a + 3S_E + bx \end{cases} \tag{11-31}$$

11.3.2　一元非线性回归分析

安全监测数据中还会遇到大量非线性关系的情况，这时不能用直线回归去拟合，而应选择合适的曲线。

例如，当用氟离子选择电极来检测水中 F^- 时，其电动势 E 与 F^- 浓度之间有 $E=K-D\log C_F$，其中 C_F 为氟离子浓度(mg/L)，K 和 D 为系数。这种关系称为对数关系，其绘制的曲线不便于使用，也不便于进行回归和做回归分析。如果令 $\log C_F$ 为 x，E 为 y，则可将其变换为 $y=a+bx$ 的线性关系，这样就可用上节介绍的一元线性回归来进行处理。

其他的非线性方程也可通过变量转换使之成为直线方程进行回归，见表 11-7。

表 11-7　非线性方程的变量转换

曲线名称	曲线方程	变量转换法
双曲线	$\frac{1}{y}=c+b\frac{1}{x}$	$y'=\frac{1}{y}$；$x'=\frac{1}{x}$
抛物线	$y=b(x-c)^2+a$	$x'=(x-c)^2$
幂函数	$y=dx^b$	$y'=\log y$；$x'=\log x$
指数函数	$y=d\mathrm{e}^{bx}$	$y'=\ln y$；$x'=x$
指数函数	$y=d\mathrm{e}^{b/x}$	$y'=\ln y$；$x'=\frac{1}{x}$
S 形曲线	$y=\frac{1}{a+b\mathrm{e}^{-x}}$	$y'=\frac{1}{y}$；$x'=\mathrm{e}^{-x}$
对数曲线	$y=a+b\log x$	$y'=y$；$x'=\log x$

11.3.3　回归直线统计检验

回归直线的统计检验是安全监测中经常遇到的另一个重要问题。例如，用标准曲线法进行测定时，需要定期对标准曲线是否通过原点、斜率有无变化等进行检验。在进行安全监测质量保证时，不同的监测人员即使采用同样的测试方法，分析相同的标准系列往往也会得到并不完全重合的回归直线。这些直线或者截距不同，或者斜率不同，或者二者都不同。此时，如何来判定它们的差异？是用一条共同的回归线或一个共同的回归方程来表示，还是应该用两条不同的回归线或两个回归方程来表示，这些都属于回归直线的统计检验问题。

11.3.3.1　回归直线与已知直线的比较

(1) 截距 $a=a_0$ 的统计检验。在检验回归直线的 a 与已知直线的 a_0 之间有无显著性差异时，使用统计量 t_a 检验，主要步骤如下：

① 计算统计量 t_a：

$$t_a=\frac{a-a_0}{S_E\sqrt{\dfrac{1}{n}+\dfrac{\bar{x}^2}{S_{xx}}}} \tag{11-32}$$

② 确定显著性水平 α；

③ 查 t 分布表得临界值 $t_{\alpha(n-2)}$；

④ 若 $|t_a|\geqslant t_{\alpha(n-2)}$，则表示 a 与 a_0 之间存在着显著性差异。如 $|t_a|<t_{\alpha(n-2)}$，则 a 与 a_0 差异不显著。

(2) 回归系数 $b=b_0$ 的统计检验。在检验回归直线的 b 与已知直线 b_0 之间有无显著性差异时，检验回归系数时的 t_b 按式(11-33) 计算，检验步骤与统计判断同截距 a 的检验相同。

$$t_b=\frac{b-b_0}{S_E\sqrt{\dfrac{1}{S_{xx}}}} \tag{11-33}$$

【例 11-6】 某监测中心分别获得两组监测数据，如表 11-8 所列，试比较这两组数据的测定结果是否一致。

表 11-8　分组观测数据

序号	1	2	3	4	5	6	7	8	9	10
第一组	92.8	85.2	64.0	170.2	79.2	51.4	49.2	75.4	118.4	58.2
第二组	94.6	83.2	71.2	159.6	80.6	54.8	52.6	78.8	110.4	62.8

解　将第一组的测定结果以横坐标表示，第二组的测定结果以纵坐标表示。如果两组测定结果的随机误差和系统误差都很小，那么应得出一条通过原点且斜率为 1 的回归直线；如果得出的回归直线截距不为 0，斜率不等于 1，表明这两组之间存在着系统误差。因此，本问题成为将实测回归直线与截距为 0，斜率为 1 的直线进行比较的问题。

设第一组测定结果为 x，第二组测定结果为 y，则回归方程为 $\hat{y}=12.326\,6+0.859\,4x$，且 $\bar{x}=84.400\,0$，$S_E=2.534\,4$，$S_{xx}=12\,127.520\,0$，$n=10$。

检验 $a=a_0=0$：

$$t_a=\frac{a-a_0}{S_E\sqrt{\frac{1}{n}+\frac{\bar{x}^2}{S_{xx}}}}=\frac{12.326\ 6-0}{2.534\ 4\sqrt{\frac{1}{10}+\frac{84.400\ 0^2}{12\ 127.520\ 0}}}=5.864\ 4$$

查 t 表，得 $t_{0.05(8)}=1.859\ 5$，$|t_a|>t_{0.05(8)}$，回归直线截距与原点有显著性差异，即回归直线不通过原点。

检验 $b=b_0=1$：

$$t_b=\frac{b-b_0}{S_E\sqrt{\frac{1}{S_{(xx)}}}}=\frac{0.859\ 4-1.000}{2.534\ 4\sqrt{\frac{1}{12\ 127.520\ 0}}}=-6.109\ 3$$

查 t 表，得 $t_{0.05(8)}=1.859\ 5$，$|t_b|>t_{0.05(8)}$，故回归直线斜率不为 1。

由上述检验可知，两组监测数据之间存在系统误差，观测数据与拟合直线如图 11-04 所示。

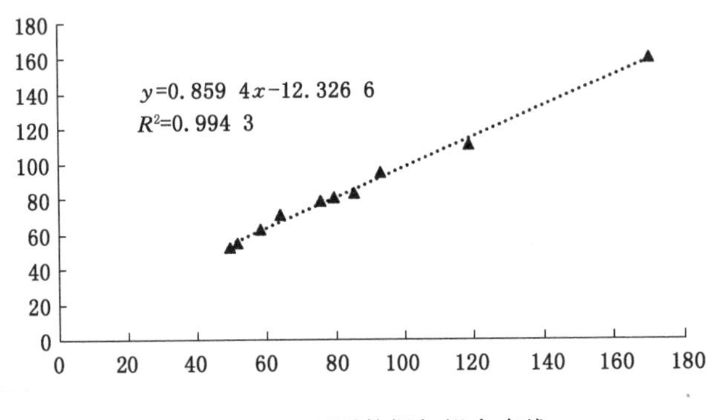

图 11-4 观测数据与拟合直线

11.3.3.2 两条回归直线的比较

在实际工作中还经常需要比较不同时间、不同人员，或不同监测站，不同仪器测得的两条标准曲线有无显著性差异。这时应检验其相应的剩余标准差 S_E、回归系数 b 及截距 a，为清楚明了起见，可采用下列检验步骤：

(1) 列出两条回归直线的基本参数，见表 11-9。

表 11-9 回归直线基本参数

参数	直线 1	直线 2
回归方程	$\hat{y}_1=a_1+b_1x_1$	$\hat{y}_2=a_2+b_2x_2$
样本容量 n	n_1	n_2
剩余标准差 S_E	S_{E1}	S_{E2}
剩余标准的自由度 f	$f_1=n_1-2$	$f_2=n_2-2$
因变量的差方和 S_{yy}	$S_{y_1y_1}$	$S_{y_2y_2}$
自变量的平均值 $\bar{x}$	$\bar{x}_1$	$\bar{x}_2$
因变量的平均值 $\bar{y}$	$\bar{y}_1$	$\bar{y}_2$

(2) 检验剩余标准差是否有显著性差异。计算剩余标准差 S_{E_1} 和 S_{E_2} 后计算统计量 F：

$$F=\frac{S_{max}^2}{S_{min}^2} \tag{11-34}$$

式中，S_{max} 为 S_{E_1} 和 S_{E_2} 中较大者；S_{min} 则为另一个。

由表 11-9 中的自由度及确定的显著性水平 α 查 F 表得出临界值 F_α，如果 $F<F_\alpha$，则 S_{E_1} 与 S_{E_2} 之间没有显著性差异，可将 S_{E_1} 和 S_{E_2} 按式(11-35)合并成 S_E，并做进一步检验。

$$S_E=\sqrt{\frac{f_1 S_{E_1}^2+f_2 S_{E_2}^2}{f_1+f_2}} \tag{11-35}$$

需进行比较的两条回归直线在实际工作中大多数都是在大体相同的测试条件下得到的。因此，一般两条直线的剩余标准差应该没有显著性差异，是等精密度的。倘若经 F 检验表明 S_{E_1} 与 S_{E_2} 有显著性差异，那么应该寻找影响精密度的原因并加以消除。

(3) 检验回归系数 b_1 与 b_2 的显著性差异。计算统计量 t_b：

$$t_b=\frac{b_1-b_2}{\sqrt{S_E\dfrac{1}{S_{x_1x_1}}+\dfrac{1}{S_{x_2x_2}}}} \tag{11-36}$$

由选定的显著性水平 α 和自由度 $f=f_1+f_2=n_1+n_2-4$，查 t 表获得临界值 $t_{\alpha(f)}$。若 $|t_b|<t_{\alpha(f)}$，则 b_1 与 b_2 没有显著性差异，可按式(11-37)由 b_1、b_2 求出加权平均值 b，并做下一步检验。

$$b=\frac{b_1 S_{x_1x_1}+b_2 S_{x_2x_2}}{S_{x_1x_1}+S_{x_2x_2}} \tag{11-37}$$

(4) 检验截距 a_1 与 a_2 的显著性差异，计算统计量 t_a：

$$t_a=\frac{a_1-a_2}{\sqrt{S_E\dfrac{1}{n_1}+\dfrac{1}{n_2}+\dfrac{\bar{x}_1^2+\bar{x}_2^2}{S_{x_1x_1}+S_{x_2x_2}}}} \tag{11-38}$$

同样地根据 α 及 f 查 t 表进行显著性检验。若 $|t_a|<t_{\alpha(f)}$，则 a_1 与 a_2 没有显著性差异，可按式(11-39)将 a_1、a_2 合并成：

$$a=\frac{1}{n_1+n_2}[n_1\bar{y}_1+n_2\bar{y}_2-b(n_1\bar{x}_1+n_2\bar{x}_2)] \tag{11-39}$$

经上述(1)～(3)步骤检验表明均无显著性差异，则这两条回归直线无显著性差异，可合并成一条共同的回归直线，即：

$$\hat{y}=a+bx \tag{11-40}$$

【例 11-7】 两次标准样品测定得出了两组数据，见表 11-10。试根据所列数据确定变量 x 和 y 的关系式，并对所确定的两个回归方程的差异进行检验。

表 11-10　观测数据

y	0.28	0.56	0.84	1.12	2.24
x^1	3.0	5.5	8.2	11.0	21.5
x^2	3.5	6.0	8.5	11.0	22.3

解 在这种情况下自变量的取值完全相同，即 $n_1=n_2=n, f_1=f_2=f, S_{y_1y_1}=S_{y_2y_2}=S_{yy}, \bar{y}_1=\bar{y}_2=\bar{y}$，这使得两直线回归方程的比较大大简化。

首先计算两回归方程的回归系数与截距，如图 11-5 所示，得 $b_1=0.1055$，$a_1=-0.0302$，$b_2=0.1037$，$a_2=-0.0565$。然后计算求两回归直线的剩余标准差：$S_{E_1}=0.091$，$S_{E_2}=0.278$，即可按检验步骤进行检验：

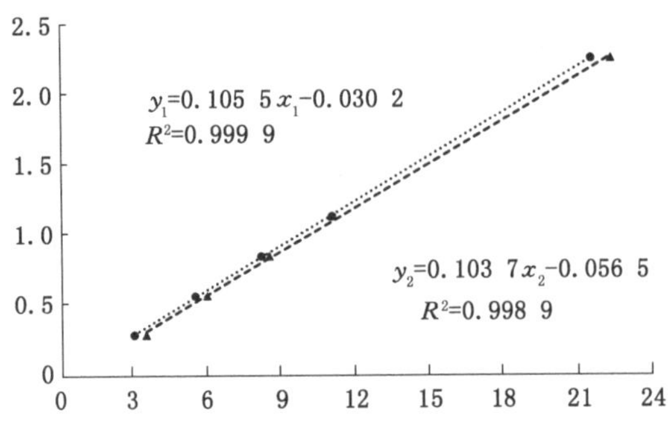

图 11-5 样品观测数据与拟合直线

(1) 列出两条直线的基本参数，见表 11-11。

表 11-11 回归直线参数

参数	回归直线 1	回归直线 2
回归方程	$y_1=0.10554+-0.0302x_1$	$y_2=0.1037x_2-0.0565$
样本容量 n	5	5
剩余标准差 S_E	0.000 96	0.028 8
剩余标准的自由度 f	3	3
因变量的差方和 S_{yy}	2.289 3	2.289 3
自变量的平均值 $\bar{x}$	9.840 0	10.260 0
因变量的平均值 $\bar{y}$	1.008 0	1.008 0

(2) 检验 S_{E_1} 与 S_{E_2} 的差异：

$$F=\frac{(S_{max})^2}{(S_{min})^2}=\frac{S_{E_2}^2}{S_{E_1}^2}=\frac{0.0288^2}{0.0096^2}=9.0866$$

查 F 分布表，$F_{0.01(3,3)}=29.46$，$F<F_{0.01(3,3)}$，说明两方差一致，故 S_{E_1} 和 S_{E_2} 无显著差异，由于 $f_1=f_2$，因此：

$$S_E=\sqrt{\frac{S_{E_1}^2+S_{E_2}^2}{2}}=\sqrt{\frac{0.0096^2+0.0288^2}{2}}=0.215$$

(3) 检验 b_1 与 b_2 的差异：

$$t_b=\frac{b_1-b_2}{S_E\sqrt{\frac{2}{S_{yy}}}}=\frac{0.1055-0.1037}{0.0215\sqrt{\frac{2}{2.2893}}}=-0.775$$

查 t 表，$t_{0.05(6)}=1.9432$，$|t_b|<t_{0.05(6)}$，说明 b_1 与 b_2 无显著性差异。

故 b 的合并为：

$$b=\frac{b_1+b_2}{2}=\frac{0.1055+0.1037}{2}=0.1046$$

(4) 检验 a_1 与 a_2 的差异：

$$t_a=\frac{a_1-a_2}{S_E\sqrt{\frac{2}{n}+\frac{\bar{x}^2}{S_{xx}}}}=\frac{0.28-0.55}{0.207\sqrt{\frac{2}{5}+\frac{1.008^2}{2.28928}}}=-1.421$$

查 t 表，$t_{0.05(6)}=1.9432$，$|t_a|<t_{0.05(6)}$，表明 a_1 与 a_2 无显著性差异，本例中，$n_1=n_2=n$，$\bar{y}_1=\bar{y}_2=\bar{y}$，$a$ 的公式可简化为：

$$a=\frac{a_1+a_2}{2}=\frac{-0.0302-0.0565}{2}=0.0433$$

经上述检验表明，这两条校准曲线无显著差异，两批数据可用一个共同的回归方程和一条共同的回归直线来表达，即：

$$y=0.1046x-0.0433$$

第12章　安全监控系统设计

安全监控系统的工程设计应遵守国家的现行法律、法规和有关标准，体现适用性、先进性、可靠性、经济性、可扩展性、兼容性、可管理性和标准化的指导原则，努力做到安全监控系统技术先进、功能齐全、维护方便、操作简单、扩展容易和长期可靠稳定运行。安全监控系统种类繁多、应用广泛。本章对安全监控系统的通用性设计要求进行简要介绍，并给出与社会生活与工业生产的典型安全监控系统应用实例。

12.1　安全监控系统工程设计

尽管监测监控对象千差万别，安全监控系统的设计方案和具体的技术指标也会有很大的差异，但是在进行系统的设计和开发时，应尽可能地使用成熟的技术。同时，还必须遵循可靠性、使用方便、开放性、经济性等原则。

12.1.1　设计阶段划分

任何一个安全监控系统的设计与实施基本上是由6个阶段组成的，即可行性研究、初步设计、详细设计、系统实施、系统测试(调试)和系统运行。当然，这6个阶段的发展并不是完全按照直线顺序进行的。任何一个阶段出现新问题后，都可能要返回到前面的阶段进行修改。

在可行性研究阶段，开发者要根据被控对象的具体情况，按照企业的经济能力、未来系统运行后可能产生的经济效益、安全效益、企业的管理要求、人员的素质、系统运行的成本等多种要素进行分析。可行性分析的结果最终是要确定使用安全监控系统能否给企业带来安全效益、经济效益和社会效益。设计的结果是要提供一系列的技术文件。这些技术文件包括文字、图形和表格等。技术文件主要是为将来的系统实施、运行和维护提供技术依据。应采用结构化的设计方法，即从顶层到底层、从抽象到具体、从总体到局部、从初步到详细。

初步设计也可以称为总体设计。系统的总体设计是进入实质性设计阶段的第一步，也是最重要和最为关键的一步。总体方案的好坏会直接影响整个计算机监控系统的成本、性能、设计和开发周期等。在这个阶段，首先要进行比较深入的工艺调研，对被控对象的工艺流程有一个基本的了解，包括要监控的工艺参数的大致数目和监控要求、监控的地理范围、操作的基本要求等；然后初步确定未来监控系统要完成的任务，写出设计任务说明书，提出系统的初步方案，画出系统组成的原理框图，以作为进一步设计的基本依据。

在详细设计阶段，首先要进行详尽的工艺调研，然后选择相应的传感器、变送器、执行器、I/O 通道装置以及进行安全监控系统的硬件和软件的设计。对于不同类型的设计任务，则要完成不同类型的工作。如果是小型的计算机监控系统，硬件和软件可以是自己设计和开发的。此时，硬件的设计包括电气原理图的绘制、元器件的选择、印刷线路板的绘制与制作；软件的设计则包括工艺流程图的绘制、程序流程图的绘制等。

在系统实施阶段，要完成各个元器件的制作、购买、安装，进行软件的安装和组态以及各个子系统之间的连接等工作。

系统的测试（调试）主要是检查各个元部件安装是否正确，并对其特性进行检查或测试。调试包括硬件调试和软件调试。从时间上来说，系统的调试又分为离线调试、在线调试，以及开环调试、闭环调试。

系统运行阶段占据了安全监控系统生命周期的大部分时间，系统的价值也是在这一阶段中得到体现的。在这一阶段应该由高素质的使用人员严格按照章程进行操作，以尽可能地减少故障的发生。

12.1.2　总体方案设计

如前所述，系统的总体设计是进入实质性设计阶段的第一步，也是最重要和最为关键的一步。总体方案的好坏会直接影响整个安全监控系统的成本、性能、设计和开发周期等，如图 12-1 所示。

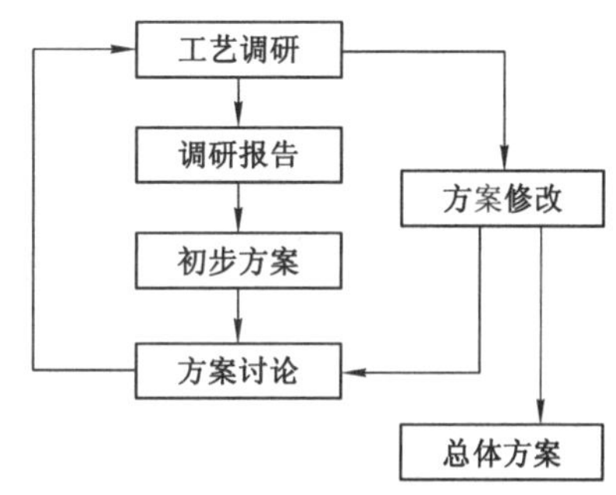

图 12-1　总体方案设计的基本步骤

（1）工艺调研。总体设计的第一步是进行深入的工艺调研和现场环境调研。经过调研，要弄清系统的规模。如要明确监测监控的范围是一台设备、一个工段、一个车间，还是整个企业。熟悉工艺流程，并用图形和文字的方式对其进行描述。初步明确控制的任务。要了解生产工艺对监测监控的基本要求。要弄清楚监测监控的任务是要保持工艺过程的稳定，还是要实现工艺过程的优化。要弄清楚被监测监控的参量之间是否关联比较紧密，是否需要建立被控制对象的数学模型，是否存在诸如大滞后、严重非线性或比较大的随机干扰等复杂现象。初步确定 I/O 的数目和类型。通过调研弄清楚哪些参量需要检测、哪些参量需要控制，以及这些参量的类型。弄清现场的电源情况（是否经常波动，是否经常停电，是否含有较多谐波）和其他情况（如振动、温度、湿度、粉尘、电磁干扰等）。

（2）形成调研报告和初步方案。在完成了调研后，可以着手撰写调研报告，并在调研报告的基础上草拟出初步方案。如果系统不是特别复杂，也可以将调研报告和初步方案合二为一。

（3）方案讨论和方案修改。在对初步方案进行讨论时，往往会发现一些新问题或是不清楚之处，此时，需要再次调研，然后对原有方案进行修改。

（4）形成总体方案。在经过多次的调研和讨论后，可以形成总体设计方案。总体方案以总体设计报告的方式给出。工艺流程的描述，可以用文字和图形的方式来描述。如果是流程型的被监测监控对象,可以在确定了监测监控算法后画出带监测与监控点的工艺流程图(又称为工艺控制流程图)。功能描述,即描述未来安全监控系统应具有的功能,并在一定的程度上进行分解,然后设计相应的子系统。在此过程中,可能要对硬件和软件的功能进行分配与协调。对于一些特殊的功能,可能要采用专用的设备来实现。结构描述,描述未来计算机监控系统的结构,是采用单机控制,还是来用分布式控制。如果采用分布式控制,则对于网络的层次结构的描述,可以详细到每一台主机、控制节点、通信节点和 I/O 设备。可以用结构图的方式对系统的结构进行描述,用箭头来表示信息的流向。控制算法的确定,如果各个被控参量之间关联不是十分紧密,可以分别采用单回路控制,否则,就要考虑采用多变量控制算法。需要对整个生产工艺的各种监测监控的 I/O 变量进行描述,可列出表格汇总。

(5) I/O 变量总体描述。

12.1.3 系统详细设计

在进行详细设计之前,首先是收集各个 I/O 点的具体情况。传感器和变送器均属于检测仪表。传感器是将被测量的物理量转换为电量的装置;变送器将被测量的物理量或传感器输出的微弱电量转换为可以远距离传送且为标准的电信号。选择时主要根据被测量参量的种类、量程、精度来确定传感器或变送器的型号。执行机构的作用是接受计算机发出的控制信号,并将其转换为执行机构的输出,使生产过程按工艺要求运行。常用的执行机构有电动机、电机启动器、变频器、调节阀、电磁阀、可控硅整流器或者继电器线圈等。

监控装置是指 I/O 子系统和计算机系统(包括网络)两部分。对于不同类型的设计任务,在详细设计阶段所要做的工作是不一样的。这里只考虑系统的硬件和软件都采用现成产品的情况。在以下各种设计中,显示画面、报表格式的设计应反复与有关使用人员(操作人员、管理人员)交流。

12.1.4 安全监控仪表选型

安全监测仪表和执行器的选型隶属于设备选型范畴,是系统总体设计的重要组成部分。当总体方案确定后,必须进行监测仪表和执行机构的选型工作。有的用户可以自行完成这步工作,即便如此,系统设计者也必须了解用户所选择的监测仪表和执行机构的特性,并论证用户的选择是否满足总体方案中确定的技术要求。

监测仪表包括一次仪表(如传感器等)和二次仪表(如变送器等)。以下以压力监测仪表为例介绍仪表选型的一般规则。选择压力仪表时,要考虑仪表的类型、量程和精度等级等方面的因素。

(1) 仪表类型的选择。仪表类型选择的原则是必须满足生产工艺的要求,主要考虑以下 3 个方面:一是显示方式的要求,如是否现场指示、远传显示、集中显示、信号报警、自动记录或自动控制等。二是被测介质物理化学性质,如介质的压力、温度、黏度的情况,是否腐蚀、结晶,脏污程度,易燃、易爆情况,氧化、还原或特殊介质等。三是现场环境条件,如现场安装条件、环境高温或低温、电磁场、振动、腐蚀性、湿度等。

(2) 仪表量程范围的选择。压力仪表量程范围要根据工艺生产过程中操作压力大小变化的范围和保证仪表寿命等方面来考虑。仪表的上限值应大于工艺被测压力变化的最大值。在测量稳定压力时,仪表的上限值不应小于最大工作压力的 3/2 或 4/3 倍。测量波动大的脉动压力时，仪表的上限值不应小于被测最大压力的2倍或1.5倍。为保证测量的准确度，往往要求被测压力值也不能接近于仪表的下限值。一般被测压力的最小值不应低于仪表量程范围的1/3。计算出上限和下限后，查仪表产品手册，选择相应量程的压力仪表。

（3）仪表精度等级的选择。精度等级是根据已选定的仪表量程和工艺生产上所允许的最大测量误差求最大允许百分误差来确定的。一般来说，仪表精度等级越高，测量结果越精确可靠。但另一方面，精度等级越高，价格也越贵，操作和维护条件越苛刻。因此，在能满足工艺要求的前提下，选择性价比高的压力仪表。

12.2 煤矿安全监控系统

煤矿安全监控系统在煤矿安全生产保障以及应急救援和事故调查中也发挥着重要作用。当煤矿井下发生诸如瓦斯爆炸等事故后，系统的监测记录是确定事故时间、爆炸源、火源等重要依据之一。根据监测数据突变等信息分析爆炸时间，根据监测的瓦斯浓度和时间顺序等分析爆炸源，根据监测的设备状态分析火源，根据监测的局部通风机、风门、主通风机、风速、风压、瓦斯浓度等分析瓦斯积聚原因，根据监测的瓦斯浓度变化分析波及范围等。《煤矿安全规程》中规定，所有矿井必须装备安全监控系统、人员位置监测系统、有线调度通信系统。《煤矿安全监控系统及检测仪器使用管理规范》（AQ 1029—2019）中将煤矿安全监控系统定义为：具有模拟量、开关量、累计量采集、传输、存储、处理、显示、打印、声光报警、控制等功能，用于监测甲烷浓度、一氧化碳浓度、风速、风压、温度、烟雾、馈电状态、风门状态、风筒状态、局部通风机开停、主通风机开停，并实现甲烷超限声光报警、断电和甲烷风电闭锁控制，由主机、传输接口、分站、传感器、断电控制器、声光报警器、电源箱、避雷器等设备组成的系统。煤矿安全生产监测监控系统是煤矿实现煤炭高产、高效、安全生产的重要保证。

12.2.1 煤矿安全监控的特点

与地面作业场所相比，煤矿井下工作环境特殊，有易燃易爆的可燃性气体和腐蚀性气体，潮湿、多水，浮尘较大。电网电压波动大、电磁干扰严重，作业空间狭小，监测监控传输线路距离远，监测设备安设位置分散等。因此，与一般工业监控系统相比，煤矿安全监测监控具有如下特点：

（1）电气防爆。一般工业监控系统均工作在非爆炸性环境中，而煤矿安全监测监控系统工作在有瓦斯和煤尘的爆炸性环境中。因此，煤矿安全监测监控系统的设备必须是防爆型电气设备和仪表。

（2）传输距离远。一般对工业监控系统的传输距离要求不高，仅为几千米，甚至几百米，而煤矿安全监测监控系统的传输距离至少要达到几十千米。

（3）监测监控对象变化缓慢。煤矿安全监测监控系统的监控对象主要为缓变量。因此，在同样监测监控容量下，对系统的传输速率要求不高。

（4）电网电压波动大，电磁干扰严重。由于煤矿井下空间相对较小，采煤机、掘进机、输送机等大型机电设备启停时电网电压波动较大，架线式电机车火花等造成电磁干扰严重。

（5）工作环境恶劣。煤矿井下除有瓦斯、一氧化碳等易燃易爆气体外，还有硫化氢等腐蚀性气体，矿尘大，潮湿，有淋水，空间狭小。因此，煤矿安全监测监控设备要有防尘、防潮、防腐、防霉、抗机械冲击和防机械冲击等措施。

(6) 传感器(执行机构)宜采用远程供电。一般工业监控系统的电源供给比较容易，不受电气防爆要求的限制，而煤矿安全监测监控系统的电源供给要受到电气防爆要求的限制，由于传感器及执行机构往往设置在工作面等恶劣环境，因此不宜就地供电。现有煤矿井下监测监控系统多采用分站远距离供电。

(7) 网络结构宜采用树形结构。一般工业监控系统电缆敷设的自由度较大，可根据设备、电缆沟、电线杆的位置选择星形、环形、树形和总线形等结构。而煤矿安全监测监控系统的传输电缆必须沿巷道敷设，挂在巷道壁上。由于巷道为分支结构，且分支长度可达数千米，因此，为便于系统安装维护、节约传输电缆、降低系统成本，宜采用树形结构。

12.2.2 煤矿安全监控系统的功能

煤矿安全监测监控系统能及时、准确、全面地了解井下安全状况和生产情况，实现对灾害事故的早期预测和预报，并能及时地自动处理，管理人员可及时掌握井下设备运行状况，准确、高效地指挥安全生产。

煤矿安全监测监控系统一般由主机、传输接口、分站、传感器、执行器、电源箱、电缆、接线盒、避雷器、打印机、电视墙、管理工作站、服务器、路由器、UPS 电源和其他必要设备组成。中心站硬件一般包括传输接口、主机、打印机、UPS 电源、投影仪或电视墙、网络交换机、服务器和配套设备等。中心站应满足可靠性、可维护性、开放性和可扩展性等要求。传感器的稳定性应不小于 15 d，由外部本安电源供电的设备一般应能在 9～24 V 范围内正常工作。操作系统、数据库、编程语言等应为可靠性高、开放性好、易操作、易维护、安全、成熟的主流产品。软件应有详细的说明和操作指南。

(1) 实时采集各种传感器传来的数据和相应的显示与报警功能。煤矿安全监测监控系统实时采集自各传感器采集来的数据，如甲烷浓度、风速、风压、一氧化碳浓度、温度等模拟量采集、显示及报警功能；馈电状态、风机开停、风筒状态、风门开关、烟雾等开关量采集、显示及报警功能；瓦斯抽采(放)量监测、显示功能等。

(2) 甲烷风电闭锁功能。系统必须由现场设备完成甲烷浓度超限声光报警和断电/复电控制功能。甲烷浓度达到或超过报警浓度时，声光警报；甲烷浓度达到或超过断电浓度时，切断被控设备电源并闭锁；甲烷浓度低于复电浓度时，自动解锁；与闭锁控制有关的设备(含甲烷传感器、分站、电源、断电控制器、电缆、接线盒等)未投入正常运行或故障时，切断该设备所监控区域的全部非本质安全型电气设备的电源并闭锁；当与闭锁控制有关的设备工作正常并稳定运行后，自动解锁。系统必须由现场设备完成甲烷风电闭锁功能；安全监控系统必须具有地面中心站手动遥控断电/复电功能，并具有操作权限管理和操作记录功能；安全监控系统应具有异地断电/复电功能；系统宜具有自动、手动、就地、远程和异地调节功能。

(3) 存储和查询功能。系统必须具有以地点和名称为索引的存储和查询功能，包括甲烷浓度、风速、负压、一氧化碳浓度等重要测点模拟量的实时监测值；模拟量统计值(最大值、平均值、最小值)；报警及解除报警时刻及状态；断电/复电时刻及状态；馈电异常报警时刻及状态；局部通风机、风筒、主要通风机、风门等状态及变化时刻；瓦斯抽采(放)量等累计量值；设备故障/恢复正常工作时刻及状态等。模拟量及相关显示内容包括地点、名称、单位、报警门限、断电门限、复电门限、监测值、最大值、最小值、平均值、断电/复电命令、馈电状态、超限报警、馈电异常报警、传感器工作状态等。开关量显示内容包括地点、名称、启/停时刻、状态、工作时间、开停次数、传感器工作状态、报警及解除报警状态及时刻等。累计量显示内容包括地点、名称、单位、累计量值等。系统应能在同一时间坐标上,同时显示模拟量曲线和开关状态图等。系统必须具有模拟量实时曲线和历史曲线显示功能。在同一坐标中,用不同颜色显示最大值、平均值、最小值等曲线。系统必须具有开关量状态图及柱状图显示功能。系统必须具有模拟动画显示功能。显示内容包括通风系统模拟图、相应设备开停状态、相应模拟量数值等。应具有漫游、总图加局部放大、分页显示等方式。系统必须具有系统设备布置图显示功能,显示内容包括传感器、分站、电源箱、断电控制器、传输接口和电缆等设备的设备名称、相对位置和运行状态等。若系统庞大一屏容纳不下,可漫游、分页或总图加局部放大。

(4) 具有诊断与故障报警功能。系统必须具有人机对话功能,以便于系统生成、参数修改、功能调用、控制命令输入等。系统必须具有自诊断功能。当系统中传感器、分站、传输接口、电源、断电控制器、传输电缆等设备发生故障时,报警并记录故障时间和故障设备,以供查询及打印。系统必须具有双机切换功能。系统主机必须双机备份,并具有手动切换功能或自动切换功能。当工作主机发生故障时,备份主机投入工作。系统必须具有备用电源。当电网停电后,保证对甲烷、风速、风压、一氧化碳、主要通风机、局部通风机开停、风筒状态等主要监控量继续监控。系统必须具有数据备份功能。传感器应具有现场模拟测试报警和断电功能。

(5) 软件功能:① 简单配置功能,地面可对井下分站、传感器的数量、类型、参数、安装地点等进行设置;② 丰富的图形功能,软件可显示工艺流程模拟图、各种监测数据动态图形、柱状图、实时曲线、历史曲线等图形;③ 动态图形可由用户根据实际情况自行设计;④ 实用的报表功能,软件可自动生成报表,报表内容、起止时间可由用户设定;⑤ 可靠的存储功能。

(6) 网络功能。井口各环境参数实时显示,不仅可使煤矿安全监察员,也可让每位下井煤矿员工自觉对各环境参数安全进行有效的监督和检视。在政府监管部门设服务器一台,通过宽带网将政府监管部门与各煤矿(集团公司)监控系统连接成一个网络,设在政府监管部门服务器,随时向各个煤矿(集团公司)提取数据,并在服务器上进行数据存储、报警、显示、打印。同时,可在政府监管部门监控中心设置各煤矿瓦斯数据和其他数据监视大屏幕,对各煤矿(集团公司)进行行之有效的监督指导。

12.2.3 KJ95N 型煤矿监测监控系统

KJ95N 型煤矿综合监控系统是在天地(常州)自动化股份有限公司(煤炭科学研究总院常州自动化研究院)开发的矿井综合监控系统,可实现矿井上、下各类环境参数、生产参数及瓦斯抽放过程的监测与显示、报警与控制,适于大中小各类矿井使用。系统结构如图 12-2 所示。该系统主要特点如下。

(1) 系统功能全面。监测监控甲烷浓度、风速、负压、一氧化碳浓度、烟雾、温度、风门开关等环境参数;监测监控煤仓煤位、水仓水位、空气压缩机风压、箕斗计数、各种机电设备开停等;监测监控电压、电流、功率等电量参数;监测监控输送带跑偏、输送带速度、轴承温度、机头堆煤等各种机电设备的运行情况;汇接管理带式输送机控制保护装置和集中控制系统、轨道运输监控系统、电力监测系统、选煤厂集控系统、水泵监控系统、火灾监测系统,以及人员监测系统等,实现局部生产及管理环节的自动化。

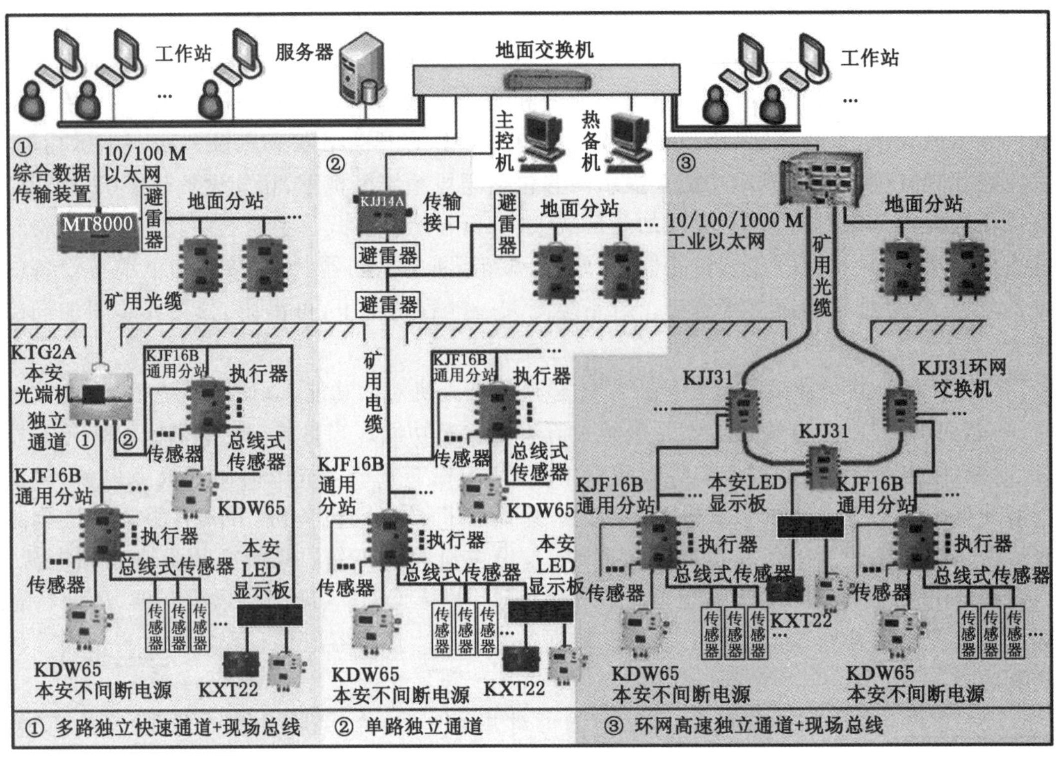

图 12-2　KJ95N 系统结构

(2) 技术先进,组合方式多样,综合能力强。融安全与生产监测监控系统、工业电视监视系统、人员监测系统及程控调度通信系统等于一体,实现井下传输信道合一、全矿范围内各类煤矿监控系统组网管理、与远程终端通过公用电话网连接等,大幅度减少信道与设备投资,可用作为全矿井综合自动化系统中的安全生产监控子系统。传输网络简单、可靠。采用标准网络传输协议,传输速率高,传输误码率低,无中继传输距离长。系统主干传输网络有电缆总线传输模式、光缆传输模式和工业以太环网传输模式 3 种组网模式。

(3) 分站自主性、适应性强。由分站、传感器及执行器组成的工作单元可独立工作。当中心站与分站失去联系时,分站能动态存储监测数据,在通信恢复正常后,续传给中心站;具有风、电、瓦斯闭锁功能;大屏幕液晶汉字显示分站所接传感器类型、实时参数及模拟量变化曲线;红外遥控设定修改传感器类型、报警、断电值等参数;分站可以作为主站继续挂接小分站,应用于局部安全生产环节的监测控制,扩大系统的应用范围。模拟量端口与开关量端口可互换,可按需增加某类端口的数量。支持多种标准或非标准信号制式,如电压、电流、频率和触点信号等。

(4) 系统软件功能强大。系统软件基于 COM/DCOM 组件技术,采用客户/服务器体系结构,兼容性能与开放性能好;可以和具有 OPC 标准接口、其他标准接口(如 RS232、RS422、RS485 等采用标准协议)的设备无缝连接,非标准接口的其他监控设备可通过协议转换接于系统中;具有丰富的组态、画面编辑及报表(数据图)生成功能;支持数据、开关量状态的模拟盘显示,图形、曲线、数据的大屏幕或多屏显示;对所有监测数据和重要操作事件均采用数据库保存,用户可根据需要自行设定保存期限,为用户二次开发和事件的追述提供良好的条件;各种操作(包括测点定义、参数设置、图形生成、报表制作、数据浏览等)不影响系统的传输,保证系统的监测实时性;具有强大的数据采集功能、先进的数据处理技术,每隔 2min 形成模拟量传感器的最大、最小及平均值记录,随时统计各分站的通信、供电、报警、断电和复电状态、机电设备开停和运行状态。

(5) 报警与控制功能完备。可实现中心站程控或手动强行控制异地断电、分站和传感器就地断电及分站区域断电功能;具有声光、语音报警、报警联动及可通过程控调度通信网对井下局部或全矿井进行语音广播报警等多种类型的报警功能;具有传输故障、设备故障、供/断电状况和软件运行故障等的自诊断功能,还具有远程维护功能。

12.3　石化储罐区安全监控系统

《石油化工企业设计防火标准(2018 年版)》(GB 50160—2008)规定石油化工企业的生产区、公用及辅助生产设施、全厂性重要设施和区域性重要设施的火灾危险场所应设置火灾自动报警系统和火灾电话报警。

12.3.1　石化企业的火灾危险性

石油化工企业中,布置在一个防火堤(可燃液态物料储罐发生泄漏事故时,防止液体外流和火灾蔓延的构筑物)内的一个或多个储罐称为罐组,一个或多个罐组构成的区域称为罐区。

石油化工储罐区储存的物质主要是油品及液化气等可燃、易燃液体。可燃液体常温下遇点火源容易起火燃烧,且具有流淌性。装盛可燃液体的容器、管道一旦发生泄漏,会扩大危险范围。石油化工储罐的呼吸阀、排气阀等装置,可向空气中散发大量的可燃性气体,当可燃性气体与空气混合的浓度达到爆炸极限范围时,例如遇撞击、摩擦、热源或火花等点火源的作用会发生燃烧甚至爆炸,这更加大了石油化工储罐区的火灾危险性。石油化工储罐区储存的大部分易燃、可燃液体,如汽油、煤油、醚、酯等是高电阻率的电解质,这些物质与罐体接触、摩擦极易产生静电,当静电积累到一定程度,将会发生放电产生火花,形成点火源引起燃烧爆炸。

12.3.2　石化企业火灾自动报警设计要求

在石油化工企业的火灾危险场所设置火灾报警系统可及时发现和通报初期火灾,防止火灾蔓延和重大火灾事故的发生。火灾自动报警系统和火灾电话报警,以及可燃和有毒气体检测报警系统、电视监视系统(CCTV)等均属于石油化工企业安全防范和消防监测的手段和设施,在系统设置、功能配置、联动控制等方面应有机结合,综合考虑,以增强安全防范和消防监测的效果。

(1) 火灾电话报警的设计。消防站应设置可受理不少于两处同时报警的火灾受警录音电话,且应设置无线通信设备;在生产调度中心、消防水泵站、中央控制室、总变配电所等重要场所应设置与消防站直通的专用电话。设置无线通信设备,是因为随着无线通信技术的发展,其所具有可移动的优点,已经成为石油化工企业内对于火灾报警、确认和扑救指挥有效的通信工具。“直通的专用电话”是指在两个工作岗位之间成对设置的电话机,摘机即通,专门用于两个或多个工作岗位之间的通信联系，一般通过程控交换机的热线功能实现。因为当石化企业发生火灾时，尤其是工艺装置火灾，需要从生产工艺角度采取切断物料及卸料等紧急措施，需要生产操作人员与消防人员及时电话通信联系，密切配合，以防止火灾的蔓延与次生灾害的发生

（2）火灾自动报警系统的设计。对于石油化工企业内火灾自动报警系统的设计应全盘考虑，各个石油化工装置、辅助生产设施、全厂性重要设施和区域性重要设施所设置的区域性火灾自动报警系统宜通过光纤通信网络连接到全厂性消防控制中心，使其构成一套全厂性的火灾自动报警系统。生产区、公用工程及辅助生产设施、全厂性重要设施和区域性重要设施等火灾危险性场所应设置区域性火灾自动报警系统；两套及两套以上的区域性火灾自动报警系统宜通过网络集成为全厂性火灾自动报警系统；火灾自动报警系统应设置警报装置。当生产区有扩音对讲系统时，可兼作为警报装置；当生产区无扩音对讲系统时，应设置声光警报器；区域性火灾报警控制器应设置在该区域的控制室内；当该区域无控制室时，应设置在 24 h 有人值班的场所，其全部信息应通过网络传输到中央控制室；火灾自动报警系统可接收电视监视系统（CCTV）的报警信息，重要的火灾报警点（主要是指大型的液化烃及可燃液体罐区、加热炉、可燃气体压缩机及火炬头等场所）应同时设置电视监视系统；重要的火灾危险场所应设置消防应急广播。当使用扩音对讲系统作为消防应急广播时，应能切换至消防应急广播状态；全厂性消防控制中心宜设置在中央控制室或生产调度中心，宜配置可显示全厂消防报警平面图的终端。

（3）手动火灾报警按钮设置。甲、乙类装置区周围和罐组四周道路边应设置手动火灾报警按钮，其间距不宜大于 100 m。装置及储运设施多已采用 DCS 控制，且伴随着石油化工装置的大型化，中央控制室距离所控制的装置及储运设施越来越远，现场值班的人员很少，为发现火灾时能及时报警，要求在甲乙类装置区四周道路边、罐区四周道路边等场所设置手动火灾报警按钮。

（4）火灾探测器的选择。外浮顶油罐宜采用线型光纤感温火灾探测器，且每只线型光纤感温火灾探测器应只能保护一个油罐，并应设置在浮盘的堰板上。除浮顶和卧式油罐外的其他油罐宜采用火焰探测器。采用光栅光纤感温火灾探测器保护外浮顶油罐时，两个相邻光栅间距离不应大于 3 m。油罐区可在高架杆等高位处设置点型红外火焰探测器或图像型火灾探测器做辅助探测。火灾报警信号宜联动报警区域内的工业视频装置确认火灾。在罐区浮顶罐的密封圈处推荐设置无电型的线型光纤光栅感温火灾探测器或其他类型的线型感温火灾探测器，既可以监视密封圈处的温度值又可设定超温火灾报警，该类型的线型感温火灾探测器目前在石油化工企业已取得了较好的应用业绩。储罐上的光纤型感温探测器应设置在储罐浮顶的二次密封圈处。储罐的光纤感温探测器应根据消防灭火系统的要求进行报警分区，每台储罐至少应设置一个报警分区。

（5）其他要求。单罐容积大于或等于 30 000 m^3 的浮顶罐的密封圈处应设置火灾自动报警系统；单罐容积大于或等于 10 000 m^3 并小于 30 000 m^3 的浮顶罐的密封圈处宜设置火灾自动报警系统。火灾自动报警系统的 AC220 V 主电源应优先选择不间断电源（UPS）供电。直流备用电源应采用火灾报警控制器的专用蓄电池，应保证在主电源事故时持续供电时间不少于 8 h。

12.3.3　石化企业储罐区安全监控功能要求

根据石油化工储罐区特殊的火灾危险性，石油化工储罐区的安全监测参数主要包括可燃性气体浓度、成分、温度、液位或压力等工艺参数。石油化工储罐区的火灾探测参数确定，应充分考虑储罐区的特点。当储存的油品为原油等重质油品时，因其含碳量较多，燃烧将产生大量的烟气，火灾探测的重点应放在对烟气浓度的探测上，同时对火灾温度进行监测。对于轻质油品及一些成品油，由于其含碳量较少，燃烧较充分，在火灾燃烧初期不会产生或产生少量烟气，应着重考虑火焰探测问题。

对石油化工储罐区安全参数监测的总要求是通过对工艺参数和火灾参数的实时监测和数据分析，对参数异常情况及时预测并判断可能的后果，确保采取有效的联动控制，启动安全设施及灭火设施。对监测环境中工艺参数的监测要求主要是有效测量各类参数，预测石油化工储罐区的安全状态、事故及火灾危险性，根据判断结果采取相应的安全措施。对火灾参数的监测要求是在火灾初期对烟气浓度、温度、光辐射强度等进行有效监测，综合分析监测数据，及时产生报警信号及联动控制信号，有效启动现场灭火设备。

12.3.4　石化储罐区安全监控系统应用

以某石化厂液化气罐区 2 000 m^3 球罐为例，研究石化储罐区消防安全性分析评估方法，和石化储罐区消防安全监测系统的最佳构成模式，准确确定监测参数，合理选配监控仪器设备，严格编制监控系统应用软件。目的在于实测和动态反映石化生产过程各关键部位的安全参数，建立管理与硬件监控相结合的安全监控预警系统，分析和判断石化储罐安全状态，将石化罐区内诸多的危险因素和危险参数给予实时监测、报警和控制，及时预测可能的后果和事故隐患，避免事故发生。

石化储罐区火灾监测与灭火联动控制系统的设计思路是：根据石化储罐区消防安全监测要求，采用系统集成设计方法设计构造石化储罐区火灾监测与有效灭火联动控制系统，实现工艺及安全参数的实时监测处理，根据监测数据分析石化储罐区的安全状态，及时预测判断可能的灾害事故后果，并通过远程联动控制装置有效启动现场消防设备或灭火设施。

根据总体设计思路，系统设计应注重两项原则：一是管理软件与硬件监控系统相结合，根据现场实际情况制定安全管理规范和事故处置预案，使用计算机技术将安全管理要求和事故处理预案与硬件监控系统有机结合起来，确保硬件监控的可靠性和联动控制的有效性；二是生产监控与安全监控相结合，通过连锁控制、自动停车及其他参数自动控制等监控措施，使储罐区进出料生产过程与静态安全参数监测控制协调互补，达到安全生产的目的。

根据石化储罐区的特点，考虑到环境工艺参数和火灾参数的监测要求，石化储罐区火灾监测与灭火联动控制系统应采用如图 12-3 所示的系统结构形式，以兼顾工艺监测参数直流 4～20 mA 传输和火灾参数频率量传输的不同要求，以及灭火设备联动控制的信号输出要求。

常规火灾参数的探测采用防爆型火灾探测器，如选用防爆型光电感烟火灾探测器、防爆型电子感温探测器、线缆感温探测装置等。工艺参数的监测是根据数据通信转换协议，设计构造防爆型 DDZ 转换器，接受处理 4～20 mA 本质安全型输出信号，例如可燃气体浓度、气体成分、储罐温度、液位、压力等工艺参数探测器的输出信号。监控主机主要完成对安全参数及火灾初期参数的连续采集处理，对采集到的信号采用现代信号检测的处理方法，进行状

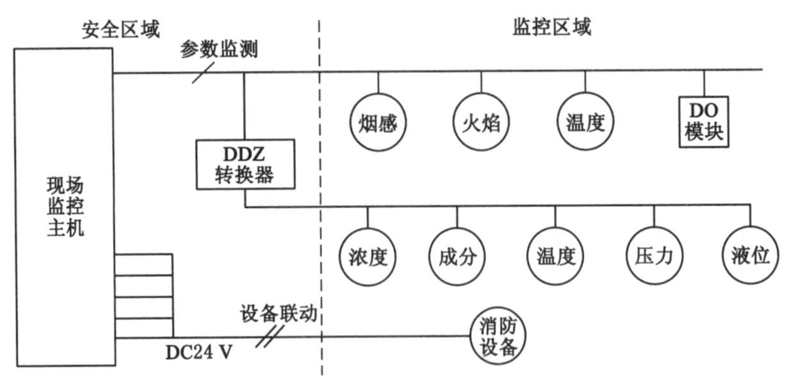

图 12-3　石化储罐区火灾监测系统功能结构

态分析，及时预测并采取措施对事故进行处理，通过直流硬线连接方式和远程联动控制装置有效启动现场消防设备，实施灭火操作。

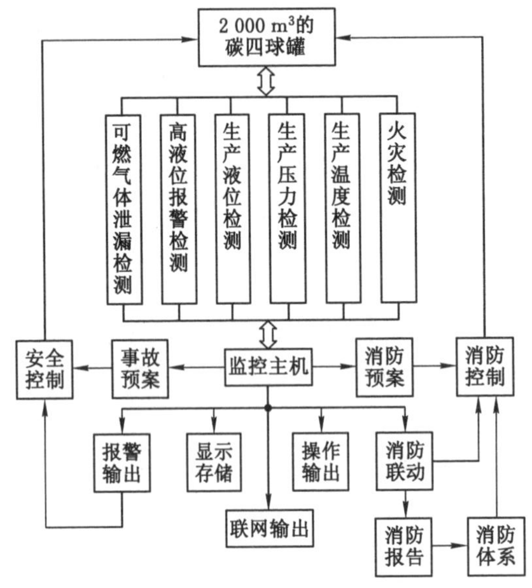

图 12-4　石化储罐区火灾监测系统组成

依据上述思路，同时考虑该石化厂液化气罐区 2 000 m^3 球罐的实际状况，在重点分析石化储罐区消防安全性、确定监测参数和有效监控方法的基础上，针对生产安全和消防安全要求确定的球罐消防安全监测系统组成，如图 12-4 所示。

系统的监测范围是 2 000 m^3 球罐及其泵区。监测参数有球罐压力、温度、液位和高液位，罐区和泵区可燃气泄漏量，罐区和泵区 20 m 范围感温式火灾信息。火灾监控措施包括 4 个可燃气体泄漏监测点，1 条感温监测电缆（火灾报警），1 个高液位监测报警点和液位、压力、温度 3 个生产参数监测点，整个系统由监控主机管理。其中，液位、压力和温度 3 个安全监测参数取自石化储罐区生产安全监测系统。可燃气体泄漏监测报警采用可燃气体浓度检测探测器，3 台安装在球罐底部，1 台安装在物料泵区，输出监测参数为 4～20 mA 标准信号，信号直接送入监控主机。火灾监测报警采用可复用式线型感温电缆，在物料泵区架设 10 m，在球罐底部架设 10 m，二者串联后送入微机控制器并输出开关量信号，送入监控主机。高液位开关量报警信号取自球罐顶部安装的高液位报警装置，输出直接送入监控主机，液位超高即发出报警。

根据石油化工生产过程控制系统的要求，石化储罐区火灾监测与灭火联动控制系统一般采用系统集成方式构成，在系统硬件结构确定后需编制应用软件实现系统的各种功能。为提高运行效率、方便调试及维护系统，控制系统设有系统主控模块、信息通信模块、消防管理模块等。系统主控模块主要完成数据采集处理、报警判断与联动控制输出、自动与手动控制方式切换、系统管理。事故处置模块根据监测数据完成对监测区域安全状态的事故状态分析预测，对工艺安全进行操作控制和处置紧急情况，实施救灾方案。信息通信模块主要完成通信协议管理、数据通信控制、异地远程联网。消防管理模块主要完成系统操作管理、设备工况管理、防火管理与数据存储。

石油化工储罐区的消防设备主要包括火灾警报装置、灭火设备及安全操作设备。火灾警报装置是为了在安全参数出现异常或火灾发生时，根据火灾探测信号及时报警和采取相应的安全措施，主要设备有警铃、水力警铃、事故广播等。灭火设备是为了在火灾初期有效地控制火势，及时扑灭初起火灾，主要设备有泡沫灭火系统、自动喷淋冷却系统等，具有联动要求的设备有消防水泵、泡沫泵、自动喷淋泵等。安全操作设备是为了在安全参数出现异常时，对输油线路及各种控制阀门进行控制和操作，如压力阀等。

石化储罐区的各种消防设备对联动控制的要求不同，有些设备在出现异常时直接启动，例如警铃；有些设备在出现异常后需要延时启动，如消防水泵需在火灾确认后启动；有些设备需要在启动后，对系统返回状态信号，如泡沫泵等。石油化工储罐区具有远程联动要求的设备主要有消防水泵、泡沫泵、安全阀、声光报警器、讯响器、消防电话及消防广播等。在石化储罐区，考虑到消防水泵、枪储备数量少，重要性强且分散布置，多采用专线方式直接控制，或者专线与总线复合控制方式，使用直流 24 V 标准的驱动信号直接送入现场消防设备配电箱驱动，以确保这些设备动作的高度可靠性。

生产安全和消防安全控制装置完成设备系统的控制功能，由液位参数或人工操作实现球罐进出料阀自动/手动控制，以及进出料泵自动/手动控制；由压力参数或人工操作实现放空阀自动/手动控制，以及水喷淋装置自动/手动控制；由火灾监测参数或人工操作实现消防水枪自动/手动控制；由火灾监测参数或人工操作实现消防泡沫泵自动/手动控制。

石化储罐区火灾监测与灭火联动控制系统和消防设备联动控制实现了安全参数监控与生产过程监控相结合，安全参数监控系统相对独立；安全参数监测报警与事故处置预案相结合，实现动态安全监测与管理；实现监控主机与各类探测器的直接通信及系统联网，简化系统结构；实现系统应用软件结构模块化，达到功能层次清晰，便于操作；采用计算机多媒体技术，形象生动地实现监测数据和事故预案显示。

石化储罐区火灾自动监测与灭火联动控制系统是石油化工防火安全基础设施之一。系统安全参数监测的准确程度、固定灭火装置的联动及时性、系统无故障工作时间、系统运行成本等各方面指标需综合考虑，以适应当前我国大型石油化工储罐区的防火安全要求。

12.4　住宅建筑火灾自动报警系统

火灾自动报警系统是探测火灾早期特征、发出火灾报警信号，为人员疏散、防止火灾蔓延和启动自动灭火设备提供控制与指示的消防系统。火灾自动报警系统可用于人员居住和经常有人滞留的场所、存放重要物资或燃烧后产生严重污染需要及时报警的场所。火灾自动报警系统的设计，应遵循国家有关方针、政策，针对保护对象的特点，做到安全可靠、技术先进、经济合理。对于建、构筑物中设置的火灾自动报警系统的设计，《建筑设计防火规范(2018 年版)》(GB 50016—2014)、《火灾自动报警系统设计规范》(GB 50116—2013)、《家用火灾安全系统》(GB 22370—2008)等进行了相关规定。

12.4.1 火灾自动报警系统设计的基本规定

(1) 火灾自动报警系统应设有自动和手动两种触发装置。火灾自动报警系统中设置的火灾探测器,属于自动触发报警装置,而手动火灾报警按钮则属于人工手动触发报警装置。在设计中,两种触发装置均应设置。

(2) 火灾自动报警系统设备应选择符合国家有关标准和有关市场准入制度的产品。消防产品作为保护人民生命和财产安全的重要产品,其性能和质量至关重要。为了确保消防产品的质量,国家对生产消防产品的企业和法人提出了市场准入要求,凡符合要求的企业和法人方可生产和销售消防产品,就是我们经常所说的市场准入制度。这些制度是选用消防产品的重要依据。《中华人民共和国消防法》中规定,消防产品必须符合国家标准;没有国家标准的,必须符合行业标准。禁止生产、销售或使用不合格的消防产品以及国家明令淘汰的消防产品。火灾自动报警设备的质量直接影响系统的稳定性、可靠性指标,所以符合国家有关标准和有关准入制度的要求是保证产品质量一种必要的要求和手段。

(3) 接口和通信协议的兼容性符合规定。系统中各类设备之间的接口和通信协议的兼容性应符合现行国家标准《火灾自动报警系统组件兼容性要求》(GB 22134—2008)的有关规定,保证系统兼容性和可靠性。

(4) 设备总数和地址总数要求。任一台火灾报警控制器所连接的火灾探测器、手动火灾报警按钮和模块等设备总数和地址总数,均不应超过 3 200 点,其中每条总线回路连接设备的总数不宜超过 200 点,且应留有不少于额定容量 10%的余量;任一台消防联动控制器地址总数或火灾报警控制器(联动型)所控制的各类模块总数不应超过 1 600 点,每条联动总线回路连接设备的总数不宜超过 100 点,且应留有不少于额定容量 10%的余量。

(5) 系统总线上应设置总线短路隔离器,每只总线短路隔离器保护的火灾探测器、手动火灾报警按钮和模块等消防设备的总数不应超过 32 点;总线穿越防火分区时,应在穿越处设置总线短路隔离器,短路隔离器是最大限度地保证系统整体功能不受故障部件影响的关键。

(6) 超高层建筑要求。对于高度超过 100 m 的建筑,为便于火灾条件下消防联动控制的操作,防止受控设备的误动作,在现场设置的火灾报警控制器成分区控制,除消防控制室内设置的控制器外,每台控制器直接控制的火灾探测器、手动报警按钮和模块等设备不应跨越避难层。

12.4.2 系统形式的选择和设计要求

(1) 火灾自动报警系统形式的选择。仅需要报警,不需要联动自动消防设备的保护对象宜采用区域报警系统。不仅需要报警,同时还需要联动自动消防设备,且只设置一台具有集中控制功能的火灾报警控制器和消防联动控制器的保护对象,应采用集中报警系统,并应设置一个消防控制室。设置两个及以上消防控制室的保护对象,或已设置两个及以上集中报警系统的保护对象,应采用控制中心报警系统。火灾自动报警系统的形式和设计要求与保护对象及消防安全目标的设立直接相关。正确理解火灾发生、发展的过程和阶段,对合理设计火灾自动报警系统有着十分重要的指导意义。

(2) 区域报警系统的设计。系统应由火灾探测器、手动火灾报警按钮、火灾声光警报器及火灾报警控制器等组成,系统中可包括消防控制室图形显示装置和指示楼层的区域显示器。火灾报警控制器应设置在有人值班的场所。系统未设置消防控制室图形显示装置时，应设置火警传输设备。系统可以根据需要增加消防控制室图形显示装置或指示楼层的区域显示器。区域报警系统不具有消防联动功能。在区域报警系统里。可以根据需要不设消防控制室，若有消防控制室，火灾报警控制器和消防控制室图形显示装置应设置在消防控制室；若没有消防控制室，则应设置在平时有专人值班的房间或场所。区域报警系统应具有将相关运行状态信息传输到城市消防远程监控中心的功能。

(3) 集中报警系统的设计。系统应由火灾探测器、手动火灾报警按钮、火灾声光警报器、消防应急广播、消防专用电话、消防控制室图形显示装置、火灾报警控制器、消防联动控制器等组成。系统中的火灾报警控制器、消防联动控制器和消防控制室图形显示装置、消防应急广播的控制装置、消防专用电话总机等起集中控制作用的消防设备，应设置在消防控制室内。

(4) 控制中心报警系统设计。有两个及以上消防控制室时，应确定一个主消防控制室。主消防控制室应能显示所有火灾报警信号和联动控制状态信号，并应能控制重要的消防设备；各分消防控制室内消防设备之间可互相传输、显示状态信息，但不应互相控制。

12.4.3　消防联动控制设计要求

(1) 消防联动控制器应能按设定的控制逻辑向各相关的受控设备发出联动控制信号，并接受相关设备的联动反馈信号。通常在火灾报警后经逻辑确认(人工确认)，联动控制器应在 3 s 内按设定的控制逻辑准确发出联动控制信号给相应的消防设备，当消防设备动作后将动作信号反馈给消防控制室并显示。消防联动控制器是消防联动控制系统的核心设备，消防联动控制器按设定的控制逻辑向各相关受控设备发出准确的联动控制信号，控制现场受控设备按预定的要求动作，是完成消防联动控制的基本功能要求；同时为了保证消防管理人员及时了解现场受控设备的动作情况，受控设备的动作反馈信号应反馈给消防联动控制器

(2) 消防联动控制器的电压控制输出应采用直流 24 V，其电源容量应满足受控消防设备同时启动且维持工作的控制容量要求。消防联动控制器的电压控制输出采用主流 24 V，主要考虑的是设备和人员安全问题，24 V 也是火灾自动报警系统中应用普通的电压。除容量满足受控消防设备同时启动所需的容量外，还要满足传输线的路径要求，当线路压降超过 5％时，其直流 24 V 电源应由现场提供。

(3) 受控设备接口的特性参数应与消防联动控制器发出的联动控制信号相匹配。消防联动控制器与各个受控设备之间的接口参数应能够兼容和匹配，保证系统兼容性和可靠性。一般情况下，消防联动控制系统设备和现场受控设备的生产厂家不同，各自设备对外接口的特性参数不同，在工程的设计、设备选型等环节细化要求的防联动控制系统设备和现场受控设备接口的特性参数相互匹配，是保证在应急情况下，建筑消防设施的协同、有效动作的基本技术要求。

(4) 消防水泵、防烟和排烟风机的控制设备，除应采用联动控制方式外，还应在消防控制室设置手动直接控制装置。消防水泵、防烟和排烟风机等消防设备的手动直接控制应通过火灾报警控制器(联动型)或消防联动控制器的手动控制盘实现，盘上的启停按钮应与消防水泵、防烟和排烟风机的控制箱(柜)直接用控制线或控制电缆连接。消防水泵、防烟和排烟风机是在应急情况下实施初起火灾扑救、保障人员疏散的重要的防设备。考虑到消防联

动控制器在联动控制时序失效等极端情况下，可能出现不能按预定要求有效启动上述消防设备的情况，要求冗余采用直接手动控制方式对此类设备进行直接控制，该要求是重要消防设备有效动作的重要保障。

(5) 启动电流较大的消防设备宜分时启动。消防设备启动的过电流将导致消防供电线路和消防电源的过负荷，也就不能保证消防设备的正常工作。因此，应根据消防设备的启动电流参数，结合设计的消防供电线路负荷或消防电源的额定容量，分时启动电流较大的消防设备。

(6) 需要火灾自动报警系统联动控制的消防设备，其联动触发信号应采用两个独立的报警触发装置报警信号的“与”逻辑组合。为了保证自动消防设备的可靠启功，其联动触发信号应采用两个独立的报警触发装置报警信号的“与”逻辑组合。任何一种探测器对火灾的探测都有局限性，对于可靠性要求较高的气体、泡沫等自动灭火设备、设施，仅采用单一探测形式探测器的报警信号作为该类设备、设施启动的联动触发信号，不能保证这类设备、设施的可靠启动，从而带来不必要的损失，因此，要求该类设备的联动触发信号必须是两个及以上不同探测形式的报警触发装置报警信号的“与”逻辑组合。

12.4.4 火灾警报和消防应急广播系统的联动控制设计要求

(1) 火灾自动报警系统应设置火灾声光警报器，并应在确认火灾后启动建筑内的所有火灾声光警报器。发生火灾时，火灾自动报警系统能够及时准确地发出警报，对保障人员的安全具有至关重要的作用。火灾自动报警系统均应设置火灾声光警报器，并在发生火灾时发出警报，其主要目的是在发生火灾时对人员发出警报，警示人员及时疏散。

(2) 未设置消防联动控制器的火灾自动报警系统，火灾声光警报器应由火灾报警控制器控制；设置消防联动控制器的火灾自动报警系统，火灾声光警报器应由火灾报警控制器或消防联动控制器控制。

(3) 公共场所宜设置具有同一种火灾变调声的火灾声警报器；具有多个报警区域的保护对象，宜选用带有语音提示的火灾严警报器；学校、工厂等各类日常使用电铃的场所，不应使用警铃作为火灾声警报器。

(4) 火灾声警报器设置带有语音提示功能时，应同时设置语音同步器。为避免临近区域出现火灾语音提示后声音不一致的现象，带有语音提示的火灾声警报器应同步设置语音同步器。在火灾发生时，及时、清楚地对建筑内的人员传递火灾警报信息是火灾自动报警系统的主要功能。当火灾声警报器设置语音提示功能时，设置语音同步器是保证火灾警报信息准确传递的基本技术要求。

(5) 同一建筑内设置多个火灾声警报器时，火灾自动报警系统应能同时启动和停止所有火灾声警报器工作。为保证建筑内人员对火灾报警响应的一致性，有利于人员疏散，建筑内设置的所有火灾声警报器应能同时启动和停止。建筑内设置多个火灾声警报器时，同时启动同时停止，可以保证火灾警报信息传递的一致性以及人员响应的一致性，同时也便于消防应急广播等指导人员疏散信息向人员传递的有效性。要求对建筑内设置的多个火灾声警报器同时启动和停止，是保证火灾警报信息有效传递的基本技术要求，

(6) 火灾声警报器单次发出火灾警报时间宜为 8～20 s，同时设有消防应急广播时，火灾声警报应与消防应急广播交替循环播放。实践证明，火灾时，先鸣警报装置，高分贝的啸叫会刺激人的神经使人立刻警觉，然后再播放广播通知疏散，如此循环进行效果更好。

(7) 集中报警系统和控制中心报警系统应设置消防应急广播。采用集中报警系统和控制中心提警系统的保护对象多为高层建筑或大型民用建筑，这些建筑内人员集中又较多，火灾时影响面大，为了便于火灾时统一指挥人员有效疏散，要求在集中报警系统和控制中心报警系统中设置消防应急广播。对于高层建筑式大型民用建筑这些人员密集场所，多年的灭火救援实践表明，在应急情况下，消防应急广播播放的疏散导引的信息可以有放地指导建筑内的人员有序疏散。

(8) 消防应急广播系统的联动控制信号应由消防联动控制器发出。当确认火灾后，应同时向全楼进行广播。火灾发生时，每个人都应在第一时间得知，同时为避免由于错时疏散而导致的在疏散通道和出口处出现人员拥堵现象，要求在确认火灾后同时向整个建筑进行应急广播。

(9) 消防应急广播的单次语音播放时间宜为 10～30 s，应与火灾声警报器分时交替工作，可采取 1 次火灾声警报器播放、1 次或 2 次消防应急广播播放的交替工作方式循环播放。

(10) 在消防控制室应能手动或按预设控制逻辑联动控制选择广播分区、启/停应急广播系统，并应能监听消防应急广播。在通过传声器进行应急广播时，应自动对广播内容进行录音。为了有效地指导建筑内各部位的人员疏散，作为建筑消防系统控制及管理中心的消防控制室内，应能手动或自动对各广播分区进行应急广播。与日常广播或背景音乐系统合用的消防应急广播系统，如果广播扩音装置未设置在消防控制室内，不论采用哪种遥控播音方式，在消防控制室都应能用话筒直接播音和遥控扩音机的开关，自动或手动控制相应分区，播送应急广播。在消防控制室应能监控扩音机的工作状态，监听消防控制室广播的内容，同时为了记录现场应急指挥的情况，应对通过传声器广播的内容进行录音。

(11) 消防应急广播相关信息的显示要求。消防控制室内应能显示消防应急、广播的广播分区的工作状态。

(12) 消防应急广播与普通广播或背景音乐广播台用时，应具有强制切入消防应急广播的功能。由于日常工作需要，很多建筑设置了普通广播或背景音乐广播。为了节约建筑成本，可以在设置消防应急广播时共享相关资源。但是，在应急状在时，广播系统必须能够无条件的切换至消防应广播状态，这是保证消防应急广播信息有效传递的基本技术要求。

12.4.5 住宅建筑火灾自动报警系统设计

住宅建筑火灾自动报警系统可根据实际应用过程中保护对象的具体情况分为 4 类。A 类系统可由火灾报警控制器、手动火灾报警按钮、家用火灾探测器、火灾声警报器、应急广播等设备组成。B 类系统可由控制中心监控设备、家用火灾报警控制器、家用火灾探测器、火灾声警报器等设备组成。C 类系统可由家用火灾报警控制器、家用火灾探测器、火灾声警报器等设备组成。D 类系统均由独立式火灾探测报警器、火灾声警报器等设备组成。有物业集中监控管理且设有市联动控制的消防设施的住宅建筑应选用 A 类系统。仅有物业集中监控管理的住宅建筑宜选用 A 类或 B 类系统。没有物业集中监控管理的住宅建筑宜选用 C 类系统。别墅式住宅和已投入使用的住宅建筑可选用 D 类系统。

(1) A 类系统的设计。住户内设置的家用火灾探测器可接入家用火灾报警控制器，也可直接接入火灾报警控制器。设置的家用火灾报警控制器应将火灾报警信息、故障信息等相关信息传输给相连接的火灾报警控制器。建筑公共部位设置的火灾探测器应直接接入火灾报警控制器。A类系统结构如图12-5所示。

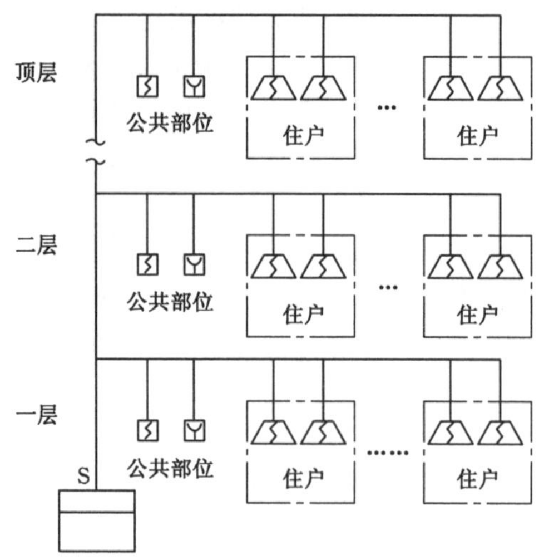

图12-5 A类系统结构

(2) B类和C类系统的设计。住户内设置的家用火灾探测器应接入家用火灾报警控制器。家用火灾报警控制器应能启动设置在公共部位的火灾声警报器。B类系统中,设置在每户住宅内的家用火灾报警控制器应连接到控制中心监控设备,控制中心监控设备应能显示发生火灾的住户。B类系统结构如图12-6所示,C类系统结构如图12-7所示。

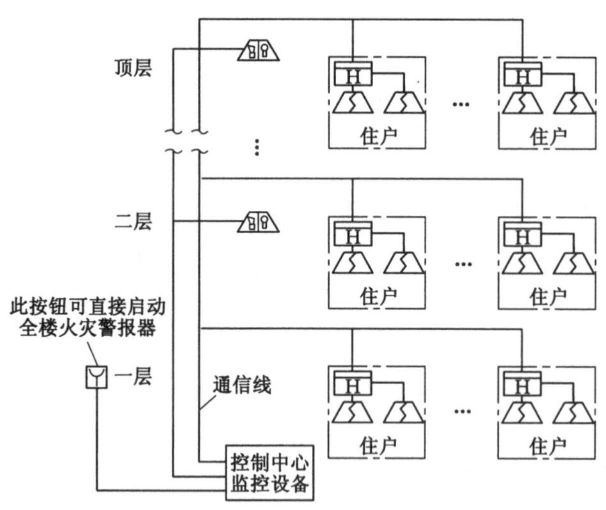

图12-6 B类系统结构

(3) D类系统的设计。有多个起居室的住户,宜采用互连型独立式火灾探测报警器。宜选择电池供电时间不少于3年的独立式火灾探测报警器。D类系统结构如图12-8所示。

(4) 采用无线方式将独立式火灾探测报警器组成系统时,系统设计应符合A类、B类或C类系统之一的设计要求。

每间卧室、起居室内应至少设置一只感烟火灾探测器。可燃气体探测器在厨房设置时,

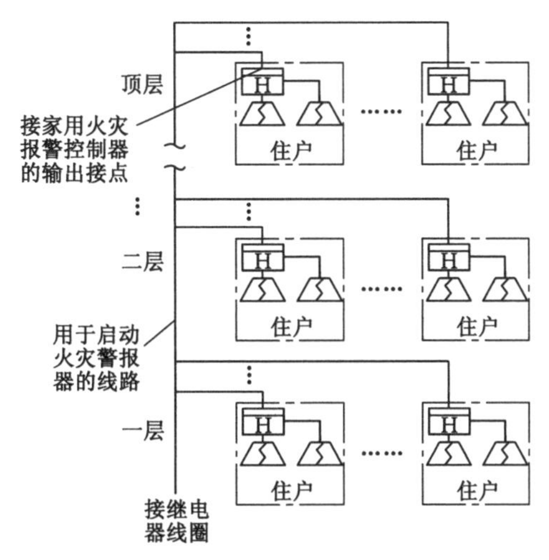

图 12-7　C 类系统结构

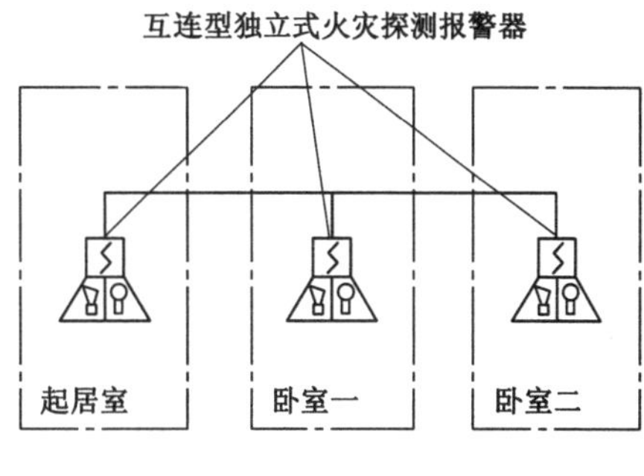

图 12-8　D 类系统结构

使用天然气的用户应选择甲烷探测器，使用液化气的用户应选择丙烷探测器，使用煤制气的用户应选择一氧化碳探测器。连接燃气灶具的软管及接头在橱柜内部时，探测器宜设置在橱柜内部。甲烷探测器应设置在厨房顶部，丙烷探测器应设置在厨房下部，一氧化碳探测器可设置在厨房下部，也可设置在其他部位。可燃气体探测器不宜设置在灶具正上方。宜采用具有联动关断燃气关断阀功能的可燃气体探测器。探测器联动的燃气关断阀宜为用户可以自己复位的关断阀，并应具有胶管脱落自动保护功能。

家用火灾报警控制器应独立设置在每户内，且应设置在明显和便于操作的部位。当采用壁挂方式安装时，其底边距地高度宜为 1.3～1.5 m。具有可视对讲功能的家用火灾报警控制器宜设置在进户门附近。

住宅建筑公共部位设置的火灾报警报器应具有语音功能，且应能接受联动控制或由手动火灾报警按钮信号直接控制发出警报。每台警报器覆盖的楼层不应超过 3 层，且首层明显部位应设置用于直接启动火灾声警报器的手动火灾报警按钮。

住宅建筑内设置的应急广播应能接受联动控制或手动火灾报警按钮信号直接控制进行广播。每台扬声器覆盖的楼后不应超过 3 层。广播功率放大器应具有消防电话插孔，消防电话插入后应能直接讲话。广播功率放大器应配有备用电池，电池持续工作不能达到 1 h，应能向消防控制室或物业值班室发送报警信息。广播功率放大器应设置在首层内走道侧面墙上，箱体面板应有防止非专业人员打开的措施。

12.4.6　住宅建筑火灾自动报警系统应用示例

某住宅小区有 6 栋 17 层电梯房，由某物业公司进行管理。各楼栋建立了火灾自动报警系统，由物业进行集中监控管理，系统结构如图 12-9 所示。

火灾自动报警系统设计遵循安全性、可靠性、实时性、实用性、经济性、可扩展性、设备选型标准化、设计接口标准化等原则，选用统一的硬件、软件平台，系统设备选型采用同类产品品牌一致，便于物业管理对同类设备进行统一维护，并可以共享同类型的备品备件，整合不同系统的维护人员，维护成本将可以显著降低。系统采用 B 类系统，由控制中心监控设备、家用火灾报警控制器、家用火灾探测器、火灾声警报器等设备组成，同时安装有入侵探测器，

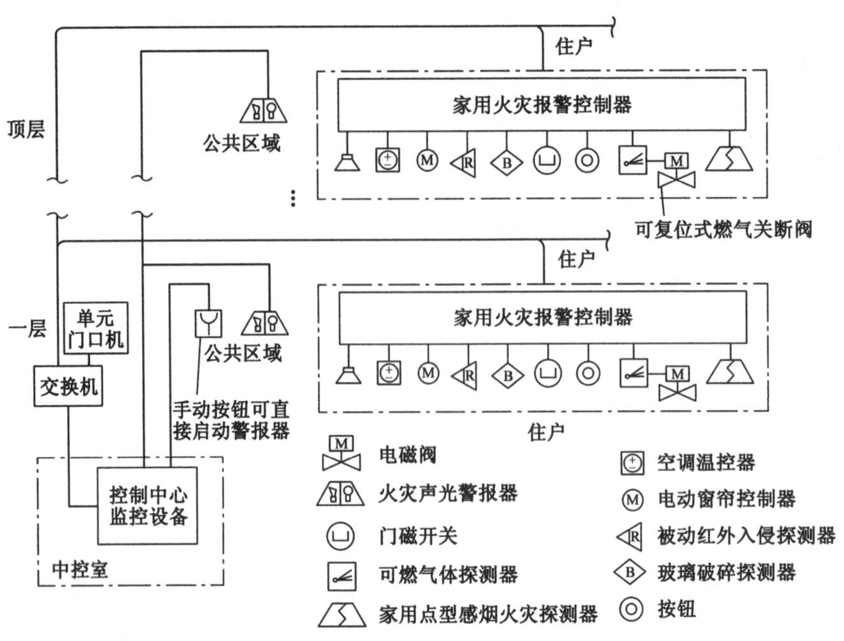

图 12-9　住宅火灾自动报警系统示例

具备入侵报警功能。

该系统在单元公共区域设置了手动按钮，可直接启动警报器。家用火灾报警控制器除连接住户内的家用感烟火灾探测器和可燃气体探测器外，还连接了被动红外入侵探测器、玻璃破碎探测器、门磁开关、空调调温器、电动窗帘控制器等设备。具有火灾报警、安全防范和舒适性控制等功能。每户家庭均装有可复位式燃气关断电磁阀。系统中家用火灾报警控制器通过网线与中控室的控制中心监控设备相连，通过网线进行报警信息及其他信息的交互，家用火灾报警控制器或手动报警按钮报警后由控制中心监控设备启动公共区域的火灾警报器。

参考文献

[1] 卜乐平.传感器与检测技术[M].北京:清华大学出版社,2021.

[2] 程德福,林君.智能仪器[M].3版.北京:机械工业出版社,2022.

[3] 姜香菊.传感器原理及应用[M].北京:机械工业出版社,2017.

[4] 李雨成,刘尹霞.安全检测技术[M].徐州:中国矿业大学出版社,2018.

[5] 唐文彦,张晓琳.传感器[M].6版.北京:机械工业出版社,2023.

[6] 王俊杰,曹丽.传感器与检测技术[M].北京:清华大学出版社,2011.

[7] 徐凯宏,朱顺兵.安全监测技术[M].徐州:中国矿业大学出版社,2012.

[8] 张乃禄.安全检测技术[M].3版.西安:西安电子科技大学出版社,2022.

[9] 中国建筑标准设计研究院.《火灾自动报警系统设计规范》图示[M].北京:中国计划出版社,2014.

[10] 朱晓青.传感器与检测技术[M].北京:清华大学出版社,2020.